重庆农业气象业务技术手册

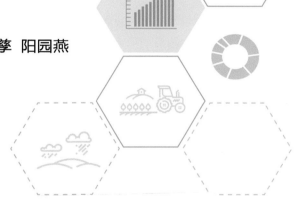

主　编　何永坤

副主编　唐余学　罗孳孳　阳园燕

U0333007

气象出版社

China Meteorological Press

内容简介

本书以提高基层农业气象工作者的业务服务能力为基本目的,结合工作实际和最迫切的业务需求,重点介绍了重庆市现代农业气象主要内容和技术方法。全书共分七章,包括重庆农业与气象、农业气候资源、农业气象灾害、农业气候区划、农业气象观测、农业气象情报预报、农业与生态遥感等业务技术,系统地阐述了重庆市农业气象业务应用中的相关技术方法及成果。

本书可供高等院校、科研机构、气象部门、农业部门的科技工作者及关心农业与气象工作的广大读者研读。

图书在版编目(CIP)数据

重庆农业气象业务技术手册 / 何永坤主编. -- 北京:
气象出版社,2021.11
ISBN 978-7-5029-7590-6

Ⅰ. ①重… Ⅱ. ①何… Ⅲ. ①农业气象—气象服务—
重庆—手册 Ⅳ. ①S165-62

中国版本图书馆CIP数据核字(2021)第224563号

Chongqing Nongye Qixiang Yewu Jishu Shouce
重庆农业气象业务技术手册
何永坤　主编

出版发行:气象出版社

地　　址:北京市海淀区中关村南大街 46 号　　　邮政编码:100081
电　　话:010-68407112(总编室)　010-68408042(发行部)
网　　址:http://www.qxcbs.com　　　E-mail:qxcbs@cma.gov.cn
责任编辑:蔺学东　毛红丹　　　　　　　　　终　　审:吴晓鹏
责任校对:张硕杰　　　　　　　　　　　　　　责任技编:赵相宁
封面设计:艺点设计
印　　刷:北京建宏印刷有限公司
开　　本:787 mm×1092 mm　1/16　　　印　　张:18.25
字　　数:466 千字
版　　次:2021 年 11 月第 1 版　　　　　　　印　　次:2021 年 11 月第 1 次印刷
定　　价:120.00 元

农业是安天下的产业，是经济稳定、政治稳定和社会稳定的基础。为农气象服务是我国气象工作服务于经济建设和社会发展的重要任务。随着经济社会的不断发展，农业气象业务领域已经从传统的大宗粮食作物拓展到与区域经济发展紧密结合的特色农业、畜牧业、设施农业、智慧农业以及农业气象灾害情报服务等。农业气象业务技术科技内涵也有显著提升，从早期利用观测数据进行单一评价分析，发展到利用多源信息资料与"3S"技术、作物生长模拟技术相结合的综合评价分析，农业气象信息已成为有关决策部门、农业新型经营主体和广大农民指导农业生产的重要基础信息。

重庆位于中国内陆西南部、长江上游，集大城市、大农村、大山区、大库区于一体，受东亚季风系统和地理因素的影响，立体气候较为明显。特殊的气候环境决定了全市农业种植的复杂多样性，近年来，重庆依托独特丘陵山地资源禀赋，生态畜牧、生态渔业、茶叶、中药材、调味品、特色水果、特色粮油、特色经济林等现代山地特色产业蓬勃发展。

保障区域粮食安全，促进川渝双城经济圈农业优质高效发展，助力长江上游乡村振兴已成为经济社会可持续发展对农业气象服务的战略需求。近年来，重庆气象部门大力发展智慧农业气象服务，强化数据支撑，形成了全市农业气象大数据"一张网"、产品"一张图"布局；为各级党委政府和粮食类新型农业经营主体提供粮食关键农时农事、气象灾害监测预报预警、作物病虫害防控气象预报预警以及产量动态监测预报等服务；为山地特色农业新型经营主体开展基于用户农田位置、作物发育期的精细化服务；开展了优质气候农产品评估、农业天气指数保险等服务，在全市农业防灾减灾、粮食增产、农民增收、农业增效中发挥了重要作用。

这本《重庆农业气象业务技术手册》，是我局组织专家在总结农业气象业务和研究成果的基础上编撰而成。该书系统地介绍了农业气象观测、情报预报、气候资源开发利用等内容，既有理论分析、计算方法，也有实际应用案例分析，内容丰富，资料翔实，具有较高的理论性和实践指导作用。《重庆农业气象业务技术手册》的出版是我局加强现代农业气象业务建设的一项重要举措，将对我市农业气象工作者进一步提高业务能力和水平提供支持和帮助，同时也为我市粮食安全、山地特色农业可持续发展提供更加优质的气象服务起到积极作用。

最后，我谨向为编辑和出版本书做出贡献的全体人员表示衷心的感谢！

重庆市气象局局长

2021 年 10 月

前　言

　　重庆市地处长江上游、四川盆地东部,属中亚热带季风性湿润气候,兼具盆地气候、山地气候、丘陵气候和谷地气候之特点。农业气候资源丰富,四季分明,冬暖春早,降水丰沛,水热同季,霜雪少至。伏秋多干旱、春秋多阴雨、夏季多暴雨。农作物种类丰富,受天气气候和气象灾害的影响大,对气象服务的需求多、要求高。各级农业气象工作者迫切需要系统了解重庆市主要农作物与气象条件的关系,掌握现代农业气象业务的主要理论和技术方法,以提高农业气象业务能力和服务水平。

　　《重庆农业气象业务技术手册》(简称《手册》)共分7章,第1章为农业与气象,主要概述农作物、畜牧、水产、病虫与气象的关系,由何永坤执笔;第2章为农业气候资源,主要概述重庆市光能、热量和水分资源的特点,由陈志军、张建平执笔;第3章为农业气象灾害,主要概述重庆市主要农业气象灾害的类型、特征及评估技术,由唐云辉、武强执笔;第4章为农业气候区划,主要概述农业气候区划技术以及多种粮油、经济作物的区划成果,由杨世琦执笔;第5章为农业气象观测,主要概述农业气象观测站网和土壤、作物和试验的观测技术,由罗孳孳、朱玉涵执笔;第6章为农业气象情报预报,主要概述农业气象情报和预报的技术方法、业务工作流程,由唐余学、阳园燕执笔;第7章为农业与生态遥感,主要概述生态遥感在作物长势、水体、土壤等方面的监测应用,由陈艳英、范莉执笔。全书由唐余学、阳园燕统稿。

　　高阳华、熊志强先生审阅了《手册》全稿,并提出宝贵的修改意见,谨表示衷心感谢。

　　在《手册》撰写过程中,参考了他人的许多研究成果,参考文献所列的成果可能还不齐全,请有关作者谅解,并在此深表谢意。

　　本书出版得到了重庆市科技局项目"基于精细化风险区划的重庆柑橘干旱气象指数保险产品设计"(cstc2020jscx-msxmX0111)的资助,特此感谢。

　　农业气象涉及领域较广,由于《手册》编写组人员水平、时间有限,故错、漏之处在所难免,恳请读者批评指正。谢谢!

编者
2021 年 5 月

目　录

第4章　农业气候区划 ································· 96

第1章 农业与气象

1.1 粮经作物气象

1.1.1 水稻气象

水稻是世界上三大粮食作物(小麦、玉米、水稻)之一,也是我国最主要的粮食作物。其种植面积和总产均占粮食作物的首位。水稻作为重庆市粮食生产的主要粮食作物,播种面积占粮食总播种面积的30%以上,产量约占粮食总产量的45%。由于主食大米的地区人口多,为提高人均粮食水平,在今后相当长的时间内水稻的重要性将继续增加,因而稻谷的增产将成为一个决定性因素。重庆市水稻单产从1978年的4063 kg/hm²增加到2010年7582 kg/hm²,增加了86.6%;但播种面积却由1978年的849.24千公顷,下降到2010年的683.91千公顷,调减145.33千公顷,减少17.1%。因此,从国家的稳定粮食增产和粮食安全考量,随着人口的增长,人民生活水平的提高,必须坚守稳定水稻播种面积。

1.1.1.1 水稻主要生育期分布

根据不同海拔多年物候观测资料,结合积温法,可推算出不同海拔水稻平均生育期分布。重庆地区水稻播种期从2月下旬一直持续至4月上旬,成熟期沿江河谷区,最早在8月上旬,海拔800 m以上深丘山区可延迟至9月底,全生育期为160～175 d。据有关研究(何永坤 等,2002),在重庆地区同一海拔高度上,经度每增加1°,中稻播期推迟5.9 d,移栽期推迟4.5 d左右,抽穗期推迟2.6 d,成熟期推迟2.8 d,即西部较东部季节偏早;在同一经度下,海拔高度每上升100 m,中稻播期推迟3.9 d,移栽期推迟2.7 d,抽穗期推迟4.4 d,成熟期推迟6.1 d,即丘陵较平坝河谷、山区较丘陵地区季节偏迟。

1.1.1.2 水稻生长的气象条件

(1)热量条件

温度是影响水稻生产的重要因素之一。水稻起源于热带沼泽地区,而现在从热带到温带都已有栽培,这说明水稻对各种气候有较强的适应性。然而,水稻生长发育有一个最适温度范围,温度过高过低都不利于水稻生长。水稻是一种喜温作物,其发芽温度的下限值,热带品种比温带品种高,籼稻品种比粳稻品种高,因此要准确判定发芽温度的下限值是困难的。从生产实践看,稻种发芽力和幼根最初伸长力所需临界温度约为17 ℃,低于17 ℃,发芽力和根的伸长力会迅速下降。

在露地育秧的条件下,根据培育壮秧的要求,10～12 ℃是水稻出苗的最低温度。据有关资料(江大权,1995),12～18 ℃出苗速度与温度上升几乎呈线性关系;20 ℃以上出苗健壮;38 ℃以上对出苗不利。一般来说,在最适温度(15～18 ℃至30～33 ℃)范围内,较高的温度有利于水稻生长发育,但根的生长所需最适温度为25 ℃左右,较低的温度对壮苗有利。水稻种子发芽的最适温度为18～33 ℃。32 ℃是粳稻种子发芽的最适温度,籼稻在34 ℃时发芽最快,高温破胸的上限温度为 40 ℃。出苗的最低温度,籼稻为 14 ℃、粳稻 12 ℃,15 ℃以上出苗才比较正常,20 ℃以上出苗顺利,上限温度 38 ℃。幼苗生长下限温度 12～14 ℃,从壮苗的要求看,20～25 ℃时分蘖最旺盛,故以 20～25 ℃为最适温度;从生长速度来看,籼稻 32～34 ℃、粳稻 30～32 ℃时生长最快,但容易徒长;移栽返青下限温度 15 ℃,最适温度 20～25 ℃。水稻分蘖的最低气温 15～16 ℃,水温 16～17 ℃,分蘖前期在 16～35 ℃,温度愈高,分蘖增长愈快,分蘖伸长也快;到分蘖后期,以 25～30 ℃对有效分蘖较适宜,如温度升高到 30～35 ℃分蘖伸长较慢,分蘖数增加过快,容易增加无效分蘖。穗分化期昼温 30～35 ℃,夜温 20～25 ℃(平均温度 27～30 ℃),每穗颖花数最多,对结实率而言,以昼温 25～30 ℃,夜温 20～25 ℃(平均温度 23～27 ℃)为宜。抽穗的适宜温度 25～30 ℃,温度过低抽穗期延长,甚至穗下部不能全部抽出,上限温度 35 ℃,超过 40 ℃抽穗困难。开花比较适宜的温度为 25～32 ℃,温度低于 25 ℃或高于 32 ℃,开花数减少。水稻抽穗开花到受精,都以 25～30 ℃的温度为最适宜。粳稻正常开花、受精的温度范围为 20～30 ℃,籼稻为 22～32 ℃。水稻在生育后期所要求的温度随着成熟进程而降低(江大权,1995;邓善来,1980;梁光商,1983),较大的温差对灌浆结实是有利的,对杂交稻粒重来说,温度不是越高越好,灌浆前期以 17～24 ℃,中期以 15～21 ℃为适宜,灌浆期下限温度 15 ℃。

重庆地区水稻生长期间热量条件总体较好(表 1-1)。播种期气温多波动,仍较低,播种育苗多采用薄膜覆盖进行保温、增温,一般膜内较膜外温度升高 2 ℃左右,有膜保温条件下,生产上多在 10 ℃气温时开始播种。生长前期气温略低于生长发育的最适温度;灌浆成熟期渝东南及海拔 600 m 以上地区处于最适温度范围,有利于干物质积累,但海拔 400 m 以下常常伴有高温天气,对增加粒重有一定影响。沿江河谷稻区为躲过伏旱可能对灌浆结实期的高温危害,常采取适时早播措施避让。

表 1-1　重庆地区代表点中稻关键生育期温度适应性分析　　　　单位:℃

生育期	播种期	分蘖期	穗分化期	灌浆成熟期
最适温度	12.0～18.0	20.0～25.0	27.0～30.0	23.0～28.0
合川	11.4～12.5	22.4～23.2	26.1～27.2	28.2～28.6
永川	11.5～12.6	22.3～22.9	25.7～26.8	27.9～28.3
丰都	11.6～12.7	22.7～23.5	26.8～27.9	28.8～29.1
万州	11.2～12.4	22.9～23.9	27.0～27.9	28.9～29.2
黔江	11.6～12.8	22.6～23.7	26.1～26.3	25.1～26.0

(2)水分条件

稻田耗水量又称稻田需水量,包括蒸腾蒸发量、地面径流量、稻田渗透量和农活耗水量,根据有关试验研究(四川省南充地区气象局,1982),重庆地区水稻生长期一般需耗水 700～950 mm。在水稻"一生"中,返青期、幼穗分化期、抽穗期和灌浆期对水分的反应较敏感。返青期从利于早发新根、加速返青为目的,视各地气候条件不同,这时均需保有水层,具体水层深浅,则应视秧苗大小和天气情况灵活掌握。分蘖期为促进分蘖早生快发,根系发达,稻株健壮,前期以保有浅水层有利,采用浅灌勤灌为宜,只保留 2～3 cm 水层。分蘖后期,为抑制无效分蘖,或深灌(一般少用),或排水晒田控制水稻对水分和养分的吸收,控制后期分蘖的发生。幼穗发育期是水稻生理需水最多的时期,特别是花粉母细胞减数分裂期对水分不足最为敏感,这时要求保有水层,防止脱水。同样抽穗结实期保持水层也是必要的,直至稻谷黄熟以后,生理需水下降,可以排水落干,以促进成熟。

重庆地区水稻生长期间降水量为 690～950 mm,水分条件总体较佳(表 1-2),其中大部地区移栽前水分条件适宜,但西北部(永川)雨水偏少,有些年份出现秧苗栽插用水不足的现象。分蘖期正处于初夏多雨时段,水分略偏多,影响有效分蘖,分蘖期间稻田应注意水层管理,保持有 2～3 cm 的浅水层。分蘖后期为了除去土壤有毒还原物质,提高土壤的通透性和根系活力,抑制无效分蘖等,应排水露田和晒田。幼穗分化期是水稻需水临界期,宜深灌水(6～10 cm),此期间除中部(丰都)水分略显不足外,其余地区水分均较适宜,能满足水稻形成大穗的水分需求;抽穗开花期期可轻脱水或保持一定水层,空气相对湿度以 70%～80% 为宜,此期间重庆地区以晴间多云天气为主,但降水量略低于最适范围,空气湿度为 70%～80%,利于开花授粉。灌浆成熟期田面要求有浅水,乳熟后期干干湿湿,有利提高根系活力及物质调配和运转,此期间重庆地区常常有伏旱天气,部分严重年份出现稻田开口龟裂,对籽粒充实有一定影响。

表 1-2　代表点水稻主要生育期需水量　　　　单位:mm

生育期	播种—移栽	移栽—分蘖	分蘖—孕穗	孕穗—开花	开花—成熟
最适需水量	117～167	189～270	156～223	56～90	175～250
合川	100～180	238～300	151～186	43～63	104～136
永川	85～146	215～269	131～164	49～58	119～146
丰都	105～192	244～299	105～125	41～52	91～116
万州	104～190	267～326	131～183	42～72	122～160
黔江	238～263	290～353	161～188	56～62	158～178

(3)光照条件

水稻秧苗对日照的要求十分严格,日照充足,秧苗生长健壮,日照不足,秧苗容易发黄,甚至变白。有关试验结果表明,秧苗期间每天的日照时数在 4 h 以上为宜,低于 3 h 则不利于培育壮秧(彭国照,1999;袁德胜,2001)。重庆地区秧苗期平均日照时数一般在 2～3 h,期间常常有阶段性阴雨寡照天气发生,光照条件略显偏差。

在一定的温度条件下,日照充足,光合作用旺盛,植株生长健壮,分蘖数多,移栽后若遇阴雨寡照,光合产物少,不易形成有效分蘖。根据有关研究,四川盆地水稻移栽后 30 d 的单株分蘖率随日照时数增多而增大,但在日平均 4 h 以上光照条件下,分蘖率增加不明显,即分蘖期间每天平均 4 h 的日照能基本满足水稻分蘖对光照的需求。重庆地区水稻大田分蘖期间平均日照时数 3.5～4.5 h,光照条件能满足水稻分蘖的需求。

幼穗分化期日照多,光照强,可促进幼穗分化,反之易引起颖花退化,导致穗粒数减少。据有关试验研究(梁光商,1983),川渝地区穗粒数与抽穗前 20 d 的日照时数呈显著正相关关系,此期间平均日照时数可达 4～5 h,基本能满足幼穗分化对光照的要求。

1.1.1.3　发展方向和布局

(1)优质中稻再生稻重点发展区域:潼南、铜梁、大足、荣昌、永川、合川、江津、长寿、忠县、开州等。区内主攻高产与优质兼顾,主推杂交优质高产品种,特别是再生稻专用品种,实现中稻再生稻综合高产。

(2)绿色精品稻米发展优势区域:我市西南部和东部海拔 550～900 m 的倒置低山区,以巴南、涪陵、南川、綦江的倒置低山区为代表。区内重点是大力提高品质,规模发展上档次的优质精品稻米。同时扶持企业技改,大力提高加工水平,创立优质米名牌。

(3)渝东和渝南水稻生产区:这一区域主要为中深丘和中低山区,应尽可能稳定有限的水稻面积,主攻单产,增加总量,提高自给率,逐步改善水稻品质。

1.1.2 小麦气象

冬小麦是重庆市主要小春粮食作物,特别是秀山、酉阳、黔江等武陵山区群众的主要口粮。近年来由于小麦效益不佳,全市种植面积呈现逐年减少的趋势。

1.1.2.1 冬小麦主要生育期分布

根据不同海拔多年物候观测资料,结合积温法,可推算出不同海拔冬小麦平均生育期分布(表1-3)。重庆地区冬小麦播种期从10月下旬一直持续至11月中旬,成熟最早在5月上旬,海拔800 m以上山区可延迟至6月上旬,全生育期为175~210 d。

表1-3 代表点不同海拔冬小麦生育期分布情况

海拔高度/m	播种/(旬/月)	分蘖/(旬/月)	拔节/(旬/月)	抽穗扬花/(旬/月)	成熟/(旬/月)	全生育期/d
200	中/11	中/12—下/12	上/2—中/2	上/3—中/3	上/5	175 左右
400	上/11—中/11	上/12—下/12	中/2—下/2	中/3—下/3	中/5	180 左右
600	上/11	下/11—下/12	下/2—上/3	上/4—中/4	下/5	195 左右
800	下/10—上/11	中/11—中/12	上/3—中/3	中/4—下/4	上/6	210 左右

1.1.2.2 冬小麦生长的气象条件

(1)热量条件

小麦属喜凉作物,生物学零度为5 ℃。小麦全生育期所需积温1800~2200 ℃·d。小麦的适宜播种期主要取决于气温和土壤水分条件。小麦种子发芽要求的最适温度是10~20 ℃,温度高发芽速度虽快,但因呼吸作用旺盛,物质消耗多,根芽生长并不健壮,生产上要求根芽生长粗壮,故小麦播种要求的适宜温度通常比发芽的最低温度低。从冬前达到壮苗标准要求来选择适宜播期,重庆麦区当秋季候平均气温降至13~16 ℃(一般为15 ℃),5 cm候平均地温降至14~18 ℃时为适宜播种期。麦类作物不同生育期要求的适宜温度:幼苗期14~18 ℃;分蘖期12~15 ℃,日平均气温超过18 ℃或低于3 ℃,不能正常分蘖;拔节期12~14 ℃,拔节期是小麦生长的重要转折点,拔节后则以穗和茎秆生长为主;幼穗分化期间日平均气温低于10 ℃的日数多,可以分化更多的小花,穗粒数也增多;孕穗期15~17 ℃;当小麦抽穗时气温低于11 ℃,抽穗困难,只有当气温升至14.5 ℃以上时,抽穗才比较顺畅,而抽穗扬花期的最适温度为18~20 ℃;小麦灌浆期的适宜温度为18~22 ℃,其中乳熟以前为18~22 ℃,乳熟期为22~23 ℃。

重庆地区冬小麦生长期间热量条件总体较好(表1-4),其中小麦幼苗期平均气温13~15 ℃,热量条件较佳;分蘖期—拔节期平均气温6~10 ℃,较最适温度略偏低,可能导致小穗、小花分化缓慢,小麦结实率降低;灌浆成熟期平均气温略偏低,可适当延长籽粒充实时间,对增加小麦籽粒重较有利,但海拔400 m以下地区有些年份在4月下旬有35 ℃以上高温天气,可使灌浆时间缩短,千粒重下降。

表1-4 代表点小麦关键生育期适温范围 单位:℃

生育期	幼苗期	分蘖期	拔节期	灌浆成熟期
最适温度	14.0~18.0	12.0~15.0	12.0~14.0	18.0~22.0
合川	12.6~14.5	8.0~9.2	9.1~9.6	18.1~19.0
永川	12.7~14.6	8.0~9.2	9.2~9.7	18.1~19.0
丰都	13.1~14.9	8.4~9.5	9.3~9.8	18.3~19.2
万州	13.0~14.9	8.2~9.5	8.9~9.4	18.2~19.2
黔江	12.9~13.7	6.7~8.0	9.6~10.4	18.3~19.4

（2）水分条件

小麦喜干燥气候,不适应潮湿环境,但却是需水较多的作物之一。在湿润气候背景下,小麦生育期总耗水量每亩[①]有 300~350 mm。小麦各生育时期的耗水占全生育期总耗水量的百分比(即阶段耗水系数)有一定比例。小麦在冬前的分蘖期和拔节—灌浆期是两个需水的关键期。据有关资料(李来胜,1994;张建华 等,1995;余遥,1998;高阳华 等,1992;傅大雄,2002),拔节期前,因植株矮小,气温低,耗水量少,占总耗水量的 20% 左右;拔节后,随气温升高,生长加快,耗水量逐渐增大,拔节—抽穗期为耗水高峰期,占总耗水量 40% 左右,孕穗期对水分非常敏感,这时缺水对产量影响最大,是小麦需水临界期;抽穗期后,叶片逐渐衰老,耗水量相应下降。

重庆地区小麦生育期间降水量 225~400 mm(表1-5),较小麦全生育期需水总量偏小,但由于降水季节分配极不均匀,使各生育期间水分供需出现不同程度的矛盾。其中播种—幼苗期由于多秋绵雨,导致湿害较重,小麦出苗不整齐,幼苗生长普遍偏弱;分蘖—孕穗期尽管冬春降水量少于麦生长发育所需水量,但由于前期秋季雨水多、底墒较好,开春气温较低、蒸发小,一般能满足小麦生长发育对水分的需求,在个别年份可能会出现偏干的状况;灌浆成熟期除渝东南(黔江)雨水偏多外,其余地区在适宜降水范围内,部分年份收获期遇有连阴雨天气,还会影响收晒。

表1-5 代表点冬小麦主要生育期需水量 单位:mm

生育期	幼苗期	分蘖期	拔节期	孕穗期	灌浆期
最适需水量	15~20	50~60	65~75	90~100	105~120
合川	27~36	21~24	14~16	20~28	95~105
永川	22~30	18~19	13~14	16~23	78~83
丰都	28~43	18~21	12~14	14~21	105~116
万州	25~38	18~21	14~16	15~22	97~111
黔江	46~57	26~29	24~31	26~42	132~143

（3）光照条件

小麦为喜光作物,重庆地区冬小麦全生育期日照时数为 330~430 h,仅占年日照时数的 28%~32%,特别是苗期日照明显不足,分蘖期日照时数平均每天不足 2 h,导致分蘖率偏低,基本苗不足,因此,在实际生产中可适当增加播种量,提高小麦基本苗数量。拔节—抽穗期日

---

① 1亩≈666.67 m²,余同。

均日照时数也仅为 2 h,光照时数少、光照强度不足如发生在小麦生长穗分化初期将使生长穗分化时间推迟,降低小穗分化速度,减少每穗小穗数,导致成穗率偏低。小麦生育后期光照条件有所好转,3—4 月日照时数 190~240 h,占全生育期日照时数的 56%~58%,使小麦经济产量形成期处在较好的环境条件下,为小麦稳产提供了较好的光能条件。

1.1.3 玉米气象

重庆大春季旱粮以种植春玉米为主,生长发育期间雨热同季,气象条件优越,是我国玉米气候适宜种植区之一。玉米是仅次于水稻的主要粮食作物,其面积和总产分别约占全市粮食作物的 18% 和 18.5%,其产量丰歉对全市粮食产量举足轻重。

1.1.3.1 玉米主要生育期分布

根据不同海拔多年物候观测资料,结合积温法,可推算不同海拔春玉米平均生育期分布(何永坤 等,2005a)(表 1-6)。重庆地区春玉米播种期从 3 月上旬一直持续至 4 月中旬,成熟最早在 7 月中旬,海拔 800 m 以上山区可延迟至 8 月底,全生育期为 125~135 d。

表 1-6 代表点不同海拔玉米生育期分布情况

海拔高度/m	播种/(旬/月)	拔节/(旬/月)	抽雄吐丝/(旬/月)	成熟/(旬/月)	全生育期/d
200	上/3—中/3	下/4—上/5	下/5—上/6	中/7—下/7	130
400	中/3—下/3	上/5—中/5	上/6—中/6	下/7	125
600	下/3—上/4	中/5—下/5	中/6—下/6	上/8—中/8	130
800	上/4—中/4	下/5—上/6	下/6—上/7	中/8—下/8	135

1.1.3.2 春玉米生长的气象条件

(1)热量条件

玉米原产于中美洲热带(危地马拉或墨西哥)高山地区,整个生育期要求较高的温度。玉米生育期间的生物学下限温度为 10 ℃,一般以 10~12 ℃为播种的温度指标;幼苗生长温度在 18 ℃以上生长加速,苗期以不超过 18~20 ℃为宜;拔节到吐丝期要求 24~26 ℃,抽雄吐丝的适宜温度为 25~26 ℃,是玉米一生中要求较高温度的时期,气温低于 18 ℃或高于 38 ℃,无法正常吐丝;灌浆成熟期低于 16 ℃不能成熟,高于 27~30 ℃会引起高温逼熟,最适温度为 22~26 ℃,前期温度需略高,灌浆后期可略低些,且要求温度日较差较大。大致生育期 70~100 d 的早熟种需 10 ℃以上的活动积温 2000~2300 ℃·d;100~120 d 的中熟种需 2300~2800 ℃·d;120~150 d 的中晚熟种则需 2800~3200 ℃·d(何永坤 等,2005a;世界气象组织,1983)。

重庆地区日平均气温≥10 ℃日数黔江、酉阳、秀山、城口等地 220~240 d,其余绝大部分地区在 260~280 d;≥10 ℃积温城口及东南部地区 4200~4800 ℃·d,大部地区 5500~5900 ℃·d,长江河谷等低海拔地区达 6000~6150 ℃·d,对满足玉米生长发育需求绰绰有余,适合玉米熟制栽培在时空布局上的多种选择。

从各阶段热量条件分析(表 1-7),播种期除东南部(黔江)温度略低外,其余地区均在适温范围内,抽雄吐丝期气温略低于适温范围,而灌浆成熟期除东南部、西部(黔江、永川)在适温范围外,其余地区略高于适温,导致重庆地区玉米灌浆时间有所缩短,千粒重偏小,对形成高产不利;各地从实际出发,确定最佳气候播期,是保证玉米持续稳产高产的一项重要基础研究工作。

表1-7　代表点春玉米关键生育期温度范围　　　　　　　　单位:℃

生育期	播种期	抽雄吐丝期	灌浆成熟期
最适温度	13.0~17.0	25.0~26.0	22.0~26.0
合川	14.0~14.4	23.8~24.6	25.3~26.4
永川	13.9~14.4	23.2~24.2	24.9~25.9
丰都	13.9~14.4	23.9~24.6	26.6~26.8
万州	13.3~13.8	24.3~24.9	25.7~26.8
黔江	12.7~14.4	23.2~23.8	25.5~25.7

(2)水分条件

玉米是一种需水较多、水分利用率高的作物。玉米一生中各个时期需水量各不相同,其主要特点为前期需水少、中期需水多、后期偏少。播种到出苗需水量占总需水量的3%~6%,此时期土壤相对湿度在70%左右,可保证良好的出苗。苗期需水量少,占总需水量的15%~18%,此时土壤相对湿度60%左右,利于蹲苗。七叶以后,玉米拔节到灌浆期需水量占总需水量的50%左右,要求土壤相对湿度必须保持在70%~80%,才能有获得高产的可能,特别是抽雄前后一个月的时间对水分的反应极为敏感,为玉米的水分临界期,缺水危害甚大,严重缺水时,雌雄穗可能抽不出,称为"卡脖旱"。籽粒成熟阶段需水量占总需水量的25%~30%,这个时期如果缺水,将使籽粒不饱满,千粒重下降;蜡熟期后,籽粒定型,对水分的要求逐渐减少,土壤水分对产量的影响不大(何永坤 等,2005a;世界气象组织,1983)。

重庆地区年降水量为990~1370 mm,降水主要集中在3—9月,雨量为820~1080 mm,占年雨量的80%左右。春玉米主要生长季3月中旬—8月上旬雨量580~840 mm,从总雨量看能满足玉米生长发育的需要。但由于雨量时空分布不均,常常出现季节性阶段干旱或偶发性涝灾等气象灾害。

各生育期水分状况(表1-8):播种期间西北部地区水分略显不足,而东南部播种时大雨已基本开始,雨水略显多余;出苗—抽穗期间中部及东部地区雨水偏多,西部地区基本正常;抽雄—灌浆期间中部雨水不足,西部略偏少,东部基本正常;成熟收获期东部略显多余,中部及西部基本正常。

表1-8　代表点春玉米主要生育期需水量　　　　　　　　单位:mm

生育期	播种—出苗	出苗—拔节	拔节—抽雄	抽雄—灌浆	灌浆—收获
最适需水量	26	168	157	160	75
合川	18~25	165~177	157~159	150~152	74~76
永川	14~17	140~162	159~167	138~154	74~75
丰都	23~33	197~212	161~175	117~144	73~77
万州	26~37	209~218	173~175	146~162	84~99
黔江	40~43	200~219	180~207	141~176	92~95

(3)光照条件

玉米是短日照作物,生育期间要求一定时间的短日照才能正常抽雄、吐丝。玉米又是一种光饱和点高、光补偿点低的作物。北京农业大学农业气象专业(1984)研究表明:在自然光范围内,玉米群体内是达不到光饱和点的。在低于光饱和点的光强范围内,光照越强,光合作用越强,积累物质越多,光照对产量的影响,尤其在籽粒灌浆阶段对产量的形成更为重要。

① 营养生长期。营养生长主要包括茎秆生长和叶片生长,日照时数主要影响玉米叶片数目,日照时数减少,则玉米单株叶片减少。重庆地区营养生长期日照时数一般为160～190 h,日均3～4 h,较北方地区大大偏少,因此,玉米苗期植株高度、茎秆粗壮程度不及北方地区,叶片数也较北方地区减少。

② 穗分化期。光照充足,叶片能通过光合作用制造更多的有机养料,及时输送给正在分化的雌雄穗;若光照不足,玉米穗部得不到充分的养分供应,从而抑制穗的发育,导致玉米成熟期推迟、穗小、粒少。重庆地区穗分化期一般在5月中-下旬,日照80～100 h,日均4～5 h,对穗分化而言,光照条件略显不足,因此穗长不及北方地区。

③ 籽粒灌浆期。日照时数多,光照强,光合产物多,有利于提高灌浆效率,增加粒重;反之,连阴雨天气、植株密度过大,群体封行过早、株间相互遮阴等造成光照不足,或叶片早衰变黄,都不利于光合作用的进行,从而导致粒小、粒轻而减产。重庆地区玉米籽粒灌浆一般从6月下旬—7月中旬,累年日照时数150～180 h,日均5～6 h,基本能满足灌浆需要,但灌浆前期日均日照时数少于5 h,不利于提高灌浆效率。

1.1.3.3 影响重庆地区玉米产量的主要气象因子

有关研究表明:重庆地区玉米产量随着拔节—抽穗期平均气温的增高而减少,随着灌浆期温度的升高、日照减少而减少。这是由于拔节—抽穗期是雌雄穗等生殖器官形成时间,日均温稍低,有利于增加小穗数,为穗大、粒多打下基础。重庆地区拔节—抽穗期累年平均气温22～24 ℃,在适宜温度范围内,随着平均气温的升高小穗分化时间缩短,不利于穗大粒多。

玉米籽粒灌浆适宜温度为22～24 ℃,气温高于25 ℃或低于16 ℃都会影响淀粉酶的活力而不利于物质运输和积累。重庆地区玉米灌浆期间常常有高温伏旱,累年平均气温为26～27 ℃,超过适温范围,玉米灌浆有高温逼熟现象,因此,灌浆期间的高温是造成本地区玉米产量不高的主要气象因子之一。

1.1.3.4 布局分布

(1)鲜食玉米区

一是以海拔600 m以下的城郊为主的坝丘早市玉米及秋玉米区,二是海拔较高的反季节鲜食玉米区。

(2)中山玉米区

海拔600～1200 m的我市玉米主产区,也是高产区,要以饲料玉米为主,并根据市场需求适当布局高产优的高油、高淀粉等加工玉米或加工饲料兼用玉米。

(3)高山食用饲用玉米区

海拔1200m以上玉米产区,种植耐瘠的食饲兼用玉米。

1.1.4 甘薯气象

重庆地区甘薯一般在3月上中旬育苗,移栽期集中在5月5—25日,6月上中旬薯蔓开始伸长,7月中下旬薯块开始形成,10月下旬—11月中旬收挖。

1.1.4.1 热量条件

甘薯是喜温短日照作物,育苗期在温度16 ℃时,薯芽才能萌动,为16～35 ℃时,温度较高,萌芽又快又多。发芽的最适温度范围是29～32 ℃,超过35 ℃对幼芽生长有抑制作用。苗床幼苗期生长适宜温度25～26 ℃,采苗前几天,锻炼薯苗的适宜床土温度为20 ℃。甘薯育苗要掌握高温催芽、平温长苗、低温炼苗、先催后炼、催控结合的原则。大田栽插时要求5 cm地温稳定在17~18 ℃,即气温稳定通过15 ℃时为宜,栽后生长前期以促进根系发育为中心,在适宜的温度范围内,温度增高,发根加快,根量增多。在生长前期,适宜偏低的土温有利于根系的发育,块根的分化形成以10 cm土温22~24 ℃为适宜。蔓薯并长期为甘薯生长中期,这一时期茎叶盛长的适宜温度为25~28 ℃。从茎叶生长高峰直到收获是生长后期,此时生长中心转为薯块膨大,对温度要求不很严格,但薯块膨大最快的适宜土壤温度是22~24 ℃,下限温度20 ℃,上限温度32 ℃(北京农业大学农业气象专业,1984)。

重庆地区甘薯育苗期平均气温10~13 ℃,明显低于最适温度20 ℃,早育必须在覆盖薄膜的苗床中进行育苗;移栽期平均气温20~22 ℃,比较适宜;藤蔓伸长期平均温度23~26 ℃,适宜;薯块膨大期平均气温24~27 ℃,略偏高,其中7月中旬后期—8月中旬前后常有一段高温天气,日最高气温≥35 ℃的高温日数可达10~30 d,不利于薯块的正常膨大,8月下旬—9月下旬气温适宜,利于薯块充实。

1.1.4.2　水分条件

甘薯是耐旱怕涝作物,根系发达,块根含有大量水分,体内胶体束缚水含量较高。甘薯的持水力与耐脱水性优于其他作物。适宜甘薯生长的土壤湿度为60%~80%。甘薯发根、分枝结薯期土壤湿度以占田间持水量的60%~70%为宜。蔓薯并长期是甘薯耗水最多的时期,一般可占甘薯一生总耗水量的40%~50%,此期适宜的土壤湿度为田间持水量的70%~80%,薯块盛长期耗水量占一生总耗水量的30%~35%,适宜土壤湿度占田间持水量的60%左右。

重庆地区甘薯发根还苗期一般降水量可达30~50 mm,分枝结薯期降水量90~120 mm,藤叶盛长期35~55 mm,薯块膨大期110~190 mm,薯块充实期50~100 mm。总体而言,重庆地区水分条件对红薯生长适宜,但由于降水量分布不均,7月中旬后期—8月中旬中后期常常有伏旱天气,对藤蔓生长、薯块膨大有不利影响。

1.1.4.3　光照条件

甘薯是短日照喜光作物,不耐荫蔽。在遮阴条件下,甘薯茎叶容易徒长,产量与品质下降,一般品种如果给以每日8 h的短日照处理,可以开花。较长时间的光照有利于提高产量,在12~12.6 h长日照下,或可抑制地上部分的生长增加块根重量。

重庆地区甘薯移栽后至成熟收获,日照时数可达600~870 h,总体光照条件较适宜,但伏旱期间日照时数可达170~230 h,偏多;初秋日照时数为100~150 h,略偏少。

1.1.5　马铃薯气象

1.1.5.1　马铃薯主要发育期分布

马铃薯起源于南美洲的秘鲁和玻利维亚等国气候冷凉的安第斯山山区和中美洲的墨西哥,具有喜温凉湿润、喜光、不耐高温干旱的特点。重庆地区马铃薯种植分为秋薯、春薯。秋马铃薯海拔500~900 m在8月中下旬以前、海拔500 m以下在8月下旬至9月上中旬播种,10月花蕾形成及开花,11月—12月上旬块茎膨大,12月中下旬收挖。春马铃薯渝西、渝中及渝东、渝南海拔500 m以下地区在1月中旬前播种,海拔500~900 m地区在1月下旬—2月上旬播种,海拔900 m以上地区在2月下旬—3月中旬播种,花蕾形成及开花在3月下旬—5月中旬,4月下旬—6月上旬块茎膨大,5月下旬—6月下旬收挖。

1.1.5.2 马铃薯生长的气象条件

(1)热量条件

马铃薯性喜凉爽,不耐高温,在整个生育期间以平均气温17~21 ℃为宜。种薯在4~7 ℃时开始萌发,马铃薯通过休眠后,当温度达到5 ℃时,芽开始萌动,但极为缓慢;7 ℃时开始发芽,但速度较慢,当温度达到12 ℃左右,幼芽生长较快,最适宜的温度为13~18 ℃,用于催芽的温度应在15~20 ℃。茎叶生长最适宜的温度16~22 ℃,日平均温度超过25 ℃茎叶生长缓慢,超过35 ℃或低于7 ℃,茎叶停止生长。块茎形成和膨大期对温度要求非常严格,适宜块茎生长的温度为17~19 ℃,昼夜温差大时,有利于光合产物向块茎中运输和积累(刘国芬,2005;吴俊铭 等,1998;王怀利 等,2012;彭国照 等,2011)。

重庆地区马铃薯热量条件较好。秋薯播种期平均气温21~24 ℃,略偏高;块茎形成期气温18~20 ℃;块茎膨大期12~14 ℃,略偏低。春薯播种期平均气温6~8 ℃,较适宜温度明显偏低,可进行地膜覆盖增温;块茎形成期14~17 ℃,较适宜温度略偏低;块茎膨大期17~21 ℃,适宜。

(2)水分条件

马铃薯全生育期需水300~450 mm,是一个需水较多的作物。发芽期,播种后土壤中不需要有过多的水分,但需有足够的墒情,即保持土壤湿润,幼芽根系发育健壮,从土壤中吸收水分后,才能正常出苗。幼苗期间叶面积较小,需水量30~50 mm,适宜的土壤湿度约为田间持水量的60%。发棵期,此时进入茎叶快速生长时期,前期土壤水分应保持在田间持水量的70%~80%,促进对营养物质的吸收和茎叶生长,形成强大的绿色体,为结薯提供物质基础。发棵期后一阶段,为供生长重点转移到以块茎生长为主,应将土壤相对湿度降低于60%,适当控制茎叶生长,起到控秧促薯的作用。结薯期,马铃薯80%以上的产量是在这个时期形成的。块茎膨大期是马铃薯需水临界期,对土壤水分亏欠最为敏感,特别是结薯前期土壤中缺水,会造成大幅减产,土壤相对湿度应控制在70%~80%,此期需水量120~150 mm,成熟期需水量30~40 mm。

重庆地区马铃薯生长期间水分条件:秋薯前期偏多中期适宜,后期偏少;春薯前期适宜,中期略少,后期偏多。秋薯幼苗期100~140 mm,明显偏多;块茎形成期80~120 mm,基本适宜;块茎膨大期40~70 mm,偏少;成熟期10~20 mm,偏少。春薯幼苗期30~60 mm,基本适宜,块茎形成期50~90 mm,略偏少;块茎膨大期120~210 mm,偏多,田间湿度大,常常诱发晚疫病;成熟期50~80 mm,偏多,影响收挖。

(3)光照条件

马铃薯是喜光作物,对光照的要求敏感。马铃薯的幼苗期需要强光照、较短的日照,有利于发根、壮苗。发根期在强光照、16 h以上的长日照和适宜的温度条件下,植株生长快、健壮,茎秆粗壮,枝叶繁茂,形成强大的绿色体,是块茎膨大和产量积累的基础。结薯期强光、短日照、昼夜温差大,有利于块茎膨大和淀粉积累。马铃薯栽培种大多属于长日照类型,在生长期间,日照时间长,光照充足,光合作用增强,制造的有机物质较多,块茎形成早,有利提高产量。同时马铃薯是短日照作物,短日照可以抑制植株的高度,而在短日照的南方生长区,则表现为早熟。在较长日照时数12~13 h的条件下,块茎形成早,结薯期长,产量高,当日照时数在15 h以上时,茎叶生长繁茂,但结薯晚,产量下降。

重庆地区马铃薯生长期光照条件略显不足,尤其是秋薯生长期光照明显不足,秋薯块茎形成期日平均日照时数2~3 h,块茎膨大期仅1~3 h,明显偏少。春薯块茎形成期日照时数

3～4 h,块茎膨大期日照时数 4～5 h,偏少。

1.1.5.3　区域布局

(1)加工专用型产区:巫溪、万州、巫山、开州、云阳、奉节、酉阳、秀山、彭水、武隆、丰都等。

(2)菜用型产区:主要在渝西主城近郊区和交通方便地区。

1.1.6　油菜气象

1.1.6.1　油菜主要发育期分布

根据多年农业气象观测资料分析(何永坤 等,2005b),重庆地区油菜各生育期分布如下。

营养生长期:油菜移栽后至现蕾期,一般在 10 月中旬至次年 1 月中旬。

蕾薹期:油菜植株从露出花蕾到第一朵花开始开放时,为蕾苔期,一般在 1 月中旬—3 月上旬。

开花期:油菜由初花期到终花期所经历的时期即为开花期,一般在 3 月上—中旬。

灌浆期:油菜终花到角果和种子成熟为灌浆期,一般在 3 月中旬—5 月上旬。

1.1.6.2　油菜生长的气象条件

(1)热量条件

油菜种子萌发的最适温度为 25 ℃,通常当日平均气温在 16～20 ℃时,播后 3～5 d 即可出苗。从出苗至现蕾,苗期主茎伸长,苗期一般约占全生育期的一半时间。营养生长期,油菜营养生长期适宜温度 8～10 ℃,下限温度 0 ℃,上限温度 20 ℃;现蕾抽薹适宜温度 10～15 ℃,下限温度 5 ℃,上限温度 20 ℃;开花多少与开花前 1～2 d 气温有关,开花期适宜温度 14～18 ℃,下限温度 10 ℃,上限温度 25 ℃;角果发育适宜温度 15～20 ℃,下限温度 10 ℃,上限温度 25 ℃。

重庆地区油菜营养生长期平均温度 9～11 ℃,基本适宜,但 1 月上中旬在东部海拔 600 m 以上地区常有低温霜冻;蕾薹期平均气温 7～9 ℃,略偏低;开花期平均温度 11～14 ℃,略偏低;灌浆成熟期 16～19 ℃,适宜。

(2)水分条件

根据孟茹等(2007)研究,油菜营养生长期需水 100～125 mm,以土壤相对湿度不低于 70%为宜;蕾薹期需水 60～80 mm,土壤相对湿度 80%左右较适宜;开花期需水 40～55 mm,土壤相对湿度 85%左右才能满足需求;灌浆结实期需水 55～70 mm,土壤相对湿度 60%左右较佳。

重庆地区油菜营养生长期雨量 100～165 mm,西部地区基本适宜,中部、南部地区偏多;蕾薹期雨量 30～70 mm,东南部地区基本适宜,其余地区水分略显不足;开花期 60～100 mm,偏北地区基本适宜,其余地区雨水偏多;灌浆结实期 100～175 mm,雨水明显偏多。

(3)光照条件

油菜是喜光作物,根据何永坤等(2005b)研究,油菜营养生长期、蕾薹期的长度与其间的日照时数关系密切,日照时数每增加 10 h,可使营养生长期、蕾薹期分别增长 0.9 d、2.4 d。重庆地区营养生长期、蕾薹期平均时数分别为 1～3 h、1～2.5 h,较长江下游地区明显偏少 50%。

从产量影响分析,油菜荚果数与蕾薹期日照时数、籽粒重与灌浆结实期日照时数显著相关。蕾薹期日照时数每增加 10 h,可使株荚果数增加 4.9 荚,灌浆结实期日照时数每增加 10 h,可使籽粒重增加 0.6 g。重庆地区灌浆结实期平均日照时数 2.5～4.5 h,比适宜日照时数偏少 2~4 h。

1.1.7 烟草气象

重庆有 13 个区(县)种植烟叶,分布在渝东山区(图 1-1),2019 年种植烟叶约 2.99 万 hm²,收购烟叶约 76.8 万 t,其中烤烟 71.8 万 t,白肋烟 5 万 t,是全国第七大烤烟产区和第二大白肋烟产区。

□ 烟叶种植乡镇

图 1-1 重庆烤烟种植分布图

1.1.7.1 重庆市烤烟主要发育期分布

根据不同海拔烤烟生产调查资料,结合积温法,可推算出不同海拔烤烟平均生育期分布(表 1-9)。重庆地区烤烟播种期从 1 月中旬—2 月中旬,采收期最早在 7 月中下旬,海拔1200 m 地区可延迟至 10 月上旬,全生育期为 240~270 d。

表 1-9 代表点不同海拔烤烟生育期分布情况

海拔高度 /m	播种期/ (旬/月)	移栽期/ (旬/月)	团棵旺长期/ (旬/月)	采烤期/ (旬/月)	全生育期/ d
600~800	中/1—下/1	中/4—下/4	上/6—下/6	中/7—中/9	240
800~1000	下/1—上/2	下/4—上/5	中/6—上/7	下/7—下/9	250
1000~1200	上/2—中/2	上/5—中/5	下/6—中/7	上/8—上/10	260

1.1.7.2 烤烟生长的气象条件

(1)热量条件

烤烟原产于美国,是一种喜温作物。烟草对环境条件有广泛的适应性,一般说来,温暖多光照的气候和排水良好的壤质土,对各类烟草都是适合的。根据相关资料(贺升华 等,2001;刘国顺,2003),烟草种子萌发最适温度 24~29 ℃,下限温度 8 ℃,上限温度 35 ℃;苗床期以20~25 ℃为宜,低于 10 ℃生长停滞,高于 35 ℃引起"烧苗";移栽期以 18 ℃以上为最佳,温度低于 12 ℃不宜移栽;团棵旺长期适宜温度 20~28 ℃,超过 38 ℃影响正常生长;成熟采烤期以20~25 ℃为最佳,上限温度 38 ℃,低于 16 ℃质量受严重影响。

重庆烟区烤烟生长期间的热量条件前期不足,中后期较佳。播种期平均温度仅 5～7 ℃,热量条件偏差,必须覆盖薄膜或在温室中进行育苗;移栽期 18～21 ℃,适宜;团棵旺长期 22～25 ℃,适宜;采收期 22～25 ℃,适宜。

（2）水分条件

根据贺升华等（2001）研究,大田生育期降水量在 400～520 mm 比较适宜,其中团棵旺长期需水 280～360 mm,采烤期需水 120～160 mm。

重庆烟区大田期降水量 550～650 mm,略偏多,其中大田期前中期水分适宜,后期雨水偏多。团棵旺长期 300～350 mm,适宜;采收期 250～320 mm,偏多 1 倍左右,但 7 月下旬—8 月中旬雨水较少,有利采烤。

（3）光照条件

刘国顺（2003）研究,优质烟叶在大田生长期日照时数需要 500～700 h,采烤期间需 280～400 h,日均日照时数 5 h 左右。

重庆烟区处于全国太阳辐射的低值区,但大田期光照 550～700 h,总体较为适宜。在烤烟采收期的日照时数 330～400 h,略多于全国优质烟区（云南玉溪）,采烤期平均日照时数 4.5～5.5 h,能满足优质烤烟生产对光照的需要。同时,山区多云雾,加之地形的影响使烟区多散射光,有利于中下部烟叶品质的提高。

1.1.8　蔬菜气象

根据相许昌燊（2004）、李成群（1999）、周虹（2001）、罗庆熙（1999）等相关研究,结合重庆蔬菜生产实际和气候生态特点,分类总结蔬菜的气象条件。

1.1.8.1　叶类蔬菜

（1）大白菜

大白菜是半耐寒性植物,适宜温和的气候,生长期间的适宜温度是 10～22 ℃,能耐轻霜而不耐严寒。种子在 8～10 ℃就能缓慢发芽,但发芽势弱,最适宜的温度是 20～25 ℃;幼苗期适宜温度 22～25 ℃;莲座期适宜的温度是 17～22 ℃。大白菜的生长要求中等强度的光照。对水分的要求,幼苗要求土壤相对湿度 90% 以上;莲座期要求 80%;结球期以 60%～80% 最为适宜。

（2）小白菜

小白菜营养器官发达,需要适宜的温度为 18～20 ℃,种子发芽的适宜温度为 20～25 ℃。在空气相对湿度为 80%～90%,土壤相对湿度 70%～80% 的环境下生长旺盛。

（3）莴笋

发芽下限温度 4 ℃,最适温度 15～20 ℃,上限温度 30 ℃;幼苗可耐 −6～−5 ℃ 的低温,但成株的耐寒能力减弱。幼苗生长的适宜温度为 12～20 ℃;茎叶适于在白天 20～25 ℃,夜晚 10～12 ℃ 的温度下生长,白天温度超过 28 ℃,夜晚超过 20 ℃ 则生长缓慢,易发生早期抽薹。茎、叶生长期及肉质花茎形成的适宜温度为 11～18 ℃。莴笋对水分的要求,幼苗期不干不湿,以免苗子老化或徒长;发棵期要适当控制水分,以促进莲座叶发育充实;茎部肥大期水分要充足,后期水分不可过多。

（4）菠菜

发芽下限温度 4 ℃,最适温度为 15～20 ℃,营养生长期对水分要求较多,宜小水勤灌,切忌大水漫灌,在土壤相对湿度为 70%～80% 的环境下生长旺盛,叶面积在日均温为 20～25 ℃

时增长最快。菠菜为典型的长日照作物,日照在 12 h 以上时,抽薹开花早,质量降低,秋季气温渐低,日照缩短,不易抽薹,易获得高产优质的产品。

(5)卷心菜

卷心菜喜冷凉、湿润的气候,一般月平均气温为 7～25 ℃ 的条件下都能正常结球,其耐寒性较强,可长期在 −2 ℃ 左右环境中生存。种子发芽适温为 18～20 ℃,叶球生长适温为 17～20 ℃,温度 25 ℃ 以上时幼苗生长缓慢,缩短茎延长,叶球小,包心不紧,对产量和品质都有影响。卷心菜要求有湿润的生长环境,一般在空气相对湿度和土壤相对湿度分别为 80%～90%、70%～80% 的条件下生长良好。卷心菜属于低温长日照植物,在植株没有完成春化阶段的情况下长日照条件有利于生长。

1.1.8.2　瓜类蔬菜

(1)黄瓜

在田间自然条件下,种子发芽的适宜温度 28～32 ℃,栽培种的生育适温一般为 15～32 ℃。黄瓜不耐寒,气温下降到 10～13 ℃,停止生长,达到 35 ℃ 以上易引起光合与呼吸的平衡。黄瓜对地温的要求较为严格,根系伸长的最适温度 20～25 ℃,地温低于 12 ℃ 根系生理活动受阻,低于 5 ℃ 易发生沤根。土壤相对湿度为 85%～90%、空气相对湿度为 80%～90%,生长良好。黄瓜喜光,但较耐弱光,光补偿点约为 2000 lx,田间光饱和点为 5.5 万 lx。

(2)南瓜

南瓜种子发芽最低温度 15 ℃,最适温度 25～30 ℃,上限温度 40 ℃,生长适温为 18～32 ℃。开花结瓜期需要较高温度,下限温度 15 ℃,最适温度 25～27 ℃,上限温度 35 ℃;根毛生长下限温度 6～8 ℃,最适温度 18～32 ℃。南瓜对光照强度要求比较严格,在充足光照下生长健壮,弱光下长势弱,易徒长,并引起化瓜。南瓜根系发达,茎叶茂盛,叶片大,蒸腾作用强,需水量大,最适土壤相对湿度为 50% 左右,最适空气相对湿度在幼苗期和伸蔓期为 60%～70%,果实膨大期为 70%～80%,果实成熟期为 55%～65%。

(3)冬瓜

冬瓜喜温暖又能耐热。生育期适温为 20～30 ℃,在 15 ℃ 以下不能生长发芽。根系伸长最低温度为 12 ℃,根毛发生的最低温度为 16 ℃。冬瓜属短日照蔬菜,短日照配合较低的夜温有利于雌花的形成,但整个生长发育要求长日照和强烈的光强,再结合高温和高湿,生长旺盛。冬瓜需水较多,尤其是坐果后需水更多。适宜的空气相对湿度为 80%,空气湿度过大,不利于授粉、花粉发芽、坐果和果实的发育。

(4)丝瓜

种子发芽的适宜温度为 25～35 ℃,在 28～30 ℃ 时能迅速发芽,20 ℃ 以下发芽缓慢。茎叶和开花结果都要求较高温度。温度在 20 ℃ 以上,生长迅速,在 30 ℃ 时仍能正常开花结果。15 ℃ 左右生长缓慢,10 ℃ 以下生长受抑制,甚至受害。丝瓜是短日照植物,在短日照下发育快,短日照天数越多,对丝瓜发育的促进作用越明显,不但能降低雄花和雌花的着生节位,甚至可使植株首先长出雌花。

1.1.8.3　根菜类

根菜类蔬菜大都原产于温带,多为半耐寒性的二年生植物,在低温长日照条件下发育快。肉质根适宜在冷凉的环境中膨大,生长过程中,在气温由高到低的条件下较易获得高产。

(1)萝卜

萝卜生长的温度为 5～25 ℃,生长适温 15～20 ℃。气温高于 25 ℃ 时植株生长衰弱,6 ℃

以下时生长缓慢。种子在 2 ℃左右就可以发芽,但其适温是 20～25 ℃;幼苗生长适温15～20 ℃;肉质根膨大适温为 18 ℃～20 ℃,肉质根膨大盛期所需昼夜温差为 7～12 ℃;肉质根受冻温度为－2 ℃左右。萝卜属长日照植物,需要中等光照强度,在叶片生长盛期和肉质根迅速生长期,萝卜光补偿点为 600 lx,光饱和点为 25000 lx。苗期最适的土壤含水量为 16％～18％,肉质根膨大期最适土壤含水量为 18％～22％,肉质根生长在土壤相对湿度 65％～80％,空气相对湿度 80％～90％条件下,可提高品质。

(2)胡萝卜

胡萝卜为半耐寒性蔬菜,对温度的要求与萝卜相近,但比萝卜耐寒、耐热。高温对胡萝卜肉质根膨大和着色不利。土温低于 12 ℃不利于肉质根的膨大和着色,16～21 ℃时根色较好。胡萝卜是长日照植物,光照不足会引起叶片狭长、叶柄细长、下部叶片营养不良而提早衰亡,降低产量和品质。一般耕作层不浅于 25 cm,土壤含水量为 60％～80％比较适宜。

1.1.8.4　茄果类蔬菜

(1)番茄

番茄是喜温性蔬菜,生长发育适温为 20～25 ℃。种子发芽的最低温度为 11 ℃,适宜温度为 25～30 ℃;幼苗生长以白天 20 ℃,夜间 10 ℃左右为宜;根系生长要求土壤温度在 7～8 ℃以上,而以 20～25 ℃为适宜温度;营养生长期适宜温度 20～25 ℃;开花期白天适温 20～30 ℃,夜间 15～20 ℃;结果期白天适温为 25～28 ℃,夜温为 16～20 ℃。番茄是喜光性作物,生长发育需要充足的光照,光补偿点为 2000 lx,光饱和点为 7 万 lx。番茄要求土壤相对湿度为 65％～85％,在湿润的土壤条件下生长良好,空气相对湿度以 50％～60％为宜。

(2)茄子

茄子喜温不耐寒冷,耐热。生长发育期间适宜温度 22～30 ℃,白天最好为 25～28 ℃,夜间为 16～20 ℃。种子发芽适温为 25～30 ℃,苗期根的生长要求较高的土温,土温在 25 ℃左右时根的生长旺盛,土温降到 12 ℃是发根的低温极限,当土温低到 10 ℃以下时根系停止生长,苗期茎叶生长适温为 22～30 ℃;开花前 7～15 d 遇到 15 ℃以下的低温,或者 30 ℃以上的高温,就会产生没有受精能力的花粉;结果期以温度 20～30 ℃,空气相对湿度 70％～80％,土壤含水量 14％～18％为宜。茄子对光周期反应不敏感,但光照强弱影响光合作用的强度,光补偿点为 2000 lx,茄子光饱和点为 4 万 lx,光照减弱时,茄子的光合作用降低,产量下降,且色泽不好。

(3)辣椒

辣椒属喜温蔬菜,辣椒生长发育适温为 20～30 ℃,低于 15 ℃生长发育缓慢,难以授粉,容易引起落花、落果,0 ℃时植株出现冻害,高于 35 ℃时,花器发育不全或柱头干枯,不能受精而落花。果实发育和转色,要求温度在 25 ℃以上。幼苗植株需水较少,移栽后,需水量逐步增加,初花期、果实膨大期需充足的水分。辣椒对光照的要求不是十分严格,种子在黑暗条件下容易出苗,而幼苗期则需要良好的光照条件,为中日性植物,光补偿点为 1500 lx,光饱和点为 3 万 lx。

1.1.8.5　豆类蔬菜

(1)四季豆

四季豆是喜温蔬菜,既怕严寒,又畏酷暑,可在 10～25 ℃下生长,其种子在 8～10 ℃开始发芽,发芽的最适温度 20～25 ℃,幼苗在地温 13 ℃时开始缓慢生长,生长的适宜温度为 20 ℃左右;开花结荚的适宜温度 20～25 ℃,在 30～35 ℃的高温下,落花落果数增多。春播在气温稳定在 10 ℃以上进行直播,或提前 15～30 d 用温床或大棚育苗;秋播矮生种宜在 8 月中旬播种,使在 35 d 左右结荚,蔓生种宜在立秋前后播种,使在 50 d 左右开始结荚。四季豆对光照强度要求较严格,光补偿点 1500 lx,光饱和点为 2.0 万～2.53 万 lx,在开花结荚期光弱,开花结荚减少。四季豆根系入土较深,有较强抗旱力,最适土壤湿度为田间持水量的 60%～70%,最适空气相对湿度为 65%～75%。

(2)豇豆

豇豆喜温耐热耐旱,但不耐寒,种子发芽最低温度 10～12 ℃、最适温度 25～28 ℃,植株生长最低温度 15 ℃、最适温度 20～30 ℃,超过 32 ℃或在最高温度为 35 ℃的条件下,常因授粉受精不良,引起落花,不易结果。豇豆喜阳光,属于短日照作物,缩短光照可降低花序着生节位,提早开花,增加产量。在开花结荚期间需充足日照,否则易落花。豇豆耐旱不耐涝,苗期应控水蹲苗,开花结荚期肥水应逐步增加,盛果期尤其不能脱水脱肥,灌溉不能积水,雨后应及时排水。重庆地区豇豆在气温稳定通过 15 ℃时可进行露地直播,春季栽培可在 3—4 月上旬播种,秋季栽培可在 6 月播种。

1.1.8.6 茎瘤芥

榨菜的基本原料是茎瘤芥,茎瘤芥是茎用芥菜中的一类,其显著特点是茎部发生变态,上面着生若干瘤状突起,形成肥大的瘤状茎(俗称瘤茎),瘤茎经过专门腌制加工便成榨菜。产区农民多把茎瘤芥这种作物称作青菜头或榨菜。茎瘤芥不择土质,各种土壤均可栽培,但以排水良好及表土深厚的壤土、黏质壤土等最为适宜。苗龄期(9—10 月)要求气候湿润,温度较高;以后(10 月—次年 3 月)则要求气候温和,变化均匀;结实期(4—5 月)以温度较高、气候稍干燥为佳。

(1)茎瘤芥的生长发育

茎瘤芥的生长发育过程可分为:发芽出土期;幼苗期,指菜苗出现第一片真叶到茎部开始膨大的阶段,这一时期的主要特点是叶片的生长和营养体的增大;茎瘤膨大期,指茎部开始膨大至现蕾(俗称"冒顶")的阶段,此时期瘤茎增大及瘤茎上的叶片同时生长;抽薹开花结实期,从现蕾到种子成熟的阶段。栽培上的重点是出苗至瘤茎充分膨大,并开始现蕾这一段时期。

(2)茎瘤芥各生长发育时期对环境条件的要求

根据刘佩瑛(1996)、王旭祎等(2006)、刘义华等(2003)的研究成果,结合重庆地区天气气候特征,重庆大部丘陵地区适合茎瘤芥生长发育。

① 种子发芽与出苗

涪陵茎瘤芥一般在白露前后播种,种子发芽的最适温度是 25～28 ℃。在旬平均气温 25 ℃左右,苗床土壤水分充足的情况下,播种后 3～4 d 即可出苗。

② 幼苗期

茎瘤芥幼苗期 60～70 d,其中大约 40 d 是在苗床度过的。幼苗期需要较高的温度、较多的日照和充足的水分。以涪陵沿江海拔 500 m 以下的地区为例,9 月上旬—10 月上旬,气温为 15.5～26.2 ℃,降水量 257.9 mm,日照时数 212 h,很适宜茎瘤芥的幼苗生长。

③ 瘤茎膨大期

在重庆榨菜主产区,茎瘤芥的瘤茎膨大期为 100 d 左右。这一时期除了要求较为充足的水分外,茎瘤的膨大对温度条件的要求尤为严格。秋季播种后气温逐渐下降,最适叶片生长的温度为 15 ℃左右,当气温降至 16 ℃以下时,具有一定营养体的植株茎部开始膨大,肉瘤逐渐突起。最适于茎膨大的旬平均温度为 8～13.6 ℃,进入瘤茎膨大盛期。茎叶能耐轻霜,较长期的霜冻可致茎瘤芥减产甚至死亡。

④ 抽薹开花结实期

茎瘤芥开花结实对温度要求不严格,但秋播茎瘤芥在 3 月上中旬受持续低温阴雨影响,易导致落花、落果。在开花盛期,雨水过多和雨日过频,种株开花和传粉结实将受严重影响,同时种株易罹软腐病,发生烂头现象,致使种子产量和质量下降。

1.1.9　金银花气象

金银花又名忍冬,喜温、耐寒、喜光、喜湿润、耐旱、耐涝,对土壤的要求不严,适应性较强,野生种分布十分广泛。金银花在重庆市各地区历来都有种植,重庆是金银花重要优质产区之一。

1.1.9.1　热量条件

金银花是喜温耐寒的植物,适应性较强,在气温 11～25 ℃ 的条件下都能生长,生长的最适温度为 20～30 ℃。根据彭国照等(2007)、赵素菊等(2006)研究,金银花在气温 3 ℃ 以下停止生长,5 ℃ 时植株就开始发芽生长,16 ℃ 以上新梢生长迅速,并开始孕育花蕾,20 ℃ 左右花蕾生长,盛花期期间日平均气温稳定通过 20℃ 以上、活动积温小于 2900 ℃·d 时,全年花期将缩短 15～20 d;活动积温 3100～3300 ℃·d 时,全年花期将延长 15～20 d;活动积温大于 3300 ℃·d(或连续 4 d 出现 36 ℃ 以上高温天气),将直接影响二茬盛花期的形成与维持,全年盛花期将缩短 20 d 左右。二茬盛花期正值 7 月高温时段,连续高温天气不利于花蕾形成。日平均气温大于 28 ℃ 出现连续 3 d 以上,单蕾生育时间迅速缩短,花蕾小、无光泽,影响产量与品质。

重庆海拔 1000 m 以下地区年平均气温为 12～18 ℃,能满足金银花生长对年平均气温的要求。而日平均气温≥3 ℃、日平均气温≥16 ℃ 等金银花生育界限温度的天数,重庆市大部地区均多于山东日照、河南封丘等优质金银花产区。因此,在一年的生长周期中,重庆市金银花的适宜生长时期长,尤其是日平均气温稳定通过 3 ℃ 的天数,大部地区在 330 d 以上,金银花几乎全年处于可生长状态;但重庆海拔 600 m 以下地区金银花生长期间温度偏高,导致金银花生长发育速度偏快,花期缩短,不利于金银花产量和质量的提高。

1.1.9.2　水分条件

金银花喜湿润、耐旱、耐涝,以生长年降水量 700～800 mm、空气相对湿度 65%～75% 为宜,空气相对湿度大于 80% 或小于 60% 生长受到影响。盛花期期间降水量分布均匀,利于花蕾的形成与生长,单枝花蕾密度大、自然落花少,干花率可达 15%～20%。首次开花期降水量大于 20 mm 即可,花期雨水过多,容易灌花,形成哑巴花萎缩,降水少,易旱花。

重庆地区年降水量 1000～1300 mm,能够满足金银花生长的需求。3—5 月雨量为 220～400 mm,能够满足根系生长对水分的需求,有利于金银花萌芽育蕾,促使花墩生长旺盛,花期提前,夏季 6—8 月,降水量为 450～570 mm,相对于金银花优质产区偏多 150 mm 左右,雨日多,湿度过大,易造成花蕾脱落,不利于绿原酸的累积。

1.1.9.3　光照条件

金银花是比较喜光的一种植物。以年日照时数 1800～1900 h 为最适宜,以日日照时数 7～8 h 为佳。尤其是在花芽分化的 5、6 月,需要相对充足的日照,月日照时数少于 200 h,花蕾育蕾时间将延长,品质降低。

重庆地区光照资源在全国属低值区。全市年太阳辐射量为 3000～4000 MJ/m²,年日照时数 950～1600 h;但金银花生长季的 3—9 月的太阳辐射量为 2300～3000 MJ/m²,日照时数为 750～1100 h,约占全年的 75%。表明重庆市光照资源相对贫乏,但光照资源与水、热同季,金银花主要生长期及四茬开花期间的夏半年光照资源相对丰富,有利于提高光能资源利用率,增加金银花绿原酸的积累,形成较好品质。

1.2　经济林果气象

1.2.1　柑橘气象

　　柑橘是我国南方最重要的果树,也是世界上最重要的水果之一。重庆地处我国柑橘生态最适宜区和农业农村部《全国柑橘优势区域发展规划》"长江上中游优势柑橘产业带"核心区域,有38个区(县)种植柑橘,面积11.7万 hm²,常年产量110万 t,其中三峡库区8.7万 hm²,占73%。重庆柑橘集中分布在永川至巫山长江流域中低海拔地带(图1-2)。柑橘已成为重庆市三峡库区的支柱产业和农业产业不可替代的第一优势产业,成为实现城乡统筹发展的主导产业。

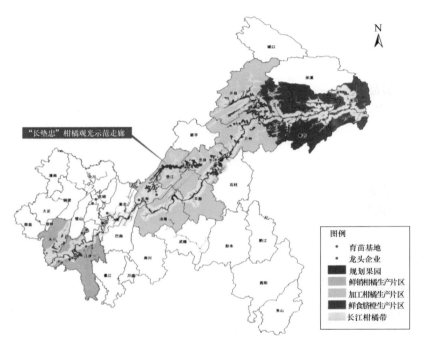

图例
- 育苗基地
- 龙头企业
- 规划果园
- 鲜销柑橘生产片区
- 加工柑橘生产片区
- 鲜食脐橙生产片区
- 长江柑橘带

图 1-2　重庆长江柑橘带分布示意图

1.2.1.1　柑橘生长的气象条件

　　柑橘是典型的亚热带常绿果树,喜温暖湿润气候,经济栽培区域主要集中在北纬20°~23°、海拔700 m 以下的缓坡、丘陵地带。许昌燊(1999)、何天富(1997)、文泽福等(2001)、高阳华等(1995a,1995b,1995c)研究表明,温度、光照、水分等气候环境因子对柑橘生长发育及果实品质具有重要影响。

　　(1)热量条件

　　影响柑橘生长发育的外界因子中,温度的影响最大。柑橘生长的适宜温度为23~29 ℃,要求≥10 ℃积温4500~8000 ℃·d。在此范围内,随着温度的升高,果实含糖量增加、含酸量下降、品质上升。而过高或过低的温度将抑制树体生长,导致果实品质下降。柑橘生长的临界温度分别为12 ℃和40 ℃,气温降到12 ℃以下或超过40 ℃时,树体停止生长。品种间宽皮柑橘对热量条件要求较低,甜橙较高,柠檬最高。树体不同器官耐低温能力主干最强,按枝条—叶片—花蕾—果实顺序降低。各品种耐冬季极限低温,温州蜜柑为−10 ℃,甜橙为−7 ℃,柠檬为−4 ℃。

(2)水分条件

柑橘生长一般要求年降水量1000~1500 mm、土壤相对湿度60%~80%。橘树生长最快的春、夏、秋季,多雨或干旱都不利于柑橘的生长发育,伏秋持续干旱会引发温州蜜柑、本地早蜜橘、脐橙等品种的裂果,造成产量损失。秋季连阴雨会影响叶片光合作用及碳水化合物的积累,降低果实着色、品质和耐贮性。

柑橘园的空气的相对湿度以75%左右为佳,空气湿度偏高,果皮光滑,色泽鲜艳,汁多味甜;空气湿度小,果皮粗糙,汁少味劣,且果形小,但较耐贮藏。重庆地区空气相对湿度大都在80%以上,有利于果实品质提高。

(3)光照条件

柑橘是短日照果树,喜漫射光,较耐荫,一般要求年日照时数1200~1500 h,丰富的日照有利于枝、叶、花芽生长发育,提高果实的坐果、结实和着色品质。光照不足,会引起落果,叶片增大变薄,叶色变淡,内膛枝条枯死,果实品质下降。开花—幼果期若出现阴雨寡照天气将导致落果增加。

光对柑橘果实品质影响最大的时期是8—11月,若光照不足,会导致果汁含糖量显著减少,在果实成熟后期,充足的阳光有利于提高果实的糖分积累。相对而言,宽皮柑橘对光照的要求较高,而甜橙类较耐荫。

1.2.1.2 柑橘关键发育期气象条件

(1)花芽分化期

花芽分化期指从12月根系停止生长持续到2月的芽萌动、芽膨大。冬暖温高,雨水调匀,日照时数多,树势恢复快,生长健壮,花芽分化多,有利提高坐果率,反之,春芽萌动推迟,花芽分化少,瘦弱多枝,将加重落花落果。气温低于0 ℃,将严重减少花芽分化数量。强寒潮、气温≤−3 ℃时,甜橙类会发生不同程度的冻害,柑类、橘类花芽分化受到影响。

(2)花芽分化—抽春梢现蕾展叶期

3月迎来根系第一次生长高峰期。春季低温干旱,花器发育不良;气温回升到13 ℃左右,是柑橘开始发育的时期,春芽膨大;≥15 ℃是适宜抽春梢和现蕾的温度,以稳定升温,天气晴好,日照充足,无强寒潮低温危害为宜。

(3)初花—幼果形成期

4月为柑橘的初花—幼果形成期。天气晴朗,气温18~20 ℃,相对湿度<70%,利于开花授粉,提高坐果率;低温阴雨,温度<16 ℃时,花粉受精受阻,花期延长,<12 ℃时,花、幼果易致害;高温干旱,温度大于37 ℃时,湿度过小,花粉干枯,不利于花粉萌发,花萎果落;大雨和风雹灾害会造成落花、落果和机械损伤。

(4)幼果发育—抽夏梢期

5—6月为柑橘幼果发育—抽夏梢发育期,在此期间柑橘有两次生理落果。花期遇大风、暴雨、连阴雨、异常高温等灾害性天气,会妨碍授粉受精,导致落花、落果;花后如遇连阴雨天气,日照少,雨水过多,容易落果,同时大量抽出晚春梢和早夏梢,将增大落花落果率;晴天,光温匹配良好,雨水适中,则利于幼生生长,对坐果有利。

(5)果实膨大期

7—9月为柑橘的果实膨大期,在此期间柑橘将迎来根系二次生长高峰、抽秋梢、花芽生理分化。气温高,雨水调匀,无干旱发生,空气相对湿度<70%的天气条件,利于果实膨大和次年花芽形成;气温20~25 ℃,最适合柑橘生长,>39 ℃停止生长,>40 ℃则致害;干旱之后雨水过多,或多暴雨,将加剧生理落果和造成果实裂口,影响果品质量。

(6)果实着色—成熟期

10—11月为柑橘的果实着色—成熟期,此期间有根系第三次生育高峰,花芽形态分化。低温冷害会造成来年花少,甚至无花。果实着色以15~20 ℃为宜,当气温高于34 ℃或低于7 ℃时,则不能促进着色。重庆橘区秋季气温下降快,昼夜温差增大,果皮叶绿素分解迅速,着色早,皮色较鲜艳。成熟期温度为15 ℃左右,雨水相对较少,湿度小,日照充足为适宜。连阴雨天气对果实着色成熟不利;过早出现霜冻,温度<−3 ℃,对果实着色成熟不利,会产生不同程度的冻害;低温阴雨、高湿会造成果实味淡质量差;强寒潮急剧降温,对果实成熟和根系生长不利。

1.2.2　花卉气象

重庆地区气候湿润,热量条件好,适合多种花卉苗木生长。根据杨念慈(1984)、杨灿芳(2000)、孙可祥(1983)研究成果,结合重庆地区气候特征,分析最常见的十种花卉的主要气象条件。

1.2.2.1　腊梅

梅先天下春,岁寒腊旺。温度是影响腊梅开花的限制性因子,腊梅性喜温暖、湿润和光照充足的环境,对外界环境的适应能力比较强,具有较强的耐寒力。在温度为14~28 ℃时生长良好,但在0~10 ℃时才能正常开花。在催花前期应该将植株的环境温度逐步提高,同时也要避免持续的高温,否则容易导致哑蕾现象的发生。腊梅喜充足的日光照射,光照对开花有重要影响,在栽培过程中应该保证植株每天接受不少于4 h的直射日光。阳光充足有助于植株花芽分化,缺少光照则可导致腊梅枝条上的花蕾数目明显减少。腊梅喜湿怕涝,具有较强的耐旱能力。

1.2.2.2　月季

月季性喜温暖和阳光,最适宜的生长温度为18~25 ℃。当气温达到30 ℃以上时,长势明显减弱,对花芽分化和花蕾形成不利,以致花少花小,露心大,色泽暗淡,节间长,花蕾稀,植株长势不良,甚至落叶,易受病虫危害。月季开花以20~25 ℃为宜,较大的温差对延长花期有利。气温降到0 ℃以下出现霜冻时,月季即开始落叶休眠,它能耐受−20 ℃的低温,安全越冬。月季喜光,对光照反应比较敏感,5、9两个月的日照时数每天大约13 h,其生长非常良好,而伏天每日日照时数达16 h以上,其长势远不如春秋季繁茂。如果水分供应不足,扦插月季就不能生根,嫁接月季也不能愈合。在萌芽期,其根系也刚刚活动,要求比较湿润的土壤和适宜的外界环境条件,才能正常生长和良好发育。在现蕾期略增加浇水次数,使土壤湿润,以延长开花期。花后经修剪,结合追肥进行浇水。

1.2.2.3　茉莉

茉莉性喜温热,畏寒冷;喜光照,怕荫蔽;喜湿润,怕水涝。当日平均气温在10 ℃以上时,开始缓慢生长;平均气温19 ℃以上时,枝条开始发芽;25 ℃以上时孕育花蕾的形成及发育较好,产花量大。茉莉畏寒,气温在0 ℃以下,尤其是有霜时,植株地上部分首先受到冻害,重者,枝条大部分干枯死亡。茉莉是长日照偏阳性花木,如果在茉莉生育期间光照充足,其生育迅速且着色好,花高而大,病害少。茉莉是怕旱怕涝,若排水不良、长期积水或干旱,都会影响茉莉的生长发育。茉莉叶片的相对含水量小于 70%，就会引起缺水疤。土壤持水量为 60%～80%时，根系最有活力。当气温为 15～22 ℃时，长期阴雨易引起白绢病。

1.2.2.4　山茶花

山茶花生长适温为 15～32 ℃，空气相对湿度以 60%以上为宜，可耐−8 ℃的低温。茶花培植土要偏酸性，并要求较好的透气性，以利根毛发育，通常可用泥炭、腐锯木、红土、腐殖土或以上的混合基质栽培。茶花要求光照强，春、秋、冬三季可不遮阴，夏天可用 50%遮光处理。茶花平常要用中性或偏酸性的地表水浇灌，浇水要掌握"见干见湿"，干了再浇，浇要浇透，但要注意不能过干。一般在春梢末期着蕾前要适当扣水，以利向生殖生长转化，花前不能断水。

1.2.2.5　樱花

樱花是适应性比较强的树种，较耐寒，同时喜光、喜湿润空气。将樱桃种和湿沙混合放在 1～3 ℃的环境里，经过 50 d 左右即可播种。盆栽樱花，可以带盆埋在土中越冬。如果春节用花，可提前 40 d 左右移入室内，放在通风向阳处，室内保持 15～20 ℃，每 2 d 浇水一次即可。

1.2.2.6　桂花

桂花为常绿灌木或小乔木。桂花喜温暖湿润、光照适中、通风而又避风的气候生态，较耐高温，也有一定的耐寒能力。生长发育的最适温度为 25～28 ℃。喜光，在幼苗期要求有一定的庇荫。桂花的花芽需要在夜间最低温度降到 17 ℃以下时才能开放。适宜生于土层深厚、排水良好、富含腐殖质的偏酸性沙壤土，忌碱性土和积水。通常可连续开花两次，前后相隔 15 d 左右，花期 9—10 月。

1.2.2.7　虞美人

虞美人为 1～2 年生草本花卉。喜充足阳光，宜温暖，不耐寒，不耐高温，亦不耐高湿。对土壤要求不严，但以排水良好、肥沃的中性沙壤土为宜。发芽适温 15～20 ℃，生长适温 5～25 ℃。

1.2.2.8　杜鹃花

杜鹃花有喜温凉、湿润和比较耐荫的生态习性，适宜于在光照不太强烈的散射光下生长，生长的适宜温度为 12～25 ℃，春、秋两季是其旺盛生长的时期。要求富含腐殖质、疏松、湿润、pH 为 5.5～6.5 的酸性土壤。对光有一定要求，但不耐暴晒，夏、秋季应有林木或荫棚遮挡烈日。一般于春、秋二季抽梢，以春梢为主。最适宜的生长温度为 15～25 ℃，气温超过 30 ℃或低于 5 ℃则生长趋于停滞。杜鹃花不耐炎热的习性，使天然野生杜鹃大都分布在海拔 800 m 以上气候较为温凉的中低山上。冬季有短暂的休眠期。

1.2.2.9　荷花

荷花为宿根水生花卉。原产热带、亚热带，性喜温暖、湿润和阳光充足的水生环境。既喜夏热，又耐冬寒，尤以春早、夏长、秋足的暖热地区生长更为佳良。喜光，喜湿怕干、不耐荫，喜相对稳定的静水，不爱涨落悬殊的流水。栽植季节的气温至少需 15 ℃以上，最适温为 20～30 ℃，以清明节前后栽种较为适宜，茎叶花蕾在 25 ℃以上生长较为适宜，盛夏为荷花营养生长和生殖生长的全盛时期，冬季气温降至 0 ℃以下，盆栽种藕易受冻。在强光下生长发育快、开花早，但凋萎也早。荷花对土壤要求不严，以富含有机质的肥沃黏土为宜，适宜的 pH 为 6.5。

1.2.2.10　菊花

菊花属典型的短日性、多年生草本花卉。菊花适应性强，喜凉爽，耐寒性强。生长适温 18～21 ℃，上限温度 32 ℃，5～8 ℃时生长减慢，低于 3 ℃时基本上停止生长，低于 0 ℃或出现

连续霜冻危害时,地上部分茎叶出现枯萎,地下茎根进入休眠状态,地下根茎耐低温极限为
－10 ℃。花蕾期最适温度为 18～21 ℃,还需要短日照条件配合,花期最低夜温 17 ℃,开花中
后期可降至 13～15 ℃。喜充足阳光,开花期稍耐荫。较耐旱,忌积涝,喜地势稍高、土层深厚、
富含腐殖质、疏松肥沃、排水良好的壤土。

1.2.3 蚕桑气象

1.2.3.1 重庆主要蚕期分布时段
(1)春蚕
出库:4 月 20 日左右,接着催青 10 d。
养蚕:5 月初(立夏前后),经 24～30 d,一般 5 月底,少数 6 月初结束。
上蔟:5 月底五龄后 4～6 d。
(2)夏蚕
出库:6 月 5—10 日,催青 8～9 d。
养蚕:6 月中旬开始,经 22～25 d 后上蔟。
(3)秋蚕
出库:一般 7 月底—8 月 10 日前出库,催青 8～9 d。
养蚕:8 月中旬起,一般 25 d 左右上蔟。
(4)晚秋蚕
出库:9 月初出库,催青 10 d 左右。
养蚕:9 月中旬起,经 30～40 d 后上蔟。

1.2.3.2 桑树生长的气象条件
桑树是喜温树种,在年平均气温 10～25 ℃ 的地区均可栽培,≥10 ℃ 活动积温在
2600 ℃·d 以上、无霜期在 120 d 以上的地区,栽桑养蚕才有一定的经济效益,四川盆地适宜
蚕桑发展,是我国四大主产区之一(胡国洪 等,1996;何永坤 等,2001)。桑树在春季土壤温度
上升到 5 ℃ 时,根系开始活动,温度上升到 12 ℃ 时,桑芽萌发,并开始长出新根,随着温度的上
升,生长加速,20 ℃ 以上进入旺盛生长期,生长最适温度 25～30 ℃。地温在 25 ℃ 左右,桑树
根系吸收作用旺盛,当气温高于 40 ℃ 时生长受到抑制,秋末冬初气温降至 12 ℃ 以下时,桑树
便停止生长,落叶休眠。桑叶产量的高低与积温的多少呈正相关。合成 1 kg 干物质的桑叶,
大体需要消耗 300 kg 的水。在 7—8 月旺盛生长期,如月雨量低于 100 mm,高温干旱往往导
致桑树提早止蕊,桑叶提早凋萎黄落。光照和阴雨与桑叶产量关系密切,据测定,气温在 25 ℃
的晴天,桑叶光合作用同化量比阴天多 50% 左右,比雨天多 70% 左右。空气中二氧化硫和氟
化物能使桑叶受害,甚至脱落。氟化物由气孔进入叶肉体与水作用形成氟化氢,导致酶的作用
和体内代谢功能的混乱,易使桑叶失绿变白,甚至造成蚕中毒死亡。

1.2.3.3 桑蚕养殖的气象条件
(1)热量条件
蚕属于变温动物。蚕生长发育的起点温度大致为 7.5 ℃,蚕儿开始活动的温度为 5～
10 ℃,温度为 10～30 ℃ 活动正常。蚕卵胚胎要用 26 ℃ 较高温度保护,催青适宜温度 15～
30 ℃。桑蚕正常发育的温度为 20～30 ℃,随着温度的升高发育加快且龄期缩短。温度在
20 ℃ 以下或 30 ℃ 以上,均不利于蚕的发育。长时间接触低温或高温将会损害蚕体的健康,
影响蚕茧的产量和质量。桑蚕所能忍受的最低温度一般为 7 ℃,其适温随蚕龄增加而降

低,一般第一、二龄以 26~28 ℃,第三龄以 25~26 ℃,第四龄以 23~25 ℃,第五龄以 22~25 ℃为适宜。

(2)湿度条件

湿度对蚕儿生命活动有促进作用,蚕室的适宜空气相对湿度,因蚕龄的大小而不同,第一、二龄为 90%左右,第三龄为 85%左右,第四龄为 70%~80%,第五龄为 65%~75%。凡相对湿度大于 90%的高湿或小于 50%的低湿都不利于家蚕的饲养,湿度过低宜补湿,湿度偏大时则宜排湿。湿度偏小时,一般在桑叶上喷水增加湿度;湿度偏大时,增加通风时间进行排湿。

(3)空气和气流

蚕在饲养过程中需要新鲜空气,蚕室气流有调节温湿度、交换气体、减少污浊空气对蚕危害的作用,一般大蚕比小蚕对气流的要求高。通常蚕室内应保持 0.2~0.3 m/s 的微风气流,大蚕遇高温多湿时,则要求 0.5 m/s 的较大气流。

(4)光照条件

光对蚕的生育有抑制作用,但在低温饲育条件下,光对蚕发育反而有促进作用。蚕室应利用散射光,避免太阳光直射蚕体。蚕座应是白天微明(尤其在夏季),夜间以黑暗自然状态为宜,电光灯不宜过强,一般在 50 m² 的蚕室采用 15 W 灯泡即可满足。为了最后达到茧重的要求,小蚕期室内以微明、大蚕期以黑暗状态为佳。

1.2.4　茶叶气象

1.2.4.1　热量条件

茶树是典型亚热带植物,对温度变化较为敏感,对热量要求较高。茶树生长的适宜温度为 15~30 ℃,最适宜茶树栽培地区的年平均温度 15~23 ℃,≥10 ℃积温 4500 ℃·d 以上。春季平均气温稳定通过 10 ℃开始萌发,随气温的升高生长加快,当气温上升到 15~20 ℃,茶树生长较旺,高温对茶树生长不利,当日平均气温达到 30 ℃以上时,新梢生长受到抑制,芽叶受到影响;当日平均气温超过 35 ℃,且持续时间较长时,新梢枯萎,叶片脱离。茶树对低温比较敏感,在生长期内气温降至 10 ℃以下,茶芽生长变慢,甚至停止生长,如气温骤降到 0 ℃左右,已萌动的芽会遭受冻害。耐寒性较强的中、小叶品种,当气温降至 −7 ℃开始受害,−10 ℃时受冻明显,−15 ℃时则冻死;耐寒性较弱的大叶种,0 ℃开始受害,−5 ℃时受害严重,甚至死亡(王守生 等,2003;赵仲,2001;龙振熙 等,2010;汪元霞,2012)。

重庆地区茶区热量条件较佳,年平均气温 15~19 ℃,≥10 ℃的持续时间 260~290 d,≥10 ℃积温 4800~6400 ℃·d,海拔 400~800 m 地区日平均气温稳定通过 10 ℃的初日在 3 月上旬—4 月上旬,终日在 11 月中旬—12 月上旬;最冷月 1 月平均气温 4~8 ℃,极端最低气温 −8~−3 ℃。春茶萌动的 3 月平均气温 10~14 ℃,秋茶停采的 10 月均温 15~18 ℃。

1.2.4.2　水分条件

茶树对水分的要求较高,茶树最适宜的年降水量为 1500 mm 左右,以年降水量 1000 mm 为适宜,茶树生长季中,平均每月降水量 100 mm 能满足其生长需要。重庆茶区平均年降水量 1000~1300 mm,全年降水日数 138~174 d,占全年总天数的 37.8%~47.7%。茶树生长季节的 3—10 月降水量 890~1160 mm,占全年总降水量的 90%左右,能满足茶树生长对水分的需求,但部分年份有季节性干旱,特别是 7 月下半月—8 月上半月常常出现伏旱天气,茶树生长可能受到影响。茶树生长对空气湿度的要求较高,以相对湿度 80%左右最为适宜。重庆茶区生长季节相对湿度除东北部外,其余地区相对湿度 79%~83%,有利于茶叶生长。

1.2.4.3　光照条件

茶树属 C_3 植物,喜弱光而耐荫,喜于漫射光下生长,新梢持嫩性强,内含物较为丰富,特别是氨基酸含量较高,香气好,绿茶品质佳。茶树属于短日性植物,在茶树生长期间,日照百分率若小于45%,生产的茶叶质量较优,若小于40%,质量更好。

重庆茶区由于受复杂地形的影响,云雾较多,全年日照时数1000~1500 h,日照百分率30%~37%,是全国低日照地区。在总辐射中,直接辐射约占38%,适宜茶树生长的散射辐射占62%左右,有利于茶树生长和优质绿茶生产。

1.2.5　中药材气象

重庆多山地,道地药材资源丰富,其中石柱黄连、巫溪大宁党参、太白贝母、白术、杜仲、天麻等药材的品质享誉全国。据统计,2020年重庆全市中药材种植面积达到16.7万 hm^2 ,总产量达到81万 t,种植业产值达到60亿元,综合产值达到500亿元。根据相关研究(陕南秦巴山区中药材气象服务业务系统课题组,2008;李艾莲,2010)分析,重庆地区主要道地药材气象条件如下。

1.2.5.1　黄连

重庆市黄连栽培分布在海拔1000~1800 m的高寒地区,一般年平均气温为8~10 ℃,月平均气温最高不超过23 ℃,最低气温为-4 ℃左右,极端最低气温为-8 ℃左右。通常10月下旬初霜,3月中旬终霜,霜期150 d左右。全年降水量1000 mm以上,多雾潮湿,平均空气相对湿度为85%左右。黄连需要气候冷凉、空气湿度大的自然环境条件,最怕高温和干旱。黄连为阴地植物,可利用林间间隙照射的阳光,忌直射阳光,但不能过分郁闭,否则黄连植株柔弱纤细,容易发生病害,产量极低。

1.2.5.2　党参

党参喜温和、凉爽气候,怕热,较耐寒,适温为8~30 ℃,温度在30 ℃以上时,党参的生长就受到抑制,具有较强的抗寒性,-30 ℃左右仍保持生命力。生长期持续高温炙热,地上部分易枯萎或患病害。昼夜温差大对党参根中糖分等有机物积累有利。在年降水量500~1200 mm,空气相对湿度70%左右的条件下即可生长。幼苗喜阴,成株喜光,幼苗期需要适当遮蔽,在强烈的阳光下幼苗易被晒死,或生长不良。随着苗龄的增长对光的要求逐渐增加,2年以上的植株需移植于阳光充足的地方才能正常生长。

1.2.5.3　太白贝母

贝母喜冷凉气候条件。具有耐寒、喜湿,怕高温,喜荫蔽的特性。原生长于海拔2700~4400 m的高山、高原地带的林中灌丛和草甸,土层腐殖质较厚呈酸性。太白贝母生产于四川盆地的东北部(万源)、东部(巫溪),生于海拔2400~3100 m的山坡草丛中或水边。贝母从种子萌发到开花结实要经过4个龄期。第一龄期指由种子萌发至该生长季结束的实生苗阶段;第二龄期,即第二个生长年;第三龄期,即第三个生长年,即植株开始形成明显的花茎,部分开花但不结果;第四龄期,即植株生长到第四年,开花结果,株高40~70 cm,年生长期为90~120 d,春季出苗后,地上部分生长迅速,5—6月进入花期,8月下旬—9月初果实成熟,9月中旬以后,植株迅速枯萎,进入休眠期。重庆巫溪红池坝是太白贝母的主要出产地,该地区年平均7~7.6 ℃,1月、4月、7月、10月平均气温分别为-3.5 ℃、7.3 ℃、19.0 ℃、8.6 ℃,极端高温29.8 ℃,年生物积温(大于0 ℃)为2207 ℃·d,累积264 d,相对湿度82%~84%,全年无霜期105~148 d,年降水量1500~2400 mm,降雨主要集中在4—10月,占总量的85%,降雪主要集中在 11 月至次年 3 月,占 15%。大巴山区光照条件以寡照为特点。通常上半年阴雨(雪)天气较多,下半年晴好天气相对多。年总日照时数 1070~1400 h,7—12 月平均日照时数占全年的 65%。

1.2.5.4　白术

白术喜凉爽气候,怕高温。气温在 30 ℃以下时,植株生长速度随气温升高而加快,如气温升到 30 ℃以上时,生长受到抑制,地下块根部分生长以 26~28 ℃最为适宜。白术对土壤水分要求较严格,怕干旱,忌水涝,以排水良好的沙质土为宜。

1.2.5.5　天麻

天麻喜凉爽气候,生长于海拔 800~2200 m 的中高山地区的林下阴湿地带。一般在 6—7 月开花,7—8 月结果。一般要求夏季气温低于 25 ℃,年降水量 1500 mm 左右,空气相对湿度 80%~90%,土壤相对湿度 50%~70%,微酸性土壤。天麻种子萌发适温为 25 ℃左右,地温增至 15 ℃以上时,天麻进入生长期。光对天麻地下部分的块茎生长繁殖无直接影响,但必须创造一定的荫蔽条件,荫蔽度应在 60%左右为宜。天麻生长中期需水量大于初期和后期。

1.2.5.6　杜仲

杜仲为落叶乔木,高可达 20 m,生长于海拔 800~2000 m 的山地,尤以海拔 800~1200 m 的中低山、丘陵地区为适宜生长区域。杜仲适宜于低温、湿润的环境生长,喜阳光充足,雨量充沛,耐寒力较强,在年平均气温 13~17 ℃、年降水量为 500~1500 mm、1 月平均气温在 0 ℃以上、极端最低气温不低于−20 ℃的地区,均可发展。对土壤有广泛的适应性,在酸性、湿润、pH 为 5~7.5 的壤土中种植最为适宜。

1.2.6　猕猴桃气象

中华猕猴桃和美味猕猴桃原产于长江流域沿岸,即秦岭—淮河以南地区,中华猕猴桃主要分布于我国东南地区;美味猕猴桃主要分布在西南、西北地区。根据张洁(1994)、樊国昌等(2001)研究,重庆是中华猕猴桃和美味猕猴桃的混生带。

中华猕猴桃实生苗一般 3~4 a 开花结果,6~7 a 进入盛果期;美味猕猴桃实生苗 4~6 a 结果,嫁接苗定植第二年就可开花结果,4~5 a 进入盛果期。重庆地区海拔 800~1000 m 的猕猴桃物候期,伤流期在 2 月中下旬,萌芽期在 3 月上中旬;展叶期在 4 月上中旬;开花期在 5 月中下旬,花期雌株为 12~15 d,雄株为 8~14 d;新梢生长期在 4 月上旬—8 月中旬,有 3 次生长高峰;果实发育期从 6 月上旬开始,需 120~150 d,有 3 次生长高峰;果实成熟期在 9 月下旬—10 月上中旬;落叶期在 11 月中下旬—12 月上旬。

1.2.6.1　热量条件

猕猴桃性喜温暖气候,在年平均气温 10 ℃以上的地区可以生长,年平均气温 12~15 ℃、7 月平均气温 20~25 ℃、1 月平均气温 0~6 ℃、大于 10 ℃的积温 4500~5200 ℃·d、无霜期 210~290 d 的地方为猕猴桃的最适生态区,重庆地区在海拔 800~1400 m 的地方栽培猕猴桃易获得优质高产。

中华猕猴桃萌动期气温要求在 8.5 ℃以上,展叶期为 11.5 ℃以上,开花结果期在 15 ℃以上,整个生长期需 190~230 d,休眠期可耐−12 ℃的低温,萌芽期如遇−3 ℃低温,萌芽会被冻死,夏季高温易加重旱害和日灼。美味猕猴桃在 10 ℃以上才能萌动,15 ℃以上才能开花,20 ℃以上才能结果,当气温下降至 12 ℃左右时,进入休眠期,全生育期 210~240 d。

1.2.6.2 水分条件

猕猴桃对水分需求较大,要求年降水量 1000~1600 mm,空气相对湿度在 75% 以上。在日照强、空气相对湿度低的季节应进行适当灌溉,特别在幼苗期需适当遮阴和保持土壤湿润。

1.2.6.3 光照条件

猕猴桃要求年日照时数 1000~1200 h 以上,是中等喜光性果树,喜漫射光,怕暴晒。幼苗期喜阴凉的环境,需适当遮阴。

1.2.7 花椒气象

花椒是喜温耐寒的树种,能耐受 40 ℃ 的高温、−21 ℃ 的低温,一般在年均温为 8~18 ℃、年降水量小于 750 mm、年日照时数 1000 h 以上的地区都可种植(廖万祥,2000;余优森 等,1994),但年均温在 10~16 ℃ 的区域种植最宜,重庆是花椒种植最适宜区域。

在春季日平均气温稳定通过 0 ℃ 时,花椒树液开始流动,稳定通过 8 ℃ 以上时芽开始萌动,气温达 10 ℃、13 ℃、18 ℃ 时,分别进入现蕾期、开花期和着色期,气温升至 20 ℃ 时果实普遍着色成熟。重庆市大部地区花椒在 4 月下旬开始开花,花期一般 13~17 d,花期的适宜温度 10~19 ℃;盛花现蕾期 10~12 d,果实在花末期后 15~20 d 开始迅速膨大,果实发育的适宜气温为 20~25 ℃。花椒从芽开放至果实着色成熟全生育期 117~130 d,≥5 ℃ 积温 1900~2600 ℃·d。

重庆地区花椒成熟期一般在 7 月中旬前后,伏旱对花椒品质、产量影响不大,但由于花椒根系耐水性极差,最怕水涝,土壤排水不良、含水量过高都会严重影响花椒的生长与结果。因此在选择种植地时,不宜选择低洼易涝的地方,栽苗时苗木根茎部的土不能低于地平面。

1.3 畜牧气象

1.3.1 气象条件

1.3.1.1 热量条件

气温是影响畜禽生长发育的主要气象因子(刘文亚,2008),畜禽对温度的适应程度因种类、年龄、覆被和饲养管理不同而有很大差异。一般猪的肥育适温为 15~25 ℃,肉鸡与蛋鸡对温度的要求不同(耿继平,2008),蛋鸡最适温 13~20 ℃,肉鸡为 24 ℃,肉牛在 8~20 ℃ 下长膘最快。哺乳动物产奶量有季节变化,牛在 0~21 ℃ 时产奶量较少,气温在小于 5 ℃ 或为 21~27 ℃ 时产量略减,高于 27 ℃ 后则锐减。畜禽体温是相对稳定的,气温却是瞬时变化的,它们之间时刻都在以对流、传导等多种方式交换热量。因此,畜禽需要不断地调节生理机能以适应环境温度的变化。

1.3.1.2 水分条件

畜禽对水分条件的要求表现在饮水和适宜的空气湿度。一般畜禽要求空气相对湿度为 45%~70%,低于 30% 或高于 80% 都是有害的,高温高湿则更不利。如青年猪在 35 ℃、相对湿度 80% 以上的环境中,1 h 体温可升到 40 ℃,母鸡在 38 ℃、相对湿度 75% 以上的条件下,经过 7 h 死亡。冷雨或连阴雨可导致畜禽疫病,如仔猪白痢、鸡的球虫病和牛羊的腐蹄病等。

1.3.1.3 光照条件

紫外光有很强的杀菌力,有益于畜禽的健康;蓝绿光和黄光有利于增重,刺激畜禽生殖机能,促进性成熟,增强交配力;红外光有利于取暖,提高畜禽的环境温度。畜禽对光照强度、光照时间的要求因其种类、年龄和季节不同而差异很大,驴要求长日照,绵羊、山羊等需要短日照,母猪每日需要光照 14~16 h,冬季适当增加光照可以弥补热量的不足,奶牛在冬季每日给予 16 h 的光照,比 9~12 h 光照提高 7%~10% 产奶量,育成鸡每天需要光照 8~12 h,产蛋鸡每天需要光照 10~14 h,育肥鸡则要求光照时间短、光照强度弱,这样可以减少能量消耗,有利于育肥。

1.3.2　产业布局

生猪重点布局在荣昌、合川、江津、万州、涪陵、黔江、永川、南川、开州、云阳、长寿等 26 个优势基地区(县)。其中,地方优良品种荣昌猪、合川黑猪、渠溪猪、罗盘山猪和盆周山地猪保种场、保护区分别分布在荣昌、合川、丰都、潼南和涪陵等有条件的区(县)。

肉牛重点布局在丰都、云阳、彭水、綦江等区(县)。

奶牛重点布局在巴南、渝北、荣昌、长寿、合川、万州、垫江、黔江等区(县)。

山羊重点布局在涪陵、大足、城口、酉阳、云阳、巫溪、巫山、奉节、武隆等区(县)。

家兔重点布局在开州、渝北、巴南、江津、璧山、永川、綦江、万州、忠县、石柱等区(县)。

肉鸡重点布局在城口、秀山、南川、巫溪、渝北、涪陵、江津、璧山、潼南、丰都、忠县、开州、奉节、巫山、武隆等区(县)。

蛋鸡重点布局在长寿、巴南、合川、潼南、大足、垫江、黔江等区(县)。

水禽重点布局在铜梁、梁平、永川、酉阳、荣昌等区(县)。

1.4　水产气象

1.4.1　水温

温度是影响鱼类生活极其重要的因素(姚国成,1998;李虹,2001),由于鱼类是变温动物,它的体温随水温的变化而变化,因此,鱼类的生长发育等都受到温度的影响。淡水水域温度变化一般在 0~40 ℃。对温度忍受的范围,大多数动物为 -2~50 ℃,一般水生动物比陆地动物能忍受的温度低,主要养殖的鱼类生长的适温范围为 20~32 ℃,10~15 ℃ 则食欲减退,生长缓慢。

1.4.2　溶氧量

由于水温、波动、大气中氧的分压及生物活动的影响,水中氧的溶解量变化很大,水温低、波浪大、大气中氧分压高,水中氧的含量升高。水中溶解氧的消耗,是由于动植物的呼吸、有机物分解、水浊度增高、水下气泡上升、缺氧水流入等造成,特别是高温季节,可使水中氧气大量减少,还可能使低层水缺氧。根据有关研究(韩茂森,1996),当水体中的溶氧量达到 2 mg/L 以上时,鱼类生长快,消化吸收好,饲料系数低;当溶氧量降至 1.6 mg/L 时,鱼类摄食量减少,饲料系数比溶氧 2 mg/L 以上时高约 1 倍;当溶氧量降至 1.1 mg/L 以下时,鱼类开始浮头;降至 0.5 mg/L 以下,严重浮头;降至 0.3 mg/L 以下时,鱼类陆续窒息死亡。

1.4.3　酸碱度

水的酸碱性取决于游离氢离子的浓度,又称酸碱度,用 pH 表示。四大家鱼(青鱼、草鱼、鲢鱼、鳙鱼)对 pH 的适应范围在 7～8.5,低于 6.5 会使鱼类新陈代谢下降,阻碍生长,低于 5 或高于 10 可使鱼很快死亡。酸碱度除了直接影响鱼类生活外,对水体的有机物分解、浮游植物的光合作用和饲料生物的生长繁殖也有明显影响。

1.4.4 主要水产的气象指标

草鱼属温水性鱼类,通常多栖息在水体的中下层,生长的最适温度 22～28 ℃,高于 32 ℃或低于 15 ℃时,生长速度显著减慢,低于 10 ℃时停止摄食,处于冬眠状态。草鱼对低氧的忍耐性较差,以溶氧量 5 mg/L 以上为宜,当水体溶氧量低于 2 mg/L 时,食欲减退,低于 1 mg/L 时,出现浮头。

鲢鱼是典型的浮游生物食性的鱼类,生长的最适温度 22～28 ℃,但在低温季节并不停食,只是摄食强度有所降低。

鳙鱼又名花鲢、大头鱼,属较喜温的温水性鱼类,是水体中上层鱼类,它的适宜生长温度为 25～30 ℃,生长速度比鲢鱼快。当水温低于 20 ℃,生长速度将显著减慢。

鲤鱼是典型的底层鱼类,适应性很强,水温 15～30 ℃ 能很好地生长,溶氧量 0.5 mg/L 也不发生窒息。当春季水温达 10 ℃ 以上时,鲤鱼开始进食。

鲫鱼是底层鱼,它的适应性比鲤鱼更强,能经受 0 ℃ 的低温,能忍耐 0.1 mg/L 的低氧,也能在 pH 为 9.8 的碱性水体中生长和繁殖。

黄鳝是一种亚热带淡水鱼,喜在稻田、沟渠、塘堰等静止水体的埂边钻洞穴居,春出冬眠,昼伏夜出。黄鳝鱼在水温 20～24 ℃ 时注射催产剂后 26～36 h 产卵,水温 25～30 ℃ 则注射后 18～25 h 产卵。生长发育最适宜的水温 23～25 ℃;水温降至 15 ℃ 时,吃食明显减少,水温降至 10 ℃ 以下时逐渐停食而入穴蛰伏;夏季水温达到 30 ℃ 以上时,黄鳝出现不适反应,食物主要吃动物性食料。

泥鳅多栖息于底泥较深、静水或水流缓慢的池塘、沟渠、稻田等小型水域中,喜中性或弱酸性土壤。生长适宜温度 15～30 ℃,最适温度 25～27 ℃,当水温下降至 15 ℃ 或上升至 30 ℃ 以上时,食欲减退,生长缓慢,当水温降至 6 ℃ 以下或超过 34 ℃ 时,则钻入 10～30 cm 泥中,呈不食不动的冬眠状态。

罗非鱼生存最适宜的水温 26～35 ℃,最高不超过 40 ℃,当水温降到 13～14 ℃ 时行动迟缓,10 ℃ 时开始死亡,耐低氧能力强,水中溶氧量 2 mg/L 仍能正常生长。

甲鱼从 12 月中旬到次年 3 月初,温度在 10 ℃ 以下,即潜入泥沙中越冬,进入冬眠期。日平均气温稳定通过 10 ℃ 时,它即从冬眠中出蛰,开始活动觅食;气温在 15 ℃ 或以上,水温在 15～20 ℃ 时,其活动完全恢复正常,大量摄食,生长迅速。

罗氏沼虾适宜生活在 20～32 ℃ 的水温中,水温低于 18 ℃ 时,摄食和活动极弱,水温 14 ℃ 时很快死亡,水温 34 ℃ 以上时,生长发育受阻。耐低氧能力差,养虾池应保持水域溶氧量在 4 mg/L 以上,酸碱度适中(pH 6.8～7.0)。

1.5 病虫害气象

1.5.1 主要病虫害发生的气象条件

作物病虫害的发生、发展和流行必须同时具备以下三个条件:有可供病虫滋生和食用的寄主植物、病虫本身处在对作物有危害能力的发育阶段、有使病虫进一步发展蔓延的适宜环境条件,其中气象条件是决定病虫害发生流行的关键因素(四川省气象局,1996)。

1.5.1.1　虫害发生流行的关键气象要素

根据霍治国等(2009)研究,影响害虫生长、繁育和迁移活动的主要气象要素有温度、降水、湿度、光照和风等;其综合影响对于虫害发生和发展有重要作用。

(1)温度

农作物害虫的活动要求一定的适宜温度范围,一般为 6～36 ℃,在适宜温度范围内,害虫发育速度随温度升高呈直线增长,害虫生命活动旺盛,寿命长,后代多,否则繁殖停止,甚至死亡。

(2)降水和湿度

降水和湿度是影响害虫数量变动的主要因素,其对害虫生长繁育的影响,因害虫种类不同而不同。好湿性害虫要求湿度偏高(相对湿度≥70%),好干性害虫要求湿度偏低(相对湿度<50%)。

(3)光照

对害虫的影响主要表现为光波、光强、光周期这 3 个方面。光波与害虫的趋光性关系密切;光强主要影响害虫的取食、栖息、交尾、产卵等昼夜节奏行为,且与害虫体色及趋集程度有一定的关系;光周期是引起害虫滞育和休眠的重要因子,自然界的短光照常能刺激害虫引起休眠。

(4)风

风与害虫取食、迁飞等活动的关系十分密切。一般弱风能刺激起飞,强风抑制起飞,迁飞速度、方向基本与风速、风向一致。

1.5.1.2　病害发生流行的关键气象要素

影响病害发生发展的主要气象要素是温度、降水、湿度和风等,低温、阴雨、干旱和大风等不利条件将明显影响寄主作物的抗病能力。

(1)温度

大多数病原菌要求的适宜温度为 25～30 ℃,少数病原菌要求的温度较低。

(2)降水和湿度

雨湿条件往往是农作物病害发生流行的主导因子,是导致作物病害发生蔓延的最重要影响因素之一,因为绝大多数病菌孢子只有在和水滴接触时才能萌芽。例如,适温下只要露水保持 2～4 h,孢子便会开始萌发。

(3)风

风是病原孢子传播三大自然动力(风、水力和昆虫)中最主要的一种动力。风力输送病菌的远近取决于孢子的数量、体积、比重、形状和风的速度等。

1.5.2　主要病虫害发生流行的气象条件

1.5.2.1　水稻稻瘟病

(1)重发区域:主要发生在渝东山区,渝中、渝西深丘稻区。

(2)发生期:苗瘟在秧苗苗床期,叶瘟在分蘖盛期,穗颈瘟在抽穗始期。

(3)温湿度条件:气温超过 30 ℃以上,发病受到抑制,气温在 25 ℃左右,有利于病菌的繁殖和侵染。当抽穗期日平均气温 20 ℃以下延续 7 d 左右,或平均气温 17 ℃以下延续 3 d,水稻生育失调,抗病力降低,发病严重(何永坤 等,2008)。相对湿度在 90% 以上,甚至空气水汽饱和时,则有利于稻瘟病的大发生。稻瘟病在高温高湿或高湿低温环境条件下均容易发生。水稻生育期间,如阴雨天多,或雾多、露重,有利于孢子的形成、萌发,侵入率高,潜育期短,病斑出现早,而且稻株的抗病力减弱,表现为发病重。

(4)流行条件:在抗病能力最弱的分蘖盛期、抽穗初期遇到阴雨连绵,日照不足,或多雾、多露时发病重。如阴雨寡照天气持续时间越长,则发病危害越重,尤其是一旦穗颈瘟大发生,往往造成的损失是不可逆的,特别是沿山边、沟边的稻田多是先发病,危害相对偏重。

1.5.2.2 水稻螟虫

重庆稻区常发的螟虫为二化螟,三化螟在个别年份也偶有发生。

(1)二化螟:王泽乐等(2011)研究表明,重庆大部分稻区均有发生,一般发生 2 代,二化螟发育适温为 16～30 ℃,最适温为 22～25 ℃,35 ℃ 以上不利幼虫发育,容易死亡;低温多湿利于其生存,卵期阴雨发生量经常较大;而在盛蛹期至盛孵期遇暴雨,使稻田保持深水 2 d 以上,能淹死大量的蛹和初孵低龄幼虫,大大减少其数量,从而可减轻危害程度。

(2)三化螟:主要发生在渝东南稻区,一般发生 2～3 代。在气温 29 ℃、相对湿度 90% 条件下产卵;气温 15 ℃ 时开始孵化,气温 25～29 ℃、相对湿度 95%～100% 条件下,孵化率最高,一般达 90% 以上。

1.5.2.3 稻飞虱

重庆稻区常年有 3 次明显的若虫高峰期:5月底—6月上旬;6月底—7月上中旬;7月下旬—8月中旬,主要发生在渝南、渝东稻区(王泽乐 等,2011)。

重庆稻飞虱迁入种褐飞虱和白背飞虱,主要由大娄山东段、渝东南地区入侵,褐飞虱喜温湿,生长与繁殖的适温 20～30 ℃,最适温度 26～28 ℃,适宜相对湿度在 80% 以上。白背飞虱对温度的适宜范围较宽,在 13～34 ℃,成虫行为表现正常,适宜气温 22～28 ℃,要求相对湿度80%～90%。成虫迁入期雨日多,降雨量以中雨降水过程有利迁飞虫降落、定居和繁殖,在高龄若虫期,天气干旱可加重危害,初夏多雨、盛夏长期干旱是大发生的预兆。

1.5.2.4 小麦锈病

(1)病源菌源:主要在陇南海拔 1800 m、松潘 2800 m 以下地区越夏。在四川盆地北部、西北部小麦秋播出苗后,菌源由甘肃陇南越夏区沿白龙江传播至秋苗上侵染,并顺利越冬,是一个典型的低温性病害。

(2)传播:病菌随气流传播,在风力弱的情况下,锈菌夏孢子只能传播到邻近麦株上。当菌源量和气流均大时,可将巨量的锈菌夏孢子吹送至 1500～5000 m 的高空达几百千米甚至更远以外的小麦上侵染为害。四川盆地西北麦区是四川盆地乃至长江中下游麦区的主要菌源地。

(3)温湿度条件:刘可等(2002)研究表明,锈菌孢子萌发的最低气温为 0 ℃,最适温度 5～12 ℃,最高温度 20～26 ℃,侵入最适温度 9～12 ℃,生产上 9～13 ℃ 多是发生流行的必要条件。夏孢子的萌发和侵入,要求与水滴或水膜接触,结露、降雾、下雨利于锈病的发生,以结露最为关键。在适温下,叶面露水只需保持 3～4 h,锈菌就可以侵入小麦,一般结露 6～8 h 能达到充分侵染。

(4)流行条件:早春气温回升较早,3、4 月的雨量较多时易引起流行。

1.5.2.5 小麦赤霉病

(1)发生期:典型的气候型气流传播病菌,发生在小麦抽穗扬花期,危害在灌浆成熟阶段。同时,子囊孢子释放期与小麦扬花期吻合时间长短决定病情轻重、流行程度。

(2)温湿度条件:气温低于 13.7 ℃不发病,气温在 14.5 ℃以上满足发病的基本条件;高湿、多雨是病重的主要条件,结露是一个重要发病因素,相对湿度必须在 81%以上。

(3)流行条件:小麦抽穗后 15～20 天内,15 ℃以上暖湿连阴雨(即暖雨日)日数在 3 天以上就可能发病,超过 50%,病害有可能流行或大发生(徐崇浩 等,1995)。

1.5.2.6　油菜菌核病

(1)发生期:在油菜的各生育阶段均可感病,以开花结果期发病最多。

(2)温湿度条件:菌核萌发适温 5～25 ℃,子囊孢子萌发适温 5～20 ℃,菌丝生长适温 18～25 ℃;油菜开花结果期平均相对湿度在 80%以上病害严重。

(3)流行条件:在病害常发区,油菜开花期和角果发育期降水量大于常年,特别是油菜成熟前 20 d 内降水很多,是病害流行的必备条件。

1.5.2.7　马铃薯晚疫病

马铃薯晚疫病是一种毁灭性病害。晚疫病的发生要求高湿、凉爽的气候条件,昼暖夜凉、阴雨连绵或多雾露的条件,均有利于病害发生。根据黄振霖等(2008)研究,湿度是病害流行的先决条件,病菌孢子囊梗的形成要求空气相对湿度不低于 85%,孢子囊形成要求湿度在 90%以上,而且只有当叶片上有水膜水滴时,孢子囊才能萌发侵入。温度在 10～13 ℃时,孢子囊可产生多个游动孢子,3～5 h 即可侵入,温度高于 15 ℃时则直接产生一条芽管,5～10 h 才能侵入。病害的潜育期也与温度有关,一般 20～23 ℃时,潜育期最短,所以一般白天不超过 24 ℃,晚间不低于 10 ℃,连绵多雨天气或多雨、多露,相对湿度高,最有利于晚疫病的流行,如果温度超过 30 ℃、雨水少,可抑制病菌在田间的生长,但不能杀死它们,病害发生慢且轻。

1.5.2.8　烟草病虫害

根据陈海涛(2007)分析,重庆地区烟草病虫害每年直接经济损失达到 6000 万元以上,已成为制约当地烟草产业发展的一个重要瓶颈。重庆地区烟草病虫害主要包括烟草黑胫病、烟草赤星病、烟草普通花叶病、烟草黄瓜花叶病、烟草白粉病、烟草青枯病、烟蚜等。

(1)烟草黑胫病:黑胫病为真菌病害,病菌性喜高温、多湿。侵染最适温度为 24.5～32.0 ℃,高温高湿有利于病菌繁殖和侵染,如夏季雨后大气相对湿度维持在 80%以上 3～5 d,田间就会出现 1 次发病高峰。

(2)烟草赤星病:立秋后白天高温、夜间凉爽,昼夜温差较大,夜间湿度较大,叶面上有水膜时有利于病菌的侵入与繁殖,若遇秋雨连绵,更适于病害发生。

(3)烟草普通花叶病:病毒流行的最适温度为 25～30 ℃,如高于 38 ℃或低于 12 ℃则发病很轻。叶片上有水膜时有利于病毒侵入。

(4)烟草黄瓜花叶病:病毒主要通过蚜虫传播。烟草苗期和大田移栽至旺长期最易感病,是感病阶段。此期蚜虫在相对湿度 40%～80%、温度 25～26 ℃最适宜迁飞,有利于病菌传播和发病流行;若降水量大、相对湿度在 85%以上,则蚜虫发生少,病害也较轻。

(5)烟草白粉病:白粉病菌在 22～28 ℃生长良好,分生孢子萌发的最适相对湿度 60%～80%,发芽最适温度 22～25 ℃,发病多在温暖、潮湿、日照较少的条件下发生。病菌最适的侵染温度是 16.0～23.6 ℃,低于 5 ℃或高于 26.2 ℃侵染极少。最适相对湿度为 60%～75%,白粉病流行的适宜条件为中温、中湿,高温、高湿反而起抑制作用。大雨易于冲洗叶面菌丝和分生孢子,减少菌源,也不利于孢子发芽。

(6)烟草青枯病:细菌病害。病原菌生长的适宜温度为 18～37 ℃,最适温度为 30～35 ℃,其生长的最适 pH 为 6.6。高温(30 ℃以上)和高湿(相对湿度 90%以上)是青枯病流行的主要气候条件,发病的最适温度为 34 ℃。中国南方温暖潮湿的烟区发病较重,6—7 月温度升至 30 ℃以上,雨量多,而且土壤偏酸性,有利于青枯病发生。

（7）烟蚜:烟蚜具有趋嫩性、趋光性,平均温度 23～27 ℃、相对湿度 70％～80％时适于烟蚜的繁殖。暴风雨可暂时使蚜量下降 80％～90％。

1.5.2.9 柑橘病虫害

（1）红蜘蛛:柑橘红蜘蛛几乎每年均有发生。一年可发生 15 代左右,由成螨—卵—幼螨—若螨—成螨为一个世代,完成一代所需时间随气温不同而长短有异,当气温 25 ℃、相对湿度 85％时,需 16 d 左右,当气温 30 ℃、相对湿度 85％时,需 13 d 左右。柑橘红蜘蛛以卵和部分成螨及幼体越冬,一年中 4—5 月、9—10 月是发生危害的高峰期。

（2）矢尖蚧:在重庆发生普遍,一年发生 3 代,各代 1 龄若虫虫口高峰期依次出现在 5、7、9 月,二龄若虫分别出现在 6 月、8 月、10 月。当 4 月中下旬日平均气温达到 19 ℃以上时,越冬成虫开始产卵,10 月下旬后日平均气温下降至 17 ℃以下时停止产卵。成虫产卵期可长达 40 余天。

（3）潜叶蛾:在重庆地区发生较普遍,一般 1 年可发生 10 代,每年 5 月日平均气温上升至 20 ℃左右时开始发生,7—9 月（即 5 代、6 代、7 代）虫量多、危害重。生长发育的最适温度为 26～28 ℃,超过 29 ℃时生育受到抑制,温度在 20 ℃以下时生长缓慢,当平均温度降至 11 ℃以下时停止生长。

（4）溃疡病:此病能侵害叶片、枝梢和果实。柑橘溃疡病菌发育的最适温度为 20～30 ℃,下限温度 5 ℃,上限温度 35 ℃。高温、高湿、多雨天气利于溃疡病发生,气温为 28.5～29.6 ℃,相对湿度为 82％～86％时发病严重。

参考文献

北京农业大学农业气象专业,1984. 农业气象学[M]. 北京:科学出版社.

陈海涛,2007. 重庆市烟区主要烟草病害及综防技术[J]. 植物医生,20(5):28-29.

邓善来,1980. 农业气象知识[M]. 北京:科学出版社.

樊国昌,代祖林,2001. 猕猴桃栽培法[M]. 重庆:重庆出版社.

傅大雄,2002. 优质麦类品种及栽培技术[M]. 重庆:重庆出版社.

高阳华,张文,贺万涛,等,1992. 四川盆地小麦产量形成的气候生态研究及区划[J]. 中国农业气象,13(5): 21-24.

高阳华,贾捷,王跃飞,等,1995a. 气象条件对柑桔花芽发育的影响[J]. 中国柑桔,24(2):12-14.

高阳华,贾捷,王跃飞,等,1995b. 气象条件对柑桔果实生长的影响[J]. 中国柑桔,24(2):15-17.

高阳华,张成学,易新民,等,1995c. 气象条件对柑桔物候期的影响[J]. 中国柑桔,24(2):9-11.

耿继平,2008. 地方良种鸡的规模养殖[M]. 北京:气象出版社.

韩茂森,1996. 淡水生物[M]. 北京:高等教育出版社.

何天富,1997. 柑橘学[M]. 北京:中国农业出版社.

何永坤,魏真义,张太云,2001. 秋蚕产量与蚕期各时段气象因子关系分析[J]. 贵州气象,25(4):19-22.

何永坤,高阳华,2002. 重庆市中稻气候生态适应性研究[J]. 山区开发(12):29-30.

何永坤,高阳华,2005a. 重庆地区春玉米气候适应性研究[J]. 贵州气象,29(1):26-28.

何永坤,高阳华,2005b. 重庆地区油菜气候适应性研究[J]. 贵州气象,29(3):21-24.

何永坤,阳园燕,罗孳孳,2008. 稻瘟病发生发展气象条件等级业务预报技术研究[J]. 气象,34(12):110-113.

贺升华,任炜,2001. 烤烟气象[M]. 昆明:云南科技出版社.

胡国洪,王湘君,1996.实用栽桑养蚕技术[M].北京:中国农业出版社.

黄振霖,李建华,欧建龙,等,2008.重庆马铃薯晚疫病发生原因及防治对策[J].植物医生,21(6):11.

霍治国,王石立,2009.农业和生物气象灾害[M].北京:气象出版社.

江大权,1995.武陵山区气候因子与杂交中稻产量构成关系浅析[J].作物杂志(1):21-22.

李艾莲,2010.药用植物栽培与气象[M].北京:气象出版社.

李成群,1999.珍稀名优蔬菜栽培[M].重庆:重庆出版社.

李虹,2001.淡水名优鱼类养殖技术[M].重庆:重庆出版社.

李来胜,1994.重庆麦类作物主要生态气候灾害类型分析[J].西南农业大学学报(5):453-455.

梁光商,1983.水稻生态学[M].北京:农业出版社.

廖万祥,2000.花椒栽培与加工[M].重庆:重庆出版社.

刘国芬,2005.马铃薯高效栽培技术[M].北京:金盾出版社.

刘国顺,2003.烟草栽培学[M].北京:中国农业出版社.

刘可,沈丽,2002.四川地区小麦条锈病大流行特点及原因分析[J].西南农业大学学报,24(4):299-302.

刘佩瑛,1996.中国芥菜[M].北京:中国农业出版社.

刘文亚,2008.陕西省畜牧业气象服务手册[M].北京:气象出版社.

刘义华,张红,范永红,等,2003.茎瘤芥生育期与主要性状的关系初探[J].中国蔬菜(2):43-44.

龙振熙,姚正兰,2010.茶叶生长期气象条件分析[J].农技服务,27(11):1498-1500.

罗庆熙,1999.豆类蔬菜高产栽培技术[M].重庆:重庆出版社.

孟茹,史崇英,2007.论油菜栽培中的农业气象[J].汉中科技(1):44-45.

彭国照,1999.四川盆地杂交中稻生长发育及产量形成气候生态规律与模型研究[J].西南农业学报(3):21-25.

彭国照,卿清涛,熊志强,2007.四川盆区金银花气候生态适应性及区划研究[J].中国农业气象(1):67-70.

彭国照,张虹娇,阮俊,2011.川西南山地马铃薯品质的气候生态关系模型研究[J].西南大学学报(自然科学版),33(9):6-11.

陕南秦巴山区中药材气象服务业务系统课题组,2008.陕南秦巴山区中药材气象服务手册[M].北京:气象出版社.

四川省南充地区气象局,1982.南充地区农业气候服务手册[Z].

世界气象组织,1983.玉米农业气象学[M].北京:气象出版社.

孙可祥,1983.花卉及观赏树木栽培手册[M].北京:中国林业出版社.

汪元霞,2012.石阡茶叶生产气象要素分析及气象保障服务[J].贵州气象(3):32-33.

王怀利,吴晓荣,笪群,等,2012.马铃薯生产与气象主要影响因素相关性分析[J].农技服务(2):480.

王守生,黄建国,邹连生,等,2003.巴山峡川茶园自然环境与茶叶品质的调查研究[J].中国农学通报(10):160-163.

王旭祎,范永红,刘义华,等,2006.播期和密度对茎瘤芥主要经济性状的影响[J].西南园艺,34(4):17-20.

王泽乐,王梓英,刘祥贵,等,2011.重庆市稻飞虱、稻纵卷叶螟2009年重发生的特点及原因[J].西南大学学报(自然科学版),36(1):83-87.

文泽福,谢金峰,2001.名优甜橙品种及栽培[M].重庆:重庆出版社.

吴俊铭,杨炯湘,1998.贵州高原马铃薯生态气候条件分析[J].贵州气象,22(6):42-46.

徐崇浩,何险峰,刘富明,等,1995.四川小麦赤霉病流行的气象条件及其时空分布规律和大气环流背景[J].西南农业学报,9(3):60-67.

许昌燊,1999.柑橘优质高产与浙江气候[M].北京:中国林业出版社.

许昌燊,2004.农业气象指标大全[M].北京:气象出版社.

杨灿芳,2000.鲜切花的栽培和保鲜技术[M].重庆:重庆出版社.

杨念慈,1984.花卉栽培与欣赏[M].济南:山东科技出版社.

姚国成,1998. 池塘高产养鱼[M]. 广州:广东科技出版社.

余遥,1998. 四川小麦[M]. 成都:四川科学技术出版社.

余优森,任三学,1994. 花椒果实膨大生长与品质的气象条件[J]. 气象,20(7):50-54.

袁德胜,2001. 优质水稻品种及栽陪[M]. 重庆:重庆出版社.

张建华,杨文元,赵燮京,1995. 川中丘陵区小麦耗水及其与产量的关系[J]. 西南农业学报,8(2):11-18.

张洁,1994. 猕猴桃栽培与利用[M]. 北京:金盾出版社.

赵素菊,周广亮,高殿滑,2006. 封丘金银花生产与气象条件的关系[J]. 河南气象(4):58.

赵仲,2001. 茶树栽培与管理[M]. 重庆:重庆出版社.

周虹,2001. 反季节蔬菜栽培[M]. 重庆:重庆出版社.

第2章 农业气候资源

"资源"是指一国或一定地区内拥有的物力、财力、人力等各种物质要素的总称,分为自然资源和社会资源两大类。前者如阳光、空气、水、土地、森林、草原、动物、矿藏等;后者包括人力资源、信息资源以及经过劳动创造的各种物质财富。农业气候资源是自然资源的一种,指能为农业生产提供物质和能量的气候条件,即光照、温度、降水、空气等气象因子的数量或强度及其组合。农业气候资源具有年日周期的循环性、时空变化的不稳定性、可周而复始地反复利用以及随农业发展阶段而变化等特性,它在一定程度上制约一个地区农业的生产类型、生产率和生产潜力。一地农业气候资源的构成包括生长季的光资源、热量资源、水资源等,农业上的光资源指的是太阳辐射,太阳辐射带来光和热,是动植物生命活动的主要能源,光资源包括光照强度(太阳辐射量、光合有效辐射量)、光照质量(太阳光谱中不同波长的光谱成分)和光照时间(日出到日没时间)等;热量资源用生长期长短、总热量多少以及热量的季节分布和强度等表示,其中生长期和总热量分别指植物生长起止温度之间所经历的天数和日平均气温的积累值(积温),热量强度指最热月和最冷月的平均气温、平均极端最低气温或气温日较差等;农业水资源是可为农业生产使用的水资源,包括地表水、地下水和土壤水,其中,土壤水是可被旱地作物直接吸收利用的唯一水资源形式,地表水、地下水只有被转化为土壤水后才能被作物利用,经必要净化处理的废污水也是一种重要的农业用水水源,大气降水被植物截留的部分也可视作农业水资源,但因其量较小,仅占全年降水量的2.5%左右。

2.1 光能资源

从农业方面去看,农作物是通过栽培作物进行光合作用,将太阳辐射能转变成化学能制造有机物的过程。在其他条件适宜的情况下,农业生产潜力主要受到作物光合作用的限制。光照资源是决定本地气候及农业生态环境条件的重要因子,是作物生长发育及产量形成过程中不可缺少的因子。因此,充分利用光资源是增加农业产量的关键。

光能资源即"太阳辐射",太阳辐射是指太阳向宇宙空间发射的电磁波和粒子流。地球所接收到的太阳辐射能量仅为太阳向宇宙空间放射的总辐射能量的20亿分之一,但太阳光能却是地球最重要的能量来源,是形成天气、气候现象的根本原因。

丰富的太阳辐射能是重要的能源,是取之不尽、无污染、廉价的能源。随着科学技术的发展,太阳能资源开发与利用越来越受到重视。而太阳光能是作物进行光合作用、制造有机物的唯一能量来源,它直接影响作物生长发育和产量的形成,是作物产量形成的基础,光能资源的利用程度已成为衡量农业现代化水平的重要标志。因此,研究光能资源的产生和变化对农业发展有重要的意义。作物产量高低和品质优劣,主要取决于光能资源的质量和光能利用率的大小。太阳辐射作为地面的主要能量来源,作物的生长发育和产量形成首先取决于太阳辐射。单位面积产量的高低,则取决于固定太阳能的数量。农业生产的实质就是提高光能利用率。农作物对光能的利用受群体结构的影响,种植密度作为重要的农艺措施,能改变作物群体结构,影响群体受光态势,进而影响农作物对光能利用的效率。

2.1.1　总辐射

　　太阳辐射是地球的主要能量来源,其中总辐射是有重要意义的农业气候资源。太阳总辐射作为衡量太阳辐射强度大小的重要参数,与农业生产的关系非常密切。"万物生长靠太阳",没有太阳的光和热就不会有地球上的生命,也就不会有农业。太阳辐射一方面是形成一定气候生态环境的重要因素,另一方面与植物的生长有多方面的直接关系。太阳辐射就是太阳发射的电磁波,几乎包括自然界中所有波长的电磁波,分为紫外区、可见光区和红外区 3 个区段。可见光能被植物细胞中的叶绿素吸收,进行光合作用,其中蓝紫光作用下的光合产物,蛋白质较多,红橙光作用下的光合产物,碳水化合物较多,绿光不被吸收,所以植物叶子呈绿色。紫外区的辐射对植物生长有抑制杀菌作用。红外辐射对植物的光周期有作用,还可提供热能。农业产量的估算也离不开太阳辐射的计算。所以,研究当地的太阳辐射对指导农业生产具有深刻的现实意义。

　　太阳辐射包括天文辐射、直接辐射、散射辐射、总辐射,其中,天文辐射指无大气存在时,入射到地球表面的太阳辐射能量,天文辐射的分布和变化不受大气影响,主要取决于日地距离、太阳高度角和白昼长度。天文辐射是地表太阳总辐射、直接辐射、散射辐射估算的重要起始数据之一。直接辐射,是指以平行光线的形式直接投射到地面的太阳辐射,称之为太阳直接辐射;散射辐射又称天空散射辐射,太阳辐射遇到大气中的气体分子、尘埃等产生散射,以漫射形式到达地球表面的辐射能。大气有分子散射和微粒散射两种形式。气体分子对波长越短的射线散射越明显。尘埃、烟雾、水滴等微粒对波长与粒子大小相同的射线散射能力较强。晴天为直射辐射为主,散射约占总辐射的 15% ,阴天或太阳被云遮挡时只有散射辐射。总辐射又称太阳总辐射,是地球表面某一观测点水平面上接收太阳的直射辐射与太阳散射辐射的总和。

　　太阳总辐射量通常以日、月、年为周期计算。地理纬度、日照时数、海拔高度和大气成分等都是影响太阳总辐射的因素。天文因素对地球辐射状况的影响主要是通过改变太阳倾角、太阳高度角、日地距离以及地理纬度体现的,它们决定了不同地区太阳辐射到达量的差异。太阳辐射在大气传播时受到空气分子、水汽以及气溶胶粒子的散射和吸收而削弱,这些物质对太阳辐射和地球辐射具有复杂的吸收谱带,且有的相互重叠。地表因子主要包括地形和下垫面状况两部分,其对地面总辐射分布的影响也很重要。地形影响包括海拔高度,坡地的坡向、坡度和起伏程度;下垫面状况主要是指地表物理性质及其覆盖状况,最常见的如植被(包括森林、草地和农作物等)、雪被、水体以及裸地等。人类活动对到达地面的太阳辐射也能产生作用,这主要是通过改变大气中某些气体成分及气溶胶含量,特别是改变局地地形和下垫面条件表现出来。

2.1.1.1　天文辐射

　　天文辐射指无大气存在时,入射到地球表面的太阳辐射能量,是地表太阳总辐射、直接辐射、散射辐射估算的重要起始数据之一。同时,天文辐射的多少也是形成气候带的基础因素之一,而气候的空间分布决定了农作物的基本种类。

　　综观国内外有关天文辐射方面的研究成果,多集中于理论探讨。在 Garnier 等(1968)Williams 等(1972)进行坡面天文辐射的开创性理论研究之后,傅抱璞等(1994)、翁笃鸣(1997)确定了在不考虑地形和其他地物遮蔽的情形下,任意纬度非水平面天文辐射各时段总量的解析计算公式,并首次给出了全球范围各种倾斜面上天文辐射各时段总量分布的系统图像。然而,在实际起伏地形下,到达坡地的辐射除受坡地本身坡向、坡度影响外,由于地形起伏所造成的互相遮蔽影响,使得天文辐射场的计算变得非常复杂,无法用理论公式表达。

地理信息系统和遥感等现代空间信息技术的发展为地球科学的定量和综合研究提供了全新手段。李占清等(1987,1988)、朱志辉(1988)先后尝试利用数字高程模型(DEM)计算山地辐射的理论研究和区域试验,为计算起伏地形下的天文辐射提供了新的研究思路。但由于受数字高程资料获取和模型计算效率等因素的影响,这些研究都只能局限于有限区域内进行。

邱新法等(2005)、曾燕等(2005a,2005b)建立了可用于计算起伏地形下任意时段天文辐射量的通用分布式模型,对起伏地形下天文辐射分布式模型进行了详细描述,并利用全国 1∶100 万DEM(数字高程模型)计算了 1 km×1 km 分辨率的全国各月天文辐射空间分布。

本书运用该分布式模型计算重庆100 m×100 m 气候平均状况下各月天文辐射量和地理可照时间的空间分布。建立的分布式模型所需的输入数据只有研究区域数字高程模型资料,计算精度取决于时间步长、遮蔽范围半径、重采样方法等用户输入参数和 DEM 格网间距。经大数据量计算表明:模型的计算效率高,普遍适用于遥感图像处理、地理信息系统等数据处理平台。首先计算了水平面上重庆各月天文辐射量 H_0,然后利用分布式模型计算的重庆起伏地形下天文辐射的空间分布,为后续部分的起伏地形下的直接辐射、散射辐射、总辐射的空间分布计算提供了重要的起始数据。

(1)水平面天文辐射的计算

关于水平面天文辐射的计算目前已有成熟的方法,其计算方法如下。

某纬度水平面上每日获得的天文辐射量 H_{0d} 就是从日出到日没时间($t_{s1} \sim t_{s2}$ 或 $-\omega_0 \sim \omega_0$)的积分,即:

$$H_{0d} = \frac{T}{2\pi}\left(\frac{1}{\rho}\right)^2 I_0 \int_{-\omega_0}^{\omega_0} (\sin\varphi\sin\delta + \cos\varphi\cos\delta\cos\omega)\,d\omega \qquad (2.1)$$

在求日总量时,I_0、T、ρ、φ、δ 都可看作为常量。得:

$$H_{0d} = \frac{T}{\pi}\left(\frac{1}{\rho}\right)^2 I_0 (\omega_0\sin\varphi\sin\delta + \cos\varphi\cos\delta\sin\omega_0)$$

或

$$H_{0d} = \frac{T}{\pi}\left(\frac{1}{\rho}\right)^2 I_0\sin\varphi\sin\delta(\omega_0 - \tan\omega_0)$$

$$H_{0d} = \frac{T}{\pi}\left(\frac{1}{\rho}\right)^2 I_0\cos\varphi\cos\delta(\sin\omega_0 - \omega_0\cos\omega_0) \qquad (2.2)$$

式中,T 表示一天的时间长度,对应 24 h;I_0 为太阳常数:

$$I_0 = 0.0820 \text{ MJ} \cdot \text{m}^{-2} \cdot \text{min}^{-1}$$

$\left(\dfrac{1}{\rho}\right)^2$ 为日地距离订正系数(又称地球轨道偏心率订正因子,无量纲):

$$\left(\frac{1}{\rho}\right)^2 = 1.000109 + 0.033494\cos\tau + 0.001472\sin\tau + 0.000768\cos2\tau + 0.000079\sin2\tau$$

δ 为太阳赤纬,单位为度(deg),计算公式如下:

$$\delta = (0.006894 - 0.399512\cos\tau + 0.072075\sin\tau - 0.006799\cos2\tau +$$

$$0.000896\sin2\tau - 0.002689\cos3\tau + 0.001516\sin3\tau) \cdot \left(\frac{180}{\pi}\right)$$

式中,τ 为日角,以弧度(rad)表示,可用天数 D_n 来定,D_n 从 1 月 1 日的 1 到 12 月 31 日的 365,假定 2 月为 28 d,也即 $\tau = 2\pi(D_n - 1)/365$。

φ 为测点地理纬度（rad）；$-\omega_0$、ω_0 为日出日没时角，由下式计算：

$$\omega_0 = \arccos(-\tan\varphi\tan\delta) \tag{2.3}$$

$2\omega_0$ 就是昼长，负根 $2\omega_0$ 相当于日出时的时角；正根 ω_0 相当于日没时的时角。当 $-\omega_0 < \omega < \omega_0$ 时，该式才有意义。以 h 为单位的昼长 N 为：

$$N = \frac{24}{\pi}\omega_0 \tag{2.4}$$

根据式（2.2）计算出各月 15 日的日天文辐射量 H_{0d}，乘以该月的天数，即可得该月水平面的月天文辐射量 H_0。

（2）起伏地形下天文辐射的计算

倾斜面上任意可照时段内获得的天文辐射量 H_s 为：

$$H_s = \frac{T}{2\pi}\left(\frac{1}{\rho}\right)^2 I_0\left[u\sin\delta(\omega_{ss}-\omega_{sr}) + v\cos\delta(\sin\omega_{ss}-\sin\omega_{sr}) - w\cos\delta(\cos\omega_{ss}-\cos\omega_{sr})\right] \tag{2.5}$$

式中，

$$u = \sin\varphi\cos\alpha - \cos\varphi\sin\alpha\cos\beta$$
$$v = \sin\varphi\sin\alpha\cos\beta + \cos\varphi\cos\alpha$$
$$w = \sin\alpha\sin\beta$$

式中，ω_{sr} 和 ω_{ss} 分别为倾斜面可照时段对应的起始和终止太阳时角；δ 为太阳赤纬，在天赤道以北为正，以南为负（见上文）；φ 为地理纬度，北半球为正，南半球为负。其他参数的物理意义见图 2-1、图 2-2。

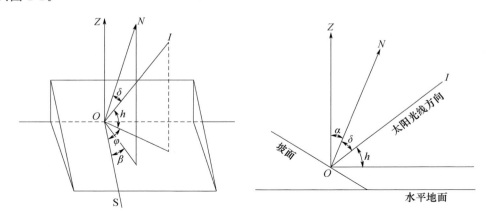

图 2-1 太阳辐射在坡面上分布示意图

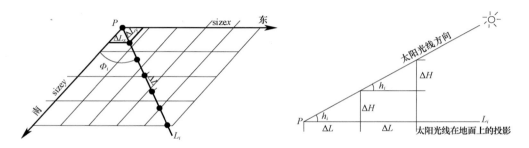

图 2-2 模型参数示意图

　　研究表明,坡面日出(日没)时间不早(不晚)于水平面上的日出(日没)时间。如图 2-2,对于实际起伏地形中的任一点 P,根据从 DEM 数据中读取的纬度值,可根据式(2.2)、(2.3)计算与该点同纬度水平面上一年中任一天的日出(日没)时角和天文可照时间,即没有考虑大气和周围地形对 P 点造成遮蔽影响的日出(日没)时角和可照时间。

　　实际地形中,一天中任意时刻 P 点可照与否,主要由该时刻的太阳高度角和方位角以及太阳方位角方向上的地形对 P 点造成的遮蔽角(仰角)决定。当太阳高度角大于地形对 P 点造成的遮蔽角时,P 点可得到日照,反之,则被遮蔽,没有日照。因此,实际地形中任一天 P 点接收到的天文辐射量可按如下方案确定:

　　① 给定时间积分步长 ΔT(min),计算相应的太阳时角步长 $\Delta\omega = \dfrac{2\pi}{24\times 60}\cdot\Delta T$(rad)(时间步长可选默认为 10 min)。

　　② 在 $[-\omega_0,\omega_0]$ 区间内,以 $\Delta\omega$ 为步长,将水平面上的日出至日没时间划分为 n 个时段,得到相应各时刻的太阳时角数组:

$$[-\omega_0,-\omega_0+\Delta\omega,\cdots,-\omega_0+i\cdot\Delta\omega,\cdots,-\omega_0+(n-1)\cdot\Delta\omega,\omega_0]$$
$$n=\mathrm{int}\left(\frac{2\omega_0}{\Delta\omega}\right)+1 \tag{2.6}$$

式中,int() 为取整函数。

　　③ 确定各时段起始和终止时刻的太阳高度角 h_i 和太阳方位角 Φ_i

　　各时段起始和终止时刻的太阳时角为:

$$\begin{cases}\omega_i=-\omega_0+i\cdot\Delta\omega & i=0,1,2,\cdots,n-1\\ \omega_n=\omega_0\end{cases} \tag{2.7}$$

　　根据太阳视轨道方程,各时刻对应的太阳高度角 h_i 和方位角 Φ_i 可由下式确定:

$$\sin h_i=\sin\varphi\sin\delta+\cos\varphi\cos\delta\cos\omega_i$$
$$\cos\Phi_i=\frac{\sin h_i\sin\varphi-\sin\delta}{\cos h_i\cos\varphi} \qquad i=0,1,2,\cdots,n \tag{2.8}$$

式中,Φ_i 为太阳方位角,从观测者子午圈开始顺时针方向度量,正南为零,向西为正,向东为负。

　　④ 确定各时刻对应太阳方位 Φ_i 上的遮蔽状况 S_i

　　以 P 为起点,沿 Φ_i 方位做直线 L_i,根据太阳高度角 h_i 和直线 L_i 方向上各点的高程即可确定该时刻周围地形对 P 点的遮蔽状况 S_i,当直线 L_i 方向上各点的高程均对 P 点不造成遮蔽时,记 $S_i=1$,表示 P 点可照;反之,只要有一点高程使 P 点不可照,记 $S_i=0$ 表示 P 点受地形遮蔽。实际计算中,地形用数字高程模型(DEM)来表示,由于 DEM 是由有固定长和宽的格网组成,在计算机模型中为了提高运行效率,自 P 点开始沿直线 L_i 按照距离步长 ΔL 依次判断相应格网点对 P 点的遮蔽状况。

　　取 DEM 格网长和宽的最小值作为距离步长 ΔL,即

$$\Delta L=\min(\text{size}x,\text{size}y) \tag{2.9}$$

式中,size$x$ 为 DEM 格网长度;size$y$ 为 DEM 格网宽度。

　　自 P 点开始沿直线 L_i 按照距离步长每增加一个 ΔL,对应的水平(东西)方向的坐标增加步长 ΔL_x 和垂直(南北)方向的坐标增加步长 ΔL_y 分别为:

$$\Delta L_x=\Delta L\times\sin(\Phi_i)$$
$$\Delta L_y=\Delta L\times\cos(\Phi_i) \tag{2.10}$$

在直线 L_i 方向上随着距离按步长 ΔL 的增加,使 P 点不受遮蔽应满足的最大高程增量 ΔH 为:

$$\Delta H = \Delta L \times \tan(h_i) \qquad (2.11)$$

式中,$sizex$、$sizey$、Φ_i、L_i、ΔL、ΔL_x、ΔL_y、ΔH 等各参数意义见图 2-2。

实际计算过程中,直线 L_i 的长度不必要取无限长,取一定的遮蔽范围半径 R(可选)即可满足计算要求。在遮蔽范围半径 R 内,判断 Φ_i 方位上地形对 P 点所造成的遮蔽状况 S_i 时,需进行的计算次数为:

$$N = \text{int}\left(\frac{R}{\Delta L}\right) \qquad (2.12)$$

以 P 点为起点,ΔL 为步长,沿直线 L_i 逐步计算周围地形高程(格网点高程)对太阳光线的遮蔽状况,若:

$$Z(x_P + j \times \Delta L_x, y_P + j \times \Delta L_y) > Z(x_P, y_P) + j \times \Delta H \qquad j = 1, 2, \cdots, N \qquad (2.13)$$

则 $S_i = 0$,即在 Φ_i 方位周围地形对 P 点有遮蔽;否则,$S_i = 1$,即在 Φ_i 方位周围地形对 P 点无遮蔽,P 点可照。其中,$Z(x, y)$ 为 (x, y) 处的高程。

由于不能保证 $x_P + j \times \Delta L_x$ 和 $y_P + j \times \Delta L_y$ 为整数(即刚好属于某一格网点的坐标),所以,$Z(x_P + j \times \Delta L_x, y_P + j \times \Delta L_y)$ 必须使用重采样方法取得。本分布式模型采用了双线性插值法。

通过对 $[-\omega_0, -\omega_0 + \Delta\omega, \cdots, -\omega_0 + i \cdot \Delta\omega, \cdots, -\omega_0 + (n-1) \cdot \Delta\omega, \omega_0]$ 各时刻遮蔽状况函数 S_i 的计算,得到遮蔽状况数组 $[S_0, S_1, \cdots, S_i, \cdots, S_n]$。

⑤ 确定可照时段数及各可照时段的起始、终止太阳时角

依次比较遮蔽状况数组 $[S_0, S_1, \cdots, S_i, \cdots, S_n]$ 中相邻两个数组元素的取值状况,即可确定 P 点当天的可照时段数 m 及各可照时段的起始太阳时角、终止太阳时角,具体算法如下。

遮蔽状况数组中相邻两个数组元素的取值可能有表 2-1 所示四种状态。

表 2-1 相邻两个遮蔽状况数组元素取值状态表

状态	S_i	S_{i+1}	含义
1	0	1	新可照时段开始
2	1	1	当前可照时段延续
3	1	0	当前可照时段结束
4	0	0	当前遮蔽时段延续

a. 若出现状态 1,表示新的可照时段开始。取太阳时角数组中相应两个时刻太阳时角的平均值作为新可照时段的起始太阳时角,记为 ω_{srl},则有:

$$\omega_{srl} = [(-\omega_0 + i \cdot \Delta\omega) + (-\omega_0 + (i+1) \cdot \Delta\omega)]/2 = -\omega_0 + i \cdot \Delta\omega + \Delta\omega/2 \quad i = 0, 1, 2, \cdots, n-1$$

式中,下标 $l = 1 \sim m$,ω_{sr} 和 ω_{ss} 同(2.5)式中含义。

b. 若出现状态 3,表示当前可照时段的结束。取太阳时角数组中相应两个时刻太阳时角的平均值作为当前可照时段的终止太阳时角,记为 ω_{ssl},则有:

$$\omega_{ssl} = [(-\omega_0 + i \cdot \Delta\omega) + (-\omega_0 + (i+1) \cdot \Delta\omega)]/2 = -\omega_0 + i \cdot \Delta\omega + \Delta\omega/2 \quad i = 0, 1, 2, \cdots, n-1$$

c. 若出现状态 2 或 4,表示当前状态是前一状态的延续,不做处理。

在上述算法中,有两种例外情况须特殊处理:

若 $S_0=1$，表示 P 点在当天第一个可照时段的起始日照时间与平地一致，应有 $\omega_{sr1}=-\omega_0$；

若 $S_n=1$，表示 P 点在当天最后一个可照时段的终止日照时间与平地一致，应有 $\omega_{ssm}=\omega_0$。

经过以上计算，最终得到 P 点当天 m 个可照时段对应的起始、终止太阳时角数组：$[\omega_{sr1},\omega_{ss1};\cdots;\omega_{srn},\omega_{ssn};\cdots;\omega_{srm},\omega_{ssm}]$。

⑥ 计算日天文辐射量

根据 (2.4) 式，累计以上 m 个可照时段的天文辐射量，得到实际起伏地形中 P 点日天文辐射量 $H_{0da\beta}$ 的计算式为：

$$H_{0da\beta}=\frac{24}{2\pi}\left(\frac{1}{\rho}\right)^2 I_0\left\{\begin{array}{l} u\sin\delta\left[\sum_{l=1}^{m}(\omega_{ssl}-\omega_{srl})\right]+v\cos\delta\left[\sum_{l=1}^{m}(\sin\omega_{ssl}-\sin\omega_{srl})\right]\\ -w\cos\delta\left[\sum_{l=1}^{m}(\cos\omega_{ssl}-\cos\omega_{ssr})\right]\end{array}\right\} \quad (2.14)$$

根据式 (2.14) 计算出各月 15 日的日天文辐射量 $H_{0da\beta}$，乘以该月的天数，即可得该月起伏地形下的月天文辐射量 $H_{0a\beta}$。

(3) 重庆市起伏地形下天文辐射的精细空间分布

使用 1∶25 万重庆市 DEM 数据，采样间隔 100 m×100 m，计算了重庆市 1—12 月的起伏地形下的天文辐射。计算过程中，遮蔽范围半径 R 取 20 km，时间步长 ΔT 取 10 min，DEM 重采样方法为双线性插值法。

图 2-3 给出了春 (4 月)、夏 (7 月)、秋 (10 月)、冬 (1 月) 重庆市天文辐射的空间分布，分析得出以下几点结论。

重庆市全年都表现出：西北部和中部的丘陵、低山地区能接受较多的太阳直射，一般为当月的天文辐射中高值区；东北部与东南部的山地地区的天文辐射分布则很不均匀。

坡向对重庆东北部与东南部的山地地区天文辐射的空间分布影响较大，表现为南北坡灰度反差巨大，一般来说，南坡获得的辐射较多，北坡则少很多。

重庆市全年各月天文辐射最大值的分布特征为：全年最大出现在夏季 (7 月)，为 1261 MJ/m²。

春季 (4 月) 天文辐射为 116～1144 MJ/m²，大部分地区在 1000 MJ/m² 以上，小于 1000 MJ/m² 的地区主要分布在北部的城口、巫溪、开州北部、奉节、云阳的地区以及中部和东南部的部分地区。

夏季 (7 月) 天文辐射为 129～1261 MJ/m²，大部分地区在 1200 MJ/m² 以上，小于 1200 MJ/m² 的地区主要分布在北部的城口、巫溪、奉节、云阳的地区以及中部、东南部和南部的部分地区。

秋季 (10 月) 天文辐射为 0～1184 MJ/m²，大部分地区为 800～1000 MJ/m²，大于 1000 MJ/m² 的地区零星分布在北部和中部及东南部的山区，小于 800 MJ/m² 的也是分布在这些区域，面积相对较大。

冬季 (1 月) 天文辐射为 0～1193 MJ/m²，总体上重庆中西部、西部天文辐射较多，大部分地区为 516～700 MJ/m²，北部和中南部较少，尤其是云阳以北大部分地区小于 516 MJ/m²，中东部和东南部以及西部的偏南地区也有近一半的地区低于 516 MJ/m²；天文辐射大于 700 MJ/m² 的地区特别少，零星分布在北部和中南部的南坡山脊处，这可能与冬季是近日点有关。

全年各月天文辐射最小值的差异非常明显，在 10 月—次年 3 月的冬半年中，各月均有天文辐射最小值为 1 MJ/m²；而在 4—9 月的夏半年中，月总量均在 46 MJ/m² 以上，夏季 7 月最小值高达 389 MJ/m²。各月最小值一般均在重庆的东北山区的北坡和山谷。

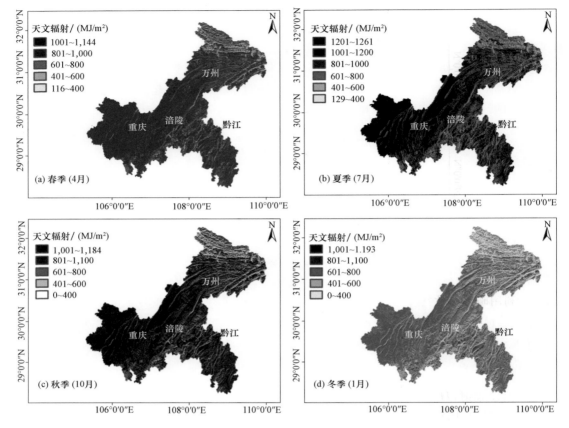

图 2-3　重庆市起伏地形下天文辐射空间分布图

　　重庆市各月天文辐射在山脊上的高值分布与山谷中的低值分布的强烈对比,明确反映了重庆东北、东南山地地区地形巨大的遮蔽作用;尤其是东北山区的山地较东南山区的分布更密集、起伏更大,地形的遮蔽作用比东南部更加明显,因此各月的最小值往往出现在东北山区的山谷而非东南山区。

　　重庆市天文辐射的季节变化也很明显,这主要反映在各月天文辐射空间分布的色调变化上。冬季以浅色调为主,即多为小值,大值很少;而夏季以深色调为主,即天文辐射多为中、大值,小值较少;春秋季则介于两者之间。这是由太阳高度角的四季变化所致。另外冬季太阳高度角较小,夏季太阳高度角较大,也是造成重庆市冬季天文辐射空间分布的地形影响表现突出,而夏季的地形影响较微弱的原因。

2.1.1.2　太阳总辐射的估算模型

（1）资料来源及处理

　　本节使用的气象数据由重庆市气象局提供,包括 34 个气象台站的 1961—2010 年月平均气温、日照时间以及沙坪坝日射站 1961—2010 年月平均总辐射资料,气象台站及沙坪坝日射站(气象站)分布见图 2-4。使用的所有气象数据均经过一定的质量控制和可靠性验证,并针对一些曾经迁站且变动较大的气象站数据使用同期对比观测数据进行了订正,因此结果是可信的。

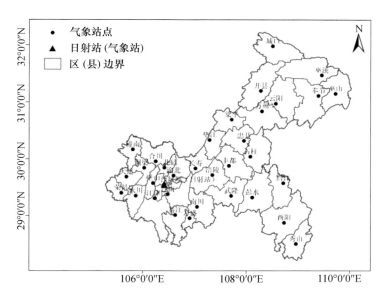

图 2-4　三峡库区(重庆)气象站及日射站空间分布图

(2)利用晴空指数推算总辐射

翁笃鸣(1997)研究表明,晴空指数 k 与日照百分率 s 之间存在良好的关系,可以用以下方程来表示:

$$k=\frac{H}{H_0}=a+bs \tag{2.15}$$

式中,H 为总辐射,H_0 为天文辐射,可以用台站的经纬度直接算出,a、b 为经验系数。

利用方程(2.15)结合沙坪坝日射站的总辐射观测资料可以算出 a、b 值,结合气象台站的日照百分率数据可以用方程(2.16)推算 34 个气象台站的总辐射。

$$H=H_0(a+bs) \tag{2.16}$$

从图 2-5 中可以看出,晴空指数和日照百分率高度相关,其中春、夏、秋季复相关系数在 0.8 左右,冬季较差,也在 0.68 以上。总的来说,作为数据集群,日照百分率与晴空指数已相当稳定,利用拟合所得经验系数,并结合各台站的日照百分率,可以推算气象台站的各季总辐射。

在各台站日照百分率的基础上,可以通过内插的方法得到重庆市范围内晴空指数的空间分布。所谓内插法是一种常用的统计学空间扩展方法。作为一种粗略的地表参数估算方法,国内外不少学者在相关研究中都曾利用现有的气象台站网对多种地表气象参数进行过内插处理,但其精度有限。常用的气象要素内插方法有样条函数法、Kriging(克里金)插值法等。对于晴空指数等与地形没有直接关系的大气参数,内插法可能是一种实用而又行之有效的空间扩展方法。图 2-6 为重庆市各季气候平均晴空指数的空间分布图。从图中可以看出,晴空指数的空间分布规律均是以一个低值区为中心向周围扩大,到东北部呈大值分布。低值中心随四季的东西向迁徙表现出气候状况对重庆市月晴空指数空间分布的影响。大气含水量等因素对重庆的晴空指数有一定影响,夏季伏旱天气的夏季晴空指数最大,多雨的秋季最小。

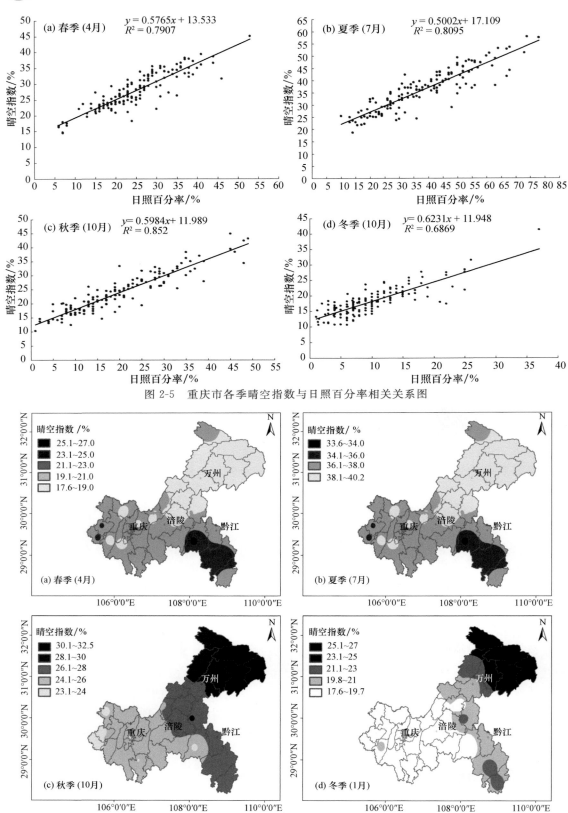

图 2-5　重庆市各季晴空指数与日照百分率相关关系图

图 2-6　重庆市各季气候平均晴空指数空间分布图

（3）重庆市总辐射空间分布

在式（2.16）的基础上，可以得到重庆市 1961—2010 年各季平均总辐射空间分布图（图 2-7）。

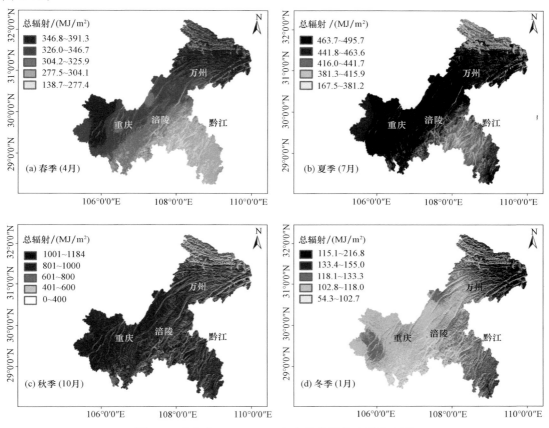

图 2-7 重庆市 1961—2010 年各季总辐射空间分布图

春季（4 月）总辐射为 138.7～391.3 MJ/m²，除东南部地区外总辐射都在 300 MJ/m² 以上，其中北部的巫山、巫溪、奉节、云阳部分地区在 350 MJ/m² 以上，东南部的彭水、黔江、酉阳、武隆的东南部总辐射最少，大部分地区在 300 MJ/m² 以下。

夏季（7 月）总辐射为 167.5～495.7 MJ/m²，除北部的城口、巫溪大部、开州和巫山北部以及中部的石柱和丰都东南部、武隆大部、彭水、黔江、酉阳大部等地区外都在 450 MJ/m² 以上，总辐射一般在 450 MJ/m² 以上，总体上地区差异较小。

秋季（10 月）总辐射为 117.9～380.3 MJ/m²，北部的巫山、奉节、巫溪的南部大部分地区在 350 MJ/m² 以上，西部的大部以及东南部的彭水和酉阳部分地区在 300 MJ/m² 以下，其余大部分地区为 300～350 MJ/m²。

冬季（1 月）总辐射为 54.3～216.8 MJ/m²，大于 150 MJ/m² 以上的地区有北部的巫山、巫溪、奉节、城口、云阳东部，其余地区均小于 150 MJ/m²，中部偏北以及东南部部分地区为 120～150 MJ/m²，其他大部分地区小于 120 MJ/m²。

2.1.2 日照时数

日照时间是反映太阳照射时间长短的气候指标，植物生长与日照时间的长短有密切关系,研究表明,不同类型的植物对日照时间的长短要求是不同的,大致可分为长日照植物、短日照植物、日中性植物、长短日植物、短长日植物、中日性植物、两极光周期植物等类型。

长日照植物,指在 24 h 昼夜周期中,日照长度长于一定时数才能开花的植物。对这些植物延长光照可促进或提早开花,相反,如延长黑暗则推迟开花或不能成花。属于长日照植物的有:小麦、大麦、黑麦、油菜、菠菜、萝卜、白菜、甘蓝、芹菜、甜菜、胡萝卜、金光菊、山茶、杜鹃、桂花、天仙子等。典型的长日照植物天仙子必须满足一定天数的 8.5~11.5 h 日照才能开花,如果日照长度短于 8.5 h 它就不能开花。

短日照植物,指在 24 h 昼夜周期中,日照长度短于一定时数才能成花的植物。对这些植物适当延长黑暗或缩短光照可促进或提早开花,相反,如延长日照则推迟开花或不能开花。属于短日照植物的有:水稻、玉米、大豆、高粱、苍耳、紫苏、大麻、黄麻、草莓、烟草、菊花、秋海棠、腊梅、日本牵牛等。如菊花须满足少于 10 h 的日照才能开花。

日中性植物,这类植物的成花对日照长度不敏感,只要其他条件满足,在任何长度的日照下均能开花。如月季、黄瓜、茄子、番茄、辣椒、菜豆、君子兰、向日葵、蒲公英等。

除了以上三种典型的光周期反应类型以外,还有一些其他类型。

长短日植物,这类植物的开花要求有先长日、后短日的双重日照条件,如大叶落地生根、芦荟、夜香树等。

短长日植物,这类植物的开花要求有先短日后、长日的双重日照条件,如风铃草、鸭茅、瓦松、白三叶草等。

中日性植物,只有在某一定中等长度的日照条件下才能开花,而在较长或较短日照下均保持营养生长状态的植物,如甘蔗的成花要求每天有 11.5~12.5 h 日照。

两极光周期植物与中日性植物相反,这类植物在中等日性条件下保持营养生长状态,而在较长或较短日照下才开花,如狗尾草等。

许多植物成花有明确的极限日照长度,即临界日长。长日植物的开花,需要长于某一临界日长;而短日植物则要求短于某一临界日长,这些植物称绝对长日植物或绝对短日植物。但是,还有许多植物的开花对日照长度的反应并不十分严格,它们在不适宜的光周期条件下,经过相当长的时间,也能或多或少开花,这些植物称为相对长日植物或相对短日植物。可以看出,长日照植物的临界日长不一定都长于短日照植物;而短日照植物的临界日长也不一定短于长日照植物。例如,一种短日照植物大豆的临界日长为 14 h,若日照长度不超过此临界值就能开花,一种长日照植物冬小麦的临界日长为 12 h,当日照长度超过此临界值时才开花。将此两种植物都放在 13 h 的日照长度条件下,它们都开花。因此,重要的不是它们所受光照时数的绝对值,而是在于超过还是短于其临界日长。同种植物的不同品种对日照的要求可以不同,如烟草中有些品种为短日照的,有些为长日照的,还有些只为日中性的。通常早熟品种为长日或日中性植物,晚熟品种为短日照植物。

因此,研究区域日照时间变化规律和特征对于合理布局农业生产具有重要的现实意义。

一个地区的日照时间分为可照时间和日照时数。

"可照时间"一般有两种含义:①天文可照时间(不考虑大气影响和地形遮蔽的最大可能日照时间),目前关于天文日照时间的空间分布已经有了比较成熟的计算方法;②地理可照时间,是考虑地形遮蔽而不考虑大气影响的日照时间,确定地理日照的空间分布可以为日照时数的空间分布提供给基础数据。

日照时数是指一个地区实际受到太阳照射的时间,广泛应用于农林、气象、水文、遥感、建筑、太阳能工程等研究领域。但是由于日照时数不仅受到坡度、坡向等地理因子以及周围地形遮蔽的影响,还受到该地区大气状况(如云、雾、水汽及大气污染物等)的影响,确定起伏地形下日照时数是比较困难的。

2.1.2.1　起伏地形下日照时间的计算

(1)地理可照时间的计算

地理可照时间的计算模型与天文辐射计算模型类似,计算方案中的前 4 步与 2.1.1 节中天文辐射计算方案式(2.1)～(2.4)完全一致,而只需将天文辐射计算方案中的式(2.5)、(2.6)合并。

实际起伏地形中任一点 P 在任一天的可照时间 $T(h)$ 可表示为:

$$T = \frac{24}{2\pi}\left[\sum_{i=1}^{n-1} g_i \Delta\omega + g_i \mathrm{mod}\left(\frac{2\omega_0}{\Delta\omega}\right)\right] \tag{2.17}$$

式中,mod()为求余函数,取两数相除后的余数,用来表示一天时间(从 $-\omega_0$ 到 ω_0 时段)除以时间步长 $\Delta\omega$ 后的余数值(单位为 rad)。

(2)日照时间的计算

地理可照时间是日照时间的重要起算数据,但是日照时间的空间分布较地理可照时间更为复杂,山地考察资料表明,由于山区云雾的影响,日照百分率随海拔升高有下降或减少的趋势,每升高 100 m,年日照百分率下降约 1%,5—9 月下降约 1.2%,3—4 月和 10—11 月变化不明显,12 月至次年的 2 月上升约 1%。

日照时间的空间分布可以用以下方程表示:

$$T_R = T_M \times P_R \tag{2.18}$$

式中,T_R 为日照时间,T_M 为地理可照时间,P_R 为订正后的日照百分率。

2.1.2.2　重庆市日照时间的空间分布

图 2-8 给出了重庆市各季多年平均日照时间的空间分布,图 2-8 中各格网点的数值代表了该格网点所代表的 100 m×100 m 区域的平均日照时间。

春季(4 月):日照时间为 27.2～150.9 h,其中日照时间大于 120 h 的地区主要集中在重庆北部的巫山、巫溪、奉节、云阳、开州、城口、万州的北部边缘;中部、西部地区以及东南部的小部分地区为 80～120 h;东南部的大部分地区日照时间低于 80 h,是日照时间最少的地区。

夏季(7 月):日照时间为 80.4～261.4 h,其中日照时间大于 210 h 的地区主要集中在重庆北部的奉节、云阳、开州、巫山的小部分、巫溪的南部、万州的北部边缘;除彭水、黔江、酉阳以及武隆东南部的部分地区外,大部分都为 170～261.4 h。

秋季(10 月):日照时间为 3.7～130.9 h,其中日照时间大于 100 h 的地区主要集中在重庆北部的巫山、巫溪、奉节、云阳、开州;中部、东南部日照时间为 80～100 h,长寿、涪陵、武隆以西日照时间最小,一般在 80 h 以下。

冬季(1 月):日照时间为 0.1～101.2 h,其中日照时间大于 80 h 的地区出现在奉节的少部分地区,城口、巫山、巫溪、奉节、云阳、开州日照时间为 50～80 h,其他部分区域日照时间小于 50 h。

重庆市实际日照时间的空间分布相对比较稳定,总体特征是东北部为实际日照的大值区,西南部次之,东南部最小。地形状况只是对实际日照起二次分配作用,天气状况是最重要的因素,起决定性的作用。1 月实际日照时间最少,最大值在 120.1 h 以下,出现在巫山县境内。此后,随着日照时间增加,天气的转暖,最大值中心区向西部缓慢移动,7 月出现在同纬度的奉节、云阳一带。此外,除冬季外,万州、忠县一带的日照时间要明显多于周围的其他地区,成为

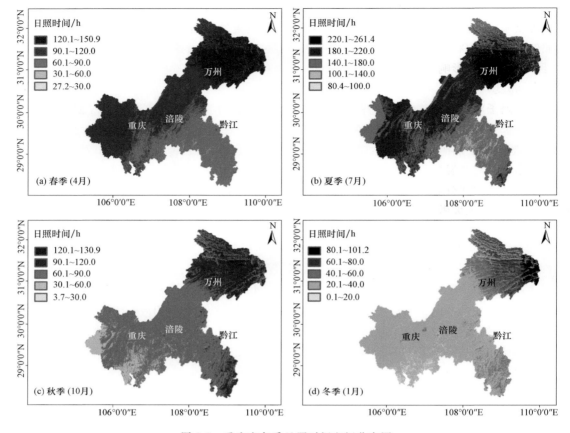

图 2-8　重庆市各季日照时间空间分布图

相对的大值区。

　　冬季太阳高度角小,地形作用明显,而夏季太阳高度角大,地形作用相对较小。具体表现为1月山地阳坡和阴坡色调差异分明,而7月差异相对较小。

2.2　热量资源

　　作物生长季及各发育阶段的生长状况,在很大程度上取决于周围环境的热量状况。作物的生长发育不仅需要在一定的温度条件下进行,而且只有当热量累积到一定程度,才能完成其全生育期过程并获得产量。热量条件在很大程度上决定了当地的自然景观、栽培的作物种类、耕作制度以及各种农事活动,它是农业生产中有决定性意义的、最重要的环境因子之一。

2.2.1　平均气温

2.2.1.1　影响气温空间分布的因素

　　我国山区面积广大,而山区由于复杂的地形导致了气温空间变化很大,加上这些地区气象站稀少,因此仅仅依靠积累的气温资料难以满足研究的需要。研究山区气温空间分布的推算方法,对于山区热量资源开发具有重要的意义。而要推算山区气温的空间分布必须了解山区气温的影响因子。众所周知,影响山区气温分布与变化的因素很多,主要包括:宏观地理条件,测点海拔高度,地形(地形类别、坡向、坡度、地平遮蔽度等),下垫面性质(土壤、植被状况等),其中尤以海拔高度和地形的影响最显著。从中小气候角度考虑,包括坡度、坡向、地形起伏以及植被、土壤湿度状况、各种障碍物等因素。下面将对影响气温空间分布的因子进行逐项探讨,目的在于弄清影响气温分布的机制。

(1)纬度

纬度因子对山地的气候有多种方式的影响。太阳辐射随纬度的升高而普遍减少,各气候带的分布都有纬度影响的痕迹,由南到北一般表现为树线和雪线海拔随着接近极地而降低。

(2)地形

地形起伏对气温的影响主要是因为朝向以及互相遮蔽造成了接受太阳辐射量的不同,从而导致了气温空间分布的差异。其次,表现为地形对气流的动力作用对气温的影响:气流遇到高大山脉,在迎风坡做动力抬升,成云致雨,减弱辐射加热,地面气温下降;而背风坡由于气流下沉,气温干绝热上升,地面附近气温升高。在我国冬季受季风的影响,高的山脉的东坡和东南坡,其气温一般要大于西坡和西北坡。在背风坡和南坡相结合的坡地,气温明显要比同纬度的迎风坡的北坡气温要高。

(3)太阳辐射

热量作为一种自然资源是由太阳辐射到达大气形成的,地球上的一切气候和现象的根本原因是辐射,辐射的年内变化是导致季节变化的最主要原因。研究表明,从单站点时间角度来看,站点海平面的气温与各种辐射都有很好的相关关系(图 2-9)。所谓站点海平面的气温,是指观测站气温依据海拔和气温直减率订正到海平面高度的气温。

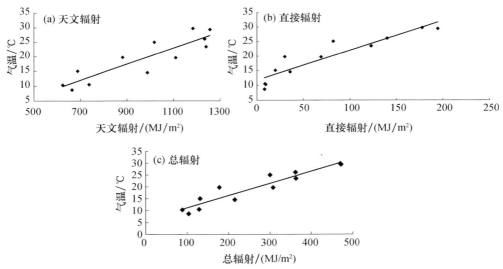

图 2-9 重庆地区单站点辐射和海平面气温散点图

但是,从相同时段内空间上不同站点的海平面气温与辐射的相关性来看,情况发生了变化(图 2-10)。

从多站点空间角度看,海平面气温与直接辐射和总辐射的关系不明显,而和天文辐射的关系仍然比较稳定。这可能是因为总辐射和直接辐射受其他因素的影响比较强烈,而天文辐射仅受纬度以及太阳高度角和地形的影响,在特定的时间和地区三者是固定不变的,导致了天文辐射和海平面多年月平均气温的关系更加稳定可靠。

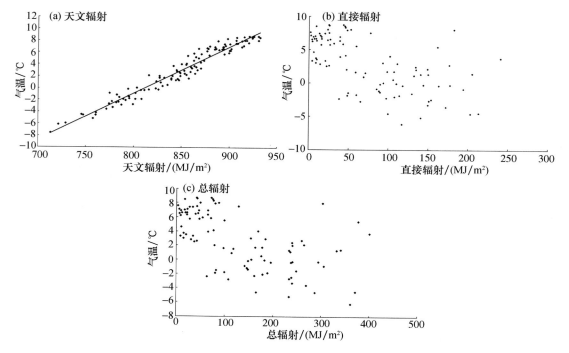

图 2-10　全国部分站点辐射与多年月平均海平面气温散点图

对于同一时段的各地区来说,地形对辐射能量的再分配作用使得地球表面的气温产生了复杂的分异现象,了解气温的分布必须了解这种分异的程度。但是,长期以来由于条件的限制,遮蔽对气温要素的影响没有得到很好的研究。近年来,由于地理信息系统的发展,遮蔽对气温的影响才成为气温要素扩展研究的一个重要部分。考虑天文辐射的再分配对温度的影响,实质就是量化地研究遮蔽对气温分布的影响。

（4）海拔

在对流层中,总体情况是气温随高度升高而降低,首先,这是因为对流层空气的增温主要依靠吸收地面的长波辐射,因此离地面越近获得的长波辐射的热能越多,气温越高;离地面越远,气温越低。其次,越近地面空气密度越大,水汽和固体杂质越多,因而吸收地面辐射的效能越大,气温越高,越向上空气密度越小,能够吸收地面辐射的物质越少。根据有关探空资料,整个对流层的气温直减率为 0.65 ℃/100 m,中纬度地区自由大气中的年平均气温每上升 100 m 约降低 0.6 ℃。山地气温随测点海拔高度的变化而变化,很大程度上是由于测点的空气与周围相同高度大气的热量交换作用造成的,因此,气温随高度增加总趋势是递减的。

气温随海拔升高总的趋势是递减的,除冬季外单相关系数可达 0.9 以上。但是各个月份气温直减率是不一样的,就重庆地区而言,冬季和春季气温直减率较小,夏季和秋季较大。季节气候状况的综合作用是造成气温直减率差异的原因,了解直减率的季节变化对于气温要素的空间扩展有一定的价值。

随着农业区划的推动,我国很多地区进行了气温实地勘测,其目的就是为了获得这些区域的气温直减率。纬度、气候干湿等都对气温直减率有一定的影响,此外,台站地区的小地形也对直减率有一定的影响。

就纬度而言,由于我国幅员辽阔,南北跨近 50 个纬度,南北的气温直减率有很大的差异。

但是,实际上我国的气温直减率的南北差异不能由"高山－山麓"气象台站的温差除以高程计算得到。一是因为山区气象台站的气温直减率还要受到地形的影响,其数值可能大于一定范围的纬度差异;另外,一些地区缺乏高山台站可供计算气温直减率。

对大多数地区而言,高程对气温分布起着决定性的作用,而气温直减率是反映气温高差分布的最重要指标。因此要研究气温要素的空间分布规律必须充分了解气温直减率的空间分布。

所有这些影响气温分布的因素都是互相关联的,差不多所有的因素都与辐射有关。如纬度对气温的影响,实质上是由于纬度不同造成了辐射的变化,从而导致的气温变化,而地形对气温的影响也主要是通过对辐射的影响而起作用。此外,海拔对气温的影响也是由太阳辐射间接作用造成的。把辐射引入气温的推算对研究气温分布有着重要的意义。

2.2.1.2 天文辐射、高程的气温推算模型

基于气温影响要素的多元回归方法物理过程较为清晰,从理论上讲,该方法应该是可行的,而且,在实际研究中得到了较为广泛的应用,这些研究大多数使用众多因子进行回归运算,这在小范围的气温分布研究中是可行的。但是,在大范围的气温分布研究中却有一定的困难。原因如下:一方面,任意的增加气温影响因子并不一定能提高气温推算的精度;另一方面,大量的观测数据难以获得。这不是回归方法本身的问题,而是在于影响气温的因素没有弄清楚。即使是山区的观测资料,由于观测站在相对的平地上,且在一定距离上没有遮蔽影响。因此常规观测资料(包括日射观测资料)只代表了水平面上的气温状况,不能反映遮蔽对气温的影响。基于以下气温影响因素而建立的推算模型考虑地形遮蔽因子作用,综合考虑辐射、高程的山地气温的分布模型可以表示为:

$$T_M = T_d + T_z + T_R \tag{2.19}$$

式中,T_M 是山地气温,T_d 是海平面上的气温,T_z 表示高程对气温的影响值,T_R 表示坡面天文辐射与水平面的差值对气温的影响值,简称辐射气温。

地球水平面上天文辐射的地区差异,奠定了热量分布的总体框架,具体气候带的分布是热量和水分进一步分异的结果,任何地区的气温分布都离不开水平面天文辐射的大背景。

如前所述,在空间尺度上,海平面的月平均气温与天文辐射有良好的相关性。海平面气温与水平面天文辐射可建立如下的回归方程:

$$T_d = a + bR \tag{2.20}$$

式中,T_d 为海平面气温,R 海平面天文辐射,a、b 为回归系数。

将 1961—2010 年重庆地区 34 站各月平均气温订正到海平面,用最小二乘法求得 a、b 各月系数及统计值,研究表明:冬季月平均气温与天文辐射相关性很好,而夏季差一些,各月的平均误差绝对值均小于 0.6 ℃。

2.2.1.3 重庆市平均气温空间分布

使用 1:25 万重庆地区的 DEM 数据和计算的重庆辐射气温分布数据,以及高程气温的分布数据,用式(2.19)可计算出重庆地区山地气温空间分布(图 2-11)。

海拔高程对气温的空间分布起决定性的作用,不同季节地形对气温的影响不同,冬季太阳高度角最小。地形遮蔽对天文辐射的影响较大,阳坡和阴坡的气温差异较大,夏季则不如冬季明显。

考虑天文辐射对气温分布的影响,其实质是把中小地形对气温的影响进行量化并引入气温的推算模型,较好地解决了山区出现的所谓"暖区"现象,即在一些山区的向阳面虽然海拔较高但是由于遮蔽较小,接受的辐射要比一些海拔较低的地方要多得多,从而导致了气温反而比海拔低的地方高的现象。

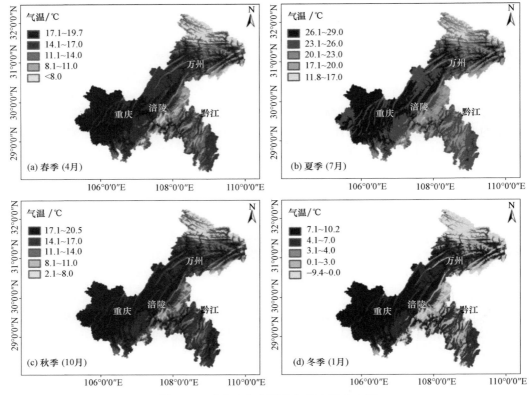

图 2-11 重庆市各季平均气温空间分布图

2.2.2 气温日较差

一天内,气温要素观测记录的最大值与最小值之差称气温日较差,亦称气温日振幅,是一天中气温最高值与最低值之差,其大小和纬度、季节、下垫面性质及天气状况有关。一般来说,副热带地区气温日较差最大,向高纬地区逐渐减小。在中纬地区是夏季比冬季大,低纬和高纬地区则随季节的变化很小。一般夏季气温日较差大于冬季,但在中高纬度地区,一年中气温日较差最大值却出现在春季。虽然夏季太阳高度角大,日照时间长,白天温度高,但由于中高纬度地区昼长夜短,冷却时间不长,使夜间温度也较高,所以夏季气温日较差不如春季大。就海陆来说,海洋气温日较差小于内陆:海洋上一般仅 1～2 ℃,内陆可达 15 ℃以上甚至达25～30 ℃。就地势来说,山谷大于山峰,凹地大于高地。就天气状况来说,阴天比晴天时小。

气温日较差对农作物生育、产量和品质等都有很大的影响。气温日较差变化机理及其对作物生育影响的分析表明,气温日较差的变化可影响作物生育、有机物质积累、产量和品质。气温日较差大时,一般白天日照充足,太阳辐射强,气温较高,有利于植物的光合作用,可制造和积累较多的营养物质,夜间气温较低,植物的呼吸作用减弱,能量消耗较少,有利于养分的储存、作物的籽粒饱满、水果含糖量高,形成优质丰产。反之气温日较差小时,对各类作物的产量、品质不利。

随着全球气候变暖,气温日较差变化的研究已受到广泛的重视。与平均气温的变化不同的是日较差可以反映全球和区域性的温度变化幅度特征,有着重要的生态学意义,对于人类生存环境的变化、气候异常的影响及可持续发展研究具有特殊的参考价值。

2.2.2.1 重庆市气温日较差变化规律

1961—2010 年重庆市 34 个气象台站年平均日较差为 6.4～8.3 ℃(图 2-12),多年平均为

7.2 ℃,最大值出现在 1963 年,最小值出现在 1989 年。日较差总体呈下降趋势,下降幅度为 0.134 ℃/(10 a),其中 1961—1980 年和 1999—2010 年间平均日较差较大,分别为 7.3 ℃ 和 7.4 ℃,1981—1998 年日较差相对较小平均为 7.0 ℃。

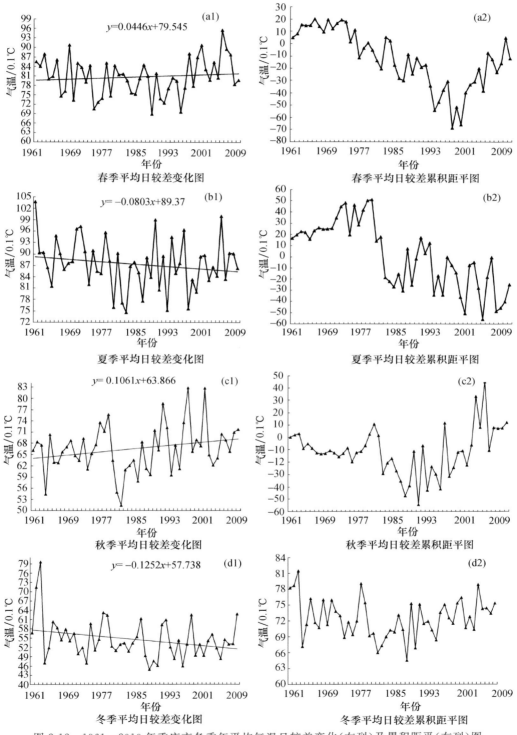

图 2-12　1961—2010 年重庆市各季年平均气温日较差变化(左列)及累积距平(右列)图

(a)春季;(b)夏季;(c)秋季;(d)冬季

日较差年内变化特征为夏季最大,冬季最小。春季多年平均日较差为 8.1 ℃,日较差呈上升趋势,上升幅度为 0.446 ℃/(10 a);夏季多年平均日较差为 8.7 ℃,日较差总体呈下降趋势,下降幅度为 0.803 ℃/(10 a);秋季多年平均日较差为 6.7 ℃,日较差呈上升趋势,上升幅度为 1.061 ℃/(10 a);冬季多年平均日较差为 5.5 ℃,日较差总体呈下降趋势,下降幅度为 1.252 ℃/(10 a)。

2.2.2.2 重庆市气温日较差空间分布

利用 ArcGIS 软件进行空间插值,可以得到重庆市各季气温日较差的空间分布。由图 2-13 可知,各季日较差东北的城口、巫山、巫溪为最高,东南部的秀山、酉阳、黔江等地次之,西南部最小。

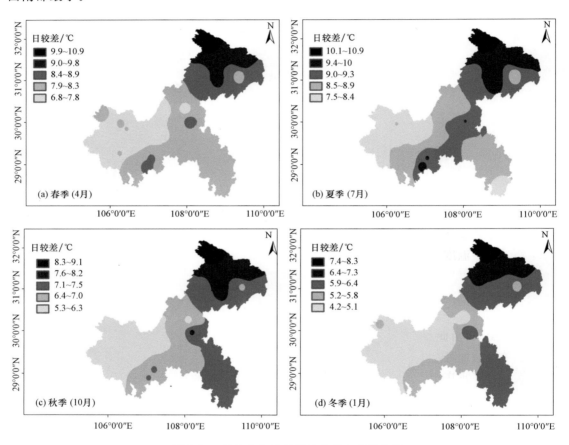

图 2-13 重庆市各季气温日较差空间分布图

2.2.3 积温

积温是指某一时段内逐日平均温度累加之和,是研究温度与生物有机体发育速度之间关系的一种指标,从强度和作用时间两个方面表示温度对生物有机体生长发育的影响,一般以摄氏度·日(℃·d)表示。积温能表示热量累积的强度以及持续时间长短的状况,是农业气候资源分析中的重要指标。在其他环境条件基本满足的前提下,在一定的温度范围内,温度与生物有机体发育速度之间呈正相关。生物的种类、品种和生育期不同,其生育起始温度(即开始生长发育的最低温度)也有差异;只有当日平均温度高于生育起始温度时,温度因子才对生物有机体的生长发育起促进作用,这个生育起始温度称为生物学下限温度(亦称生物学零度),用符号 B 表示。

积温分活动积温、有效积温、负积温、地积温、日积温等。活动积温是指高于或等于生物学下限温度的日平均温度的总和。活动积温与生物学下限温度的差值称为有效积温。

在热量资源分析的实际工作中,应用最广的是活动积温和有效积温。活动积温常用于农业气候中热量资源的分析。根据下限温度的不同,有很多种活动积温,可以分为≥0 ℃活动积温、≥5 ℃活动积温、≥10 ℃活动积温、≥15 ℃活动积温、≥20 ℃活动积温等。这些活动积温均具有其特殊的农业意义,其中应用最广泛的是≥10 ℃活动积温。活动积温和有效积温可分别如下表示。

活动积温:

$$A = \sum_{i=1}^{N} T_i \qquad (T_i \geqslant B) \tag{2.21}$$

有效温度即每天的平均温度减去生物学下限温度的差值;而植物某一发育阶段或整个生育期内有效温度的总和即为有效积温。

有效积温:

$$E = \sum_{i=1}^{N} (T_i - B) = \sum_{i=1}^{N} T_i - NB \qquad (T_i > B) \tag{2.22}$$

式中,B 为下限温度,T_i 发育期内第 i 天的日平均温度。利用上述公式,根据日平均气温便可计算出不同界限的活动积温和有效积温。

多年平均积温是指历年界限温度初、终日之间大于各界限温度的日平均气温总和的算术平均值。实际计算时,可以利用历年日平均气温进行计算,也可以由累年日平均气温资料求得。在全月日平均气温都大于某界限温度的月份,该月积温可用月平均气温乘以月总日数进行计算。

生物学下限温度 B 可用图解法或最小二乘法确定。

图解法是根据田间试验获得的平行观测(包括午后和平均气温)资料,计算某作物的发育速率 $1/N$;横坐标为发育时段内的平均温度,纵坐标为发育速率,建立发育速率与发育时段内平均温度之间的线性关系,根据资料点的分布趋势可得到一条直线,过 $1/N=0$ 点作水平直线与该直线相交,再由此点作垂线交与温度轴,所得到的温度值即是生物学下限温度 B。

最小二乘法此处从略。

本次计算了重庆市≥5 ℃活动积温、≥10 ℃活动积温、≥15 ℃活动积温、≥20 ℃活动积温。50 年来,重庆市≥5 ℃、≥10 ℃、≥15 ℃、≥20 ℃的各年代平均积温,总体上是随年代呈增加趋势,从空间格局上看,积温值主要表现为由西部向东北、东南两翼降低,但各年代间积温分布变化特征仍存在差异,见图 2-14~图 2-17。

(1)≥5 ℃活动积温

从时间上看,1961—2010 年总体呈波动增长的趋势,1961—1970 年、1971—1980 年比较稳定,1981—1990 年有所下降,1991—2000 年、2001—2010 年呈明显增长趋势。从空间上看,主要表现为由西部向东北、东南两翼降低的格局;积温最大值约为 5200 ℃·d,大部分地区积温值都在 3000 ℃·d 以上;积温大于 3000 ℃·d 的地区主要分布在渝西、渝中、渝东南部分区(县)、渝东北部分区(县);积温小于 3000 ℃·d 的地区主要分布在城口、巫溪、巫山、奉节、石柱、武隆、南川等地。

(2)≥10 ℃活动积温

从时间上看,1961—2010 年总体呈波动增长的趋势,1961—1970 年、1971—1980 年比较

重庆农业气象业务技术手册

稳定,1981—1990 年出现低值,但 1981—1990 年、1991—2000 年、2001—2010 年呈明显增长趋势。从空间上看,主要表现为由西部向东北、东南两翼降低的格局;积温最大值约为 3500 ℃·d,大部分地区积温值都在 2000 ℃·d 以上;积温大于 2000 ℃·d 的地区主要分布在渝西、渝中、渝东南部分区（县）、渝东北部分区（县）;积温小于 2000 ℃·d 的地区主要分布在城口、巫溪、巫山、奉节、石柱、丰都、武隆、南川等地。

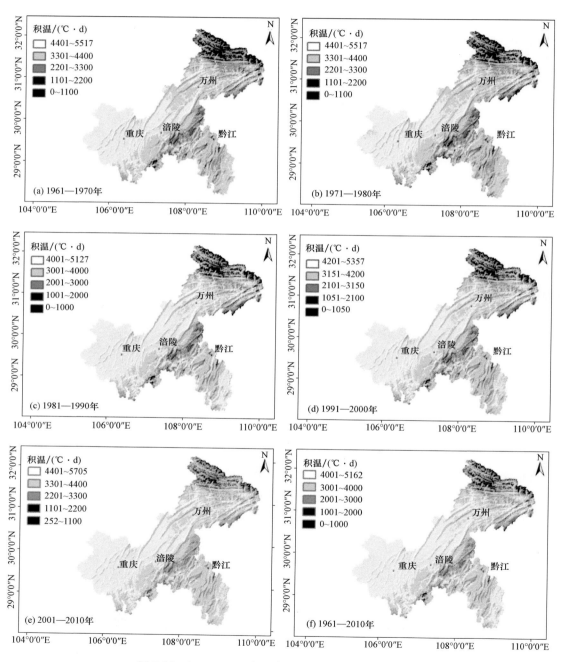

图 2-14　1961—2010 年重庆市≥5 ℃活动积温分布图

56

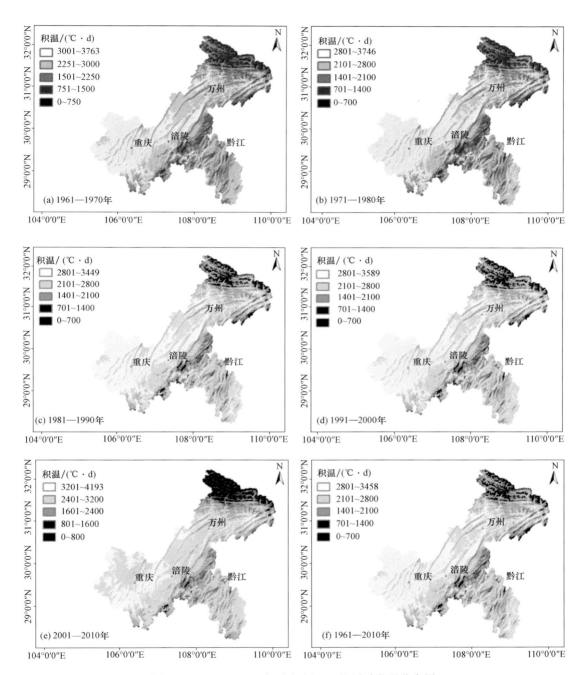

图 2-15　1961—2010 年重庆市≥10 ℃活动积温分布图

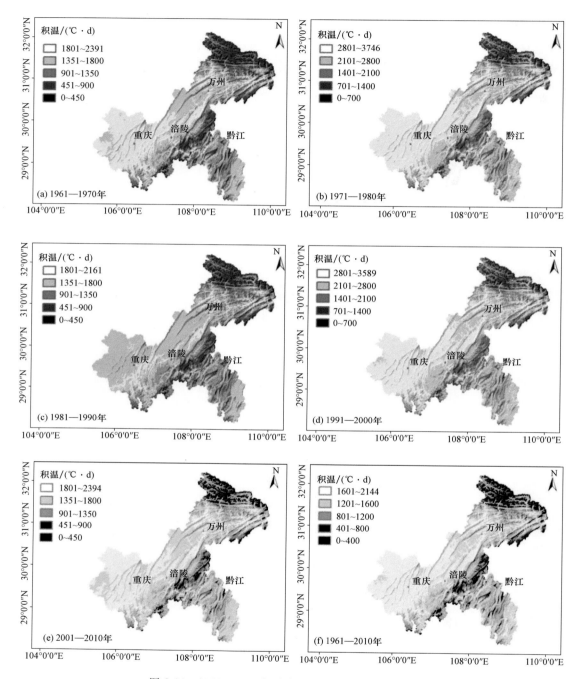

图 2-16　1961—2010 年重庆市≥15 ℃活动积温分布图

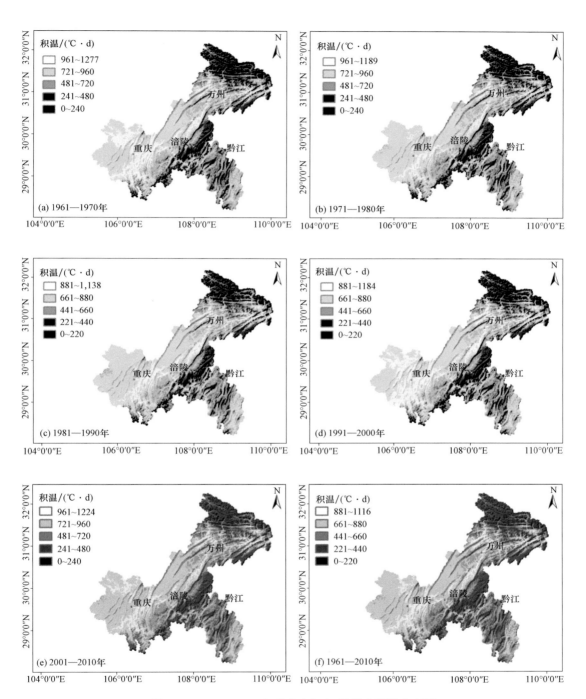

图 2-17　1961—2010 年重庆市≥20 ℃活动积温分布图

(3)≥15 ℃活动积温

从时间上看,1961—2010年总体呈波动增长的趋势,1961—1970年、1971—1980年、1981—1990年有所下降,1991—2000年、2001—2010年呈明显增长趋势。从空间上看,主要表现为由西部向东北、东南两翼降低的格局;积温最大值约为2150 ℃·d,大部分地区积温值都在1000 ℃·d以上;积温大于1000 ℃·d的地区主要分布在渝西、渝中及渝东南部分区(县)、渝东北部分区(县);积温小于1000 ℃·d的地区主要分布在城口、巫溪、巫山、奉节、石柱、丰都、武隆、南川、江津、酉阳等地。

(4)≥20 ℃活动积温

从时间上看,1961—2010年总体呈波动增长的趋势,1961—1970年、1971—1980年、1981—1990年有所下降,1991—2000年、2001—2010年呈明显增长趋势。从空间上看,主要表现为由西部向东北、东南两翼降低的格局;积温最大值约为1200 ℃·d,大部分地区积温值都在500 ℃·d以上;积温大于500 ℃·d的地区主要分布在渝西、渝中、渝东南部分区(县)、渝东北部分区(县);积温小于500 ℃·d的地区主要分布在城口、开州、巫溪、巫山、奉节、石柱、丰都、武隆、南川、綦江、江津、彭水、黔江、酉阳、秀山等地。

2.2.4 农业界限温度

农业气象界限温度是具有普遍意义的,标志着某些重要物候现象或农事活动之开始、终止或转折点的日平均温度,简称界限温度。农业上常用的界限温度有0 ℃、5 ℃、10 ℃、15 ℃和20 ℃等。

0 ℃:日平均气温稳定通过0 ℃,表示寒冬已过,土壤"日消夜冻",冬小麦开始扎根返青,早春作物如大麦开始顶凌播种,草木萌发,春耕等农事活动开始。日平均温下降到0 ℃,土壤开始冻结,越冬作物停止生长,草木休眠。把0 ℃以上的持续期作为农业"耕作期",也称"温暖期"。

5 ℃:日平均气温稳定通过5 ℃,与农作物及大多数果树恢复或停止生长的日期相符合,把日平均气温5 ℃以上的持续期作为作物生长期长短的标志,该时期称作物"生长期"。

10 ℃:日平均气温稳定通过10 ℃,是喜温作物(水稻、玉米、棉花等)生长发育的生物学零度,其后喜温作物才开始生长。喜凉作物及草木进入积极生长期,冬小麦开始拔节。秋季日平均气温下降到10 ℃,喜温作物停止生长,是草木开始枯萎的界限温度。通常将10 ℃以上持续日期作为喜温作物生长期长短的依据。大于10 ℃以后是光合作用制造干物质较为有利的时期,该时期称为植物生长"活跃期"。

15 ℃:日平均气温稳定通过15 ℃,喜温作物开始积极生长,水稻开始移栽,甘薯开始扦插。日平均气温下降到15 ℃,秋粮作物灌浆成熟终止,15 ℃也是冬小麦适宜播种期的下限温度,大于15 ℃的持续期是喜温作物的积极生长期。

20 ℃:日平均气温稳定通过20 ℃,喜温作物旺盛生长,冬小麦进入灌浆成熟时期,20 ℃同时是喜温作物光合作用最适范围的下限;气温低于20 ℃,喜温作物灌浆受到抑制,所以大于20 ℃的持续期是喜温作物安全生长期。

各界限温度之间的持续日数也有重要的农业意义。例如,秋季日平均气温自15 ℃降至5 ℃的时期是冬小麦分蘖多少的关键时期;秋季由5 ℃降至0 ℃的时期,是冬小麦分蘖及糖分积累时期;春季日平均气温由5 ℃升至10 ℃的时期是冬小麦幼穗分化的关键时期;日平均气温由10 ℃升至20 ℃时期的长短是能否栽培双季稻的热量指标。由于重庆地区稳定通过0 ℃

的初终日很少,因此这里只计算 5 ℃、10 ℃、15 ℃和 20 ℃的初终日。

2.2.4.1　农业界限温度初日

重庆市日平均温度≥5 ℃初日、≥10 ℃初日、≥15 ℃初日和≥20 ℃初日出现日期总的分布特征由西向东北、东南方向逐渐推迟,北部及东南、南部的一些中低山丘陵区出现较晚。从年代间变化趋势来看,随着年代的不断增加,初日出现的日期有所提前。

日平均温度≥5 ℃初日出现日期西部及西南部最早为 1 月 1 日,北部一些海拔大于2000 m 的山区最晚可推迟到 5 月 10 日,其他多数地区一般都在 2 月中旬之前。日平均温度≥10 ℃初日出现日期西部及西南部最早为 2 月 11 日,山区地带最晚可推迟到 5 月底,其他多数地区在 3 月中旬前。日平均温度≥15 ℃初日出现日期西部及西南部最早为 3 月 11 日,山区地带最晚可推迟到 7 月底,其他地区一般都在 4 月下旬前。日平均温度≥20 ℃初日出现日期西部及西南部一般都在 4 月 21 日,山区地带最晚可推迟到 8 月 10 日,城口等地全年不会出现,其他地区一般都在 6 月上旬前。

2.2.4.2　农业界限温度终日

重庆市日平均温度≥5 ℃终日、≥10 ℃终日、≥15 ℃终日和≥20 ℃终日出现日期总的分布特征由东北、东南向西部地区逐渐推迟,东部海拔较高的山区及南部低山丘陵区出现较早。从年代间变化趋势来看,随着年代的不断增加,终日出现的日期有所推迟。

日平均温度≥5 ℃终日出现日期东部高海拔山区一般最早为 10 月 21 日,东部低海拔平坝地区最晚可推迟到 12 月底,中西部地区全年不会出现。日平均温度≥10 ℃终日出现日期东部高海拔山区一般最早为 9 月 21 日,中西部多数地区在 12 月上旬,最晚可推迟到 12 月 20 日。日平均温度≥15 ℃终日出现日期东部高海拔山区一般最早为 8 月 21 日,中西部多数地区为 11 月上旬,最晚可推迟到 11 月下旬。日平均温度≥20 ℃终日出现日期东部高海拔山区一般最早为 8 月 11 日,城口局部地区全年都不会出现,中西部多数地区为 10 月上旬,最晚可推迟到 10 月下旬。

2.3　水分资源

水分资源包括自然降水、江河过境水和湖水、地下水以及冰川水等,其中自然降水包括降雨、降雪、冰雹、雨凇、霜、露、雾和雾凇等各种形式水。降水量是指一定时段内的降水深度(如有固态降水须融化为液态水计算),单位是毫米(mm)。降水虽不是农业生产所需水分的唯一来源,但是其主要来源,是地下水位高低、河流流量多少、土壤湿度大小的决定性因素。因此,某一地区降水量的多少及其分配直接决定着该地区的干湿程度,从而也决定了对当地作物供应的满足程度。目前降水资料是从气象观测站、水文观测站获得,是用一个观测站的降水量来代表一个地区的降水量。

2.3.1　年降水量的季节变化

1961—2010 年统计资料显示,重庆市降水在季节上分配不均,总体上夏季最多,春季次多,冬季最少。各季节降水在空间上表现出差异性,主城降水量在春、夏、冬三季较多,都能体现出"雨岛"现象。

春季各地降水量在 70～135 mm,其中沿江地区降水量较多,嘉陵江沿线的潼南、北碚,乌江沿线的武隆,綦江沿线的綦江及长江沿线的主城、丰都、忠县、万州降水较多,月平均降水量在 100 mm 以上,东南部及西部局地降水较少,月平均降水量在 70~90 mm(以月降水量示之,下同)。

夏季各地降水量较春季有所增加,各地分布不均,在 138~188 mm,出现 5 个大的降雨中心,分别是:以沙坪坝、巴南为中心的主城降雨中心,以酉阳为中心的东南降雨中心,以潼南为中心的西北部降雨中心,以开州、城口为中心的东北部降雨中心,以忠县为中心的中部降雨中心。除忠县、城口外,各中心点月降水量均在 181~189 mm,忠县、城口均为 179 mm;长寿、巫山、垫江、万盛降雨较少,在 137~149 mm;其余各地降水量在 150~175 mm。

秋季降水量主要是东北多、东南少、中西部镶嵌分布的局面,各地降水量在 76~115 mm。其中出现了以东北部的城口、开州为中心(中心雨量 115 mm)的东北降雨中心及中部以忠县为中心(中心雨量 111 mm)的降雨中心;三个次降雨中心分别以武隆、沙坪坝及潼南为中心,中心点降水量在 101~102 mm;降水量较少的地区在渝北、彭水、秀山、酉阳及万盛,雨量在 76~81 mm,其余各地降水量在 81~98 mm。

冬季降水量最少,各地月降水量在 14~36 mm,除潼南、沙坪坝、巴南在 29~36 mm 外,其余各地在 14~24 mm,见图 2-18。

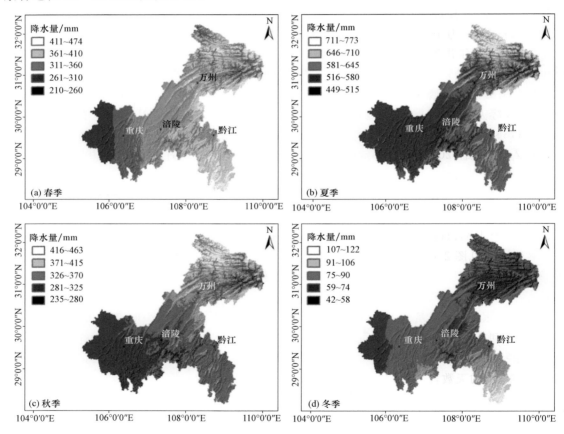

图 2-18　1961—2010 年重庆地区各季降水量空间分布图

2.3.2　降水量的年代际变化

重庆降水量年代际变化有递减的趋势,20 世纪 60 年代重庆年平均降水量为 1159 mm,70

年代为 1153 mm、80 年代为 1145 mm、90 年代为 1141 mm,到了 2001—2010 年,平均降水量突然降低到 1091 mm,降幅最大,与上十年相比每年平均降幅为 5 mm。各年代共同特点是西部降水最少,长江以北的东北部及东南部、西南的万盛较多,长江以北的中部地区在 2000 年后降水减少。

20 世纪 60 年代重庆各地年平均降水量(后面各年代均为年平均降水量)为 1013(巫山)～1442(酉阳)mm。其中长江以北的东北部、中部大部地区及东南部、西南万盛降水量为 1211～1442 mm(主要包括垫江、开州、城口、彭水、梁平、万盛、秀山、酉阳);巫山、武隆、綦江、沙坪坝及西部大部分地区降水量为 1013～1096 mm;其余地区年平均降水量为 1104～1196 mm。

20 世纪 70 年代重庆各地年平均降水量为 935 mm(潼南)～1399 mm(酉阳)。降水带分布与 60 年代相近,略有区别。黔江、南川、万州、开州、城口、彭水、梁平、万盛、秀山、酉阳共 10 区(县)降水量为 1214～1399 mm;巫山、丰都、沙坪坝及西部大部分地区共 13 区(县)降水量为 935～1085 mm;其余地区为 1115～1187 mm。

20 世纪 80 年代重庆各地年平均降水量为 1002 mm(江津)～1329 mm(梁平),降水地区差异较 60、70 年代小。降水量较多地区分布在彭水、忠县、垫江、万州、万盛、酉阳、城口、秀山、开州、梁平 10 区(县),降水量为 1202～1329 mm;丰都、巫山、南川、沙坪坝及西部大部共 13 区(县)降水量较少,为 1002～1098 mm;其余地区降水量为 1102～1192 mm。

20 世纪 90 年代重庆各地年平均降水量为 954 mm(潼南)～1333 mm(秀山),雨量较多的地区在长江以北的东北部、中部及东南、西南局部,包括黔江、渝北、万州、长寿、梁平、忠县、彭水、垫江、开州、酉阳、秀山 12 区(县),降水量为 1205～1393 mm;东北部、中部丰都、石柱,西南部綦江、武隆及西部大部分地区降雨较少,降水量为 960～1069 mm;其余地区降水量为 1101～1186 mm。

进入 21 世纪,2001—2010 年重庆各地年平均降水量较前几个年代减少 50 mm 以上,为 945 mm(永川)～1333 mm(秀山),雨量超过 1200mm 的地区迅速减少,只有城口、开州、万盛、酉阳、秀山 4 个区(县),雨量为 1217～1333 mm;雨量为 1100 mm 以下(945～1096 mm)的区(县)迅速增多到 19 个,东北地区有巫山、巫溪、奉节 3 区(县),西南、中部地区分别包括武隆、綦江、南川及丰都、石柱、涪陵 3 区(县),西部和主城共 10 个区(县);其余地区降水量为 1104～1174 mm。见图 2-19。

2.3.3 降雨日数变化

年际降水量并不能完全反映一个地区的降水强度,分析计算重庆各地区降雨日数及小雨、中雨、大雨和暴雨日数。降雨日数是指日(24 h)降雨量≥0.1 mm 的天数,小雨是指日降雨量为 0.1～9.9 mm 的天数,中雨是指日降雨量为 10～24.9 mm 的天数,大雨是指日降雨量为 25～49.9mm 的天数,暴雨是指日降雨量为 50～99.9 mm 的天数。

重庆市降雨日数在 126～172 d,平均降雨日数为 152 d。东北大部、丰都、涪陵和潼南等地雨日数均在 150 d 以下,其余地区降雨日数在 150 d 以上,东南部大部地区降雨日数在 160 d 以上。合川降雨日数 172 d,为最多;巫山降雨日数 126 d,为最少(图 2-19)。

小雨日数为 95～137 d,平均小雨日数为 120 d。东南部、西南部和西部地区(潼南除外)小雨日数均在 120 d 以上,其中南川、荣昌、酉阳和秀山等地小雨日数在 130 d 以上,其余地区雨日数均在 120 d 以下。南川小雨日数 137 d,为最多;巫山小雨日数 95 d,为最少。

中雨日数为 18～26 d,平均中雨日数为 21 d。西部大部分地区中雨日数在 20 d 以下,其

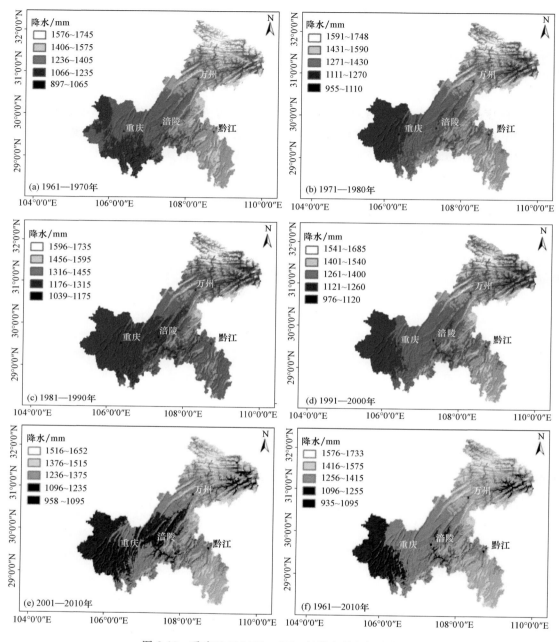

图 2-19　重庆地区 1961—2010 年降水量空间分布图

余地区中雨日数均在 20 d 以上,其中万盛、南川、酉阳和秀山等地中雨日数在 23 d 以上。秀山中雨日数 26 d,为最多;潼南、大足、永川和荣昌等地中雨日数 18 d,为最少。

大雨日数为 6～12 d,平均大雨日数为 8 d。全市大雨日数空间分布规律与中雨日数相类似,也是呈现西部偏少的分布趋势。西部大部地区大雨日数为 6～7 d,其余地区大雨日数均在 7 d 以上,其中彭水、酉阳和秀山等地大雨日数可达 10～12 d。秀山大雨日数 12 d,为最多;潼南和永川等地大雨日数 6 d,为最少。

暴雨日数为 2～4 d,平均暴雨日数为 3 d。从多年暴雨日数平均值来看,达到 4 d 的高值区主要集中在酉阳以及城口和开州等地,其余地区暴雨日数均为 2~3 d。酉阳、城口和开州暴雨日数 4 d,为全市最多;暴雨日数为 2 d 的低值区主要集中在丰都、涪陵、长寿、渝北、璧山和永川沿线以南地区。

2.3.4　空气相对湿度

相对湿度是空气的一个状态参数,是反映气候中水分资源的又一种标量,用于表征空气的湿润或干燥程度。空气中没有水汽时,相对湿度为零;空气中水汽饱和,水分停止蒸发,相对湿度为 100%。以人的感觉,湿度过高使汗液蒸发受抑制而感到闷热不舒适,湿度过低使上呼吸道黏膜的水分大量散失而感到口干舌燥也会不舒适。可见,一定范围的气温和相对湿度是人类活动和各种生产活动所必需的。

从重庆市平均情况来看,一年四季中,秋季大气相对湿度为最高,其次是冬季和夏季,春季为最低。从空间分布来看,相对湿度表现为西高东低的趋势,高值区主要集中在中西部地区,低值区主要集中在东北部偏东地区(图 2-20)。

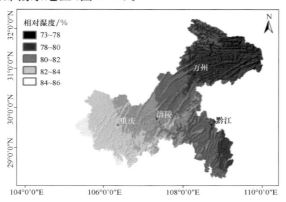

图 2-20　重庆地区 1961—2010 年大气相对湿度空间分布图

春季空气相对湿度为 65%~81%,平均为 76.8%。除合川外,各地区空气相对湿度均在80% 以下。其中合川 81%,为全市最高;巫山 65%,为最低。

夏季空气相对湿度为 69%~81%,平均为 77.1%,略高于春季。夏季虽然为雨季,但各地相应气温普遍偏高,因此空气相对湿度不是很大。与春季相比,空气相对湿度在 80% 以上的高值区略有所扩大,主要集中在西部偏西及东南部等地。其中大足、荣昌和酉阳 81%,为最高;巫山 69%,为最低。

秋季空气相对湿度为 70%~87%,平均为 81.8%。可以看出,秋季空气相对湿度大于80% 的区域明显扩大,仅东北部偏东地区的空气相对湿度在 80% 以下。其中合川 87%,为最高;巫山 70%,为最低。

冬季空气相对湿度为 65%~87%,平均为 80.6%。中西部大部地区空气相对湿度在80% 以上,而东部大部地区在 80% 以下。其中合川 87%,为最高;巫山 65%,为最低。

参考文献

傅抱璞,翁笃鸣,虞静明,等,1994. 小气候学[M]. 北京:气象出版社.
李占清,翁笃鸣,1987. 一个计算山地日照时间的计算机模式[J]. 科学通报(17):1333-1335.

李占清,翁笃鸣,1988. 丘陵山地总辐射的计算模式[J]. 气象学报,46(4):461-468.

翁笃鸣,1997. 中国辐射气候[M]. 北京:气象出版社.

曾燕,邱新法,刘昌明,等,2005a. 起伏地形下黄河流域太阳直接辐射分布式模拟[J]. 地理学报,60(4):680-688.

曾燕,邱新法,刘绍民,2005b. 起伏地形下天文辐射分布式估算模型[J]. 地球物理学报,48(5):1028-1033.

朱志辉,1988. 非水平面天文辐射的全球分布[J]. 中国科学 (B辑)(10):1100-1110.

GARNIER B J,ATSUMU O,1968. A mothod of calculating the direct shortwave radiation income of slopes [J]. Journal of Applied Meteorology(7):796-800.

WILLIAMS L D,BARRY R G,ANDREWS J T,1972. Application of computed global radiation for areas of high relief[J]. Journal of Applied Meteorology(11):526-533.

第3章 农业气象灾害

3.1 农业气象灾害概述

要准确地给农业气象灾害下个定义是件很难的事情,或者说,无条件地来下定义,这本身就是没有多大意义的事。"灾害"一词原本含义是指天、地和自然界造成的一些不测灾难。农业气象灾害也可以说是"由于气象原因所造成的农业上的不测灾难"。农业气象灾害作为一种自然灾害,它同样具有两重性,即灾害的自然属性和灾害的社会属性。就灾害的自然属性而言,灾害是不可避免的。在人类科学进步高度发达的今天,人们在对"灾害"一词的定义中不可预测的概念已经淡漠,对造成灾难的异常天气现象的发生已可在一定程度上做出预测和预报;但有些灾害性气象现象形成的常发性灾害,如果不消除产生这些灾害的原因,则差不多年际间重复发生,像干旱在四川盆地东部重庆市辖沿长江河谷区表现出来的是伏旱危害最大,在四川盆地西部表现危害最大的是夏旱,地域特点鲜明。本章为阐述上的方便,给出其大致定义是:在农业生产中所发生的导致农业显著减产的不利天气或气候条件的总称;或者也可表述为:农业生产过程中因"异常"气象现象使作物、耕地和农业设施遭受损害的异常天气、气候和不利气象或气候条件的总称。

要正确评价农业气象灾害,还得先简单地认识一下自然灾害。自然灾害是以自然变异为主因造成的危害人类经济活动的事件或现象。灾害是由灾变引起的损失或破坏,因此"灾变"与"灾害"不是同一概念。自然灾变是自然现象,是自然界的变化或异化,灾变并不一定造成灾害。自然灾害则是由自然灾变引起的对人类社会的危害,会给承灾体造成危害或损失,以承灾体的损失破坏程度作为衡量自然灾害的标准。例如,从农作物栽培的观点来看,气象条件有适宜作物生长的范围,当超过这一范围的阈值时,即可认为异常气象。农业气象灾害就是在这样异常气象条件下发生的农业灾害;上述由异常气象现象对承灾体所造成的损失来定义农业气象灾害,可代表一般的状况。

无论哪一种类型的自然灾害,大概都包括三项基本要素:灾变活动(即致灾因子)、承灾体以及灾害损失。

气象灾变是农业的主要致灾因子,具体是否形成农业气象灾害还取决于承灾体,即气象灾害作用的对象,以及气象灾害的强度、频次、承灾体的抗灾能力等。

气象条件的有利与不利是相对的。任何一种生物都有其适宜的环境气象条件范围,超出这一范围就是不利的,严重的不利条件可形成灾害。对此种生物不利的气象条件,对另一种生物却可能是有利的。因此,农业气象灾害防御方面也需要针对特定的农业生产对象采取有针对性的防御措施。

3.2 农业气象灾害的种类

农业气象灾害种类多,分类的依据也有好多种。郑大玮等(2005)认为,由于农业气象灾害的原因主要在于气象方面,应把作为灾害原因的气象条件分解成若干要素,然后再对每个要素进行分类。与灾害有关的气象要素大体上可分成温度、降水、光照、风等(图3-1)。

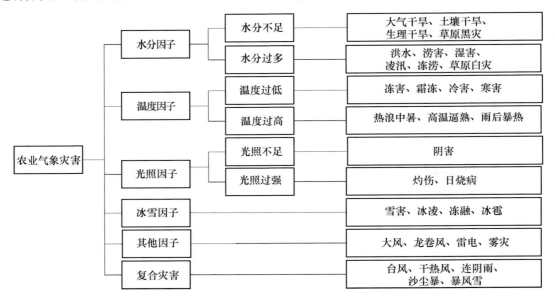

图 3-1　农业气象灾害的分类

3.3　主要农业气象灾害

重庆的农业气象灾害主要有干旱、高温热害、暴雨洪涝、绵雨(连阴雨)、低温冷害、霜冻等。

3.3.1　干旱

干旱是农业生产上最严重的一种农业气象灾害。

3.3.1.1　干旱的概念

干旱是指长时期的降水偏少,造成空气干燥、土壤失墒,使农作物体内水分发生亏缺,引发水分严重不平衡,从而影响作物的正常发育而减产,进而造成缺水、作物枯萎、河流流量减少以及地下水位下降和土壤水分枯竭等深层灾害。

历史上往往把干旱和少雨、无雨联系起来,这可能是因为无雨、少雨是造成干旱的主要原因。

气象学上干旱气候与干旱灾害有着不同的含义,干旱气候是指最大可能蒸发比降水量大得多的一种气候概念,通常反映某一区域的常年状态。与干旱气候不同,干旱灾害是指某一具体的年、季或月,由于降水量比常年平均降水量显著偏少而发生的危害。干旱灾害遍及各地和不同的气候类型区,不管是哪个季节,只要是遇到降水量显著偏少的年份,因水分满足不了农业生产需要就有可能发生干旱灾害。当然,干旱气候与干旱灾害这两者之间也存在某种关联。

3.3.1.2　干旱的种类

对干旱发生的原因进行分类,可以把干旱分为大气干旱、土壤干旱和生理干旱。通常气象服务上也把干旱分为气象干旱、农业干旱和农业生态干旱。

鉴于干旱是最主要的农业气象灾害,发生频率高,影响范围大,一年四季均可能出现,可以按照干旱发生的季节,并结合重庆地区气候季节变化的特点与农作物生长发育和农事活动的特点,将重庆的干旱分为春旱、夏旱、伏旱、秋旱和冬旱 5 种,如果干旱发生的时段涵盖两个季节,也叫跨季干旱。

春旱一般发生在 3—4 月。春旱不是严格意义上最重的干旱灾害。但由于春季正值小春作物生长旺盛期和大春作物播栽期,春旱一旦出现,会对农业生产造成一定的影响,特别是在前期降水明显偏少的情况下出现的冬旱连着春旱,对农业生产的影响不可小视,不仅直接造成小麦、油菜等小春粮经作物减产,还使水稻育秧、栽插,玉米、红苕、花生、大豆、烟叶等粮经作物播种、出苗受到影响,推迟大春作物生育进程,使大春作物难以避开伏旱高温的影响而减产。

夏旱一般发生在 5—6 月。这两个月是全市农业用水和水利工程蓄水的关键期,夏旱的出现,降水多寡将显著影响水利工程的蓄积量。特别是重庆地区属于伏旱高发区,伏前水的蓄留直接影响到伏旱期间抗灾用水。夏旱主要是影响水稻和红苕的适时栽插,5—6 月也是大春作物生育关键期,伴随着夏旱出现的温度偏高将直接缩短大春作物关键生育期,显著影响后期产量形成。

伏旱一般发生在盛夏 7—8 月。7—8 月,全市绝大部分地区常年多受副热带高压控制,天气晴热少雨,年际间降水量波动幅度大,很多年份降水偏少,是降水非均衡分布最为突出的时段;即使在一些降水偏多的年份,因盛夏降水分布不均匀,双峰降水的气候特点,降水多集中在伏前的 7 月上半月,入伏后也经常出现长时间的晴热少雨天气;一些年份伏期偶有较大降水出现,但因降水时间集中、强度大,径流损失较突出,水分利用率较低,加上重庆盛夏期间天气炎热,农作物生长发育旺盛,需水量大,因而伏旱发生频率高,强度大,损失严重。伏旱及其相伴出现的高温是重庆地区最主要的农业气象灾害,是农业生产最主要的限制因子。伏旱直接影响中稻开花结实和再生稻发苗,以及低山区玉米灌浆成熟,导致红苕大面积萎蔫、干枯甚至死亡;还造成土蔬菜、经济林果等发育不良、枯萎甚至死亡;严重伏旱还使得河水断流、灌溉饮用水源枯竭,人畜饮水困难,森林火灾频发。

秋旱一般发生在秋季 9—11 月。9—11 月是夏季向冬季的过渡季节,干旱或阴雨是否发生或发生的程度如何,取决于秋季冷空气活动的早迟、强弱,副热带高压南退东撤和雨带南移的情况,因而年际间气候的波动幅度较大。重庆地处四川盆地与长江中下游的过渡地带,其气候兼具四川盆地和长江中游的气候特点。重庆东长江流域的湖北、湖南、江西、安徽等省是我国秋旱的中心区,与其相邻的重庆市东部地区有些年份也有秋旱发生(3~5 次/10 a)。秋旱对红苕等晚熟大春作物、柑橘等经济林果生长有较大影响,又是影响晚秋作物或小春作物适时播栽的关键,特别是一些年份伏秋连续干旱对当年,乃至次年的农业生产和人民生活用水、工程蓄水都可能造成严重的障碍。

冬旱一般发生在 12 月—次年 2 月。重庆一般年份降水相对较多,能满足作物对水分的需求,甚至还有相当部分年份超过作物对水分的需求,出现湿害,但仍有一些年份降水偏少,发生冬旱。冬旱对农业生产和人民生活有一定的影响,只是其影响相对隐蔽,不为人们所重视。一般情况下,其影响主要表现为抑制作物营养生长,但冬旱严重时,也使作物内部发育受到影响,造成小麦穗小粒少,油菜、胡豆、豌豆荚小粒少,洋芋播种出苗困难等,同时,造成人畜饮水困难。

3.3.1.3 农业气象干旱指标

高阳华等(2001)为准确评估干旱的发生情况,提出干旱临界降水量指标的概念,当干旱持续时间达到某种干旱的最短时间指标时,这段时间内的实际降水量小于干旱临界降水量,即认定开始出现干旱,其后,当实际降水量大于干旱临界降水量时,干旱解除。干旱临界降水量的计算公式如下：

$$R' = \sum_{t=1}^{d} \beta \tag{3.1}$$

式中，β 为干旱系数，它随时间（季节、月份）的不同而变化，因气候的季节变化和农作物对水分的需求差异而不同，在冷、热交替的春季、初夏和秋季，气温变化较大，即使是同一季节，月际间也不相同，不同月份干旱系数见表 3-1；d 为干旱持续时间，不能短于该种干旱的最短时间指标；R' 为干旱临界降水量指标，表述为 β 的干旱发生时段的日期积分值。

表 3-1　干旱系数表（β）

月份	1	2	3	4	5	6	7	8	9	10	11	12
干旱系数 /(mm/d)	0.2	0.2	0.6	0.9	1.3	1.4	1.6	1.6	0.9	0.7	0.5	0.2

参考张养才等（1991）有关研究和原有习惯，将干旱划分为一般旱、重旱、严重旱 3 个等级，需要指出的是，重旱和严重旱必须首先满足干旱的基本指标。各种干旱类型不同等级具体指标和强制性结束指标如表 3-2 所示。

表 3-2　不同季节各等级干旱指标

干旱类型	基本指标	干旱等级			强制性结束指标
		一般旱	重旱	严重旱	
春旱	连续 30 d	30～39 d	40～49 d	≥50 d	日降水量≥10 mm 或过程降水量≥15 mm
	$R \leqslant R'$	$R \leqslant R'$	$R \leqslant R'$	$R \leqslant R'$	
夏旱	连续 20 d	20～29 d	30～39 d	≥40 d	日降水量≥20 mm 或过程降水量≥25 mm
	$R \leqslant R'$	$R \leqslant R'$	$R \leqslant R'$	$R \leqslant R'$	
伏旱	连续 20 d	20～29 d	30～39 d	≥40 d	日降水量≥25 mm 或过程降水量≥30 mm
	$R \leqslant R'$	$R \leqslant R'$	$R \leqslant R'$	$R \leqslant R'$	
秋旱	连续 30 d	30～39 d	40～49 d	≥50 d	日降水量≥10 mm 或过程降水量≥15 mm
	$R \leqslant R'$	$R \leqslant R'$	$R \leqslant R'$	$R \leqslant R'$	
冬旱	连续 50 d	50～59 d	60～69 d	≥70 d	日降水量≥5 mm 或过程降水量≥10 mm
	$R \leqslant R'$	$R \leqslant R'$	$R \leqslant R'$	$R \leqslant R'$	

通常分析干旱的空间分布都用频率作为指标。田宏等（1998）从干旱出现频率和强度两个方面研究了干旱的空间分布特征，但文中所用干旱强度是各年干旱指数之和，反映的是平均干湿程度，它包含了非旱年。而各地非旱年，特别是多雨年降水量的差异对干湿指数有一定影响。非旱年、多雨年使平均干湿指数减小，反之，则增大，从而造成该强度指标与干旱实际分布不尽相同。其实，干旱频率既反映了干旱的多少，也在一定程度上反映了干旱强度，本书采用干旱出现的频率来分析干旱的空间分布。

干旱频率分布指标如下：

高发区：$f \geqslant 70\%$；

常发区：$50\% \leqslant f < 70\%$；

少发区：$30\% \leqslant f < 50\%$；

偶发区：$f < 30\%$。

3.3.1.4 干旱灾害发生规律

(1)春旱

根据冉荣生等（2002）研究，重庆各地无春旱高发区和常发区（图 3-2），分布上有比较明显的西多东少的特点。西端的荣昌、大足、潼南及永川、铜梁、合川的西部、江津的北部，以及东北部低坝河谷地带，10 a 有 4 次以上，最高达到 48%。而东南部及其他高海拔地带春旱发生最少，10 a 不足 1 次。西北部地区、广大的中部及东北区大部地区出现频率为 1～3 次/（10 a）。

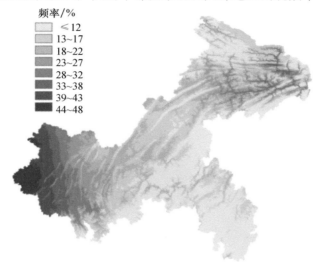

频率/%
≤12
13～17
18～22
23～27
28～32
33～38
39～43
44～48

图 3-2　重庆市春旱发生频率分布图

(2)夏旱

据唐云辉等（2002a）研究，重庆各地夏旱发生频率与春旱比较类似（图 3-3），也有西高东低的特点，都属于少发区或偶发区。潼南西部，东北部的巫溪、巫山、奉节河谷地区发生频率最高，接近 10 a 发生 4 次以上；合川、铜梁、大足、荣昌一线，10 a 发生 3～4 次；西部其余地区及垫江、梁平及丰都、涪陵河谷地区，10 a 有 2～3 次；其余地区夏旱发生频率 10 a 有 1～2 次，其中万盛在统计年中没有发生夏旱。对照图 3-2、图 3-3 可以看出，重庆春旱、夏旱的主要旱区基本上是重叠的，西北部和东北部河谷地区既是春旱的多发区，又是夏旱的多发区，这些特征与四川盆地其余地区得出的结果是一致的。

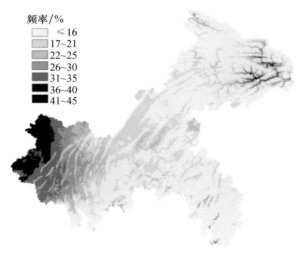

频率/%
≤16
17～21
22～25
26～30
31～35
36～40
41～45

图 3-3　重庆市夏旱发生频率分布图

（3）伏旱

据高阳华等（2002b）研究，各地伏旱发生频率随海拔差异比较大（图 3-4），从高发区到偶发区都有存在。低坝、长江及其支流河谷地区属于高发区，发生频率多在 70% 以上，其中有两个频率高值中心，一个在中部的丰都、忠县、涪陵一带，另一个在西部沿江地区的江津、巴南、璧山、北碚、合川、潼南一带，发生频率在 75% 以上，丰都、江津、璧山发生频率最高，超过 80%，最高达 87%。秀山、荣昌、渝北、长寿、垫江等地伏旱发生频率稍低，为 50%～70%；城口、石柱、彭水、黔江、酉阳、武隆、万盛、南川以及巫溪、奉节、巫山等地的中高海拔地区伏旱发生频率在 50% 以下，其中，城口、石柱是全市伏旱发生频率的两个低值点，部分地区低于 20%。

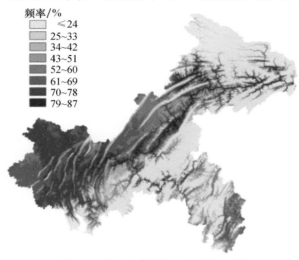

频率/%
- ≤24
- 25~33
- 34~42
- 43~51
- 52~60
- 61~69
- 70~78
- 79~87

图 3-4 重庆市伏旱发生频率分布图

（4）秋旱

据高阳华等（2002c）研究，重庆秋旱的主要发生区范围不大（图 3-5），包括万州、云阳、奉节、巫山、巫溪等区（县），该区发生频率为 40% 以上，其中低海拔河谷地区超过 50%，属秋旱常发区，该区域与我国秋旱主要发生区毗邻，属于秋旱较重区，与四川盆地其他地区秋旱少有发

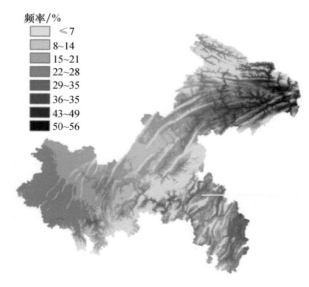

频率/%
- ≤7
- 8~14
- 15~21
- 22~28
- 29~35
- 36~35
- 43~49
- 50~56

图 3-5 重庆市秋旱发生频率分布图

生、秋雨连绵的状况形成较明显的对照。开州、梁平、忠县、酉阳、秀山以及潼南、大足、荣昌、永川、江津等地发生频率在20%～40%；石柱、彭水、武隆、南川、万盛一线发生频率低于10%；中部地区的忠县、垫江、丰都、涪陵、长寿和西北部璧山、渝北、合川、长寿等地发生频率为10%～20%，都属于秋旱偶发区。

(5)冬旱

据唐云辉等(2002b)研究,冬旱与秋旱相似(图3-6),多是秋旱持续少雨的一种延续,主要集中在东北部,发生频率一般在30%以上,特别是三峡地区的沿江河谷和低山地区,为冬旱和秋旱的共同高值区域,其中云阳以东地区多在40%以上;其次为中部沿江地区的武隆、涪陵、丰都、石柱4区(县)及黔江,发生频率20%～30%;其他地区发生频率均较低,低于20%,其中,西部大部地区、中北部梁平、垫江及东南端酉阳、秀山发生频率在10%以下,特别是万盛、渝北、合川、荣昌4区(县),统计年期间没有发生过明显的冬旱。

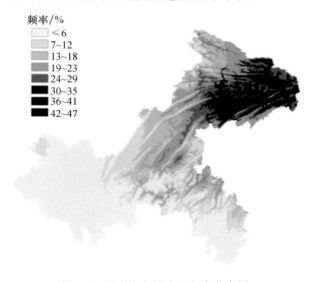

图 3-6 重庆市冬旱发生频率分布图

3.3.1.5 重庆伏旱成因简析

造成四川盆地东部初夏多雨、盛夏多旱气候及其季节和年际变化大的原因是多方面的。首先,太阳高度角随季节变化引起太阳辐射能的改变,形成了大气环流的季节变化,从而产生了气候的季节差异。我国地处欧亚非大陆东部,大气环流季节性进退,直接影响到盆地东部重庆各地。冬季,盛行大陆吹向海洋的冬季风;夏季,盛行海洋吹向大陆的夏季风。这就是盆东冬季少雨而夏季多雨,且初夏多雨而盛夏多旱、雨旱阶段分明的基本原因。常年来看,4月下旬雨量开始增多;6月中旬—7月上旬长江流域夏季风盛行,副热带高压逐渐北移西伸,长江中下游两岸进入梅雨期,此时,盆地东部正处于这个雨带的西端,是降水量最多的时候;7月中旬—9月上旬是夏季风极盛时期,副热带高压季节性北跃到北纬30°附近,使原在我国长江中下游两岸的雨带也随之北移到黄河流域及以北,这时,盆东及长江流域在西伸的副热带高压控制下,受下沉气流影响,雨水少、气温高、蒸发大,处于伏旱期;进入9月以后,夏季风开始减弱,盆地东部秋雨开始,伏旱结束。

再者,由于青藏高原高耸于自由大气之中,冬季,对其上空空气的温度具有冷却效应,使东亚的冬季风强而深厚,春季以后直到初夏,北方冷空气活动仍较频繁,常可以大规模地越过高山和高原,进入四川盆地。由于冷空气越山后下沉作用,致使盆西地区云雨消散;而距高原稍远的盆东则不同,冷暖空气相遇,可以使暖空气抬升而成云致雨,这就是春季开始到初夏,盆东雨水明显增多,而盆西雨水仍较少的原因。进入夏季,高空西风环流明显北移,南亚高压北上西藏高原,这时,青藏高原犹如一座空中"火炉",不断地给其上空空气增温,因而加强了高原以东的夏季风,使印度洋、太平洋上的季风,长驱进入我国广大地区,带来丰富的降水资源;另外,在青藏高原及其附近形成了高原季风,使得盆西雨量特多,同时,又进一步稳定地控制了盆东及长江流域的副热带高压,形成少雨、酷热的气候。由此可见,同处四川盆地的东西部,相距咫尺之地,气候特点悬殊,主要是受青藏高原影响的缘故。

夏季风是我国降水之源。季风正常与否,直接关系到盆东重庆夏季雨旱分布趋势。一般来讲,夏季风来得早而强的年份,盆东初夏多雨,盛夏伏旱严重;夏季风来得晚而弱的年份,盆东雨水就比较调匀,伏旱较轻或没有伏旱。

根据盆东伏旱与北半球 500 hPa 同期环流相关场的分析,有几个比较明显的相关区。其一是阿拉伯海至孟加拉湾,包括印巴大陆有明显的负相关,信度大于 0.05 的有 20 个网格点,最高相关系数 −0.60,它表明这一带低气压强时,夏季风强,盆东伏旱重,相反,夏季风弱,盆东伏旱轻。其二是在整个欧洲的北部和南部有一对明显的正负相关区,最高相关系数分别为 0.50、−0.62,它表明北欧阻塞高压明显发展,黑海低压显著加深,欧洲经向环流占优势时,盆东伏旱较重,反之则轻。其三是在黄河中、下游,最高相关系数 0.57,表明副热带高压强而偏北,在中国大陆稳定时,盆东伏旱较重;当副热带高压弱而偏南时,盆东伏旱较轻。第四个显著相关区在北美高纬度地区,信度大于 0.05 的有 15 个网格点,最高相关系数 −0.51,它表示北极地区的低压强,且偏向西半球时,东半球夏季环流偏北,盆东伏旱较重;当极地低压偏弱,且偏向东半球时,亚洲夏季环流偏南,盆东伏旱较轻。

3.3.1.6　干旱灾害防御措施

"旱一片,涝一线"指的是与水灾相比,干旱具有更明显的连片性,干旱的连片性指干旱的波及面往往很大,水灾可能波及数省,而旱灾则有可能波及更大的地区范围。干旱还具有连发性特点,指干旱往往会连季、连年发生,干旱连年发生的概率要比洪涝连年发生的概率大得多,连旱的年数一般也多于连涝年数。所以干旱造成损失往往范围较大,经济损失较重。因此,干旱的防御也应该具有持续性、综合性,从种植制度调整、种植品种改良、干旱监测预警预测、加强水利建设、水土保持、开源节流等多方面共同防御。

做好干旱灾害的监测和预警、预报:气象部门要大力提高对干旱等气象灾害的监测预报能力,为政府部门的防汛抗旱决策提供准确的科学支撑。

大搞农田基本建设:兴修水利,扩大灌溉面积,提高灌溉能力和水分利用效率,改良土壤,增厚土层,实施山、水、田、林、路综合治理,提高土壤肥力,合理耕作保墒。

根据气候规律,合理调整农业结构、科学安排确定种植制度:立足当地气候规律,开展精细化农业气候区划、干旱风险区划等,科学确定栽培作物的种类、品种熟性及作物间的搭配。

选育抗旱品种:不同作物、相同作物不同品种的抗旱能力都有较大的差别,因此,作为重庆这样一个自然生态条件较差,抗灾能力较弱的地区,在农作物品种选育上一定要把品种的丰产性和抗劣性放在同等重要的位置,不可偏颇。

采取与气候特点相适应的栽培技术:根据当地气候特点,采取覆盖、喷施抗旱剂等植物生长调节及田间管理等配套栽培技术,减少田间蒸散量;采取播前种子抗旱锻炼等。

人工降雨:在干旱发生期间,抓住合适的天气系统,进行人工降雨、增雨作业,可以取得显著的抗旱效果。

推广节水栽培技术：发展节水灌溉，如喷灌、滴灌等，建立节水型农业生态结构。

水土保持：植树造林、退耕还林，适度降低干旱频发区的农业种植强度，改善生态环境。

3.3.2　高温热害

3.3.2.1　高温概述

重庆高温发生的时间范围比较广泛，但从高温对工农业生产和人民生活的影响来看，高温主要包括两种类型，一是盛夏时期的高温天气，二是春末小麦等小春作物生育后期的高温天气，主要影响小麦、油菜等的灌浆，导致灌浆期缩短，甚至灌浆异常中断。

高温酷暑对农业生产有很大影响，如：盛夏高温对水稻、玉米等农作物扬花授粉、结实和籽粒灌浆，柑橘、油桐等经济林木果实膨大等都有很大的影响，严重的高温强光直接造成柑橘"日灼"，烧伤果皮和肉质，对农林水果产品质量造成严重影响；蔬菜在 32 ℃以上高温会发生落花，坐果率降低，对黄瓜、茄子、菜豆等生长发育均带来不利影响；马铃薯在温度高于 26～29 ℃时，块茎即停止膨大；同时，高温对人畜的影响也非常突出，特别是重庆高温期间往往伴随高湿，人畜不适之感尤甚；工程设计、施工也必须考虑高温的影响。

3.3.2.2　高温指标

重庆高温主要包括两种类型，一是常规的高温天气（日最高气温≥35 ℃），二是春末小麦等小春作物生育后期（4 月 1 日—5 月 10 日）的高温天气，主要考虑小春作物生育后期发生≥25 ℃的高温时段。

唐云辉等（2003）将常规的高温天气定义如下：

一般高温日：日最高气温≥35 ℃；

重高温日：日最高气温≥38 ℃；

严重高温日：日最高气温≥40 ℃。

将≥35 ℃高温日数的累年平均值（N）作为高温分区指标，具体等级指标如下（单位,d）：

高温偶发区：$N<10$；

一般高温区：$10\leq N<20$；

重高温区：$20\leq N<30$；

严重高温区：$N\geq 30$。

3.3.2.3　高温灾害分布规律

可以用年极端气温及年高温日数来描述重庆高温灾害的分布，如图 3-7、图 3-8 所示。重庆市年极端气温在 22～45 ℃，其中极端 41～45 ℃的地区占总面积的一半以上（51％），35～39 ℃的地区占总面积 34％，主要分布在一些海拔较高的中山地区，35 ℃以下的地区仅占总面积的 15％左右，大多分布在海拔很高的山区。重庆各地年高温日数 0～42 d，其中大于 31～42 d 的地区占总面积的 2.3％左右，分布在长江及其支流沿江河谷等地势低洼的地区，重高温频繁，部分地方严重高温发生也较为频繁；19～30 d 的地区约占总面积的 15％，主要集中在西部地区除河谷以外地区及中部偏北地区，重高温较为频繁，严重高温发生较少；其余 80％以上的地区在 19 d 以下，包括东北部的梁平以北以及长江以南的河谷区域以外的中高海拔区域，以及东南部地区，其中城口、酉阳、黔江是高温偶发区，高温日数在 10 d 以下，重高温少见，无严重高温。

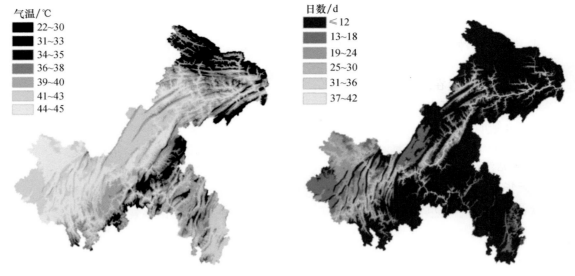

气温/℃	日数/d
22~30	≤12
31~33	13~18
34~35	19~24
36~38	25~30
39~40	31~36
41~43	37~42
44~45	

图 3-7　重庆市年极端气温空间分布图　　　　图 3-8　重庆市大于 35 ℃日数空间分布图

3.3.2.4　高温热害防御措施

做好防暑降温：盛夏要做好畜禽舍和农业劳动场所的防暑降温，主要措施是通风、遮阴和泼水增加蒸发，有条件和必要时开动空调。人畜应多饮水，服清热消暑药物。

建立高温作业环境劳动人员及弱势群体的常态保护机制：制定法律、法规，强制规定极端高温天气下限制户外施工强度、时间等；政府提供弱势群体在高温时期的纳凉消暑场所，配置相应的医疗卫生设备。

高山蔬菜基地建设：充分利用周边高海拔山区夏凉、日夜温差大的气候资源，建立大型度夏补淡蔬菜生产基地，实现蔬菜补淡、均衡上市的目的。

种植结构调整：如有针对性地培育生育期能够适度提前，适应苗期低温及后期高温的中稻早熟品种等；夏季蔬菜以耐热的丝瓜和水生蔬菜为主。

推广新的栽培及防御技术：推广中稻适期保温早播技术；进行人工遮阳；实行合理密植、高低作物搭配；使用根外追肥、喷施抗逆化学药剂、灌溉降温等。

加强对高温时段的预报预警能力服务：提高监测预警能力，及早应对高温危害。

改善生态环境：植树造林，扩大森林覆盖率；加强城市规划，降低城市容积率，提高绿地面积；推广绿色能源、降低城市热能排放。

3.3.3　暴雨洪涝

3.3.3.1　洪涝概述

洪涝是常见的气象灾害，是指由强度很大的降水所造成的灾害。按水分过多的程度，可以把洪涝分为洪水、涝害、湿害。

洪水是由于大雨、暴雨引起山洪暴发、河水泛滥，从而淹没农田园林、毁坏农舍和农业设施造成的灾害，在山区往往还引发滑坡、泥石流等地质灾害，对国民经济建设和人民生命财产安全都有重大影响。

涝害是由于雨量过大或过于集中，造成农田积水，从而使旱地庄稼受淹致害，发生涝害时，一般田间积水不深,不会淹没作物,所以水田不受影响或影响不大。

湿害又叫渍害、沥涝。通常是由于连阴雨时间过长,雨水过多,或者洪水、涝害之后农田排水不良,虽然无明显积水,但土壤长期处于饱和状态,作物根系因缺氧而导致发育不良,甚至死亡。

洪涝灾害多发生在地势低洼、排水不畅的旱地,一般发生范围没有干旱面积大,但一旦发生多是暴发性的,危害也特别严重。人们通常所说的“涝是一条线,旱是一大片”,就生动地表述了旱涝灾害的重要特征。

3.3.3.2　洪涝指标

(1)单站洪涝指标

高阳华等(2002a)按照洪涝降水持续时间可以将洪涝分为单日洪涝、二日洪涝和三日或以上洪涝三种类型,具体指标如表 3-3 所示。

表 3-3　重庆市单站洪涝指标

类型等级	单日洪涝	二日洪涝	三日或以上洪涝
一般洪涝	日雨量≥100 mm	二日雨量≥130 mm	三日雨量≥150 mm
重洪涝	日雨量≥150 mm	二日雨量≥180 mm	三日雨量≥200 mm
严重洪涝	日雨量≥200 mm	二日雨量≥250 mm	三日雨量≥300 mm

为了反映全市年度洪涝的总体发生情况,特定义:

$$NH = 0.7M_1 + 0.8M_2 + 0.9M_3 \tag{3.2}$$

$$QS = \sum NH/M \tag{3.3}$$

式中,NH 为单站年洪涝指数,M_1、M_2、M_3 分别为单站一般、重和严重洪涝的发生次数,QS 为全市年均洪涝指数,$\sum NH$ 为一年中全市发生洪涝台站的单站年洪涝指数之和,M 为全市当年台站总数。单站一般、重和严重洪涝对应的指数分别为 0.7、0.8 和 0.9。全市洪涝分级指标如下:

一般洪涝年:$0.2 \leqslant QS < 0.4$;

较多洪涝年:$0.4 \leqslant QS < 0.5$;

多洪涝年:$QS \geqslant 0.6$。

(2)洪涝分区指标

洪涝分区通常可以发生频率或年平均发生次数作为指标,年平均发生次数既反映了发生频率,又反映了发生次数的差异,为此,本文以年平均洪涝发生次数(f)作为分区指标,具体分区指标如下:

偶发区:$f < 0.20$ 次;

少发区:0.20 次 $\leqslant f < 0.45$ 次;

常发区:0.45 次 $\leqslant f < 0.70$ 次;

高发区:$f \geqslant 0.70$ 次。

3.3.3.3　洪涝灾害分布规律

直接用年暴雨以上日数来反映洪涝灾害分布规律,如图 3-9 所示。可以看出,重庆市多年平均暴雨日数在 1.8~7.6 d,北部的城口暴雨日数最多,多年平均暴雨日数可达 7 d 以上,其次是巫溪、巫山、开州、云阳、奉节地区,多年平均暴雨日数在6 d以上,再次为万州、石柱、丰都、武隆、彭水多年平均暴雨日数在5 d以上;其他大多数区域暴雨次数在5 d以下,西南部主城及周围区域是重庆市暴雨日数最少的地区,多年平均暴雨日数在1.8～3.5 d。

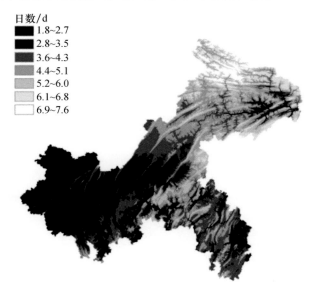

图 3-9 重庆市年暴雨日数空间分布

3.3.3.4 洪涝灾害防御措施

防御大江大河洪涝:制定防洪规划和设防标准,健全机构,加强管理和基础建设,建立洪水监测预警系统,实施防洪拦蓄疏浚排涝等重大水利工程,多方集资开展洪水保险。

植树造林:森林植被对于防御涝渍灾害有良好作用。一是蓄水消峰作用,强降水落到树下的枯枝落叶和疏松多孔的土壤里,会被蓄积起来,除了用于自身蒸腾需求消耗掉外,再通过径流、渗透的方式排出,大大减缓洪涝灾害强度;二是减少水土流失,森林植被大大减少了降水对土壤的冲刷,降低了进入水库、河流的泥沙含量,可以更好地发挥防洪与调洪能力。

提高预报能力:加强暴雨、特别是区域暴雨的预报、预警服务能力。

实行区域综合治理:开展江河上下游水库、大坝等联动机制,构筑"上蓄、中防、下排"的综合调控机制。开展洪涝灾害风险区划,特别注重小流域山洪的风险,加强高风险区的灾害预警,有条件的地方开展"移民建镇"。

调整农业结构:因地制宜,趋利避害,科学安排农业生产,是防御涝渍灾害的战略性措施。在涝灾常发区,应调整种植业与养殖业、旱作与水生作物的比例,以减轻涝灾。

搞好农田基本建设:加强农田小区域蓄水调控能力建设,改良土壤,提高排涝和耐涝能力。选用耐涝和适应多雨环境的作物和品种。

推广抗涝栽培及减轻渍涝灾害损失的农业技术:开展灾前抢收、开沟排水、洗苗扶苗、中耕松土、追肥、抢种补种、防治病虫害等措施降低灾害损失。

3.3.4 绵雨

3.3.4.1 绵雨概述

绵雨是指较长时期的持续阴雨天气。绵雨出现时,降水量过多是造成雨涝的重要原因之一。不仅如此,绵雨时日照少、空气湿度大。春季、秋季绵雨天又往往和低温相伴,这种低温寡照、空气湿度过高的天气本身,便构成了对农作物的危害,如种子的霉烂、发芽,病虫害的滋生蔓延,导致农业减产。

绵雨是重庆又一主要的农业气象灾害。由于绵雨是一种隐性灾害,其危害往往不像旱涝、高温等灾害那样及时、直观地反映出来,因而农业生产中人们对绵雨危害的重视程度往往不够。实际上,绵雨对重庆农经作物产量、品质等都有显著的影响。

根据绵雨发生的季节,可分为春季绵雨及初夏、盛夏、秋季、冬季绵雨,发生频率最高的是秋季绵雨,其次为初夏绵雨。发生的季节不同,对农业生产的影响也各有不同。春季绵雨常伴有低温,会引起烂秧、死苗等,导致大春作物苗期发育不良,是重庆中稻产量主要的限制因子之一;另外,春季绵雨也影响小春作物的扬花、授粉及灌浆成熟,并容易引起小麦、油菜的病虫害发生、蔓延。初夏绵雨主要影响大春作物的扬花、授粉及初期灌浆,目前已经是重庆中稻生产仅次于伏旱高温影响的最严重的农业气象灾害;初夏绵雨也对小春作物及时收晒影响颇大。盛夏绵雨发生频率不高,但8月上中旬的绵雨对大春作物收晒有一定的影响;还有盛夏期间发生的绵雨也容易因为阴雨结束后的迅速升温,对在土作物,特别是蔬菜生产造成严重影响。秋季绵雨发生频率最高,常伴有低温,主要影响东南部以及其他高海拔地区的大春作物收晒,对部分地区再生稻的齐穗、扬花危害也较大;也会影响到小春作物的播种出苗。冬季绵雨主要影响蔬菜生长,容易导致小春作物病虫害。

3.3.4.2 绵雨指标

过去有关绵雨的研究主要限于秋绵雨,没有对绵雨进行系统分类的报道,只有秋绵雨的强度划分指标。同干旱一样,绵雨的分类也可以采用多种不同的方法,考虑到分类的实际应用需要,我们采用与重庆市干旱分类相同的划分方法,即按时间(季节)进行划分,高阳华等(2003a)把重庆市绵雨按季节划分为:春绵雨、初夏绵雨、盛夏绵雨、秋绵雨和冬绵雨5种。

根据绵雨对工农业生产的影响,参考川渝地区过去使用的秋绵雨指标,定义为:各个季节连续7 d或以上出现日降水量≥0.1 mm的天气过程为一次绵雨过程,日降水量≥0.1 mm降水日数7～11 d为一般绵雨;12～15 d为重绵雨;≥16 d为严重绵雨。

绵雨分区主要根据绵雨的发生频率(f),将绵雨划分为4种类型:高发区($f \geq 70\%$);常发区($50\% \leq f < 70\%$);少发区($30\% \leq f < 50\%$);偶发区($f < 30\%$)。

3.3.4.3 绵雨分布规律

图3-10～图3-14分别为重庆市春季、初夏、盛夏、秋季和冬季绵雨发生频率分布图。从图可以看出,不仅各季节绵雨发生情况差异较大,绵雨的分布也各不相同。

春季绵雨发生频率分布差异较大,东南部发生频率较高,普遍超过70%;中部地区春季绵雨也比较多,在50%～70%;西部和东北部大部地区春季降水较少,是重庆春旱相对高发区,绵雨偏少,东北部大部地区春雨虽较西部要多,但降水强度相对较大,绵雨频率也较低,都在40%以下,西部荣昌、大足、潼南等区(县)偏西部分低于20%。

初夏绵雨分布规律与春季绵雨比较一致,东南部及城口、巫溪等地80%以上;潼南及万州以东长江河谷地区低于30%;合川、铜梁、大足、荣昌一线,低于50%,其余中西部及东北部大部地区为50%～60%。

盛夏绵雨的分布跟伏旱发生位置基本对应,城口及巫溪、巫山的高海拔地区,石柱、丰都、武隆、南川一线,是伏旱相对低发区,也是盛夏绵雨高发区,超过60%,部分地区超过70%;东南部的黔江、彭水、酉阳、秀山在 50%～60%；西部及长江河谷地区普遍在 30% 以下；荣昌、垫江、梁平等地在 40%～50%。

秋季是绵雨发生最频繁的季节，绵雨发生频率普遍较高，分布上从西南到东北呈现明显的递减趋势：江津、巴南偏南部山区最高，达到 90%；往东北方向，到大足、璧山、巴南、南川、酉阳、秀山一线，降低到 80%～90%；再往东北，到涪陵、武隆、彭水、黔江一线，为 70%～80%；丰都到万州之间为 60%～70%；云阳以东低于 60%，奉节、巫山部分地区低于 50%。

冬季绵雨频率总的分布趋势也是由西向东降低，从大足的 50% 多下降到云阳、奉节、巫山、巫溪的不到 10%，发生频率相对较高的地方包括西部的大足、荣昌、南部的万盛、南川和东南部的酉阳、秀山，其中秀山比较突出，发生频率超过 60%，东北部地区是低值区，多在 20% 以下。

从分布结果来看，绵雨的分布非常复杂，季节差异也较大，一个地方某些季节绵雨较少，而另一些季节则较多。全年来看，三峡库区东部各季绵雨均较少，而东南部地区、特别是秀山等地绵雨较多。

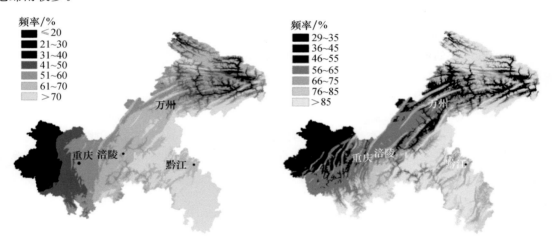

图 3-10 重庆市春季绵雨频率空间分布图   图 3-11 重庆市初夏绵雨频率空间分布图

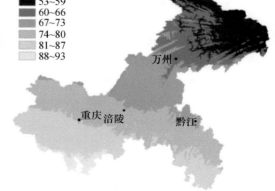

图 3-12 重庆市盛夏绵雨频率空间分布图   图 3-13 重庆市秋季绵雨频率空间分布图

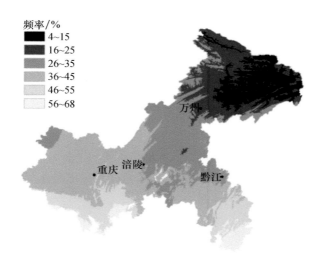

图 3-14　重庆市冬季绵雨频率空间分布图

3.3.4.4　绵雨灾害防御措施

掌握天气气候的演变规律,安排农事活动,使播种、收获等关键农事活动尽量避开连阴雨常出现的时段。

如遇连阴雨,麦田、油菜田应及时清沟、排水;水稻田搞好水层管理,使秧畦保持干干湿湿,切忌长期淹水,防止水稻缺氧窒息。

提倡薄膜育秧或工厂化育秧。发生连阴雨影响造成出苗不足,要及时补播。

收获季节要特别注意收听当地气象台站的天气预报,组织人力及时抢收、脱粒、加热烘干,确保丰产丰收。

3.3.5　低温冷害

3.3.5.1　低温冷害概述

低温冷害指农作物生育期间,在重要发育阶段的气温比要求的偏低,但仍在 0 ℃ 以上,引起农作物生育期延迟,或使生殖器官的生理机能受到障碍或损害,造成减产或绝收。低温和冷害的概念又不同,低温系指气象条件的状态,即出现在某一地区或某一时段的偏低的气温;冷害系指气温(在 0 ℃ 以上)出现一定程度的低温,农作物生理活动受到危害,做出相应的反应。

低温冷害对农业生产的威胁有越来越重的趋势,普遍受到人们的重视。重庆低温冷害往往出现在作物生长发育,甚至旺盛生长期间,其影响相当严重。重庆市低温冷害在一年中的许多季节都可能发生,其中对农业影响最大的是春季低温和初秋低温,其次是初夏低温。

春季低温通常由强降温引起,并常常与连阴雨天气相伴,形成持续阴雨低温,主要影响大春作物育苗,导致育苗不良,过强以及持续时间较长的低温还容易引起小春作物灌浆提前终止。初秋低温主要影响再生稻生产,许多年份秋季阴雨绵绵,气温下降快,且起伏变化较大,导致结实率下降,成为再生稻生产的制约因素。目前,通常以连续 3 d 以上低于 20 ℃ 作为再生稻花期致害低温指标。秋季低温也影响高海拔地区及东南部地区大春作物灌浆成熟。另外,春、秋作为过渡性季节,其温度的变化幅度较大,对部分粮经作物和林、果、畜,乃至人民生活的影响也很大。

3.3.5.2 低温冷害指标

根据重庆市低温对工农业生产的影响,将低温按季节划分为春季低温和初秋低温。低温冷害对农作物的影响需要一定的时间累积,因此,低温冷害指标主要考虑低温时段,而不是单日低温。向波等(2003)定义指标分别为:3月中下旬连续≥4 d日平均气温低于 12 ℃的低温天气,为春季低温,连续≥6 d为重低温;9月中下旬连续≥5 d日平均气温低于 22 ℃为初秋低温,≥7 d为重低温。

年际间低温发生情况差异很大,有些年没有低温时段,一些年又出现多次低温时段,为了客观评价低温的累计发生情况,特定义春季、初秋单站低温强度指标如下:

$$R_{ij} = \sum_{k=1}^{m} D_{jk} \qquad (3.4)$$

式中,R_{ij} 为春季、秋季低温的单站低温强度,i 为台站序号,j 为年代序号,D_{jk} 为某一段低温的天数,k 为低温段序号。为了比较低温的地区差异,需要计算单站累年平均低温强度,其计算公式如下:

$$R_i = \sum_{j=1}^{N} R_{ij}/N \qquad (3.5)$$

式中,R_i 是春季和初秋单站多年平均低温强度,N 是该站参与统计的年数。由于不同季节低温的影响不一样,根据 R_i 的大小将全市划分为 4 个区域:轻低温区域、一般低温区域、偏重低温区域和重低温区域。具体指标如表 3-4 所示。

表 3-4　低温类型区划分指标

轻低温区域	一般低温区域	偏重低温区域	重低温区域
$R_i \leqslant 4.0$	$4.0 < R_i \leqslant 6.0$	$6.0 < R_i \leqslant 8.0$	$R_i > 8.0$

3.3.5.3 低温冷害分布规律

图 3-15、图 3-17 分别为重庆市春季、初秋低温发生频率分布图,可以看出两个季节的分布规律基本一致。春季低温频率跨度更大,长江河谷平坝地区几乎没有春季低温;长江以南大部分地区及东北部中高海拔地区有 9 成以上的发生频率;而梁平、垫江、长寿、涪陵及西部的长江以北地区,随着海拔高度增加,春季低温频率在 10%～90% 快速增加。重庆初秋低温的整体比春季低温严重,从长江河谷地区的最低也有 45%,到长江以南大部分地区及东北部中高海拔地区的 9 成以上的发生频率,部分地区 100% 出现,整体上变化趋势也同春季低温一致,只是对应区域的发生频率普遍增加。

图 3-16、图 3-18 分别为重庆市春季、初秋低温强度分布图,从中也可以看出两个季节低温冷害强度的高值中心、分布趋势大致相同,东北部山区和东南部大部分地区都是春季与初秋低温强度最大的地区。秋季低温强度普遍大于春季低温强度,但低温强度最小区域却不相同,春季低温强度最小出现在綦江、江津、巴南等西部地区,初秋却出现在东北部沿江地区的云阳、开州、万州等地。低值中心区域的差异反映出不同地区进入春季、秋季时间的不同,西南部入春较早,东北部沿江地区进入秋季较晚。

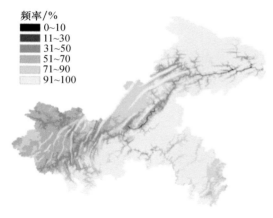

图 3-15　重庆市春季低温频率空间分布图

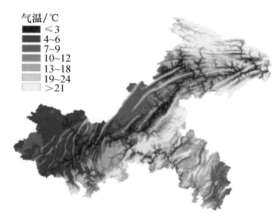

图 3-16　重庆市春季低温强度空间分布图

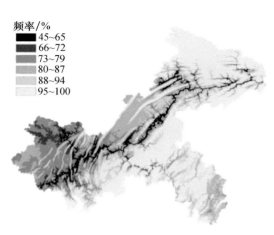

图 3-17　重庆市初秋低温频率空间分布图

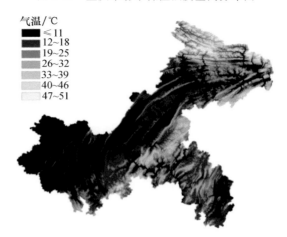

图 3-18　重庆市初秋低温强度分布图

3.3.5.4　低温冷害防御措施

春、秋季低温不仅影响农业生产,对人民生活和身体健康都有很大影响,必须加以有效地防范。在农业上,要根据不同品种对低温冷害的承受能力进行合理地区划、布局,确定最适播种期,并采取覆盖等各种相应的抗灾措施。

3.3.6　霜冻害

3.3.6.1　霜冻害概述

霜冻的实质是低温。20 世纪 50 年代苏联的农业气象工作者给霜冻下的定义是"在一年的温暖时期里,土壤表面和植株表面的温度下降到足以引起农作物遭受伤害或死亡的温度",认为低温足以引起作物伤害的程度,就会发生霜冻,并发现霜冻时植株组织可能发生结冰,也可能不发生结冰。20 世纪初,我国学者把霜冻看作是一种冻害,后来经过长期地观察、深入研究,到 80 年代初,重新把霜冻看作是一种低温引起的冻害;并把霜冻解释为"夜晚土壤表面温度或植株冠层附近的气温短时降至 0 ℃以下,植物表面的温度迅速下降,植物体内水分发生冻结,代谢过程遭受破坏,细胞被冰块挤压造成的危害",这比较好地反映了人们对霜冻的认识。

重庆霜冻的强度相对要比北方轻,但往往发生在作物活跃生长期间,而且南方农作物的抗寒能力一般较弱,加上农作物生育进程又比北方明显提前,抗寒能力更差,即使不是很强的霜冻也能给农业生产带来不利的影响,特别是在农业产业化过程中,很多新品种的引进都必须考虑霜冻的影响。霜冻主要影响蔬菜生产,以及烟叶、柑橘、龙眼、荔枝等经济林果。

3.3.6.2 霜冻害指标

冻害的分类非常复杂,大的来说,可分为霜冻和冻害,而霜冻按出现时间可分为早霜冻和晚霜冻,按天气条件又分为平流型、辐射型和平流辐射型霜冻,世界气象组织农业气象委员会出版的技术报告还提出了"蒸发型霜冻";冻害的类型也可分为秋末冬初温度骤降型、冬季长冷型和融冬型等。从重庆的情况来看,这些类型的冻害都不同程度地存在,但强度通常较弱,每种类型间的界限也不是很明显。根据分析,重庆市霜冻与日最低气温≤2 ℃日数间的分布特征较为一致,一般情况下,日最低气温≤2 ℃时,地面或叶面温度已降到0 ℃,出现霜冻(当然,结霜还与地形、湿度、风速等有关,地面温度降到0 ℃也不一定能结霜),这与陈淑全等(1997)的结论一致;最低气温降到0 ℃以下,部分农作物、蔬菜就开始受害(荔枝、龙眼等南亚热带植物在地温和叶温降到不到0 ℃以下时就开始受害),最低气温降到−2 ℃以下,受害明显加重。据此,依据冻害的强度将冻害分为霜冻、冻害和较重冻害三级:霜冻(0 ℃<T_m≤2 ℃);一般冻害(−2 ℃<T_m≤0 ℃);较重冻害(T_m≤−2 ℃)。

重庆市低海拔地区多属中亚热带,部分沿江河谷地带属准南亚热带。确定冻害指标和进行冻害分区时主要考虑低海拔地区冻害分布的地域性差异及其对南亚热带、中亚热带林果的影响,因此,冻害指标没有考虑高海拔地区出现的强冻害,分区时对低海拔划分相对较细,而对高海拔地区只是粗略进行划分。高阳华等(2003b)定义分区指标主要考虑不同等级冻害发生频率,具体方法是:将全市各区(县)的霜冻、冻害和较重冻害的发生频率分别进行排序,然后分别对各区(县)三个等级的排序号求总和(即分区指数 G),再根据各区(县)的分区指数的大小进行分区,具体的分区为:冻害偶发区(G≤7);冻害少发区(7<G≤23);冻害一般区(23<G≤48);冻害常发区(48<G≤88);冻害高发区(G>88)。

3.3.6.3 霜冻害分布规律

经统计,重庆全市平均单站霜冻、一般冻害和较重冻害年发生日数分别为9.12 d、4.00 d和1.44 d,但冻害的地区分布差异很大,冻害主要发生在东北部城口以及东南部酉阳、黔江、秀山、石柱等地,其他地方发生较少,特别是江河低坝河谷地区冻害极少。

图 3-19 为重庆市极端低温空间分布图,极值为−0.8 ℃和−18 ℃,分布趋势也同重庆市T_m≤−2 ℃冻害年平均发生日数分布图基本一致。

图 3-20 为重庆市 T_m≤−2 ℃冻害年平均发生日数分布图,从中可以看出,长江及其各支流沿江地区是冻害日数低值区,特别是綦江、巴南、江津、主城区、北碚、渝北、长寿、涪陵及忠县、云阳等地,T_m≤−2 ℃冻害年平均发生日数不足3 d,綦江、巴南和主城区在0.5 d以内;城口及巫溪、巫山偏北地区,石柱、丰都、武隆境内的七曜山、方斗山一线是冻害日数高值区,普遍超过20 d;东南部酉阳、黔江、秀山虽然纬度偏南,海拔也不高,但其地处四川盆地外缘,受东部冷空气"回流"天气影响,冻害发生也十分频繁,年平均 T_m≤−2 ℃冻害日数也达15～20 d。

3.3.6.4 霜冻害防御措施

开展精细化农业气候区划:避免在冻害高易发区发展易受低温冻害危害的经济作物。

选用适度抗寒的丰产品种:在有冻害威胁的地区促进农经作物抗寒锻炼,培育壮苗,提高植株抗寒力。

选择冷空气难进易出、背风向阳避冻地形种植经济作物,营造防护林和风障。

采取覆盖等调节局地小气候的技术。

合理安排播期栽期,使敏感期避开霜冻。

密切注意冻害天气预警发布信息,采取临时干预措施:在霜冻前一天灌溉,提高作物叶面保温效果;熏烟提高气温;用草帘、尼龙布、土覆盖、保存地面热量等。

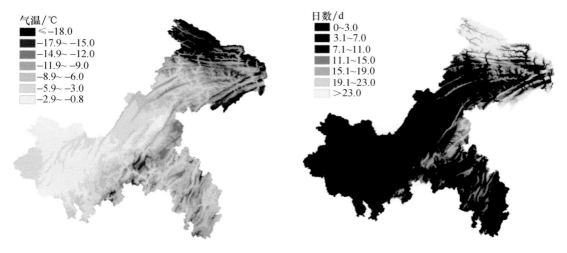

图 3-19　重庆市极端低温空间分布图　　　图 3-20　重庆市 $T_m \leqslant -2$ ℃年平均日数空间分布图

3.4　农业气象灾害评估

3.4.1　相似评估

3.4.1.1　排序法

主要是利用旱涝发生的强度、干旱持续天数,高温采用高温指数、高温持续时间等,对干旱高温灾害进行纵向对比排序,可以知道当次干旱高温在历史上的排位情况,从而可以大致了解干旱高温灾害的发生强度。见图 3-21(从重庆农业气象业务系统中截图)。

大致思路是利用单站或区域高温干旱灾害的实际发生情况,与历史统计高温干旱灾害资料库中的资料进行相似比对,找到最相似的记录,然后根据得到的记录的发生时间段在灾害普查数据库(包含有本次灾害所造成的人员、社会经济损失情况)中查找对应的灾情信息。这种方法的准确性主要取决于灾害普查数据库的翔实和准确程度。

单站名称	年份	干旱类型	排序	干旱程度	开始日期(年月日)	结束日期(年月日)	持续天数(d)
巴南	1973	伏旱	25	一般旱	19730702	19730721	20
巴南	1973	伏旱	25	一般旱	19730726	19730814	20
北碚	1973	伏旱	5	重旱	19730723	19730826	35
璧山	1973	伏旱	9	一般旱	19730802	19730830	29
长寿	1973	伏旱	4	重旱	19730726	19730830	36
长寿	1973	伏旱	26	一般旱	19730702	19730721	20
丰都	1973	伏旱	6	重旱	19730726	19730831	37
奉节	1973	伏旱	6	一般旱	19730802	19730830	29
涪陵	1973	伏旱	8	一般旱	19730802	19730830	29
合川	1973	伏旱	22	一般旱	19730723	19730811	20

(a)单站干旱

年份	干旱类型	排序	干旱程度	区域干旱指数
1971	伏旱	2	严重旱	1.544118
1972	伏旱	4	重旱	1.485294
1978	伏旱	7	重旱	1.264706
1975	伏旱	8	重旱	1.191176
1985	伏旱	11	一般旱	1.044118
1974	伏旱	15	一般旱	0.9705882

(b)区域干旱查询

单站年度高温　全市高温年型　高温时段　春末高温时段　全市春末高温时段

台站选择: ☑ 全选　开始年份: 2012　截止年份: 2012　高温时段: 重高温时段　查询

☑ 城口
☑ 开县
☑ 云阳
☑ 巫溪
☑ 奉节
☑ 巫山
☑ 潼南
☑ 垫江
☑ 梁平
☑ 万州
☑ 忠县
☑ 石柱
☑ 大足
☑ 荣昌
☑ 永川
☑ 万盛
☑ 铜梁

单站名称	年份	高温时段	持续天数	开始日期	结束日期
巴南	2012	重高温时段	11	2012-8-4	2012-8-14
北碚	2012	重高温时段	10	2012-7-21	2012-7-30
璧山	2012	重高温时段	10	2012-7-21	2012-7-30
长寿	2012	重高温时段	11	2012-7-21	2012-7-31
江津	2012	重高温时段	10	2012-7-21	2012-7-30
开县	2012	重高温时段	9	2012-7-6	2012-7-14
开县	2012	重高温时段	11	2012-7-7	2012-7-17
梁平	2012	重高温时段	11	2012-7-22	2012-8-1
南川	2012	重高温时段	9	2012-7-28	2012-8-5
彭水	2012	重高温时段	9	2012-7-1	2012-7-9
彭水	2012	重高温时段	10	2012-7-11	2012-7-20
黔江	2012	重高温时段	10	2012-8-3	2012-8-12
石柱	2012	重高温时段	9	2012-7-19	2012-7-27
石柱	2012	重高温时段	11	2012-7-21	2012-7-31
万州	2012	重高温时段	11	2012-7-12	2012-7-22
巫山	2012	重高温时段	9	2012-7-1	2012-7-9
巫溪	2012	重高温时段	10	2012-6-30	2012-7-9
武隆	2012	重高温时段	9	2012-7-19	2012-7-27
渝北	2012	重高温时段	9	2012-7-28	2012-8-5
云阳	2012	重高温时段	10	2012-7-13	2012-7-22

(c)高温时段查询

图 3-21　重庆农业气象业务系统截图

3.4.1.2　干旱相似

利用单站和区域的干旱指数进行相似比对。

(1)区域干旱相似

设计实现时考虑到干旱开始期不同而可能造成的影响也不一致的问题,在计算时把所有实时发生的单站干旱的平均开始期作为相似评估的限制因子,然后在历史干旱统计库中查找区域干旱指数最接近的记录,再查找干旱普查数据库里面的相对应时间段发生的灾害损失记录,从而可以对当前旱情可能造成的损失做出初步估计。

(2)单站干旱相似

具体实现跟区域干旱类似,主要判别依据是干旱持续的天数。同样需要考虑开始期差异。需要特别考虑的是,如果发生两段干旱的话,需要把两段旱折算成一段旱,才能参与相似匹配,项目中采用把第一段干旱简单地加上第二段干旱的一半作为折算后的干旱发生情况。

3.4.2　作物产量损失评估

主要思路是利用积分回归方法针对特定的农作物计算得出生育期分旬的降水影响产量系数,然后设置高温干旱灾害可能影响的最大成数,假设发生在作物关键生育期的高温干旱灾害对农作物产量的最大影响成数,最后根据高温干旱灾害具体发生的时段折算出高温干旱灾害对农作物产量可能影响的具体成数。

积分回归计算中气象产量的获得具有比较大的不确定性,取不同的气候断点、不同数量的样本资料、不同的趋势产量拟合曲线等都可能影响到气象产量的获得,从而影响最后积分系数的准确性。积分回归方法得到的气象要素对气象产量的影响因素,本来就是一个平均的概念,只能反映气候平均状况下、平均生育期状态下的气象条件评估。实际的单次应用中,不能保证生育期与平均状态下一致,而前期的气象要素变化也可能影响到后期的积分系数变化。因此,不适合直接应用于单次产量预报或气象要素评价等方面。唐云辉等(2009)利用积分回归方法得到的气象要素对气象产量的阶段影响系数(积分系数)作为相对值来使用。下面以重庆市江津区中稻为样本,说明如何获得日照、降水、温度的积分系数。

3.4.2.1　气象产量

作物产量资料可以分解为由社会经济因素决定的趋势产量和由气象因素造成的气象产量,以及偶然因素造成的随机产量(也叫误差产量)。

$$y = y_t + \hat{y} + e \tag{3.6}$$

式中,y 是作物产量,y_t 趋势产量,$\hat{y}$ 是气象产量,e 为随机产量,实际计算的时候一般不考虑。y_t 是随着社会经济发展水平而逐渐增加的,可以分段采用拟合函数(线性、生长曲线或滑动平均等方法)从 y 中分离出来。但会随着产量样本数的变化,以及分段点的选取、拟合函数的选择差异等因素等得到差异比较大的气象产量序列。王建林(1998)认为,相邻两年的作物产量中由于社会投入、技术水平等决定的趋势产量差异不大,其产量差异应该主要来源于中稻生育阶段气象要素的差异。

$$\Delta \hat{y}_i \approx \Delta y_i = y_i - y_{i-1} \tag{3.7}$$

也就是说,相邻年的气象产量差异 $\Delta \hat{y}$ 可以表述为相邻年的降水差异 ΔR_i、温度差异 ΔT_i、日照时数差异 ΔS_i 等的函数。

$$\Delta \hat{y}_i = F(\Delta T_i, \Delta R_i, \Delta S_i, \cdots) \tag{3.8}$$

对于重庆地区中稻产量序列来说,1981—1984 年逐年推广杂交水稻的播种面积,导致这几年的年际趋势产量差异显著,实际计算的时候需要剔除这几年的资料。

3.4.2.2　多要素回归积分方法

为了研究某一气象要素在作物整个生育期各个阶段对作物产量形成的影响效应,可以把作物生育期分成许多生育阶段作为自变量,与气象产量序列建立回归方程,从而可以得到气象要素在每个生育阶段的影响系数,具体可以表示为以下回归积分方程:

$$\hat{y}_i = c_0 + \int_1^\tau a_j(t) M_{ij}(t) dt \tag{3.9}$$

式中,$i=1,2,\cdots,N$(样本数),$j=1,2,\cdots,\tau$(生育阶段),$\hat{y}_i$ 是气象产量,a_j 是阶段气象要素影响系数,M_{ij} 为阶段气象要素。综合考虑温度、降水、日照的阶段影响效应,以及结合(3.7)、(3.8)式,则可以得到多要素回归积分方程的差分形式:

$$\Delta \hat{y}_i = c_0 + \int_1^\tau [a_{tj}(t) \Delta T_{ij}(t) + a_{rj}(t) \Delta R_{ij}(t) + a_{sj}(t) \Delta S_{ij}(t)] dt \tag{3.10}$$

式中,ΔT_{ij}、ΔR_{ij}、ΔS_{ij} 分别表示温度、降水、日照要素变量年际差异序列,a_{tj}、a_{rj}、a_{sj} 对应表示各气象要素不同生育阶段的气象产量影响系数。实际计算中,常常需要对作物整个生育期分句计算影响系数,如果三个气象要素一起分析,就会面临自变量太多,无法得到稳定的回归方程。回归积分方法通常使用正交多项式函数对自变量进行降维处理,对于不同的气象要素可以采用不同的正交多项式阶数来处理,以得到更好的拟合效果。

3.4.2.3　江津地区中稻多要素(温度、降水、日照时数)积分系数

图 3-22 为江津站中稻多要素回归积分系数变化曲线(其中横坐标中 32 表示 3 月中旬,其余类似;纵坐标为中稻气象产量),温度、降水、日照时数选择的多项式拟合阶数分别为 4、6、4次;回归积分的复相关系数 $R=0.728,\alpha=0.04$。

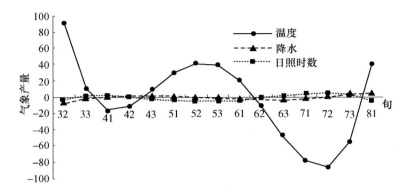

图 3-22　江津站中稻多要素(温度、降水、日照时数)回归积分系数

(1)平均气温

由图 3-22 中温度的回归积分系数变化曲线可看出,重庆中稻生育期温度适应性可以大致分为四个阶段。

第一阶段为 3 月中、下旬,中稻播种—三叶期,温度为正效应。播种—出苗期的 3 月中旬,旬平均气温每增加 1 ℃,产量将增加 90 kg/hm²。这个阶段,重庆地区的温度大致在 14～15 ℃,但频繁出现的"倒春寒"容易导致中稻幼芽期受害,造成烂秧或弱苗,甚至影响中稻发芽。

第二阶段为 4 月上、中旬,中稻三叶—移栽期,温度为负效应。这个阶段,重庆地区温度稳定在 17～19 ℃,基本适合中稻的生长,但适当偏低的温度可以控制中稻苗期旺长,形成壮苗。

第三阶段为 4 月下旬—6 月上旬,中稻分蘖期,温度为正效应。这个阶段,温度适当偏高可以促进水稻分蘖,增加苗有效茎数量;而且水稻为喜温作物,一定的高温可以提早幼穗分化,使得中稻生育期提前,有利于避开后期高温天气影响。

第四阶段从 6 月中旬—8 月上旬,中稻孕穗—灌浆成熟期,温度大部分为负效应。这个阶段,除 6 月中旬(拔节期)温度为 25 ℃基本适宜外,其余旬平均温度在 26～29 ℃,对于中稻灌浆来说,明显偏高;7 月上、中旬旬温降低 1 ℃时,产量可以增加 80～90 kg/hm²;8 月上旬对应中稻成熟收获期,温度为正效应,此时温度适当偏高有利于成熟收获。

(2)降水量

由图 3-22 中降水回归积分曲线可以看出,重庆地区中稻生育期降水适应性可以分为四个阶段。

第一阶段为 3 月中旬—4 月上旬,降水为负效应。这个阶段水稻处于育秧前中期,需水较少,过多的降水反而容易产生渍涝害,特别是 3 月中旬中稻播种—出苗期,旬降水量每降低 1 mm,产量可以增加约 8 kg/hm²。

第二阶段为 4 月中旬—5 月中旬,降水为正效应。这个阶段中稻处于育苗后期—分蘖盛期,属于营养生长旺盛期,需水量大。而重庆西部及东北部地区时有夏旱发生,频率为 3～5 次/10 a。

第三阶段为 5 月下旬—7 月上旬,降水为负效应。中稻处于分蘖末期—抽穗期,需水也相对旺盛。但重庆地区这个阶段正处于降水高峰时段,旬降水维持在 $50\sim60$ mm,初夏绵雨发生频率高达 $70\%\sim80\%$,过多的降水常常造成渍涝危害。韩湘玲(1991)研究指出,水稻抽穗前任一生长阶段部分或全株淹没 1 周,都会造成植株增重速率降低和器官重量减轻,甚至导致主茎穗粒数减少 $20\%\sim40\%$。

第四阶段为 7 月中旬—8 月上旬,降水为正效应。期间中稻处于灌浆期,光合作用旺盛,需要大量的水分,而重庆地区这时经常出现伏旱天气,发生概率为 80% 左右。7 月下旬、8 月上旬的降水积分系数达 4 kg/hm²,考虑到期间降水基数较大,降水的增产效益十分明显。

(3)日照时数

从图 3-22 中日照时数的回归积分曲线可以看出,重庆中稻有三个阶段日照是负效应。

第一阶段为播种、出苗期间的 3 月中旬,期间水稻生长主要靠种子带来的营养,光合作用需求较弱,过强的日照反而容易导致灼苗现象。

第二阶段为 4 月下旬—6 月中旬,日照也是负效应,此期中稻主要处于分蘖期。彭国照(1999)指出,川渝地区此间只需要日均 4 h 就可以满足中稻生育需求,重庆地区这段时间日照时数平均为 $4\sim5$ h,过多的日照容易导致中稻无效分蘖增多。另外中稻属于短日照植物,短日照可以提早幼穗分化,缩短营养生长期,减少无效分蘖,并能提早进入幼穗分化期,减轻后期高温伏旱影响。

第三阶段为成熟、收获期的 8 月上旬,日照为负效应。此期重庆正处于高温伏旱期,日照强烈,过多的日照可能影响到植株养分向籽粒的转移。

苗期和灌浆期日照时数为正效应。苗期重庆地区日平均日照时数为 3.5 h,中稻正处于营养生长旺盛期,需要更多的日照才能满足需求;灌浆期间充沛的日照更有利水稻产量的形成。

3.4.2.4　干旱产量损失评估

干旱产量损失评估实际计算过程如下。

把实际干旱日数根据上面的影响成数指数折算成影响成数 F,比如伏旱 20 d 为 1 成,50 d 为 4 成,则实际发生 30 d 为 2 成。

对干旱进行开始期到结束期的日期积分,积分函数为积分回归影响系数,得到一个干旱影响积分值 E。

如表 3-5 所示,若降水积分系数中积分值为负数,表示降水减少对产量的影响是正效应,这只是气候平均状况,说明这个作物的这个生育阶段重庆地区降水偏多,降水适当偏少将有利于最后的产量形成。但实际干旱发生时候,降水偏少比较严重,对农作物产量的影响应该是负效应,造成这种情况是由于积分回归算法中假设作物生育期的气象要素对气象产量的影响是线性的及积分系数是固定值。实际上这种影响应该是非线性的,近似于抛物线类型,在一定范围内气象产量随气象要素增加而增加(或减少而减少),超过一定范围后反而应该是随气象要素增加而减少,这种情况将在以后的研究中进一步探讨。

所以实际计算中,如果积分系数为负值的话,需要换成最小正值的一半来参与计算。积分系数提供的是旬值,比如伏旱 7 月 4 日到 8 月 14 日,则分旬计算(如果 7 月上旬的积分系数为 1.2 的话,7 月 4 日到 10 日共 7 d,则 7×1.2,以此类推),再累加到一起。

对干旱进行开始期到结束期的日期积分,积分函数为积分回归最大影响系数,得到一个归一化系数 E_m,得到最后的结果 $F_f=F\cdot E/E_m$。

表 3-5　设置降水最敏感期干旱的默认影响成数

干旱类型	参考天数 1	参考成数 1	参考天数 2	参考成数 2
春旱	30	1	50	4
春夏旱	40	1	60	4
夏旱	20	1	40	4
夏伏旱	25	1	45	4
伏旱/伏秋旱	20/25	1/1	40/45	4/4
秋旱/秋冬旱	30/40	1/1	50/60	4/4
冬旱	50	1	70	4
冬春旱	60	1	80	4

3.4.3　水稻高温热害影响评估

阳园燕等(2013)从高温热害对水稻危害的生物学角度出发,筛选影响水稻品质及产量的主要气象因子,并建立水稻高温热害累积危害指数,结合天气预报,在动态监测水稻高温热害危害的同时,发布未来一段时间水稻可能的高温热害危害指数预警。

水稻在高温胁迫下的表现因生育时期而异,抽穗扬花期和灌浆乳熟期是水稻易受高温危害的时期。从水稻高温热害发生的生理学角度出发,筛选造成水稻遭受高温热害的主要气象因子及指标,分别建立了这两个时段的水稻高温热害累积危害指数模型。

3.4.3.1　抽穗扬花期高温热害累积危害指数

据研究,水稻抽穗期持续 3 d 35 ℃的高温,水稻花粉活力降至 60.60%,结实率降至 69.10%。将日最高气温 35 ℃作为危害水稻抽穗扬花的界限温度,在建立水稻抽穗扬花高温热害累积危害指数时,将日最高气温大于 35 ℃的当日最高气温与高温危害界限温度的差值作为当日的危害温度,并在抽穗扬花期累积。另外,据研究,空气湿度对水稻开花授粉也有影响,适宜的空气湿度有助于花粉传播和授粉,而随着空气湿度的下降,花粉活力会降低或败育,尤其是遭遇高温和空气湿度偏低重叠,高温干热将导致授粉不良,水稻空壳率明显增加。综合考虑高温及空气相对湿度的共同影响,建立水稻抽穗扬花期高温热害累积指数 HIS_f:

$$HIS_f = \sum_{i=1}^{n} D_{fi} \cdot \left[\frac{T_{i\max} - T_{D\max}}{T_{\max} - T_{D\max}} + \frac{RH_i - RH_D}{RH_{\min} - RH_D} \right] \tag{3.11}$$

$$D_{fi} = \begin{cases} i/n & i < n/2 \\ \dfrac{(n-i)}{n} & i \geqslant n/2 \end{cases} \tag{3.12}$$

式中,HIS_f 为水稻抽穗扬花期高温热害累积危害指数;$T_{i\max}$、RH_i 为水稻抽穗扬花期第 i 天日最高气温(℃)、空气相对湿度(%);$T_{D\max}$、RH_D 为致害最高气温(℃)、空气相对湿度(%),定义为 $T_{D\max} = 35$ ℃,$RH_D = 70\%$;$T_{\max}$、$RH_{\min}$ 为历年水稻抽穗扬花期极端最高气温(℃)、极端最低相对湿度(%);n 为水稻抽穗扬花期天数;i 为水稻抽穗扬花期第几天;D_{fi} 为水稻抽穗扬花期第 i 天高温热害危害权重系数。

3.4.3.2　灌浆结实期高温热害累积危害指数的建立

水稻灌浆结实期,高温的影响主要表现在高温胁迫,一方面使灌浆期缩短,光合速度和同化产物累积量降低,秕谷粒增多和粒重下降,导致产量损失;另一方面,还引起水稻垩白粒率和垩白面积增大,整精米率下降,支链淀粉的精细结构发生改变,导致稻米品质变劣。据研究,在相同日最高气温的情况下,日较差大的影响相对偏轻,而空气湿度对水稻灌浆期的影响不是很显著,因此在建立水稻灌浆结实期高温热害累积危害指数时不仅考虑日最高气温,还要考虑日较差对其灌浆的影响,建立指数如下:

$$HIS_g = \sum_{i=1}^{n} D_{gi} \cdot \left[\frac{T_{imax} - T_{Dmax}}{T_{max} - T_{Dmax}} + \frac{T_i - T_D}{T_{avmax} - T_D} \right] \tag{3.13}$$

$$D_{gi} = \begin{cases} 1 & i \geqslant n/2 \\ \dfrac{(n-i)}{n} & i < n/2 \end{cases} \tag{3.14}$$

式中,HIS_g 为水稻灌浆结实期高温热害累积危害指数;T_{imax}、T_i 为水稻抽穗扬花期第 i 天日最高气温(℃)、日平均气温(℃);T_{Dmax} 为致害最高气温(℃),定义 $T_{Dmax}=35$ ℃,T_D 为致害日平均气温(℃),定义 $T_D=30$ ℃;T_{max}、T_{avmax} 为历年灌浆结实期极端最高气温(℃)、日平均气温(℃);n 为水稻灌浆结实期天数;i 为水稻灌浆结实期第几天;D_{gi} 为水稻灌浆结实期第 i 天高温热害危害权重系数。

3.4.3.3　水稻高温热害累积危害指数与水稻空壳率的关系

水稻生育期遭遇高温热害造成产量和品质的下降,其中对水稻空壳率的影响很明显。由于影响水稻空壳率的气象要素较多:延迟性和障碍性冷害、强降水或连阴雨天气,都有可能造成水稻空壳率增加,因此筛选前述代表站 1985—2009 年水稻抽穗扬花及灌浆结实期典型的高温年(1988 年、1992 年、1994 年、1995 年、1998 年、2001 年、2002 年、2006 年、2008 年、2009 年)计算其高温热害累积危害指数,其与水稻空壳率发生的相关性分析结果通过了 0.01 显著性检验,相关系数达 0.75(图 3-23)。

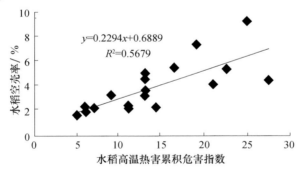

图 3-23　典型高温年水稻空壳率和水稻高温热害累积危害指数的关系

3.4.3.4　水稻高温热害累积危害指数在业务中的应用

统计分析三峡库区历年水稻空壳率资料,将水稻空壳率及水稻高温热害累积指数进行统计划分,得到水稻高温热害累积指数等级(表 3-6)。

表 3-6　水稻高温热害累积危害指数等级划分

等级	抽穗扬花期	灌浆结实期
轻度	$0 \leqslant HIS_f < 3$	$0 \leqslant HIS_g < 2$
中度	$3 \leqslant HIS_f < 6$	$2 \leqslant HIS_g < 6$
重度	$6 \leqslant HIS_f$	$6 \leqslant HIS_g$

根据水稻高温热害累积危害指数等级划分,对代表站在典型高温年的水稻产量及空壳率进行检验得出,水稻高温热害累积危害指数等级预报的准确率接近75%,其中对重度等级预报的准确率最高,达到80%。

　　从水稻进入抽穗扬花期开始,逐日滚动计算其高温热害累积危害指数,提取天气预报中相关气象要素,计算未来3 d或1周水稻高温热害累积危害指数,进行等级预报,发布服务产品,开展服务。

3.4.4　高温伏旱对农作物及经济林果的影响评估

3.4.4.1　高温伏旱对农作物产量性状的影响

　　以重庆市万州区中稻、玉米、红苕产量和奉节县棉花产量为例,研究了高温伏旱对几种主要大春作物的影响。首先根据上述作物产量序列建立作物产量趋势方程,计算得到作物历年相对气象产量,进而建立其与盛夏7月中旬—8月中旬平均气温和降水量的定量关系,结果如表3-7和表3-8所示。从表3-7中各方程可以看出,各种作物产量与盛夏平均气温呈抛物线关系,温度过高或过低都会造成作物减产,分别对各个方程求导数,可以得到中稻、玉米、红苕、棉花4种作物盛夏期间的最适宜温度分别为28.0 ℃、28.1 ℃、27.7 ℃和28.8 ℃,从重庆的情况来看,多数年份盛夏7月中旬—8月中旬平均气温都高于上述指标,对大春作物产量形成有不利影响。从上述适宜气温指标的差异也反映出这4种作物对温度的要求以棉花最高,玉米、中稻次之,而红苕最低。

表 3-7　大春作物产量与盛夏 7 月中旬—8 月中旬平均气温关系方程

作物类型	方程	F 值
中稻	$Y_w = -4.68T^2 + 262.7T - 3576.8$	$F = 11.09^{***}$
玉米	$Y_w = -6.58T^2 + 369.8T - 5084.3$	$F = 6.20^{***}$
红苕	$Y_w = -6.22T^2 + 345.0T - 4670.7$	$F = 6.53^{***}$
棉花	$Y_w = -6.16T^2 + 332.3T - 4372.7$	$F = 2.67^{***}$

注:*** 为通过 0.001 显著性检验。

表 3-8　大春作物产量与盛夏 7 月中旬—8 月中旬降水量关系方程

作物类型	方程	F 值
中稻	$Y_w = 6.7\ln R + 64.7$	$F = 4.00^{**}$
玉米	$Y_w = 9.2\ln R + 51.6$	$F = 0.33^{*}$
红苕	$Y_w = 17.4\ln R + 64.7$	$F = 8.47^{***}$
棉花	$Y_w = -0.00116R^2 + 0.49R + 56.7$	$F = 4.73^{**}$

注:* 为通过 0.1 显著性检验;** 为通过 0.01 显著性检验;*** 为通过 0.001 显著性检验。

　　从表3-8各方程可以看出,中稻、玉米和红苕产量都与降水量成对数关系,产量都随降水量的减少而下降,且降水量越少,产量下降幅度越大。而棉花产量则与降水量呈抛物线关系,最适降水量为211 mm,当降水量少于211 mm时,棉花产量随降水量的减少而下降,且降水量越少,产量下降幅度越大,若降水量大于211 mm,产量则随降水量的增加而下降,干旱和多雨都是棉花高产的不利因素。从重庆的情况来看,盛夏降水量偏少,且稳定性差,伏旱发生频繁,很多年份的降水量与大春作物在高温环境下对水分的旺盛需求有较大差距,对大春作物产量形成造成不利影响,盛夏伏旱影响中稻、玉米和红苕产量;相比较而言,棉花对水分的需求相对较低,受伏旱影响的年份要少于其他大春作物,一些年份反而受盛夏阴雨的影响。

利用多点、多年中稻观测资料建立的中稻空壳率与气象因子关系方程为:

$$Y_1 = -6.245 + 0.333X_1 + 0.448X_2 \qquad (3.15)$$

式中,Y_1 为中稻空壳率(%),X_1 为孕穗期雨日数(d),X_2 为抽穗期间的平均气温(℃),回归效果达极显著水平。从中可以看出,空壳率与抽穗期的平均气温呈正相关,抽穗期间正值高温伏旱,日最高气温常达 35 ℃以上,空气湿度较小,导致花药干枯,花丝伸长受阻,使空壳率增加。

对全市各地 1990 年以来的玉米分期播种试验资料进行相关分析,找出与玉米产量相关显著且具有明显生物学意义的气象因子,组建玉米产量与气象因子的关系模型:

$$Y = 642.731 - 14.905X_1 - 3.459X_2 + 0.771X_3 \qquad (3.16)$$

式中,Y 为玉米产量(kg/亩),X_1、X_2、X_3 分别为拔节—抽穗期平均气温(℃)、吐丝—乳熟期平均气温(℃)、日照时数(h),回归效果达到极显著水平。可以看出,玉米产量与吐丝—乳熟期平均气温呈负相关,重庆地区玉米灌浆期间常常有高温伏旱,多年平均气温为 26~27 ℃,一些年份气温超过玉米灌浆结实的适温范围,缩短玉米灌浆时间,造成逼熟,使籽粒重减轻。因此,灌浆期间的高温是造成本地区玉米产量不高的主要气象原因之一。

3.4.4.2　高温伏旱对柑橘的影响

盛夏是柑橘果实生长的主要时段,也是年际间变化最大的阶段,其原因就是重庆地区,特别是柑橘栽培区盛夏严重的高温伏旱所致。对此,利用柑橘果径逐旬定时观测资料,高阳华等(1997)研究了盛夏气温和降水量对柑橘果实生长的影响,其具体关系如表 3-9 所示。

表 3-9　柑橘果实生长与盛夏 7 月中旬—8 月中旬气温、降水和土壤湿度关系

品种	方程	α 值
红橘	$D_1 = -0.090T + 0.14\ln R + 3.76$	$\alpha = 0.05$
锦橙	$D_2 = 0.0262N + 0.359$	$\alpha = 0.05$
普通甜橙	$D_3 = -0.080T + 0.58\ln R + 1.35$	$\alpha = 0.05$

表 3-9 中,D 为各品种果径增长值,T、R、N 分别为 7 月中旬至 8 月中旬平均气温(℃)、降水量(mm)和土壤相对湿度(%)。从表 3-12 可知,各品种果实盛夏果径增长值与气象条件的关系基本一致,红橘和普通甜橙与该期平均气温呈负相关、与降水量呈正的对数关系,锦橙与土壤相对湿度呈正相关,结果表明,伏旱、高温是影响柑橘果实生长的不利因素,一些高温伏旱严重的年份,柑橘受高温和伏旱的共同作用,其果实在伏旱期间基本不增大,甚至出现"回缩"现象,果实越长越小,还造成大量落果。

3.4.4.3　高温伏旱对油桐产量和品质的影响

油桐也曾经是重庆市最重要的经济林果,其产量和品质因年际间气象条件的变化而波动。高阳华等(1994)利用低海拔平均单株桐籽产量与气象资料进行分析,得到低海拔桐籽产量的气候生态模型:

$$W = 3.19e^{-W_{-1}} + 0.0137x^2 - 0.000013x - 0.26 \qquad (3.17)$$

式中,W 为当年平均单株桐籽产量(kg/亩)、W_{-1} 为上年平均单株桐籽产量(kg/亩)、x 为 7—8 月降水量(mm),复相关系数为 0.8255,标准差为 0.3327。从式(3.17)可以看出,当年桐籽产量与上年桐籽产量呈负指数关系,上年桐籽增产,则次年桐籽为减产,反之,则为增产,表现出

明显的大小年现象。桐籽产量与盛夏7—8月降水量呈抛物线关系,最适降水量为526.9 mm,降水过多或过少都使桐籽产量下降。以本区常年降水情况来看,降水量超过适宜标准的多雨年出现概率极小,干旱少雨年出现概率较大,伏旱是影响低海拔桐籽产量的主要气候问题。

同时,高温伏旱对桐油品质也有重要影响,用奉节县桐油酸价资料与对应的气象资料进行初步分析,建立了桐油酸价的气候生态模型:

$$G = -0.244e^{x_1/150} - 1.207x_2^2 + 11.85 \qquad (3.18)$$

式中,G 为桐油酸价、x_1 为7月中旬—8月中旬降水量(mm)、x_2 为9—10月平均气温日较差(℃),复相关系数为0.9552,标准差为0.3085。从式(3.18)可以看出,桐油酸价与9—10月平均气温日较差呈负相关,该时期如天气晴好、日较差大,则有利减小酸价,提高桐油品质,反之,则不利,9—10月是决定桐油品质的关键时期。桐油酸价又与盛夏7月中旬—8月中旬降水量呈负的指数关系,酸价随降水量的增加而减小。盛夏降水愈多,愈有利于减小酸价,提高桐油品质,相反,伏旱少雨则使酸价增大,桐油品质变差表明伏旱不仅影响油桐产量,也是影响品质的不利因素。

3.4.5 作物生长模型灾害评估

作物生长动力模拟模型从系统科学的观点出发,遵循农业生态系统物质平衡和能量守恒原理及物质能量转换原理,以光、温、水、土壤等条件为环境驱动变量,运用数学物理方法和计算机技术,对作物生育期内光合、呼吸、蒸腾等重要生理生态过程及其与气象、土壤等环境条件的关系进行逐日动态数值模拟,再现农作物生长发育及产量形成过程。作物生长模型的应用使我们不必在不同的地方重复相同的试验,从而节省大量的人力、物力消耗。它综合考虑大气、土壤、作物遗传特性和田间管理等因素对作物生产的影响,克服了传统的作物天气统计模型的缺点,是一种面向生育过程、机理性很强的数值模拟模型。1990年以后,随着需求的加大和技术的发展,作物生长模拟模型在世界各地得到了广泛应用。模型研究人员在机理性和应用性并重、作物模型与其他学科模型结合、模拟技术与其他信息技术相结合等方面做了很多工作。作为一种工具,作物生长模拟模型在区域和全球尺度上的环境、资源、可持续发展以及气候变化影响、作物生长监测、产量预测、农业生产决策管理等方面发挥着重要作用。欧盟各国已将WOFOST(WOrld FOod STudies)模型成功应用于作物生长监测和农业产量预测等日常业务。林忠辉等(2003)研究,自20世纪90年代初作物模拟技术引入我国以来,相关领域和相关部门的众多学者对作物生长模拟模型进行了大量深入细致的研究,并在气候变化影响评估、作物栽培模拟优化决策、农业管理决策支持系统、精准农业和农业气象服务系统等方面积极开展了推广应用,取得了许多有意义的成果。

国内农业评估模型研究开始于20世纪80年代初期,金之庆等(1994)采用作物模拟模型与气候变化情景耦合的方法,评价了全球气候变化对我国东北、华北和长江中下游平原大豆产量和灌溉量的影响。王石立等(1998)利用水分胁迫的后效性及作物不同发育阶段对水分胁迫的敏感性,研制出实际水分条件下的冬小麦生长模拟模式,并利用该模式对干旱进行了动态、客观评估。孙宁等(2005)利用APSIM-Wheat模型评估了北京地区干旱造成的冬小麦产量风险。张雪芬等(2006)利用WOFOST模型,选取干物质重、穗重、茎重等模型输出量,定量评估了黄淮平原晚霜冻对产量的影响。马树庆等(2003)应用改进后的玉米生长发育和干物质积累动态模型,采用玉米低温冷害指标和参数,建立了玉米低温冷害发生及损失程度。张建平等(2008)借助WOFOST模型在东北地区玉米适应性验证的基础上,实现了东北地区玉米低温冷害的定量化评估。

参考文献

陈淑全,罗富顺,熊志强,等,1997. 四川气候[M]. 成都:四川科学技术出版社.

高阳华,张成学,高阳兴,等,1994. 油桐产量和品质与气象条件的关系[J]. 中国农业气象,15(6):38-39.

高阳华,易新民,1997. 柑桔果实生长模型及其环境影响[J]. 四川气象,17(3):45-47.

高阳华,冉荣生,唐云辉,等,2001. 重庆市干旱的分类与指标[J]. 贵州气象,27(5):16-18.

高阳华,唐云辉,冉荣生,等,2002a. 重庆市洪涝指标及其发生规律研究[J]. 西南农业大学学报,24(6):551-554.

高阳华,唐云辉,冉荣生,2002b. 重庆市伏旱发生分布规律研究[J]. 贵州气象,26(3):6-11.

高阳华,唐云辉,冉荣生,2002c. 重庆市秋旱发生分布规律研究[J]. 贵州气象,26(4):8-12.

高阳华,唐云辉,李轲,等,2003a. 重庆市绵雨的分类与指标及其时空分布规律[J]. 长江流域资源与环境,12(3):237-242.

高阳华,唐云辉,冉荣生,等,2003b. 重庆市冻害的发生分布规律研究[J]. 西南农业大学学报,25(1):80-83.

韩湘玲,1991. 作物生态学[M]. 北京:气象出版社.

金之庆,葛道阔,陈华,等,1994. 全球气候变化影响我国大豆生产的利弊分析[J]. 大豆科学,13(4):302-311.

林忠辉,莫兴国,项月琴,2003. 作物生长模型研究综述[J]. 作物学报,29(5):750-758.

马树庆,袭祝香,王琪,2003. 中国东北地区玉米低温冷害风险评估研究[J]. 自然灾害学报,12(3):137-141.

彭国照,1999. 四川盆区杂交中稻生长发育及产量形成气候生态规律与模型研究[J]. 西南农业学报,12(3):21-25.

冉荣生,唐云辉,高阳华,2002. 重庆市春季干旱时空分布特征研究[J]. 贵州气象,26(2):8-11.

孙宁,冯利平,2005. 利用冬小麦作物生长模型对产量气候风险的评估[J]. 农业工程学报,21(2):106-110.

唐云辉,高阳华,冉荣生,2002a. 重庆市夏季干旱时空分布特征研究[J]. 贵州气象,26(2):14-18.

唐云辉,高阳华,冉荣生,2002b. 重庆市冬季干旱发生规律研究[J]. 贵州气象,26(6):15-19.

唐云辉,高阳华,2003. 重庆市高温分类与指标及其发生规律研究[J]. 西南大学学报,25(1):88-91.

唐云辉,陈艳英,梅勇,等,2009. 重庆市中稻气候适应性分析[J]. 中国农业气象,30(3):383-387.

田宏,徐崇浩,1998. 四川盆地地区干旱强度时空分布特征[J]. 四川气象,18(2):40-44.

王建林,太华杰,1998. 中国粮食总产量结构分析与丰歉评估[J]. 气象,24(12):7-12.

王石立,1998. 冬小麦生长模式及其在干旱影响评估中的应用[J]. 应用气象学报,9(1):15-23.

向波,高阳华,2003. 重庆市低温冷害的分类与指标及其时空分布规律[J]. 贵州气象,27(2):12-16.

阳园燕,何永坤,罗孳孳,等,2013. 三峡库区水稻高温热害监测预警技术研究[J]. 西南农业学报,26(3):1249-1254.

张建平,王春乙,赵艳霞,等,2008. 我国东北地区玉米低温冷害评估方法研究[A]//中国气象学会农业气象与生态学委员会、广西壮族自治区气象学会. 粮食安全与现代农业气象业务发展——2008年全国农业气象学术年会论文集[C]. 中国气象学会农业气象与生态学委员会、广西壮族自治区气象学会:中国气象学会.

张雪芬,余卫东,王春乙,等,2006. WOFOST模型在冬小麦晚霜冻评估中的应用[J]. 自然灾害学报,15(6):337-341.

张养才,何维勋,1991. 中国农业气象灾害概论[M]. 北京:气象出版社.

郑大玮,2005. 农业减灾实用技术手册[M]. 杭州:浙江科学技术出版社.

第4章 农业气候区划

4.1 农业气候区划技术方法与流程

4.1.1 区划类型

区划是根据自然或社会经济现象在地域上总体和部分之间的差异性与相似性,划分不同等级区域的地图,具有内容简明、含义深刻的特点。每个地域都有其整体性和统一性,并表现在主导特征、主导标志和主导过程上。针对不同的要素、目的、需求,区划类型也呈现多样性,如灾害区划、作物区划,其中灾害区划又包括干旱区划、绵雨区划、极端低温区划、极端高温区划等,作物区划又包括水稻区划、小麦区划、玉米区划、红薯区划、烤烟区划、甜橙区划、龙眼(荔枝)区划等。

4.1.2 区划原则

区划的目的是为了了解各样气候的区域组合与差异,探讨其发生发展规律,阐明地区的气候资源和气象灾害,从而为农、林、牧、水利等生产建设部门提供远景规划所必需的科学根据。因此,要以综合分析各地区的气候特征和考虑它的形成过程为原则。

根据各种作物对环境的要求及适应性,确定适宜的农业气候指标及灾害指标。由于各地生态环境条件及农业种植结构的差异,农业气候区划指标具有一定的区域性。为此,针对重庆市各地不同的区划对象,采用查阅文献、走访专家、根据土地利用现状以及计算机调试等方法,综合考虑气候、土壤等自然资源,确定适合当地的农业气候区划指标。

4.1.3 区划方法

区划将综合考虑指标法、模糊聚类法、专家综合打分法等区划方法的特点,充分利用地理信息系统等高新技术,确定适合复杂地形条件下的农业气候区划方法。如农业气候灾害风险区划主要考虑影响本地区主要农经作物生长的主要农业气象灾害,利用风险分析方法(风险辨识、风险估算、风险评价),根据灾害发生概率、经济损失(产量或产值)、抗灾性能等模型,定量估算各地风险程度,确定适宜的风险度指标,进行风险区域划分。

4.1.4 区划流程

将整理后的气象站点气候数据及灾害数据进行空间化分析、研究,在结合作物生长发育所需的气候条件及科学试验的基础上,确定影响作物生长、发育的主要因子,对农作物生长适宜区,生育期和农事活动情况等进行区划,以规划指导当地农业生产。总体思路如图 4-1 所示。

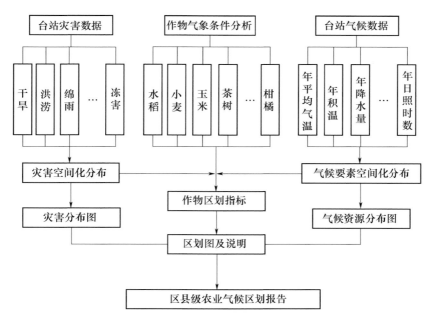

图 4-1　农业气候区划流程图

4.2　主要粮食作物农业气候区划

4.2.1　优质稻气候区划

水稻是重庆市主要的粮食作物之一,栽培区域广,由于同质低档稻米过多,在前几年也出现过农民增产不增收的问题。目前虽有所改观,但水稻商品属性差的老问题仍然存在。

重庆市区域气候差异明显,特别是立体气候非常显著,各地适生优质稻品种也有一定差异,不同气候生态区必须选用与本区气候相适应的对路良种,要考虑品种的类型、生育期长短及抗病、优质和丰产性,分别建立高档常规优质稻基地、中档优质稻基地(以杂交稻为主)和优质再生稻专用种子基地,为各种气候生态类型优质稻栽培区提供对路优质良种。总的来看,重庆市优质稻品种以籼稻为主,籼稻适宜区要选用抗高温能力强的籼稻品种,籼粳适宜区宜选用抗寒能力较强、生育较短的籼稻或粳稻品种,低坝河谷优质再生稻适宜区要同时兼顾正季稻的优质和丰产特性,同时,要重视其再生能力。

梅勇等(2009)提出优质稻生长发育对气象条件的要求与其他同类普通水稻并无明显的区别,但稻米品质的形成对气象条件的要求更为严格,水稻抽穗前到结实期的气象条件都对稻米品质有影响,但其关键期主要是结实期间,这里主要分析气象条件对稻米品质的影响。在气象因素中,水稻灌浆结实期间的温度是对品质影响最深刻的环境因子。现已明确控制稻米品质性状的有关遗传基因,其表达对水稻灌浆结实期间的温度具有很强的敏感性。水稻灌浆结实期的高温不仅使稻米的垩白度增加,外观品质变差,还可导致其内在品质下降,食味变劣。温度对稻米直链淀粉含量的影响与品种本身的直链淀粉含量高低有关,一般中、低直链淀粉含量品种的直链淀粉含量在高温下有降低的趋势,而高直链淀粉含量品种的直链淀粉含量则有所升高或对温度不敏感。当水稻灌浆结实的日平均温度为 21～24 ℃ 时,最有利于优质米的形成。温度日较差大有利于提高籽粒重量,但总的趋势是随着关键期温度日较差的增大,直链淀粉、蛋白质、氨基酸总量及 17 种氨基酸含量有降低的趋势,稻米口感品质提高,营养成分却有所降低。光照强度对稻米品质的影响是多方面的,有研究结果表明,关键发育期日照时数的增加,有利于降低稻米的直链淀粉含量,提高稻米的口感品质,但蛋白质、氨基酸含量则随之降低。干旱条件下栽培能够明显提高蛋白质的含量。空气相对湿度中等偏干(40%~60%)时,稻米香味浓,米质好。

水稻生育期持续时间较长,生育期间气象灾害种类也较多,对品质影响比较突出的气象灾害主要包括干旱、高温、低温阴雨。因优质稻适宜栽培区海拔高度较高,水源较好,伏旱、高温年份反而有利于提高水稻产量和品质。相比之下,春季低温阴雨在优质稻适宜栽培区的发生较为频繁,对水稻播栽和幼苗生长的影响也较大。

4.2.1.1 区划指标

高阳华等(2007)提出影响水稻品质分布的气象因子很多,但温光条件是决定其品质的关键因素,为此,选取温光因子作为区划的基本指标,降水的总体分布能够满足水稻生产的需要,但因其年际间的变化,一些年份出现干旱也是造成优质稻品质和产量分布差异的因素之一,考虑到本区划侧重于稻米品质,因此,仅将伏旱频率作为区划辅助指标。具体区划指标如表 4-1 所示。

表 4-1 重庆市优质稻气候区划指标

区划类型	基本指标		
	年平均气温 T/℃	3—9 月日照时数 S/h	伏旱频率 f/%
低坝河谷优质再生稻适宜区	$T \geqslant 17.1$	—	$53 \leqslant f \leqslant 87$
低山偏热籼稻次适宜区	$15.9 \leqslant T < 17.1$	—	$38 \leqslant f < 71$
光照较差籼稻次适宜区	$14.1 \leqslant T < 15.9$	< 850	$15 \leqslant f < 54$
光照一般籼稻适宜区	$14.1 \leqslant T < 15.9$	$850 \leqslant S < 1000$	$15 \leqslant f < 54$
光照较丰籼稻适宜区	$14.1 \leqslant T < 15.9$	$S > 1000$	$15 \leqslant f < 55$
光照较差籼粳稻次适宜区	$12.9 \leqslant T < 14.1$	$S < 850$	$15 \leqslant f < 29$
光照一般籼粳稻适宜区	$12.9 \leqslant T < 14.1$	$850 \leqslant S < 1000$	$18 \leqslant f < 37$
光照较丰籼粳稻适宜区	$12.9 \leqslant T < 14.1$	$S > 1000$	$31 \leqslant f < 46$
温凉粳稻次适宜区	$11.7 \leqslant T < 12.9$	—	$15 \leqslant f < 21$
高海拔冷凉不适宜区	$T < 11.7$	—	$f < 14$

4.2.1.2 区划结果

根据上述指标和各种区划因子的空间扩展结果,利用地理信息技术(ArcGIS 软件)在 1:25 万地图上将重庆市优质稻栽培区划分为 10 种不同的气候生态区,结果如图 4-2 所示。

4.2.1.3 分区评述

现将优质稻各气候生态类型区的主要特点分述如下。

低坝河谷优质再生稻适宜区:本区主要分布于海拔 400 m 以下的低坝河谷地区,面积约 21233 km²,占全市总面积的 25.8%。高阳华等(2009a)提出本区年平均气温在 17.1 ℃ 以上,伏旱频率为 53%~87%,高温伏旱突出,正季稻生育期间的气候条件基本不适宜优质稻栽培,但该区再生稻生长发育中后期气候温凉对再生稻优质比较有利,特别是东部三峡库区秋季光照条件较好,对再生稻优质更加有利,当然,本区的伏旱、高温,以及一些年份的秋季低温阴雨严重影响到再生稻生产的稳定性,再生稻实际蓄留面积年际间波动幅度很大。

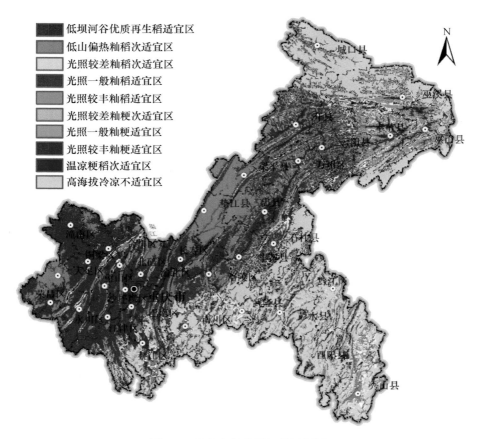

图 4-2　重庆市优质稻气候区划图

　　低山偏热籼稻次适宜区:本区位于全市海拔 400~600 m 的低山浅丘地区,面积约 17316 km²,占全市总面积的 21.0%。本区年平均气温为 15.9~17.1 ℃,水稻生育期间(3—9 月)北部地区光照条件较好,日照时数在 1000 h 左右,南部地区较差,日照时数为 700~900 h,伏旱频率为 38%~71%,水稻生育期间气温较高,伏旱较重,对籼稻品质形成有较大影响,总体气候偏热,可以适度栽培优质籼稻,不适宜粳稻栽培。

　　光照较差籼稻次适宜区:本区主要位于东南部武隆、黔江以南海拔 550~850 m 地区,面积约 7807 km²,占全市总面积的 9.5%。本区年平均气温为 14.1~15.9 ℃,水稻生育期间(3—9 月)的日照时数在 850 h 以下,光照条件较差,籽粒结实期间的气温对籼稻品质形成比较有利,伏旱频率为 15%~54%,重伏旱发生频率较小,但部分年份出现的较强伏旱对水稻有一定影响,总体气候可以适度栽培优质籼稻。

　　光照一般籼稻适宜区:本区主要分布于垫江、丰都、石柱、涪陵、南川以西的中西部海拔 600~900 m 地区,面积约 8788 km²,占全市总面积的 10.7%。本区年平均气温为 14.1~15.9 ℃,水稻生育期间(3—9 月)的日照时数为 850~1000 h,光照条件一般,籽粒结实期间的气温对籼稻品质形成比较有利,伏旱频率为 15%~54%,重伏旱发生频率较小,但部分年份出现的较强伏旱对水稻有一定影响,总体气候适宜优质籼稻栽培,丰都栗子、巴南樵坪和綦江横山是本区有名的优质稻产区。

　　光照较丰籼稻适宜区:本区主要分布于东北部的奉节、云阳、巫山、巫溪、万州、开州、忠县

图例:
■ 低坝河谷优质再生稻适宜区
▨ 低山偏热籼稻次适宜区
□ 光照较差籼稻次适宜区
■ 光照一般籼稻适宜区
▨ 光照较丰籼稻适宜区
▨ 光照较差籼粳次适宜区
▨ 光照一般籼粳适宜区
■ 光照较丰籼粳适宜区
■ 温凉粳稻次适宜区
▨ 高海拔冷凉不适宜区

等区(县)海拔 600～900 m 地区,面积约 2295 km²,占全市总面积的 2.8%。本区年平均气温为 14.1～15.9 ℃,水稻生育期间(3—9 月)的日照时数在 1000 h 以上,光照资源相对丰富,籽粒结实期间的气温对籼稻品质形成比较有利,伏旱频率为 15%～55%,重伏旱发生频率较小,但部分年份出现的较强伏旱对水稻有一定影响,总体气候适宜优质籼稻栽培,奉节县红土、开州九龙、忠县巴营是本区有名的优质稻产区。

光照较差籼粳次适宜区:本区主要位于东南部武隆、黔江以南海拔 850～1050 m 地区,面积约 3568 km²,占全市总面积的 4.3%。本区年平均气温为 12.9～14.1 ℃,水稻生育期间(3—9 月)的日照时数在 850 h 以下,光照条件较差,籽粒结实期间的气温对籼稻和粳稻品质形成都比较有利,伏旱频率为 15%～29%,水稻生产基本不受伏旱影响,总体气候可以适度栽培优质籼稻和粳稻。

光照一般籼粳适宜区:本区主要分布于中部和西南部的石柱、丰都、涪陵、南川、綦江、江津等海拔 900～1100 m 地区,面积 1761 km²,仅占全市总面积的 2.1%。本区年平均气温为 12.9～14.1 ℃,籽粒结实期间的气温对籼稻和粳稻品质形成都比较有利,基本不受伏旱高温影响,水稻生育期间(3—9 月)的日照时数为 850～1000 h,光照条件一般,籽粒结实期间的气温对籼稻和粳稻品质形成都比较有利,伏旱频率为 18%～37%,伏旱发生频率较小,强度较弱,基本不受伏旱高温影响,适宜优质籼稻和粳稻栽培。

光照较丰籼粳适宜区:本区主要分布于东北部的奉节、云阳、巫山、巫溪、万州、开州、忠县等区(县)海拔 900～1100 m 地区,面积约 48 km²,占全市总面积的 0.1%。本区年平均气温为 12.9～14.1 ℃,水稻生育期间(3—9 月)的日照时数在 1000 h 以上,光照资源相对丰富,籽粒结实期间的气温对籼稻和粳稻品质形成都比较有利,伏旱频率为 31%～46%,伏旱发生频率较小,强度较弱,基本不受伏旱高温影响,适宜优质籼稻和粳稻栽培,云阳大阳是本区有名的优质稻产区。

温凉粳稻次适宜区:本区位于东北部、东南部、中部和西南部海拔 1100～1300 m 的高海拔地区,面积约 6191 km²,占全市总面积的 7.5%。本区年平均气温为 11.7～12.9 ℃,热量条件较差,低温冷害较突出,光照条件东北部较好,伏旱频率为 15%～21%,发生少且强度弱,总体气候可适度发展优质粳稻,不适宜优质籼稻栽培。

高海拔冷凉不适宜区:本区主要位于东北部和东南部海拔 1300 m 以上地区,面积 13393 km²,占全市总面积的 16.2%。本区年平均气温在 11.7 ℃ 以下,热量条件差,低温冷害突出,多云雾,光照条件也较差,虽伏旱频率小于 14%,强度弱,不受伏旱高温影响,但总体气候基本不适宜优质稻栽培。

4.2.1.4 开发与利用

重庆市气候类型多样,有发展优质稻的气候生态条件,存在相当规模的优质稻气候生态适宜区,具备发展优质稻的气候条件,建议如下。

(1)利用气候资源优势在适宜区建设优质稻基地

优质稻生产必须立足气候资源优势,在适宜栽培区内重点建设几个成片优质稻生产基地,创规模、保质量,形成品牌效应。

(2)根据气候特点选用优质高产抗病良种

重庆市区域气候差异明显,特别是立体气候非常显著,各地适生品种差异较大,不同区域必须选用与本区气候相适应的优良品种,要考虑品种的类型、生育期长短及抗病、优质和丰产性,总的来看,低海拔地区要选用抗高温能力强的籼稻品种,高海拔地区则只能选用抗寒能力较强、生育较短的粳稻品种。

（3）采取与气候特点相适应的栽培技术促进水稻优质高产

重庆市地形复杂、气候多样，各区域的气候资源优势、影响水稻品质产量的气候问题都不尽相同，各地必须立足当地气候特点，采取与本区域气候特点相适应的配套栽培技术措施。总的来看，中海拔地区仍受高温伏旱影响，高海拔地区热量资源相对较差，因此，根据水稻适宜播种期的精细化分布，采取覆盖等保温措施适时早播，是中海拔水稻抽穗扬花期避开高温伏旱、高海拔水稻生长季增长、提高优质稻品质和产量的重要措施，水、肥促控及合理密植等其他技术的采用都要与各区域气候特点相适应。

4.2.2　再生稻气候区划

重庆市自发地零星种植再生稻已有 1000 多年的历史，但由于社会生产水平等因素的制约，产量不高不稳，一直未形成一种耕作制度。近几十年，由于人口增加和耕地减少的矛盾日益突出，人们对粮食的需求不断增加，加上再生能力较强的水稻品种、温室育秧等新技术的出现，再生稻还具有生产支出少、节省劳动力的特点，为再生稻的发展创造了条件。2009 年重庆市开州竹溪镇竹溪村 130 亩再生稻平均单产达 7168.5 kg/hm²，创再生稻高产新纪录，显示出重庆再生稻生产的良好前景。因此，在重庆市许多热量资源种植两熟有余、三熟不足的地区，以及有三熟条件、但目前没有种植三熟作物的地区，适当发展再生稻，无疑是开发利用气候资源、增加粮食产量的较好途径。

4.2.2.1　区划指标

在重庆范围内，再生稻发苗期的天气主要受副热带高压影响，高温少雨是整个再生稻栽培区的共同特征，区域之间降水的分布差异不大，总体趋势基本一致，再生稻发苗所需水分主要依靠前期蓄水和人工浇灌来调节，高阳华等（2016）提出，再生稻发苗期降水对其产量影响很大，是整个再生稻栽培区的共性问题，但并不是造成其分布差异的主要因子；而再生稻发苗期及扬花期的温度分布与再生稻生育期间积温的分布高度一致。因此，本节仅选用影响重庆市再生稻产量分布差异的主要因子积温和日照时数作为区划指标（表 4-2）。

表 4-2　重庆市再生稻气候区划指标

区划类型	基本指标	
	8 月中旬—10 月中旬积温 $\sum T$/(℃·d)	8 月中旬—10 月中旬日照时数 S/h
光温丰富再生稻适宜栽培区	$\sum T \geqslant 1700$	$S \geqslant 320$
热量丰富、光照较丰再生稻适宜栽培区	$\sum T \geqslant 1700$	$260 \leqslant S < 320$
光照丰富、热量较丰再生稻较适宜栽培区	$1625 \leqslant \sum T < 1700$	$S \geqslant 320$
光热较丰再生稻较适宜栽培区	$1625 \leqslant \sum T < 1700$	$260 \leqslant S < 320$
热量不足再生稻不适宜栽培区	$\sum T < 1625$	$S < 260$

4.2.2.2　区划结果

重庆市再生稻气候区划结果如图 4-3 所示。

光温丰富再生稻适宜栽培区：该区主要分布在重庆东北部的巫山、奉节、云阳、开州、万州、忠县的低坝河谷地区，面积 937 km²，占全市总面积的 1.1%。区内 8 月中旬—10 月中旬积温在 1700 ℃·d 以上，日照时数在 320 h 以上，是重庆市再生稻光温生产潜力最高的地区，再生稻安全齐穗期为 9 月底—10 月初，但再生稻发苗期高温、少雨、低湿较为突出，只要能解决发苗期的高温干旱影响，其增产潜力相当可观。

热量丰富、光照较丰再生稻适宜栽培区:该区主要分布在重庆中西部长江及支流的河谷地带,面积849 km²,占全市总面积的1.0%。区内8月中旬—10月中旬积温在1700 ℃·d以上,日照时数260～320 h,再生稻安全齐穗期为9月底—10月初,但再生稻发苗期高温、少雨、低湿较突出。

光照丰富、热量较丰再生稻较适宜栽培区:该区主要分布在重庆东北部的巫山、奉节、云阳、开州、万州、忠县低坝河谷地区的上部,面积2440km²,占全市总面积的3.0%。区内8月中旬—10月中旬积温在1625～1700 ℃·d,日照时数在320 h以上,再生稻安全齐穗期为9月底以前。

光热较丰再生稻较适宜栽培区:该区主要位于中西部浅丘地区,面积13248 km²,占全市总面积的16.1%。区内8月中旬—10月中旬积温在1625～1700 ℃·d,日照时数260～320 h,再生稻安全齐穗期为9月下旬以前。

热量不足再生稻不适宜栽培区:该区面积64926 km²,占全市总面积的78.8%,热量条件差,不适宜再生稻栽培。

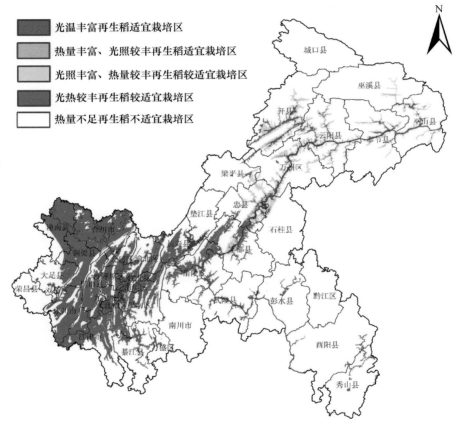

图 4-3　重庆市再生稻气候区划图

4.2.2.3　开发与利用

(1)重庆市再生稻栽培区的光热条件都基本能满足再生稻生长发育,应充分开发利用。尤其是适宜区有种植再生稻的优越条件,应把再生稻生产作为开发秋季气候资源的一个重要项目来抓,只要品种对路、措施得当,完全可以成为再生稻高产稳产区。

(2)通过选用对路品种,采取增温育苗等措施,使生育进程提前,减轻秋季低温阴雨危害,前季稻收割前后灌(浇)水增湿,促进休眠芽萌发,是提高重庆市再生稻产量的主要措施。其中,光温丰富再生稻适宜栽培区应把前季稻收割前后,灌(浇)水增湿,促进休眠芽萌发作为重点;其他栽培应把提早生育进程和促进休眠芽萌发放在同等重要的位置。

(3)再生稻生产作为重庆市晚秋生产的一部分,在生产上要将其与秋红薯、秋洋芋、秋大豆、秋菜等晚秋作物协调布局,统一规划。不同气候年型,再生稻适宜种植面积波动较大,8月上旬前后高温伏旱较轻,有利于再生稻发苗的年份,要适当扩大再生稻面积,反之,则应适当减少再生稻面积。

4.2.3　玉米气候区划

玉米全生育期分为播种、出苗、三叶、七叶、拔节、抽雄、开花、吐穗、灌浆、乳熟、成熟等主要发育期,主要分布在山区、丘陵地带。西南山地丘陵玉米区,4—10月平均气温均在15 ℃以上,10 ℃以上日数250 d以上,高山区150 d以上。年降水量在1000 mm以上,分布均匀。常用的轮作方式有玉米→大豆、春花生→玉米→小麦、早稻→晚稻→玉米。

玉米属喜温作物,且对温度非常敏感。在不同生育时期,玉米对温度的要求也各有不同。何永坤等(2005a)和刘兴钰等(2019)研究表明,玉米生长季的总热量与玉米产量密切相关,积温不足、月平均气温总和较小或低温冷害,会导致玉米减产。玉米对水分需求较多,同时水分利用效率也较高,除苗期应适当控水外,其后必须满足玉米对水分的要求,才能获得高产。玉米属短日照作物,短日照条件会加快植株的生长发育进程。彭国照(2009)提出,同一品种在不同地区栽培,由于日照时数和温度条件的差异,会引起生育期天数的明显变化。一般随着纬度的升高,发育逐渐延迟,生育期天数增多;反之,生育期缩短。

4.2.3.1　区划指标

综合玉米对温度、光照的要求,确定玉米气候区划指标如表4-3所示。

表4-3　重庆市玉米气候区划指标

区划类型	基本指标	
	年平均气温 T/℃	伏旱频率 f/%
冷凉无伏旱影响一熟制玉米栽培区	$9.1 \leqslant T < 12.0$	$f < 30$
温凉伏旱偶发两熟制玉米栽培区	$12.0 \leqslant T < 14.4$	$f < 30$
温热少伏旱两熟制玉米栽培区	$14.4 \leqslant T < 17.3$	$30 \leqslant f < 50$
温热多伏旱两熟制玉米栽培区	$14.4 \leqslant T < 17.3$	$50 \leqslant f < 70$
高温多伏旱三熟制玉米栽培区	$T \geqslant 17.3$	$50 \leqslant f < 70$
高温伏旱高发三熟制玉米栽培区	$T \geqslant 17.3$	$f \geqslant 70$
高海拔冷凉玉米不适宜栽培区	$T < 9.1$	—

4.2.3.2　区划结果

重庆市玉米气候区划结果如图4-4所示。

冷凉无伏旱影响一熟制玉米栽培区:该区域位于大巴山、武陵山的较高海拔地区,面积有8905 km²,占全市面积的10.8%。这里海拔高度在1100 m以上,年平均气温为9.1～12 ℃,伏旱频率小于30%,由于热量低,只能种植春玉米。

温凉伏旱偶发两熟制玉米栽培区:该区域位于东南部大部分地区,东北部、西南部部分地区以及中部局部地区,面积有16188 km²,占全市面积的19.7%。这些区域虽然热量较低,但伏旱少,春玉米收获后可以种植晚秋作物。

温热少伏旱两熟制玉米栽培区:该区域位于温凉伏旱偶发两熟制玉米栽培区的下方,海拔较低,面积有 16314 km²,占全市面积的 19.8%。这里热量条件较好,伏旱少,春玉米收获后可以考虑种植秋玉米。

温热多伏旱两熟制玉米栽培区:该区位于西部、主城区、中部的部分地区,东北部偏西地区以及东南部的偏南地区,面积有 20600 km²,占全市面积的 25.0%。这里热量条件较好,春玉米收获后可以种植秋玉米等晚秋作物,但伏旱多发,要做好田间的水分管理。

高温多伏旱三熟制玉米栽培区:该区位于西部大部,主城区、西南部分地区以及沿江河谷地带,面积有 5368 km²,占全市面积的 6.5%。这里热量丰富,春玉米收获后可以种植的品种较多,但伏旱多发,要注意补充田间用水。

高温伏旱高发三熟制玉米栽培区:该区位于沿江河谷地区,面积有 11135 km²,占全市面积的 13.5%。这里热量丰富,但伏旱高发,蓄水等防旱措施必不可少。

高海拔冷凉玉米不适宜栽培区:该区域位于大巴山、武陵山的高海拔地区,面积有 3890 km²,占全市面积的 4.7%。这里海拔高度在 2000 m 以上,热量低,不适宜玉米栽培。

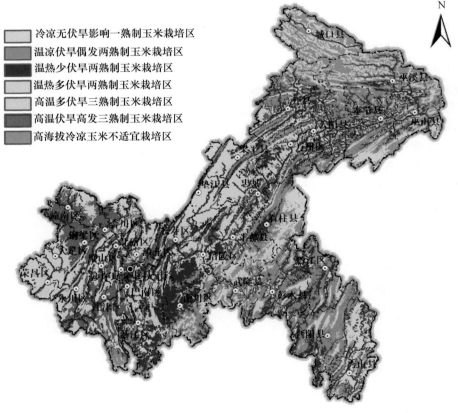

图 4-4　重庆市玉米气候区划图

4.2.3.3　开发与利用

(1)可以通过适时早播,发展春玉米以避开伏旱,使整个玉米生育期前移,延长生育期。

(2)选择优质品种,增加作物的商品价值。

(3)重视关键生长期的田间管理。

4.2.4　红薯气候区划

红薯亦称甘薯,俗称"红苕",含有丰富的糖、蛋白质、纤维素和多种维生素,其中β-胡萝卜素、维生素 E 和维生素 C 尤多。红薯还含有丰富的赖氨酸,是抗癌的首选食品。红薯原产热带,性喜温,不耐寒,贮藏的最适温度是 10～14 ℃,较耐旱。

4.2.4.1　区划指标

综合考虑影响红薯生长的气候因子,参考杨力等(2006b)研究,确定指标如表 4-4 所示。

表 4-4　重庆市红薯气候区划指标

区划类型	基本指标	
	年平均气温 T/℃	伏旱频率 f/%
冷凉伏旱偶发红薯栽培区	$10.9 \leqslant T < 14.4$	$f < 30$
温热少伏旱红薯栽培区	$14.4 \leqslant T < 16.1$	$30 \leqslant f < 50$
温热多伏旱红薯栽培区	$14.4 \leqslant T < 16.1$	$50 \leqslant f < 70$
热量丰富多伏旱红薯栽培区	$T \geqslant 16.1$	$50 \leqslant f < 70$
热量丰富伏旱高发红薯栽培区	$T \geqslant 16.1$	$f \geqslant 70$
高海拔冷凉红薯不适宜栽培区	$T < 10.9$	—

4.2.4.2　区划结果

重庆市红薯气候区划结果如图 4-5 所示。

热量丰富伏旱高发红薯栽培区:该区位于长江、嘉陵江等河流流域周边地区及西部低海拔的潼南、铜梁等地。面积 20520 km²,占全市面积的 25%。这一区域年平均气温为 16.1 ℃ 以上,热量资源丰富,但伏旱发生频率在 70% 以上,每年的 7—8 月当甘薯正处于需水高峰期和薯蔓共生期时,连日的伏旱将抑制甘薯茎叶的生长和薯块膨大,为了使甘薯的种植收益良好,必须从夏季初期开始做好蓄水抗旱措施。

热量丰富多伏旱红薯栽培区:该区位于西部荣昌、大足、永川以及中部垫江、梁平等地低海拔地区,面积 14201 km²,占全市面积的 17.2%。这一区域年平均气温大于 16.1 ℃,伏旱发生频率为 50%～70%,适宜推广种植淀粉型品种徐薯 18 号、济薯 15 号等优良品种。

温热多伏旱红薯栽培区:该区主要分布于东南部西阳、秀山的相对海拔较低的地区,总面积 4770 km²,占全市面积的 5.8%。这一区域年平均气温 14.4～16.1 ℃,伏旱发生频率在 50%～70%,适宜种植甘薯,秀山等地甘薯为当地主要粮食作物,种植面积广,产量高。

温热少伏旱红薯栽培区:该区分布较为分散,主要分布于西南部的南川、綦江,中部的涪陵以及东北部的万州、云阳、开州等地区的相对海拔较低的浅丘地区,总面积 22113 km²,占全市面积的 26.8%。这一区域年平均气温 14.4～16.1 ℃,伏旱发生频率为 30%～50%,热量条件比较丰富,伏旱发生频率较低,土壤等综合条件较好,适宜种植甘薯。

冷凉伏旱偶发红薯栽培区:该区主要分布于西南地区的江津、南川,东南部的武隆、彭水、黔江、西阳、石柱以及东北部的奉节、云阳等地区的海拔 800～1500 m 的山区,总面积 12630 km²,占全市面积的 15.3%。这一区域年平均温度 10.9～14.4 ℃,热量资源较差,基本满足甘薯生长发育对热量条件的需求,可以有甘薯栽培区的分布。

高海拔冷凉红薯不适宜栽培区:该区主要分布于东南部的石柱、武隆以及东北部城口、巫溪、巫山等区(县)的海拔较高的山区,面积 8166 km²,占全市面积的 9.9%。这一区域热量条件较差,不适宜甘薯的栽培。

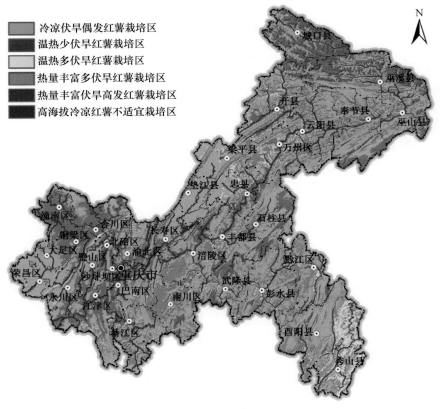

图例:
- 冷凉伏旱偶发红薯栽培区
- 温热少伏旱红薯栽培区
- 温热多伏旱红薯栽培区
- 热量丰富多伏旱红薯栽培区
- 热量丰富伏旱高发红薯栽培区
- 高海拔冷凉红薯不适宜栽培区

图 4-5　重庆市红薯气候区划图

4.2.4.3　开发与利用

红薯的适应性广,生产优势强。耐荫蔽,适宜与高秆作物间作套种,能有效提高土地利用率。在栽培过程中,需要注意以下几点。

(1)选用良种,积极引进开发水果薯、饮料薯、药用薯等特用型薯种。

(2)培育壮苗,推广薄膜覆盖育苗技术,与秸秆、稻草等配合使用。

(3)加强田间水肥管理,根据红薯发根分枝结薯期、蔓薯并长期、薯块盛长期的生长规律,做到促控结合、科学施肥、科学管理。

4.2.5　冬小麦气候区划

冬小麦是重庆市主要小春粮食作物,在 20 世纪 70 年代末至 80 年代初曾经有过辉煌的历史,面积和总量在水稻、冬小麦、玉米、红薯四大粮食作物中仅次于水稻,居第二位。随着农业生产结构的调整,加上经济效益的影响,80 年代后期以来,重庆市冬小麦面积一直呈下降的趋势。从 1997 年的 831 万亩,下降到 2004 年的 480 万亩,减小了 351 万亩,减少了 42.2%;总产量从 144 万 t,下降到 100 万 t,产量减少了 30.6%。在全市粮食作物中,面积仅占 16.0%,总产量仅占 8.0%,面积和总产量均已退到第四位。

4.2.5.1　区划指标

冬小麦属温凉作物,喜干燥气候,对光照条件要求较高,是需水较多的作物之一。高阳华等(1992a,1992b,1992c)提出制约重庆冬小麦生产发展的气象因素主要是秋冬季的阴雨湿害影响冬小麦苗期生长,灌浆结实期的高温逼熟降低冬小麦的千粒重,限制了冬小麦单产的提高,综合考虑冬小麦的生长所受的热量、降水、冬春两季日照时数的影响,确定冬小麦区划指标如表 4-5 所示。

表 4-5 重庆市冬小麦气候区划指标

区划类型	基本指标				
	年平均气温 $T/℃$	11月—次年4月 日照时数 S/h	中旬/10月—上旬/11月 降水量 R_1/mm	下旬/12月—上旬/次年2月 降水量 R_2/mm	4月降水量 R_3/mm
光照一般湿害较轻 冬小麦栽培区	$T>12.5$	$S<450$	$R_1<75$	—	$R_3<95$
光照一般春秋湿害 冬小麦栽培区	$T>12.5$	$S<450$	$R_1≥75$	—	$R_3≥95$
光照较丰春秋湿害 冬小麦栽培区	$T>12.5$	$S≥450$	$R_1≥75$	—	$R_3≥95$
光照较丰秋湿冬干 冬小麦栽培区	$T>12.5$	$S≥450$	$R_1≥75$	$R_2<25$	$R_3<95$
高海拔冷凉 冬小麦不适宜栽培区	$T<12.5$	—	—	—	—

4.2.5.2 区划结果

重庆市冬小麦气候区划结果如图 4-6 所示。

光照一般湿害较轻冬小麦栽培区:本区主要分布在重庆西部、西南部及主城区部分地区,包括潼南、铜梁、大足、荣昌、永川、璧山、江津大部、沙坪坝和九龙坡偏西地区,以及綦江县西北局部地区,面积有 11416 km²,占全市面积的 13.9%。总体来说,这些地区热量条件较好,光照条件一般,湿害较轻,适宜种植冬小麦。

光照一般春秋湿害冬小麦栽培区:本区占全市面积最大,主要分布在主城区,西南部的綦江、万盛、南川较低海拔区,中部,东南部海拔 1000 m 以下地区,以及东北部的忠县、梁平、万州、开州大部地区,面积有 47618 km²,占全市面积的 57.8%。这些地区热量条件较好,光照条件一般,但春秋季多湿害,一方面对小麦出苗不利,另一方面在灌浆结实期如遇湿害会影响千粒重,但也可以进行冬小麦的种植。

光照较丰春秋湿害冬小麦栽培区:本区主要分布在东北部云阳、奉节大部地区以及巫山、巫溪部分地区,面积有 5069 km²,占全市面积的 6.1%。这些地区虽春秋季多湿害,但光照条件较好,较适合种植冬小麦。

光照较丰秋湿冬干冬小麦栽培区:本区面积较小,主要分布在巫山、巫溪、奉节、云阳局部地区,面积有 2269 km²,占全市面积的 2.8%。这些地区光照较丰,秋湿冬干,是重庆最适宜种植冬小麦的区域。

高海拔冷凉不适宜栽培区:本区主要分布在大巴山、武陵山一带的高海拔地区,海拔高度在 1000 m 以上地区基本不适宜冬小麦的种植。不适宜区面积有 16028 km²,占全市面积的 19.4%。

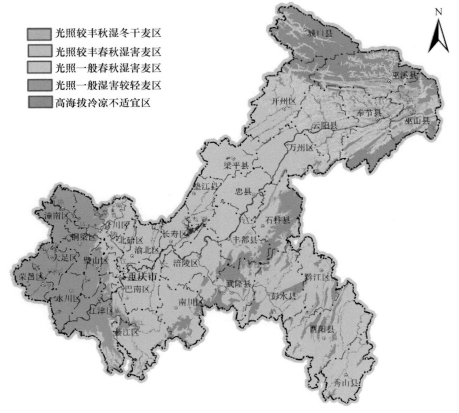

图 4-6　重庆市冬小麦气候区划图

4.2.5.3　开发与利用

重庆市冬小麦品质总体不高,因而种植小麦的积极性不高,作为食品工业的重要原料,我们给出以下建议。

（1）选择高产优质高抗性品种;

（2）加强田间管理,例如适时播种;适当增加冬小麦种植密度等;

（3）采取冬小麦分带轮作,如冬小麦→玉米→甘薯＋豆、冬小麦→蔬菜→红薯、冬小麦→花生→红薯等组配形式,可提高种植效益。

4.2.6　马铃薯气候区划

马铃薯产量高、营养丰富,是粮、菜、饲、工业原料兼用的农作物。马铃薯除含有大量的碳水化合物之外,还含有丰富的维生素、氨基酸及矿物质。马铃薯原产于南美洲安第斯山高山区,生长发育需要较冷凉的气候条件。生长发育过程中必须供给足够的水分才能获得优质高产。据研究,全生育期需水量 500～700 mm。马铃薯是喜光作物,属长日照及中间型。

4.2.6.1　区划指标

热量条件决定了马铃薯的分布及产量,因而本节将年平均气温作为马铃薯气候区划的一级指标,将全市马铃薯种植区分为一年两到三熟、一年两熟以及一年一到两熟;水分充足能保证马铃薯的优质高产,但其可以进行人工控制,因而在区划过程中不予考虑;马铃薯是喜光作物,对日照时数有一定的要求,本节将日照时数作为二级指标,将 3—4 月日照时数、4—6 月日照时数以及 5—7 月日照时数作为划分光照较丰与光照一般的标准,具体指标见表 4-6。

表 4-6 重庆市马铃薯气候区划指标

区划类型	一级指标	二级指标		
	年平均气温 $T/℃$	3—4 月日照时数 S_1/h	4—6 月日照时数 S_2/h	5—7 月日照时数 S_3/h
一年两到三熟光照较丰马铃薯栽培区	$T \geqslant 16.0$	$S_1 \geqslant 200.0$	—	—
一年两到三熟光照一般马铃薯栽培区	$T \geqslant 16.0$	$S_1 < 200.0$	—	—
一年两熟光照较丰马铃薯栽培区	$12.5 \leqslant T < 16.0$	—	$S_2 \geqslant 350.0$	—
一年两熟光照一般马铃薯栽培区	$12.5 \leqslant T < 16.0$	—	$S_2 < 350.0$	—
一年一到两熟光照较丰马铃薯栽培区	$10.0 \leqslant T < 12.5$	—	—	$S_3 \geqslant 450.0$
一年一到两熟光照一般马铃薯栽培区	$10.0 \leqslant T < 12.5$	—	—	$S_3 \geqslant 450.0$
气候冷凉马铃薯不适宜栽培区	$T < 10.0$	—	—	—

4.2.6.2 区划结果

重庆市马铃薯气候区划结果如图 4-7 所示。

一年两到三熟光照较丰马铃薯栽培区:该区分布于西部的潼南、合川、永川及东北部的沿江河谷地区,面积 6451 km²,占全市面积的 7.8%。这里年均温在 16 ℃ 以上,3—4 月日照时数大于 200 h,热量条件好且光照充裕,一年可以两到三熟。

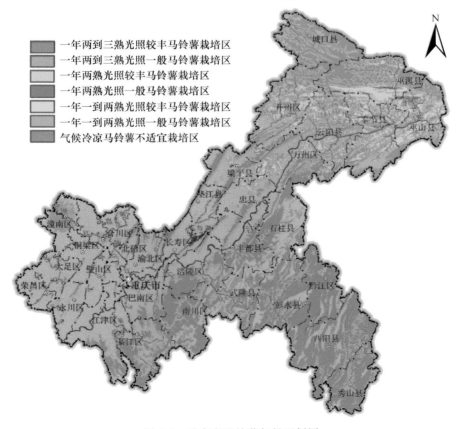

图 4-7 重庆市马铃薯气候区划图

一年两到三熟光照一般马铃薯栽培区:该区分布于重庆市主城区、西部、西南部、中部及东北部部分地区,以及东南部海拔较低的局部地区,面积 29367 km²,占全市面积的 35.6%。这里年均温在 16 ℃以上,3—4 月日照时数小于 200 h,热量条件好,但光照一般,一年也可以两到三熟。

一年两熟光照较丰马铃薯栽培区:该区分布于东北部的一年两到三熟光照较丰马铃薯栽培区的上方区域,及梁平、忠县、永川、合川、璧山的低山区,面积 11855 km²,占全市面积的 14.4%。这些地区年均温为 12.5~16 ℃,4—6 月日照时数大于 350 h,该区域海拔为 750~1000 m,虽然光照条件好,但总体受热量条件限制,一年两熟,品质高。

一年两熟光照一般马铃薯栽培区:该区分布于东南部及綦江、南川、涪陵、合川等部分地区,面积 19419 km²,占全市面积的 23.6%。这些地区年均温为 12.5~16 ℃,但光照一般,4—6 月日照时数小于 350 h,也可以一年两熟。

一年一到两熟光照较丰马铃薯栽培区:该区分布于东北部的零星地区,面积 452 km²,占全市面积的 0.6%。这些地区年均温为 10~12.5 ℃,5—7 月日照时数大于 450 h,光照条件好,但受热量限制,一年可以一到两熟。

一年一到两熟光照一般马铃薯栽培区:该区分布于大巴山、武陵山区的较高海拔区,面积 9082 km²,占全市面积的 11.0%。这些地区年均温为 10~12.5 ℃,但 5—7 月日照时数小于 450 h,光照条件一般,一年一到两熟。

气候冷凉马铃薯不适宜栽培区:该区分布于大巴山、武陵山区的高海拔地区,面积 5774 km²,占全市面积的 7.0%。这些地区年均温在 10 ℃以下,海拔高度在 1800 m 以上,这些区域热量条件不足,不能种植马铃薯。

4.2.6.3 开发与利用

马铃薯除了是营养丰富而齐全的食品外,它的加工增值十分显著,具有很高的经济价值。在工业加工上,马铃薯淀粉及其衍生物以自身独有的特性,成为纺织业、造纸业、化工、建材等许多领域的优良添加剂、增强剂、黏合剂及稳定剂,在医药上可作为生产酵母、多种酶、维生素、人造血浆及药品的添加剂等。随着我国经济持续稳定的快速发展和国际化的推进,我国对马铃薯产业化资金投入将逐渐加大,科技含量将大大提高,精深产品加工能力将迅速发展,未来马铃薯市场将会有较大的发展空间,市场前景巨大。

(1)发挥区域优势,优化产业布局;

(2)实施标准化生产技术,提高马铃薯单产和品质;

(3)大力推广引进及培育优良品种,不断提高马铃薯产量和品质。

4.3 主要经济作物农业气候区划

4.3.1 油菜气候区划

重庆市是我国油菜主产区之一,其栽培分布范围遍布全市,主要为冬油菜。何永坤等(2005b)提出,由于冬春温凉适度,气温变化较平稳,霜期短促,隆冬除海拔较高的山区外,基本无停止生长的休眠现象,故全生育期较同纬度地区显著缩短。重庆地区油菜产区分布较广,在被列为重庆市 10 个农业产业化百万工程之一后,油菜生产将得到更为广泛的发展。

4.3.1.1　区划指标

重庆市油菜气候区划指标如表 4-7 所示。

表 4-7　重庆市油菜气候区划指标

区划类型	一级指标	二级指标		
	年平均气温 T/℃	3—4 月 日照时数 S_1/h	4—5 月 日照时数 S_2/h	5—6 月 日照时数 S_3/h
一年两到三熟光照较丰油菜栽培区	$T \geqslant 16.0$	$S_1 \geqslant 200.0$	—	—
一年两到三熟光照一般油菜栽培区	$T \geqslant 16.0$	$S_1 < 200.0$	—	—
一年两熟光照较丰油菜栽培区	$12.5 \leqslant T < 16.0$	—	$S_2 \geqslant 240.0$	—
一年两熟光照一般油菜栽培区	$12.5 \leqslant T < 16.0$	—	$S_2 < 240.0$	—
一年一到两熟光照较丰油菜栽培区	$10.0 \leqslant T < 12.5$	—	—	$S_3 \geqslant 250.0$
一年一到两熟光照一般油菜栽培区	$10.0 \leqslant T < 12.5$	—	—	$S_3 < 250.0$
高海拔气候冷凉阴湿油菜零星栽培区	$T < 10.0$	—	—	—

4.3.1.2　区划结果

重庆市油菜气候区划结果如图 4-8 所示。

一年两到三熟光照较丰油菜栽培区:该区分布于东北部万州、开州、云阳、奉节、巫山、巫溪的沿江河谷地区,以及西部的潼南、合川、永川部分地区,面积有 6740 km²,占全市面积的 8.2%。本区年平均气温在 16 ℃以上,3—4 月的日照时数大于 200 h,热量丰富,光照充足。

图 4-8　重庆市油菜气候区划图

一年两到三熟光照一般油菜栽培区：该区分布于中西部大部分地区，以及西南部、东南部、东北部的局部区域，面积有 28970 km²，占全市面积的 35.1%。本区年平均气温在 16.0 ℃ 以上，3—4 月的日照时数小于 200 h，热量丰富，光照一般。

一年两熟光照较丰油菜栽培区：该区分布于东北部的梁平、忠县、万州、开州、云阳、奉节、巫山的中海拔地区以及巫溪、城口局部地区，面积有 11767 km²，占全市面积的 14.3%。本区年平均气温在 12.5～16.0 ℃，4—5 月的日照时数大于 240 h，热量条件好，光照丰富。

一年两熟光照一般油菜栽培区：该区分布于东南部大部，以及涪陵、南川、綦江、江津等地区，面积有 19440 km²，占全市面积的 23.6%。本区年平均气温在 12.5～16.0 ℃，4—5 月的日照时数小于 240 h，热量条件好，但光照一般。

一年一到两熟光照较丰油菜栽培区：该区分布于东北部的奉节、巫山、巫溪、城口的较高海拔地区，面积有 4583 km²，占全市面积的 5.6%。本区年平均气温在 10.0～12.5 ℃，5—6 月的日照时数大于 250 h，热量条件一般，光照较丰。

一年一到两熟光照一般油菜栽培区：该区分布于东南部武陵山脉一线等较高海拔地区，面积有 4933 km²，占全市面积的 6.0%。本区年平均气温在 10.0～12.5 ℃，5—6 月的日照时数小于 250 h，热量条件一般，光照一般。

高海拔气候冷凉阴湿油菜零星栽培区：该区分布于大巴山、武隆山海拔高度在 1600 m 以上地区，面积有 5967 km²，占全市面积的 7.2%。本区年平均气温在 10 ℃ 以下，油菜可以生长，但热量条件差，不建议成片种植。

4.3.1.3　开发与利用

(1)高效培育壮苗。适时播种，遇旱情要坚持浇水，多雨时要防治病虫害。

(2)大田移栽。大面积种植既有利于田间管理，又能兼顾观赏需求，要注重水肥管理。

4.3.2　烤烟气候区划

烤烟是生产卷烟的原料，重庆市东部、东南部山区气候类型多样，立体气候明显，小气候类型多，为发展烤烟生产提供了得天独厚的条件，许多地方是烤烟的适宜栽培区，所产烟叶颜色金黄，有光泽，有弹性，内在化学成分的构成十分协调，烟叶吸味清香、醇和，余味纯净，烟叶质量与云烟相当，多次获得全国金奖。目前，重庆市有 13 个烟叶种植区(县)单位，年种植烟叶约 70 万亩，收购烟叶约 153.7 万担[①]，其中烤烟 143.7 万担、白肋烟 10 万担，是全国第七大烤烟产区和第二大白肋烟产区。重庆市烤烟主要分布在三峡库区和渝东南少数民族地区，白肋烟分布在万州片区。13 个烟叶种植区(县)均属于国家级贫困县，种植烤烟是山区农民重要的经济来源。

烤烟生产对气象条件的要求非常严格，其产量、特别是品质与气象条件关系十分密切，烤烟属喜温作物，当气温低于 10 ℃ 即停止生长，以 22～28 ℃ 最为适宜，而温度过高，则烟叶组织粗糙，香气淡薄，品质变劣。优质烤烟生产对水分条件的要求也是比较严格的，土壤相对湿度以田间持水量的 70%～80% 为宜，烤烟需要充足的阳光，但又忌过分强烈的阳光暴晒，以时遮时晒最为适宜。

4.3.2.1　区划指标

烤烟生产的成败很大程度上取决于气候条件的优劣，对此，国内许多专家学者曾进行过研究，高阳华等(2002)曾对原万县地区烟草气候资源和重庆市烤烟的气候适应性进行了分析研究。在重庆市烤烟气候适应性分析的基础上，利用气象地理信息系统制作了精细化的重庆市烤烟气

---

① 1担=50千克(kg)。

候生态区划图,为开展精细化的烤烟气象服务提供依据,以促进重庆市烤烟产量、质量和生产效益的提高。

综上所述,重庆市海拔 800～1500 m 都是烤烟生产的适宜栽培区,而海拔 900～1300 m 地带则是发展烤烟生产的最适生态环境,相应的气候区划指标见表 4-8。

表 4-8　重庆市烤烟气候区划指标

区划类型	年平均气温 T/℃
热量适中烤烟最适宜栽培区	$12.0 \leqslant T < 14.0$
气候偏凉烤烟适宜栽培区	$11.0 \leqslant T < 12.0$
气候温暖烤烟适宜栽培区	$14.0 \leqslant T < 15.0$
气候偏热烤烟不适宜栽培区	$T \geqslant 15.0$
气候寒冷烤烟不适宜栽培区	$T < 11.0$

4.3.2.2　区划结果

重庆市烤烟气候区划结果如图 4-9 所示。

热量适中烤烟最适宜栽培区:该区位于东南部、东北部山区,以及西南部、中部个别地区,面积有 12728 km²,占全市面积的 15.4%。这些区域年平均气温为 12～14 ℃,海拔高度在 900～1300 m,最适合烤烟的种植。这些山区正午对流云发展旺盛,云块随风飘移,使光照强度较大的中午这段时间光照时强时弱,正好形成时遮时晒的有利环境。

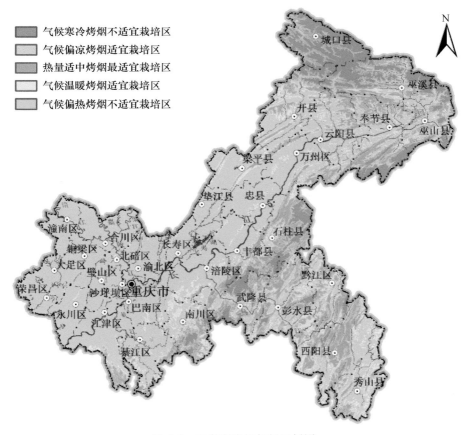

图 4-9　重庆市烤烟气候区划图

气候偏凉烤烟适宜栽培区：该区零星分布于东南、东北部，面积有 4010 km²，占全市面积的 4.9%。这些区域年平均气温为 11~12 ℃，海拔高度为 1300~1500 m，较适合烤烟种植。这些地区由于热量少、气温低，烟叶采收期偏迟，一些年份难以在秋季绵雨来临前将烟叶采收完毕，也是影响烟叶质量的不利因素。

气候温暖烤烟适宜栽培区：该区位于东南、东北、西南及中部局部山区，位于最适宜区下方区域，面积有 9502 km²，占全市面积的 11.5%。这些区域年平均气温为 14~15 ℃，海拔高度为 700~900 m，较适合烤烟种植。这些地区在 7、8 月时，日最高气温可能达到 35 ℃ 以上，对形成烤烟的最佳质量仍有一定影响。

气候偏热烤烟不适宜栽培区：该区包括中西部地区以及东南部、东北部的低海拔、沿江河谷地区，这个区面积有 47354 km²，占全市面积的 57.5%。这些区域年平均气温大于 15 ℃，均不能种植烤烟。

气候寒冷烤烟不适宜栽培区：该区包括大巴山、武陵山高海拔区域，面积有 8806 km²，占全市面积的 10.7%。这些区域年平均气温小于 11 ℃，热量太低，无法种植烤烟。

4.3.2.3 开发与利用

（1）烟叶生长的各个生育期与气象条件都密切相关。为保障烟叶生产优质高效，针对各生长期的需求特征开展气象保障服务十分必要。

（2）重庆因特殊的山地气候背景，冰雹天气非常频繁，对山区的农作物、经济作物特别是烟叶等种植造成致命的毁坏。分析近 10 年的冰雹气候资料，结果表明：渝东北和渝东南是冰雹灾害最为严重的地区，渝东北、渝东南又是烟叶主产区，共 213 个乡镇种植烟叶，因此，做好人工防雹，更好地保护烟叶不受冰雹侵害至关重要。

（3）重庆伏旱严重，烟叶主产区中的较低海拔区域容易受到干旱影响，增雨抗旱等气象保障措施非常关键，可以保证烟叶优质高产。

4.3.3 青蒿气候区划

青蒿又名黄花蒿，一年生草本植物，为菊科艾属植物，株高 40~150 cm，全生育期 120 d 左右。青蒿药用价值很高，地上部分叶片及未开放的花蕾中提取生产的有效生理活性成分青蒿素及其衍生物可生产很多系列药品，主治疟疾、结核病潮热，治中暑、皮肤瘙痒、荨麻疹、脂溢性皮炎和灭蚊等。中国是青蒿的原产地，分布范围广泛，但因品系、分布、栽培等因素不同，其青蒿含量参差不齐，仅我国重庆、湖南、广东和海南以及越南部分地区的青蒿含量较高，尤以重庆三峡库区、武陵山区的一些地方青蒿含量高。重庆是青蒿的主要生产基地，青蒿产业不断发展，但盲目发展会造成市场饱和，2006 年全重庆种植面积达 70 万亩左右，青蒿价格急剧下降，跌至最低谷，严重影响产业的健康发展。其次，虽然青蒿适生环境广，但其产量、质量形成对适宜气候条件的要求也比较严格。因此，如何调整重庆青蒿生产布局，促进产业健康、稳定地发展，是值得研究的问题。

陈俊意等（2009，2011）提出青蒿适应能力强，种子萌发的界限温度为 7 ℃，最佳生长温度为 20~25 ℃。适宜青蒿生长的年平均气温为 13.5~17.5 ℃，10 ℃ 以上的年活动积温普遍在 3500~5000 ℃·d。在满足青蒿基本生长条件的基础上，气温对青蒿品质影响的关键时期是 7—8 月初蕾期和花期，在此期间，适宜的气温对青蒿素的含量至关重要，气温过高过低均不利于青蒿素的合成与积累。青蒿的最佳生长环境的年降水量为 1150~1350 mm，而青蒿在生长季节需要的降水量为 600~1000 mm，青蒿苗期和花期降水量小，有利于青蒿素的合成和积累。青蒿生长所需的年日照时数在 1000 h 左右。研究表明，晴天 12—16 时青蒿素含量处于最高状态,但日照条件对青蒿素的具体影响尚有待于进一步研究与探讨。

4.3.3.1　区划指标

青蒿的药用价值取决于青蒿素含量,提取青蒿素是栽培青蒿的根本目的。参考范振涛等 (2008)研究,根据青蒿生长发育与气象因子的关系以及重庆地区的气候特点,选取对青蒿品质影响较大的年平均气温、8月平均气温作为青蒿气候区划的指标,具体指标如表 4-9 所示。

表 4-9　重庆市青蒿气候区划指标

区划类型	年平均气温 T/℃
气候温和青蒿最适宜栽培区	$14.0 \leqslant T < 17.0$
气候偏凉青蒿适宜栽培区	$13.0 \leqslant T < 14.0$
气候偏暖青蒿适宜栽培区	$17.0 \leqslant T < 18.0$
气候偏冷青蒿较适宜栽培区	$12.0 \leqslant T < 13.0$
气候炎热青蒿次适宜栽培区	$T > 18.0$
气候冷凉青蒿不适宜栽培区	$T \leqslant 12.0$

4.3.3.2　区划结果

重庆市青蒿气候区划结果如图 4-10 所示。

气候温和青蒿最适宜栽培区:该区主要分布在重庆市中东部地区,面积 34959 km²,占全市面积的 42.4%,气候温和,是青蒿最适宜栽培区。

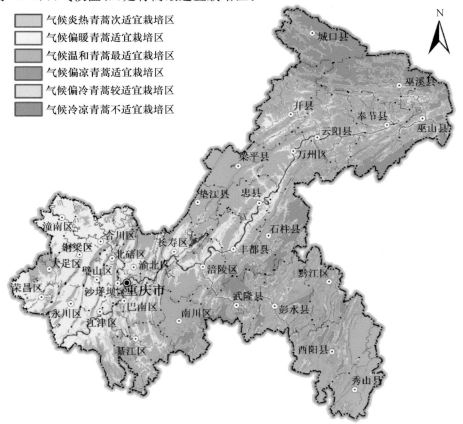

图 4-10　重庆市青蒿气候区划图

气候偏凉青蒿适宜栽培区：该区主要分布在中部、东南及东北部的中高海拔地区，面积7312 km²，占全市面积的8.9％。该区采收期青蒿素合成积累所需的相对高温略有欠缺，对青蒿的品质稍有影响。

气候偏暖青蒿适宜栽培区：该区主要分布在西部及沿江河谷地区，面积18081 km²，占全市面积的21.9％。该区8月平均气温略偏高，对青蒿的产量和品质稍有影响。

气候偏冷青蒿较适宜栽培区：该区主要分布在大巴山、武陵山区的较高海拔地区，面积5416 km²，占全市面积的6.6％。该区8月平均气温略偏低，影响了青蒿素的合成积累。

气候炎热青蒿次适宜栽培区：该区主要分布在中西部及沿江低海拔地区，面积3816 km²，占全市面积的4.6％。这些地区青蒿虽能生长，但青蒿素含量低，青蒿品质差。

气候冷凉青蒿不适宜栽培区：面积12815 km²，该区主要分布在大巴山、武陵山区的高海拔地区，占全市面积的15.6％。该区热量条件差，青蒿正常生长发育所需的热量难以得到满足，不适宜青蒿生长。

4.3.3.3 开发与利用

最适宜集中发展青蒿产业的区域在武陵山区的酉阳、秀山与三峡库区的涪陵、万州等地海拔350～750 m的山地、丘陵地区，南川、黔江、彭水、丰都等地也有分布较为零散的最适宜区。另外，三峡库区、武陵山区以及中西部海拔300～950 m的地区，还存在着大面积气候较最适宜区偏凉或偏暖的适宜区，这些区域青蒿品质略差，但仍能满足青蒿素的工业提取要求，可有限地发展青蒿产业。

4.4 主要经济林果农业气候区划

4.4.1 甜橙气候区划

甜橙属短日性植物，但其对光照长短并不敏感，甜橙是亚热带果树中最喜温的植物，对高温的适应性强，对低温反应极敏感。高阳华等(1995,1999)提出甜橙原生于湿润的热带和亚热带，需水量大，在温暖湿润的环境下树体生长和果实发育良好。但是水分过多同缺水一样，反而不利于生长，有碍于枝叶充实和果实成熟。

4.4.1.1 区划指标

三峡库区甜橙种类主要包括普通甜橙、锦橙及脐橙等，各类甜橙都要求丰富的光热资源和适宜的降水，但不同类型品种也有一定差异，如普通甜橙和锦橙要求比较湿润的气候，而脐橙则需要中等湿度的气候。高阳华等(2009b)研究表明，热量、光照、降水和空气相对湿度是影响三峡库区甜橙分布的关键气候因子，考虑到三峡库区降水总量基本能满足甜橙生长发育的需要，即使遇季节性干旱，甜橙需要的水分可以通过人工进行调节，因此，降水量可以不作为限制三峡库区甜橙分布的基本指标，只作为二级指标，为分类指导提供依据；热量和冻害都是影响甜橙生存和生长的基本因素，且难以大范围人工改变，同时冻害与年平均气温高度相关，二者区域分布高度一致，因此，这里只将年平均气温(T)作为基本区划因子之一。此外，太阳辐射量和相对湿度都是影响甜橙生长、品质和品种分布的重要因子，因此，也将年总辐射量(Q)和年平均相对湿度(F)作为甜橙区划的基本指标，具体指标见表4-10。

表 4-10 　重庆市甜橙气候区划指标

区划类型	基本指标		
	年平均气温 $T/℃$	年总辐射量 $Q/(\mathrm{MJ \cdot m^{-2}})$	相对湿度 $F/\%$
光热丰富鲜食脐橙最适宜栽培区	$T \geqslant 18.0$	$Q \geqslant 3800$	$F \leqslant 76$
光照丰富热量较丰鲜食脐橙适宜栽培区	$16.5 \leqslant T < 18.0$	$Q \geqslant 3800$	$F \leqslant 76$
热量丰富光照较丰鲜食甜橙最适宜栽培区	$T \geqslant 18.0$	$3400 \leqslant Q < 3800$	—
热量丰富光照一般鲜食甜橙适宜栽培区	$T \geqslant 18.0$	$3150 \leqslant Q < 3400$	—
光热较丰鲜食、加工甜橙适宜栽培区	$16.5 \leqslant T < 18.0$	$3400 \leqslant Q < 3800$	—
热量较丰光照一般鲜食甜橙较适宜、加工甜橙适宜栽培区	$16.5 \leqslant T < 18.0$	$3150 \leqslant Q < 3400$	—
热量较丰光照较差加工甜橙次适宜栽培区	$T \geqslant 16.5$	$Q < 3150$	—
热量较差加工甜橙次适宜栽培区	$15.0 \leqslant T < 16.5$	—	—
热量较差甜橙不适宜栽培区	$T < 15.0$	—	—

4.4.1.2 　区划结果

重庆市甜橙气候区划结果如图 4-11 所示。

光热丰富鲜食脐橙最适宜栽培区:本区位于奉节、巫山的沿江河谷地带,面积约 250 km^2,年总辐射在 3800 $\mathrm{MJ \cdot m^{-2}}$ 以上,年平均气温在 18.0 ℃ 以上,光热资源丰富,同时,也是三峡库区空气湿度最小的区域,年平均相对湿度在 76% 以下,非常利于脐橙高产和优异品质的形成,是全球最适宜脐橙栽培的地区之一,所产脐橙味美质优,适宜鲜食。奉节园艺场培育的奉园 72-1 脐橙品质优异,引进的纽荷尔、林娜等脐橙品种品质也非常优秀,本区生产的多种脐橙肉质在全球名列前茅,多次获得全国或国际金奖,是重庆市第一个获得"中华名果"称号的优质水果。

光照丰富热量较丰鲜食脐橙适宜栽培区:本区位奉节、巫山、巫溪和云阳东部沿江河谷的上部地带,与最适宜区相邻并位于该区上方,面积约 470 km^2,年总辐射在 3800 $\mathrm{MJ \cdot m^{-2}}$ 以上,年平均气温为 16.5~18.0 ℃,年平均相对湿度在 76% 以下,适宜脐橙的栽培。一般年份脐橙都能实现优质高产,适宜鲜食,少数春迟秋早、生长期偏短的年份对果实品质有一定影响,冬季强降温天气过程发生时,盆地外部冷空气回流造成的短时冻害对脐橙生长发育有一定影响,但影响程度较轻。

热量丰富光照较丰鲜食甜橙最适宜栽培区:本区主要位于中东部地区的云阳西部、开州、万州和忠县东部的沿江河谷地带,面积约 530 km^2,年总辐射为 3400~3800 $\mathrm{MJ \cdot m^{-2}}$,年平均气温在 18.5 ℃ 以上,区内光照资源比较丰富,热量充足,年平均相对湿度 80% 左右,其中,东部少数地区为 76%~80%,其他地区为 80%~82%,是除脐橙以外的锦橙等其他甜橙的最适宜栽培区,所产锦橙等甜橙味美可口,适宜鲜食。开州 72-1 锦橙等优质甜橙多次获得全国金奖。

热量丰富光照一般鲜食甜橙适宜栽培区:本区主要位于西部江津、铜梁、合川、永川及中部丰都等沿江河谷地区,面积约 2210 km^2,年总辐射为 3150~3400 $\mathrm{MJ \cdot m^{-2}}$,年平均气温在 18.5 ℃ 以上,区内热量条件优越,光照一般,年平均相对湿度为 81%~85%,土地等综合条件较好,是甜橙适宜栽培区,所产锦橙等甜橙品质优异,适宜鲜食。江津 S-26 锦橙、铜水 72-1 锦橙品质优异,获得全国金奖。

光热较丰鲜食、加工甜橙适宜栽培区:本区主要位于中东部地区的云阳西部、开州、万州、忠县东部及梁平东南部沿江河谷的上部地带或浅丘地区,面积 2440 km^2,年总辐射为 3400~3800 $\mathrm{MJ \cdot m^{-2}}$,年平均气温为 16.5~18.0 ℃,光热资源比较丰富,年平均相对湿度在 80% 左

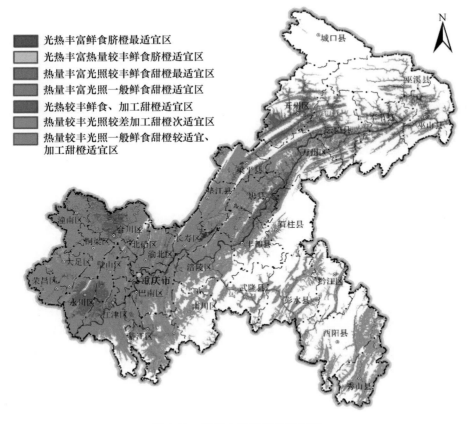

图 4-11　重庆市甜橙气候区划图

右,是除脐橙以外的锦橙等其他甜橙的宜栽培区,所产甜橙既适宜于鲜食,也是优质加工原料。

　　热量较丰光照一般鲜食甜橙较适宜、加工甜橙适宜栽培区:本区主要位于中西部永川、江津、璧山、铜梁、潼南、合川、渝北的浅丘、河谷地区及垫江、丰都、梁平、忠县的浅丘地区,面积 10800 km², 年总辐射为 3150～3400 MJ·m⁻², 年平均气温为 16.5～18.0 ℃,光照条件一般,但热量资源较为丰富,年平均相对湿度为 81%～85%,是鲜食甜橙(除脐橙外)较适宜栽培区和加工甜橙适宜栽培区,所产甜橙既可鲜食,更适宜于加工。

　　热量较丰光照较差加工甜橙次适宜栽培区:本区位于重庆西部荣昌、大足、巴南、主城各区、大足、潼南、江津及中南部涪陵、垫江、綦江、万盛、武隆、彭水等区(县)的浅丘河谷地区,面积 12960 km², 年总辐射在 3150 MJ·m⁻² 以下,年平均气温 16.5～18.0 ℃,热量较丰,但光照较差,所产甜橙品质较差,可鲜食,但主要应用于加工。

　　热量较差加工甜橙次适宜栽培区:本区位于海拔 500～700 m(其中东南部地区 400～600 m)的山区,面积 16840 km², 年总辐射差异较大,总体东部较多,西部较少,年平均气温仅 15.0～16.5 ℃,热量资源较差,甜橙能满足完成其正常的生长发育周期,但冻害相对较重,尤其是强度较强的冻害不仅给甜橙造成伤害,还会造成部分植株死亡,本区甜橙品质较差,基本不适于鲜食,可用于加工。

　　热量较差甜橙不适宜栽培区:本区主要位于海拔较高的中高山地区,面积 35490 km², 因热量条件的限制,不适宜种植甜橙。

4.4.1.3　开发与利用

充分利用资源优势建设长江三峡柑橘带是三峡库区移民开发的重要项目,柑橘是三峡库区排在首位的优势农作物,三峡库区基本无严重冻害和检疫性病虫害,是柑橘最适宜栽培区,是 2002 年农业部发布的《全国柑橘优势区域发展规划》首批启动的"长江上中游优势柑橘产业带"的核心区域,被规划为亚洲最大的橙汁加工基地;同时,目前正值全球甜橙市场调整、特别是橙汁加工基地调整的重要时期。因此,充分利用资源优势加快建设三峡库区甜橙生产基地,对促进三峡库区移民开发具有重要意义。

尽管三峡库区是柑橘最适宜栽培区,但三峡库区地处四川盆地与长江中游过渡地带,加之境内地形复杂、气候多样,区域差异明显,立体气候突出,各地的气候资源优势和气候问题差异明显,分别适宜不同类型甜橙栽培。因此,根据不同类型甜橙对气候条件要求的差异,利用 GIS 等新技术编制精细化的甜橙气候生态区划,生产上,要依据甜橙气候生态区划和全球甜橙市场需求,进一步考虑品种搭配、土地资源等编制甜橙栽培规划,在规划工作中要兼顾资源优势和生产规模化。总体上看,库区东部光能资源丰富,空气湿度相对较低,更适宜于鲜食甜橙、特别是脐橙的生长发育,应集中建设以奉节为中心,辐射巫山、云阳、巫溪的优质脐橙生产基地;云阳以西的沿江河谷和浅丘、低山地带热量资源丰富,光能资源相对丰富,空气湿度较大,适宜于锦橙等甜橙生长发育,应根据具体情况建设鲜食甜橙或加工甜橙基地,其中,鲜食甜橙生产基地主要建设在光热条件优越的开州、云阳西部、万州、忠县及江津等地的沿江河谷地区。

制定与各类型区气候特点相适应的栽培技术进行分类指导是甜橙高产优质的重要措施。鉴于三峡库区地形复杂、气候多样、气象灾害种类多,干旱、高温、低温、阴雨、暴雨洪涝、大风、冰雹等气象灾害都对甜橙生产有较大影响,各区域之间气候资源及气象灾害差异明显,增加了甜橙栽培管理的难度。因此,分别制定与各类型区气候特点相适应的栽培技术,结合基地建设分区域开展技术培训,加强推广应用示范,提高果农栽培管理技术水平,对促进三峡库区甜橙优质高产具有重要意义。

4.4.2　宽皮橘气候区划

4.4.2.1　区划指标

重庆市宽皮橘气候区划指标如表 4-11 所示。

表 4-11　重庆市宽皮橘气候区划指标

区划类型	基本指标	
	年平均气温 T/℃	年日照时数 S/h
光热丰富宽皮橘最适宜栽培区	$T \geqslant 16.5$	$S \geqslant 1250$
热量丰富光照一般宽皮橘适宜栽培区	$T \geqslant 16.5$	$S < 1250$
热量较丰光照丰富宽皮橘适宜栽培区	$15.5 \leqslant T < 16.5$	$S \geqslant 1250$
光热较丰宽皮橘适宜栽培区	$15.5 \leqslant T < 16.5$	$S < 1250$
热量一般宽皮橘次适宜栽培区	$14.0 \leqslant T < 15.5$	—
热量较差宽皮橘不适宜栽培区	$T < 14.0$	—

4.4.2.2　区划结果

重庆市宽皮橘气候区划结果如图 4-12 所示。

光热丰富宽皮橘最适宜栽培区:该区主要分布在东北部的沿江河谷地区,面积 905 km²,

占全市面积的 1.1%。该区热量条件与光照条件很好,非常适合种植宽皮橘。

热量丰富光照一般宽皮橘适宜栽培区:该区主要分布在中西部及沿江河谷地区,面积27826 km²,占全市面积的 33.8%。该区热量丰富,适宜种植宽皮橘。

热量较丰光照丰富宽皮橘适宜栽培区:该区主要分布在东北部低海拔地区,面积559 km²,占全市面积的 0.7%。该区热量较为丰富,光照丰富,适宜种植宽皮橘。

光热较丰宽皮橘适宜栽培区:该区主要分布在中东部及东南部中海拔地区,面积11902 km²,占全市面积的 14.4%。这里光照条件一般,可以种植宽皮橘。

热量一般宽皮橘次适宜栽培区:该区主要分布在中部、东南及东北部的较高海拔区,面积15984 km²,占全市面积的 19.4%。这里热量条件一般,可以种植宽皮橘。

热量较差宽皮橘不适宜栽培区:该区主要分布在武陵山、大巴山一带的高海拔区,面积25225 km²,占全市面积的 30.6%,不适合种植宽皮橘。

图 4-12　重庆市宽皮橘气候区划图

4.4.2.3　开发与利用

宽皮橘品种较多,大面积种植尽量选取质优、产量高、有一定抗逆性的品种。

4.4.3　沙田柚气候区划

沙田柚是我国柚类中的珍品,主要分布在广西、广东、四川、湖南、重庆等地。沙田柚源自广西传入重庆,在本地种植多年,且品质优于沙田。沙田柚属耐储藏品种,果实采收后在常温下储藏 150～180 d,风味仍佳,比一般柚子储藏期长 50～80 d,素有"天然罐头"之称。

4.4.3.1 区划指标

重庆市沙田柚气候区划指标如表 4-12 所示。

表 4-12 重庆市沙田柚气候区划指标

区划类型	年平均气温 T/℃
热量丰富沙田柚最适宜栽培区	$17.7 \leqslant T < 18.3$
气候炎热沙田柚适宜栽培区	$T \geqslant 18.3$
热量较丰沙田柚适宜栽培区	$16.8 \leqslant T < 17.7$
热量一般沙田柚次适宜栽培区	$15.8 \leqslant T < 16.8$
热量不足沙田柚不适宜栽培区	$T < 15.8$

4.4.3.2 区划结果

重庆市沙田柚气候区划结果如图 4-13 所示。

图 4-13 重庆市沙田柚气候区划图

热量丰富沙田柚最适宜栽培区:该区位于中西部地区的低海拔地区,面积 6403 km²,占全市面积的 7.8%。这里热量丰富,是沙田柚的最适宜栽培区。

气候炎热沙田柚适宜栽培区:该区域位于中西部的沿江河谷地区,面积 1621 km²,占全市面积的 2.0%。这里气候较为炎热,可以种植沙田柚。

热量较丰沙田柚适宜栽培区:该区域位于西部及沿江地区,面积 16880 km²,占全市面积的 20.5%。热量较为丰富,可以种植沙田柚。

热量一般沙田柚次适宜栽培区:该区域位于中西部、东南部的局部地区,面积 13235 km²,

占全市面积的 16.0％。热量条件一般,也可以种植沙田柚。

热量不足沙田柚不适宜栽培区:该区主要分布于中部、东南部及东北部大部地区,面积 44261 km²,占全市面积的 53.7％。该区热量条件不足,不能种植沙田柚。

4.4.3.3 开发与利用

沙田柚可以进行采摘,可以走农业产业化与生态旅游相结合的发展道路,发展沙田柚乡村旅游。

4.4.4 龙眼(荔枝)气候区划

龙眼(荔枝)原产我国南亚热带地区,性喜高温多湿,冬季不耐低温霜冻,但要求有一段适当低温。在我国年平均气温 18 ℃ 以上地区有分布,而以年平均气温 21～25 ℃、年降水量 1300 mm、年日照时数 1600 h 以上的地区栽培品质较好。

4.4.4.1 区划指标

根据高阳华等(2005)研究,龙眼(荔枝)对气象条件的要求和三峡库区的气候特点,较大规模栽培龙眼(荔枝),首先必须具备其正常完成生命周期所必需的热量条件,这样才有经济价值,其次,要具备或基本具备其生存条件,即冻害较轻。龙眼(荔枝)是常绿树种,对大面积栽培而言,热量条件是通过人工措施难以解决的,是龙眼(荔枝)栽培的必需条件;冬季冻害是决定龙眼(荔枝)生存的重要条件,要求发生少、强度小、持续时间短,人工措施只能在冻害较轻的集中栽培区短时间起作用。根据上述分析,确定代表热量条件的年平均气温(或积温)和代表冻害强度的极端最低气温作为区划指标。具体指标如表 4-13 所示。

表 4-13 重庆市龙眼(荔枝)气候区划指标

区划类型	基本指标	
	年平均气温 T/℃	年极端最低气温 T_m/℃
轻微冻害龙眼(荔枝)适宜栽培区	$T \geqslant 18.3$	$T_m \geqslant -2.5$
一般冻害龙眼(荔枝)适宜栽培区	$T \geqslant 18.3$	$-4.0 \leqslant T_m < -2.5$
热量不足龙眼(荔枝)不适宜栽培区	$T < 18.3$	$T_m < -4.0$

4.4.4.2 区划结果

根据上述指标,利用三峡库区气候资源地理信息综合平台制作了三峡库区龙眼(荔枝)气候区划图(图 4-14)。

4.4.4.3 分区评述

轻微冻害龙眼(荔枝)适宜栽培区:该区面积有 1150 km²,占全市面积的 1.4％。

一般冻害龙眼(荔枝)适宜栽培区:该区面积有 165 km²,占全市面积的 0.2％。

热量不足龙眼(荔枝)不适宜栽培区:该区面积有 81086 km²,占全市面积的 98.4％。

从分区结果来看,适宜区主要集中在云阳以西的长江河谷地区及嘉陵江、乌江和綦江河的部分河谷地区。这些地区具备发展龙眼、荔枝等南亚热带水果的热量条件,虽然冻害相对较轻,但仍然是影响龙眼、荔枝栽培的关键因素,冻害自西向东逐步加重,其中,忠县以西河谷地区冻害相对较轻,忠县以东河谷冻害偏重,云阳以东河谷地区虽然总的热量条件能满足龙眼、荔枝的需要,但受盆地边沿冷空气回流影响,偶发性冻害偏重,栽培龙眼、荔枝的风险较大。需要指出的是,不同区(县)、甚至不同乡镇适宜栽培区的海拔高度都是不一样的,具体海拔高度取决于当地的气象条件。

图 4-14　重庆市龙眼(荔枝)气候区划图

4.4.4.4　开发与利用

(1)利用三峡库区气候变暖趋势,发展龙眼、荔枝是促进库区经济发展的有效途径。

三峡水库对库周气温的影响和全球气候变暖的趋势对龙眼、荔枝的栽培有着十分关键的作用,使龙眼、荔枝栽培的限制性因素——越冬条件得到显著的改善,为三峡库区荔枝的较大规模栽培提供了条件。另一方面,由于三峡库区是我国最北缘的龙眼、荔枝栽培区,龙眼、荔枝的收获期明显迟于我国其他龙眼、荔枝产区,为生产晚熟、特晚熟龙眼、荔枝,错开其他产地上市期,调节市场供应,提高销售价格和栽培经济效益提供了得天独厚的条件。因此,适度发展龙眼、荔枝是科学利用气候资源,促进三峡库区经济发展的途径之一。

(2)选择有利地形,引进对路品种,控制栽培规模是龙眼、荔枝栽培成功的关键。

鉴于气候变化的复杂性和龙眼、荔枝生产对气候的敏感性,要严格控制龙眼、荔枝的生产规模,切忌一哄而上。要提倡集约经营,要在适宜区内选冷空气难进易出、不易堆积的有利地形集中建立生产基地,避开或减少冷空气对龙眼、荔枝的影响,考虑到三峡水库水面增大的长期效应,龙眼、荔枝基地应向长江沿线靠近,利用水体对气温的调节作用,减轻冻害,三峡水库水体面积增大后,龙眼、荔枝栽培区可以适当扩大。集中栽培也有利于采取各种升温、保温措施,降低冻害强度,减轻冻害影响。同时,正确选择栽培品种非常重要,要把抗寒能力作为选择品种的重要指标。比较龙眼、荔枝对气象条件的要求来看,荔枝对低温等气象要素更为敏感,对光照的需求更高,从实际栽培情况来看,龙眼的适应性比荔枝要强,因此,现阶段要将发展龙眼放在更为优先的位置。

（3）采取与库区气候特点相适应的栽培技术是提高龙眼、荔枝栽培效益的重要措施。

尽管三峡库区的气候变化将向有利于龙眼、荔枝生存的方向转变,但地处龙眼、荔枝栽培北缘的三峡库区仍然受到各种气象灾害,特别是低温的影响。同时,三峡库区相对贫乏的光照资源也是龙眼、荔枝优质高产的不利因素,此外,因降水、温度等气象要素的非均匀分布,阶段性的干旱、阴雨、高温等气象灾害也对龙眼、荔枝生产有较大影响。因此,加强农业气象研究,根据龙眼、荔枝生长发育对气象条件的要求和库区的地理、地形条件,科学规划生产基地,采取与库区气候特点相适应的抗灾增产配套栽培技术,是提高龙眼、荔枝栽培效益的重要措施。

4.4.5　猕猴桃气候区划

猕猴桃果实风味佳美,营养丰富,含有丰富的维生素 C 和 10 多种氨基酸,被誉为"维 C 之王""超级水果"。除鲜食外,也可加工成果酒、果酱、果汁等,无论是鲜果还是加工品,都深受国内外市场的欢迎。

李世奎等(1998)提出温度是影响猕猴桃生长发育的主要因素。猕猴桃是中等喜光性果树,喜漫射光,忌强光直射;同时猕猴桃是生理耐旱性弱的树种,怕干怕渍,它对土壤水分和空气湿度的要求比较严格,一般来说年降水量在 1000～1600 mm、平均相对湿度在 75% 以上的地区,均能满足猕猴桃生长发育对水分的要求。

4.4.5.1　区划指标

温度是影响猕猴桃生长发育最主要的因素,因此,把年平均气温作为猕猴桃的区划指标。具体指标见表 4-14。

表 4-14　重庆市猕猴桃气候区划指标

区划类型	年平均气温 T/℃
热量适中猕猴桃最适宜栽培区	$12.0 \leqslant T < 15.0$
气候温凉猕猴桃适宜栽培区	$10.0 \leqslant T < 12.0$
气候温暖猕猴桃适宜栽培区	$15.0 \leqslant T < 17.0$
气候寒冷猕猴桃不适宜栽培区	$T < 10.0$
气候偏热猕猴桃不适宜栽培区	$T \geqslant 17.0$

4.4.5.2　区划结果

重庆市猕猴桃气候区划结果如图 4-15 所示。

4.4.5.3　分区评述

热量适中猕猴桃最适宜栽培区:该区主要位于东北、东南部部分地区,以及西南部、西部较高海拔区,面积有 22230 km²,占全市面积的 27.0%。这些区域年平均气温为 12～15 ℃,气候适宜,最适合猕猴桃种植。

气候温凉猕猴桃适宜栽培区:该区位于东北、东南部较高海拔区,位于气候寒冷不适宜区下方,面积有 7030 km²,占全市面积的 8.5%。这些区域年平均气温为 10～12 ℃,气候温凉,适宜猕猴桃种植。

气候温暖猕猴桃适宜栽培区:该区位于重庆市中部、东南部、东北部等较低海拔区,面积有 25457 km²,占全市面积的 30.9%。这些区域年平均气温为 15～17 ℃,气候温暖,适宜猕猴桃种植。

气候寒冷猕猴桃不适宜栽培区:该区位于大巴山、武陵山一线的高海拔地区,面积有 5785 km²,占全市面积的 7.0%。这些区域年平均气温小于 10 ℃,海拔高度在 1500 m 以上,

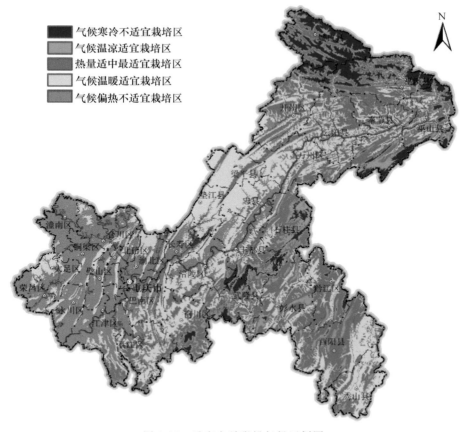

图 4-15　重庆市猕猴桃气候区划图

气候寒冷,不适宜猕猴桃种植。

气候偏热猕猴桃不适宜栽培区:该区位于西部以及沿江河谷低海拔地区,面积有21898 km²,占全市面积的 26.6%。这些区域年平均气温大于 17 ℃,气候偏热,不适宜猕猴桃种植。

4.4.5.4　开发与利用

(1)发展猕猴桃产业具有广阔的市场前景和很高的经济价值。对于集中种植、栽培、选址很重要,选择山区交通便利、光照充足、靠水源、雨量适中、湿度稍大地带,疏松、通气良好的沙质壤土或沙土,或富含腐殖质的疏松土类的丘陵山地作建园地为佳。

(2)其次是病虫害防治,危害猕猴桃的主要病害有炭疽病、根结线虫病、立枯病、猝倒病、根腐病、果实软腐病等,需要加强水肥管理,防治病虫害。

(3)猕猴桃的生长需要适当的日照和热量,但同时也要防止日灼及萎蔫等灾害的发生。重庆大部地区夏季炎热,中午时段更是酷热难当,如果不及时做好防护措施,猕猴桃果实或树体很有可能因阳光直射和气温过高发生日灼和萎蔫,为此,在夏季应及时给猕猴桃果树灌溉,采用"套袋"等措施保护果实免受日灼和萎蔫之害。

4.4.6　核桃(板栗)气候区划

核桃营养丰富,是一种绿色保健食品,在国际市场上与扁桃、腰果、榛子一起,并列为世界四大坚果。它的足迹几乎遍及世界各地,主要分布在美洲、欧洲和亚洲很多地方,享有"万岁子""长寿果""养人之宝"的美称,因其卓著的健脑效果和丰富的营养价值,已经被越来越多的人所推崇。

核桃树营养发育期和果实成熟期均需要较高的温度,需要年日照时数 1500~1900 h,喜直射光,尤其在果实膨大灌溉期,年降水量 500~900 mm,年平均相对湿度40%~80%。

板栗适于在年均温 10~17 ℃的地区生长,年降水量在 500~2000 mm 的地方都可栽种板栗,但以 500~1000 mm 的地方最适合。板栗为喜光性较强的树种,生育期间要求充足的光照。

4.4.6.1 区划指标

长江流域核桃(板栗)的主要产区在湖北、安徽、江苏、浙江等地,生育期平均气温 22~24 ℃,最低气温 0 ℃左右,重庆地区温度高,生长期长,适合南方品种栽培。具体指标见表 4-15。

表 4-15 重庆市核桃(板栗)气候区划指标

区划类型	年平均气温 $T/℃$
气候温热核桃(板栗)次适宜栽培区	$T \geqslant 14.0$
气候温和核桃(板栗)适宜栽培区	$10.0 \leqslant T < 14.0$
气候温凉核桃(板栗)次适宜栽培区	$T < 10.0$

4.4.6.2 区划结果

重庆市核桃(板栗)气候区划结果如图 4-16 所示。

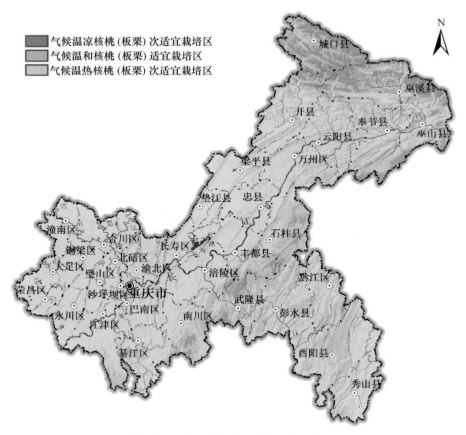

图 4-16 重庆市核桃(板栗)气候区划图

4.4.6.3 分区评述

气候温热核桃(板栗)次适宜栽培区:该区主要位于中西部地区以及东南、东北中低海拔地区,面积有 56857 km²,占全市面积的 69.0%。

气候温和核桃(板栗)适宜栽培区:该区主要位于中部、东南及东北部较高海拔地区,面积有 19758 km²,占全市面积的 24.0%。

气候温凉核桃(板栗)次适宜栽培区:该区主要位于大巴山及武陵山区高海拔区面积有 5785 km²,占全市面积的 7.0%。

4.4.6.4　开发与利用

(1)选择丰产性强、品质好、抗性强的新品种。

(2)灌水。核桃喜湿润、耐涝、抗旱力弱,灌水是增产的一项有效措施。在生长期间若土壤干旱缺水,则坐果率低,果皮厚,种仁发育不饱满;施肥后如不灌水,也不能充分发挥肥效。因此,在开花、果实迅速增大、施肥后以及冬旱等各个时期,都应适时灌水。板栗萌发后,各器官的形成和生长发育节奏的加快均需大量水分供给,应根据树体生长发育和气候特点,把早春和花前灌水视为促长增产的关键技术措施。日常采取起埂蓄水法或覆草法抗旱保墒。

(3)防治病虫害。核桃的病虫害相对较少,常见的有腐烂病、溃疡病、天牛、尺蠖、介壳虫几种,板栗会遇到白粉病、栗疫病、栗链蚧、透翅蛾、栗大蚜、天牛、铜绿丽金龟、桃蛀螟,要加强田间管理,注意病虫害的防治。

(4)适时采收。核桃要充分成熟才能采收,过早外层青皮不容易剥离,种仁不饱满,出仁率低。果实充分成熟的标志:果皮由青绿变黄、部分果皮自行开裂或脱落,内部种仁硬化、果壳坚硬,呈现黄白色。一般要求在栗蓬 30% 开裂时开始采收比较合理,多采用打落法,即在有 1/3 栗蓬开裂时用竹竿将栗蓬打落。

4.4.7　花椒气候区划

花椒为落叶灌木或小乔木,喜光,距今已有 600 多年的栽培历史,适宜温暖湿润及土层深厚肥沃壤土,耐寒,耐旱,抗病能力强,隐芽寿命长,不耐涝,短期积水可致死亡。

4.4.7.1　区划指标

根据花椒对气候条件的要求,程敏等(2016)提出温度是主要影响因子,其区划指标见表 4-16。

表 4-16　重庆市花椒气候区划指标

区划类型	基本指标	
	年平均气温 T/℃	年相对湿度/%
喜热型花椒适宜栽培区	$T \geqslant 16.0$	—
喜热型及喜凉忌湿型花椒次适宜栽培区	$14.0 \leqslant T < 16.0$	$\leqslant 76$
喜热型及喜凉耐湿型花椒次适宜栽培区	$14.0 \leqslant T < 16.0$	> 76
喜凉忌湿型花椒适宜栽培区	$11.0 \leqslant T < 14.0$	$\leqslant 76$
喜凉耐湿型花椒适宜栽培区	$11.0 \leqslant T < 14.0$	> 76
喜凉忌湿型花椒次适宜栽培区	$8.0 \leqslant T < 11.0$	$\leqslant 76$
喜凉耐湿型花椒次适宜栽培区	$8.0 \leqslant T < 11.0$	> 76
气候寒冷花椒不适宜栽培区	$T < 8.0$	—

4.4.7.2　区划结果

重庆市花椒气候区划结果如图 4-17 所示。

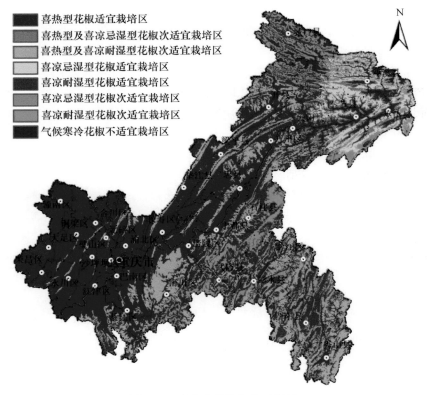

图 4-17　重庆市花椒气候区划图

4.4.7.3　分区评述

喜热型花椒适宜栽培区：该区主要位于中西部低海拔区、东北部沿江及东南部零星地区，面积有 35810 km²，占全市面积的 43.5%，气候最适宜种植喜热型花椒。

喜热型及喜凉忌湿型花椒次适宜栽培区：该区主要位于中部、东南部及东北部中海拔地区，面积有 3086 km²，占全市面积的 3.7%，气候较适宜，可以种植喜热型及喜凉忌湿型花椒。

喜热型及喜凉耐湿型花椒次适宜栽培区：该区主要位于东南部、西南偏东、中部和东北部中海拔地区，面积有 17983 km²，占全市面积的 21.8%，气候较适宜，可以种植喜热型及喜凉耐湿型花椒。

喜凉忌湿型花椒适宜栽培区：该区主要位于东北部中海拔地区，面积有 3689 km²，占全市面积的 4.5%，气候适宜，可以种植喜凉忌湿型花椒。

喜凉耐湿型花椒适宜栽培区：该区主要位于东南部及中部中海拔地区，面积有 13032 km²，占全市面积的 15.8%，气候适宜，可以种植喜凉耐湿型花椒。

喜凉忌湿型花椒次适宜栽培区：该区主要位于东北部高海拔地区，面积有 1503 km²，占全市面积的 1.8%，气候较适宜，可以种植喜凉忌湿型花椒。

喜凉耐湿型花椒次适宜栽培区：该区主要位于东北部的西部、中部的高海拔地区，面积有 4995 km²，占全市面积的 6.1%，气候较适宜，可以种喜凉耐湿型花椒。

气候寒冷花椒不适宜栽培区：该区主要位于大巴山海拔在 1800 m 以上的高海拔地区，面积有 2302 km²，占全市面积的 2.8%，气候寒冷，不适宜种植花椒。

4.4.7.4　开发与利用

(1)定植是关键，以芽刚开始萌动时栽植成活率最高，栽后应浇透水，虽然大红袍耐旱，但遇干旱要注意浇水。

（2）病虫害防治。主要病害有锈病，虫害有蚜虫、红蜘蛛、花椒天牛、金龟子。

4.4.8　蚕桑气候区划

桑树原产中国中部，现南北各地广泛栽培，有约四千年的栽培史，栽培范围广泛，东北自哈尔滨以南；西北从内蒙古南部至新疆、青海、甘肃、陕西；南至广东、广西，东至台湾；西至四川、云南，尤以长江中下游各地为多。

4.4.8.1　区划指标

桑树喜高温多湿环境，生长最适宜温度是 25～37 ℃，桑叶产量的高低与积温的多少成正相关。桑树为阳性植物，需要充足的光照才能正常生长发育。根据桑树与气象条件的关系，我们把与桑树生长联系最为密切的温度作为桑树农业气候区划的指标。具体指标如表 4-17 所示。

表 4-17　重庆市桑树气候区划指标

区划类型	年平均气温 T/℃
热量适中蚕桑最适宜栽培区	$14.7 \leqslant T < 17.1$
气候偏热蚕桑适宜栽培区	$T \geqslant 17.1$
气候偏凉蚕桑次适宜栽培区	$12.2 \leqslant T < 14.7$
气候寒冷蚕桑不适宜栽培区	$T < 12.2$

4.4.8.2　区划结果

重庆市蚕桑气候区划结果如图 4-18 所示。

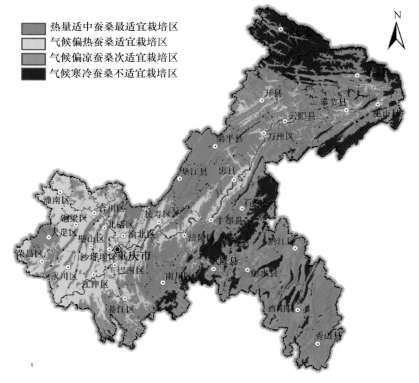

图 4-18　重庆市蚕桑气候区划图

4.4.8.3　分区评述

热量适中蚕桑最适宜栽培区:该区位于重庆中部、东南、东北部分地区,以及西部、西南部局部地区,面积有 20071 km²,占全市面积的 24.4%。这些区域年均温为 14.7~17.1 ℃,气候适宜,非常适宜桑树的生长。

气候偏热蚕桑适宜栽培区:该区位于重庆西部以及沿江河谷低海拔地区,面积有 30397 km²,占全市面积的 36.9%。这些区域年均温大于 17.1 ℃,气候偏热,适宜桑树的生长。

气候偏凉蚕桑次适宜栽培区:该区位于东南、东北部以及西南部较高海拔的山区,面积有 18146 km²,占全市面积的 22.0%。这些区域年均温为 12.2~14.7 ℃,气候偏凉,热量条件较弱,但仍适宜桑树的生长。

气候寒冷蚕桑不适宜栽培区:该区主要分布于大巴山、武陵山一带的高海拔区,面积有 13785 km²,占全市面积的 16.7%。

4.4.8.4　开发与利用

(1)桑园合理密植,结构良好,注重提高光能利用率。光照充足,桑叶叶色浓绿,叶肉厚,干物质积累多,叶质优,产量高,用这种叶养蚕,蚕体健康,产茧量高;日照不足,则叶色浅,叶肉薄,枝梢细弱,桑叶营养物质少,这种叶养蚕蚕体容易发病,产茧量低。

(2)合理安排采摘,采养结合。

(3)加强桑园病虫害监测,防治桑天牛、桑毛虫、野蚕等危害。

4.4.9　油桐气候区划

油桐为大戟科油桐属木本工业油料植物,是我国亚热带丘陵山区林农间作的优势树种之一,也是我国南方重要的经济林木之一。用桐籽榨出来的油,即桐油,是一种极好的干性油,具有干燥快、比重轻、光泽好、附着力强、抗冷热潮湿等优点,主要用于油漆、船舶、家具、电器、油墨、医药等行业。20 世纪 50—80 年代是我国油桐研究的鼎盛时期,有关油桐应用基础研究的报道主要集中在这一时期,此后,因诸多原因,桐油的发展一度徘徊不前,甚至滑坡。但目前,桐油又被用于生产生物柴油等新领域,仍具有较高的经济价值。

杨世琦等(2013)研究表明,重庆市气候温和、雨量充沛,有适宜油桐生长发育的优越气候和土质条件,属于全国的油桐中心栽培区,全市以云阳、巫溪、巫山、开州、奉节、忠县和丰都等区(县)为油桐的主要生产地,云阳县曾有全国"油桐之乡"的美誉,重庆市秀山县的"秀油"是我国桐油中的上品。全市油桐年产量在 16000 t 以上,部分区(县)有加工基地。

4.4.9.1　区划指标

重庆市油桐气候区划指标如表 4-18 所示。

表 4-18　重庆市油桐气候区划指标

区划类型	基本指标	
	年平均气温 T/℃	9—10 月日照时数 S/h
光照丰富、热量适中油桐最适宜栽培区	15.7≤T<17.1	S≥200
气候温热油桐适宜栽培区	17.1≤T<17.9	S≥185
气候温凉油桐适宜栽培区	14.8≤T<15.7	S≥185
气候炎热油桐较适宜栽培区	T≥17.9	S≥185

区划类型	基本指标	
	年平均气温 T/℃	9—10月日照时数 S/h
气候冷凉油桐较适宜栽培区	$14.0 \leqslant T < 14.8$	$S \geqslant 185$
光照一般油桐较适宜栽培区	$T \geqslant 14.0$	$S < 185$
气候寒冷油桐不适宜栽培区	$T < 14.0$	—

4.4.9.2　区划结果

重庆市油桐气候区划结果如图 4-19 所示。

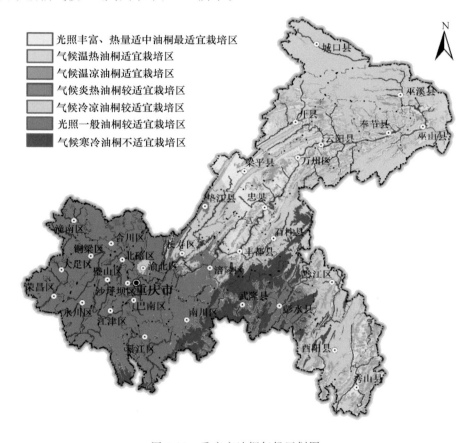

图 4-19　重庆市油桐气候区划图

4.4.9.3　分区评述

光照丰富、热量适中油桐最适宜栽培区：该区分布于中部丰都，东北部梁平、忠县、开州、万州、云阳、奉节、巫山以及东南部彭水、黔江、酉阳、秀山的中海拔山区，面积有 5927 km²，占全市面积的 7.2%。这些区域年均温为 15.7～17.1 ℃，9—10月的日照时数大于 200 h，光照充足，且光温协调，是油桐最佳的种植区。

气候温热油桐适宜栽培区：该区分布于中部长寿、涪陵、垫江，以及渝北、忠县等浅丘或沿江地区，面积共 2808 km²，占全市面积的 3.4%。这些区域年均温为 17.1～17.9 ℃，9—10月的日照时数大于 185 h，光照充足，热量条件好，适宜油桐种植。

气候温凉油桐适宜栽培区：该区分布于东南部和东北部的最适宜区上方区域，面积有 4675 km²，占全市面积的 5.7%。这些区域年均温为 14.8～15.7 ℃，9—10 月的日照时数大于 185 h，光照充足，热量条件较好，适宜油桐种植。

气候炎热油桐较适宜栽培：该区分布于东北部的沿江河谷地区以及中部沿江地及局部浅丘地区，面积有 1407 km²，占全市面积的 1.7%。这些区域年均温大于 17.9 ℃，9—10 月的日照时数大于 185 h，光照充足，但热量偏高，可能会影响桐籽品质，也可以种植油桐。

气候冷凉油桐较适宜栽培区：该区分布于东南部、东北部的较高海拔区，面积有 32465 km²，占全市面积的 39.4%。这些区域年均温为 14.0～14.8 ℃，9—10 月的日照时数大于 185 h，光照充足，热量条件一般，但可以与光照充足温暖适宜区连片种植油桐。

光照一般油桐较适宜栽培区：该区分布于西部及西南部地区，面积有 18121 km²，占全市面积的 22.0%。这些区域年均温大于 14.0 ℃，9—10 月的日照时数小于 185 h，关键生长期的光照一般，如果种植油桐，可能会影响桐籽品质。

气候寒冷油桐不适宜栽培区：该区分布于武陵山区及大巴山的高海拔区域，面积有 16998 km²，占全市面积的 20.6%。这些地区年均温小于 14 ℃，热量条件不足，不适宜油桐种植。

4.4.9.4 开发与利用

(1)重庆东部的云阳、巫溪、巫山、开州、奉节、忠县和丰都等区(县)是传统的油桐栽培区；重庆西部地区气候条件优越，虽然被划为光照一般较适宜区，但没有成片栽培的记录，可以选择其他传统优势作物进行栽培。

(2)油桐幼苗在齐苗之后选择阴天补苗，并注意排水.

4.4.10 茶叶气候区划

中国是茶的故乡，制茶、饮茶已有几千年历史，名品荟萃，主要品种有绿茶、红茶、乌龙茶、花茶、白茶、黄茶、黑茶。茶有健身、治疾之药物疗效，又富欣赏情趣，可陶冶情操。品茶、待客是中国人高雅的娱乐和社交活动，坐茶馆、茶话会则是中国人社会性群体茶艺活动。重庆有多种名茶，如永川的秀芽、黔江的珍珠兰茶等。

4.4.10.1 区划指标

杨力等(2006a)提出温度是茶树生命活动的基本条件。它影响着茶树的地理分布，也制约着茶树生育速度。光照是茶树生存的首要条件，光照强度、光质和光照时间对茶树的生育影响很大。可见光是茶树进行光合作用、制造有机物质的主要光源。茶喜紫外线，因而高山常出好茶。茶树在生长发育过程中，对水分的需求十分严格，要想多产优质茶，就要根据茶树的需水特性，茶园及时适量地进行灌溉和排水。

综上所述，茶树对光照和温度的要求非常高，而光照和温度都是热量最直接的来源。因此，把大于 10 ℃的年积温作为茶叶气候区划的主要指标。具体指标如表 4-19 所示。

表 4-19 重庆市茶树气候区划指标

区划类型	≥10 ℃年积温 $\sum T/(\text{℃} \cdot \text{d})$
气候炎热大叶茶适宜栽培区	$\sum T \geqslant 5800$
气候温和中、小叶茶适宜栽培区	$4800 \leqslant \sum T < 5800$
气候温凉中、小叶茶次适宜栽培区	$4300 \leqslant \sum T < 4800$
气候寒冷茶叶不适宜栽培区	$\sum T < 4300$

4.4.10.2　区划结果

根究区划指标,利用三峡库区气候资源地理信息综合平台可以得到重庆市茶树的空间分布(图 4-20)。

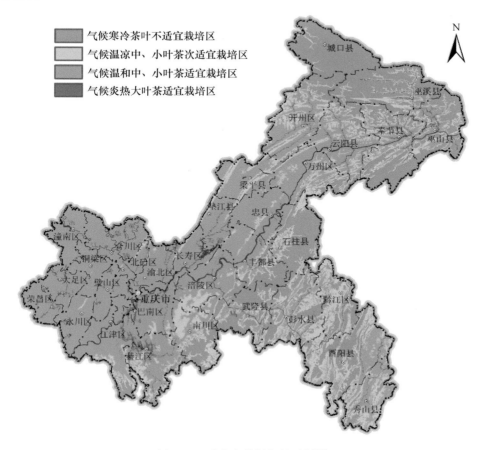

图 4-20　重庆市茶树气候区划图

4.4.10.3　分区评述

气候炎热大叶茶适宜栽培区:该区分布于巴南区、江津区、綦江区部分地区,面积有1033 km²,占全市面积的 1.2%。这些区域大于 10 ℃的年积温大于 5800 ℃·d,适宜种植大叶茶。

气候温和中、小叶茶适宜栽培区:该区几乎覆盖了重庆中西部,东北、东南低海拔地区,面积有 42823 km²,占全市面积的 52.0%。这些区域大于 10 ℃的年积温在 4800~5800 ℃·d,适宜种植中、小叶茶。

气候温凉中、小叶茶次适宜栽培区:该区主要分布于东南、东北以及中西部较高海拔区,位于中、小叶茶适宜区的上方,面积有 14971 km²,占全市面积的 18.2%。这些区域大于 10 ℃的年积温在 4300~4800 ℃·d,可以种植中、小叶茶。

气候寒冷茶叶不适宜栽培区:该区分布于大巴山、武陵山脉一线,以及东南部的较高海拔区,面积有 23573 km²,占全市面积的 28.6%。这些区域大于 10 ℃的年积温小于 4300 ℃·d,不适宜茶叶种植。

4.4.10.4　开发与利用

(1)重庆种植茶树的历史悠久,可以追溯到唐宋时期。重庆是山区,是出好茶的地方,需要根据当地气候资源情况,合理规划茶园的分布和扩建。由于影响茶树生长品质和产量的因子还包括光照、土壤、地形地势等,因而在具体栽培过程中,还需要进一步考察茶园的位置、散射辐射、春季低温等情况,进行综合规划、布局。

(2)针对产量不高的老茶区,要根据现有气候资源情况进行筛查,通过重新规划、筛选优良品种等措施进行改良。

(3)加强茶园基础设施建设。茶树对水分要求较高,偏多偏少都会影响茶叶质量和产量,因此,要关注天气气候变化,及时适量地进行灌溉和排水。

参考文献

陈俊意,甘晓玲,邓步华,等,2009. 影响缙云山青蒿素含量的因素研究[J]. 西南农业学报,22(6):1574-1576.

陈俊意,张露,王志虹,等,2011. 三峡库区青蒿种植基地的主成分分析[J]. 西南师范大学学报(自然科学版),36(1):108-112.

程敏,高阳华,杨世琦,等,2016. 重庆市花椒气候生态区划研究[J]. 西南师范大学学报(自然科学版),41(6):53-59.

范振涛,马小军,张明庆,2008. 青蒿素产量影响因素的研究进展[J]. 中草药,39(2):313-316.

高阳华,罗凤菊,黄良,等,1992a. 四川盆地小麦适宜播种期及其分布[J]. 四川气象(4):62-64.

高阳华,张文,易新民,1992b. 四川盆地小麦生育进程的气候生态研究[J]. 四川气象,12(4):35-39.

高阳华,张文,易新民,1992c. 四川盆地小麦产量形成的气候生态研究及区划[J]. 中国农业气象,13(5):21-24.

高阳华,易新民,张学成,等,1995. 盛夏干旱期树盘覆盖的生态效应及其对促进柑桔果实生长的作用[J]. 中国柑橘,24(3):13-16.

高阳华,易新民,陶礼应,等,1999. 柑桔物候期的气候生态研究[J]. 西南农业大学学报,21(6):541-547.

高阳华,刘海隆,2002. 重庆市烤烟栽培的气候适应性研究及区划[J]. 山区开发,12:33-34.

高阳华,陈志军,林巧,等,2005. 基于GIS的三峡库区龙眼和荔枝气候生态区划[J]. 西南农业大学学报(自然科学版),27(5):713-716.

高阳华,陈志军,梅勇,等,2007. 重庆市优质稻气候资源及其开发利用研究[J]. 西南大学学报(自然科学版),29(11):110-114.

高阳华,田永中,陈志军,等,2009a. 基于GIS的重庆市复杂地形干旱精细化空间分布[J]. 中国农业气象,30(3):421-425.

高阳华,陈志军,居辉,等,2009b. 基于GIS的三峡库区精细化甜橙气候生态区划[J]. 西南大学学报(自然科学版),31(7):1-6.

高阳华,杨世琦,陈志军,等,2016. 重庆市精细化农业气候区划图集[M]. 北京:气象出版社.

何永坤,高阳华,2005a. 重庆地区春玉米气候适应性研究[J]. 贵州气象,29(1):26-28.

何永坤,高阳华,2005b. 重庆地区油菜气候适应性研究[J]. 贵州气象,29(3):21-24.

李世奎,侯光良,郑剑非,等,1988. 中国农业气候资源和农业气候区划[M]. 北京:科学出版社.

刘兴钰,高阳华,杨世琦,等,2019. 基于GIS的重庆市秋玉米气候区划[J]. 高原山地研究,39(2):87-91.

梅勇,高阳华,唐云辉,等,2009. 重庆市优质稻产量形成的气候生态条件分析[J]. 中国农业气象,30(1):92-95.

彭国照,王素艳,2009. 川东北季节性干旱区玉米的气候优势分区[J]. 中国农业气象,30(3):401-406.

杨力,张民,万连步,2006a. 茶优质高效栽培[M]. 济南:山东科学技术出版社.

杨力,张民,万连步,2006b. 甘薯优质高效栽培[M]. 济南:山东科学技术出版社.

杨世琦,高阳华,罗孳孳,等,2013. 重庆市油桐气候区划精细化研究[J]. 西南师范大学学报(自然科学版),35(7):144-150.

第5章 农业气象观测

5.1 农业气象观测站网

重庆市农业气象观测站网由农业气象试验站、农业气象基本观测站、土壤水分观测站、特色农业农田小气候与实景观测站构成。观测与试验对象包括大宗粮油作物、特色经济作物、土壤水分以及自然物候。

目前,重庆市有1个农业气象试验站——江津现代农业气象试验站;13个国家农业气象基本观测站,其中,合川、江津、丰都、万州、酉阳为一级站,北碚、永川、綦江、南川、垫江、梁平、开州、奉节为二级站。农业气象基本站承担水稻、玉米、油菜、小麦、甘薯等大宗粮油作物与脐橙、辣椒、花椒等特色经济作物、自然物候的观测任务。各区(县)观测项目见表5-1。

表 5-1 重庆市农业气象基本站观测项目

站点	中国气象局管理项目	物候观测项目	特色观测项目
万州	冬小麦、中稻、油菜	苍耳、垂柳、蛙、气象水文	
合川	春玉米、冬小麦、油菜	蒲公英、桑树、蛙、气象水文	
江津	冬小麦、单季稻	蒲公英、柑橘、蚱蝉、气象水文	甘薯、花椒
丰都	春玉米、单季稻	刺槐、柑橘、蚱蝉、气象水文	
酉阳	春玉米、单季稻、油菜	桂花、银杏、家燕、气象水文	
奉节	春玉米		脐橙
垫江	单季稻、油菜		
梁平	冬小麦、单季稻		
綦江	春玉米		辣椒、甘薯
永川	单季稻		
北碚	春玉米		
开州	冬小麦、春玉米、单季稻		
南川	冬小麦、单季稻、油菜		

"十三五"期间,重庆市已基本实现全区域自动土壤水分观测取代人工土壤水分观测。目前,重庆市共有185个自动土壤水分观测站,其中152站已正式投入业务运行。自动土壤水分观测站实时测定土壤水分数据,每小时上传一次。

农业气象观测手段与方法日益丰富,为提高重庆市农业气象观测能力,服务现代山地特色高效农业产业,"十三五"期末,全市建设并投入业务使用的农田小气候观测站达到61个。

5.2　常规农业气象观测

农业气象观测是指对农业生物的生长发育动态,农业生产过程,及对其产生影响的气象、土壤、生物环境所进行的观测。农业气象观测按照观测对象的不同,可划分为作物观测、果树观测、林木观测、蔬菜观测、自然物候观测、土壤水分观测、渔业水产观测、畜牧观测、农田小气候观测几大类。其中,作物观测、土壤水分观测、自然物候观测是重庆市农业气象观测工作中的常规观测项目。

5.2.1　作物农业气象观测

作物观测是农业气象观测的重要组成部分,是重庆市农业气象观测工作的主要任务。通过作物的观测,鉴定农业气象条件对作物生长发育和产量形成及品质的影响,为农业气象情报、预报,以及作物的气候评价等提供依据,为高产、优质、高效农业服务。

根据重庆市为农业服务的需要,选择气候、土壤、作物以及生产水平有代表性的区(县)共建 13 个农业气象基本观测站,各站根据中国气象局观测要求结合当地为农服务与科研需求确定作物观测的内容和方法。重庆市作物观测的观测对象有水稻、玉米、油菜、小麦、甘薯 5 类作物。

5.2.1.1　水稻气象观测

(1)观测品种

水稻观测所选的品种应是当地普遍推广或即将推广的优良品种。重庆地区海拔 800 m 以下地区适宜水稻种植,根据地区的气候资源特点,适宜种植中稻。目前,重庆地区普遍推广的水稻主要为中籼迟熟优质杂交稻,包括渝香 203、Y 两优 1 号、Q 优 8 号、渝优 7109、忠优 78 等品种。开展水稻观测,水稻品种的选择可根据农委推荐的水稻品种与当地水稻种植的主要品种确定。

(2)分蘖观测

水稻返青后,叶鞘中露出新生分蘖的叶尖,长 0.5～1.0 cm,即为分蘖期。水稻分蘖除需进行始期、普遍期的观测外,还需进行分蘖的动态观测,每 5 d 加测一次,确定分蘖盛期和有效分蘖终止期。1 m² 总茎数达到预计成穗数时为有效分蘖终止期。观测到分蘖增长数最多的 1 次为分蘖盛期(黄中雄 等,2002)。水稻分蘖的动态观测可采用直接测定法、间接测定法和经验测定法三种方法进行(汤卫红 等,2011)。

① 直接测定法。直接测定法是通过测定密度,由其数据变化来确定水稻分蘖动态观测结果。水稻进入分蘖普遍期后,每 5 d 增测一次密度,测定的结果记入观测本的密度记录栏,并将所得记录进行动态分析,确定植株密度增加最多的观测日为分蘖盛期,以密度值达到观测水稻品种的 667 m² 有效穗数的观测日为有效分蘖终止期,即可依据该日结束分蘖动态观测。

② 间接测定法。间接测定法是在水稻发育期测定时要固定穴数(每个测定点选 5 穴)。将单位面积的预计成穗数换算成固定穴所占面积的预计成穗数,以发育期观测到的一些项目代替较复杂的密度测定项目,进而简化操作工序。具体表现在,增加分蘖动态观测后,针对各观测点的固定穴植株所占的面积进行测量,按下式换算得到固定穴所占面积上的水稻预计总穗数。

$$Y = N \cdot S/667 \tag{5.1}$$

式中,Y 为水稻预计总穗数,N 为 667 m^2 有效穗数,S 为测定的固定穴面积。

③ 经验测定法。水稻进入分蘖动态观测后,以发育期测定法,固定面积或穴数统计整理新增加的植株数,记录在观测薄发育期测定页,并对相邻两次所得结果进行分析,以最大数出现日期确定为分蘖盛期。此种方法与间接测定法对分蘖盛期的确定方法基本一样。有效分蘖终止期的确定在水稻发育期测定过程中,当进入抽穗期,茎数所占总茎数≥80%时表明已达到齐穗期,通常认为,水稻达齐穗期进入发育期的总穗数与乳熟期的有效茎数相当,而乳熟期的有效茎数即代表当年水稻的成穗数,所以,可以把齐穗期进入发育期的总穗数当作预计成穗数,作为水稻有效分蘖终止期的标准依据。

(3)拔节观测

茎基部茎节开始伸长,形成有显著茎秆的茎节时期称之为拔节期。中稻拔节高度距最高生根节长度为 1.5 cm。水稻拔节的观测存在一定的难度,从外表是看不到节间生长情况的,一般要剥开叶片才能直接观测到是否进入拔节期(陈达炎,2009)。然而采取此种方式,会增加作物的损耗量,观测人员在实际操作中惯用用手触摸水稻茎基部,通过手感觉水稻的第一个节是否形成以及拔节的高度,来判断水稻是否进入拔节期。由于水稻基部生长在灌水的稻田中,肉眼无法看见,使用此方法具有较大的主观性(王尚明 等,2009)。

为提高水稻拔节观测的准确性,可采取以下方法对水稻拔节进行观测。在观测田块正常观测点外随机选取观测点,并将随机观测点的水稻连根拔出,剥开叶鞘,凭肉眼直接观测或使用工具测量,确定水稻是否拔节。然后,计算进入拔节期株(茎)数的百分率。观测时连续取 5 穴,每一穴中选最高的 2 个茎观测,即每 1 观测点观测 10 个茎(王尚明 等,2009)。

5.2.1.2　玉米气象观测

(1)观测品种

玉米观测所选的品种应是当地普遍推广或即将推广的优良品种。目前,重庆地区普遍推广中熟杂交玉米品种,主要有东单 80 号、农祥 11、鼎玉 8 号、帮豪 58、三峡玉 6 号、豪单 10 号、豪单 168 等品种。鼎玉 8 号、帮豪 58、三峡玉 6 号、豪单 168 适宜于重庆地区海拔 700 m 以下地区种植,农祥 11、豪单 10 号适宜于重庆市海拔 700 m 以上地区种植。

(2)乳熟观测

玉米乳熟期的定义是雌穗的花丝变成暗棕色或褐色,外层苞叶颜色变浅仍呈绿色,籽粒形状已达到正常大小,果穗中下部的籽粒充满较浓的白色乳汁(许维娜 等,1993)。从花、叶表现出的颜色特征与籽粒表现出的形态特征对乳熟期进行定义,以此作为判断标准,不同的农业气象观测人员可能存在感观上的差异,主观性强,可能导致乳熟期的判定不准确,可结合积温、发育期间隔天数、茎粗变化对乳熟期进行较为客观的判断。

① 依据积温判断。虽然每年玉米在播种—成熟期间的气候条件有所差异,但同一品种两个发育期之间所需的积温每年是大致相同的。因此,可计算历年玉米抽雄—乳熟之间的积温,以此作为判定当年玉米乳熟期的参考依据之一。

② 依据发育期间隔天数判断。在气候条件差异不大的年份,同一品种从抽雄到乳熟间隔天数一般比较接近,依据此方法可以根据抽雄日期判断乳熟日期。如遇到高温干旱天气此间隔天数要短一些,遇到阶段性低温天气此间隔天数要长一些。

③ 从茎粗变化来判断。从植物生理学上讲,玉米抽雄以后由营养生长转向物质积累,玉米的雌穗吸收叶部输送来的营养物质和根茎输送来的水分,不断地进行物质积累从而形成籽粒。此时作物其他各个器官都停止生长,植株主干和叶片也因水分和物质的消耗而逐渐变细

变瘦。一般乳熟期的茎粗比抽雄期茎粗小 1～3 mm，可结合历年抽雄期与乳熟期茎粗观测资料进行分析。

5.2.2 土壤水分观测

土壤水分状况是指水分在土壤中的移动、各层中数量的变化以及土壤和其他自然体（大气、生物、岩石等）间的水分交换现象的总称。土壤水分是土壤成分之一，对土壤中气体的含量及运动、固体结构和物理性质有一定的影响；制约着土壤中养分的溶解、转移和吸收，以及土壤微生物的活动，对土壤生产力有着多方面的重大影响。土壤水分又是水分平衡组织项目，是植物耗水的主要直接来源，对植物的生理活动有重大影响。经常进行土壤水分状况的测定，掌握土壤水分变化规律，对农业生产实时服务和理论研究都有重要意义。

土壤水分观测分人工观测与自动观测两种方式，人工土壤水分观测中土壤水分的测定一般采取烘干称重法，测定土壤质量含水量，自动土壤水分观测测定的是土壤体积含水量。

土壤水文物理特性的测定包括对土壤容重、田间持水量、凋萎湿度的测定。

5.2.2.1 自动土壤水分观测

自动土壤水分观测仪是一种利用频域反射法原理来测定土壤体积含水量的自动化测量仪器，从传感器安装方法上区分为插管和探针两种。自动土壤水分观测仪可以方便、快速地在同一地点进行不同层次土壤水分观测，获取具有代表性、准确性和可比较性的土壤水分连续观测资料，可减轻人工观测劳动量、提高观测数据的时空密度，为干旱监测、农业气象预报和服务提供高质量的土壤水分监测资料。

（1）系统结构及工作原理

重庆市自动土壤水分观测是利用频域反射法（Frequency Domain Reflection，FDR）原理来测定土壤体积含水量，传感器安装方式为插管式。

① 系统结构。自动土壤水分观测仪是基于现代测量技术构建，由硬件和软件组成。其硬件可分成传感器、采集器和外围设备三部分，其软件可分成采集软件和业务软件两种。该结构的特点是既可以与微机终端连接组成土壤水分测量系统，也可以作为土壤水分采集系统挂接在其他采集系统上。设备组成见图 5-1。

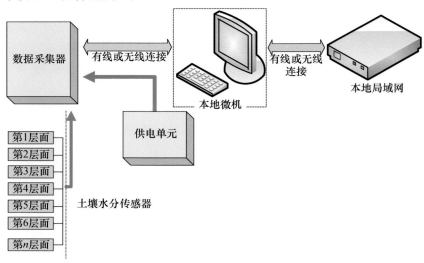

图 5-1 自动土壤水分观测仪组成

②工作原理。自动土壤水分传感器利用频域反射法(FDR)原理来测定土壤体积含水量，它由传感器发出100 MHz高频信号，传感器电容(压)量与被测层次土壤的介电常数成函数关系。由于水的介电常数比一般介质的介电常数要大得多，所以当土壤中的水分变化时，其介电常数相应变化，测量时传感器给出的电容(压)值也随之变化，这种变化量被CPU实时控制的数据采集器所采集，经过线性化和定量化处理，得出土壤水分观测值，并按一定的格式存储在采集器中。

(2)日常工作

①保持自动土壤水分观测设备处于正常连续的运行状态，每天09时和17时正点前10 min要查看计算机显示的实时观测数据是否正常。

②根据业务需要，每周巡视观测场和自动土壤水分观测仪等设备1~2次。

③每天20时通过自动土壤水分观测仪计算机终端检查前一天采集数据是否完整、是否存在异常数据，如有缺失及时补收。出现异常数据，及时向省级信息技术保障中心报告。

④每天做好观测簿记录，通过业务传输软件完成规定气象报文上传，完成气象记录报表的编制或数据文件的制作。

⑤当发现仪器故障时，应记录值班日志，根据故障情况及时通知生产厂家进行必要的处理。

⑥在同人工观测对比期间，做好人工与自动观测数据的记录和分析。

(3)日常维护

①定期巡视观测场和仪器设备。

②每年至少1次对自动土壤水分观测仪的传感器、采集器和整机进行现场检查、校验。每年春季对防雷设施进行全面检查，对接地电阻进行复测。

③按气象部门制定的检定要求进行检定。

④无人值守的自动土壤水分观测仪由业务部门每月派技术人员到现场检查维护至少1次，检查、维护的情况应记入值班日志中。对观测数据有影响的还要摘入备注栏。

⑤备份器件、设备要有专人保管，存放地方要符合要求，传感器要完好，不要超检。

(4)值班日志填写

①每天记录仪器的运行、资料采集、传输和维护等情况。

②缺测记录。在自动土壤水分观测过程中，没有按照规定的时间或要求进行观测，或未将观测的结果记录下来，造成空缺的观测记录。

③不完整记录。有缺测记录存在的记录集合。

④疑误记录。某次记录不完全正确或有疑误时，应根据该记录前、后降水等要素的变化情况和历史资料极值记录进行判断。当某次记录不完全正确但基本可用时，应该按正常记录处理；当某次记录有明显错误且无使用价值时，按缺测处理(记"一")。

(5)仪器检定

自动土壤水分观测仪器应每2年检定1次，不得使用未经检定、超过检定周期或检定不合格的仪器。土壤水分传感器以人工对比观测作为检定标准。

①检定期一般为2个月，至少经历干、湿两季，样本数量应覆盖不同土壤体积含水量。

②对比观测时间为每旬逢3、8日，降水量超过5 mm后须加测。

③测定深度为0~10 cm、10~20 cm、20~30 cm、30~40 cm、40~50 cm、50~60 cm、70~80 cm、90~100 cm，共8个层次。各层均取4个重复，取土时记录每个钻孔取不同深度土样时

的详细时间。

④ 检定期内的土壤体积含水量多次平均值的绝对误差 $\bar{\sigma}$，即

$$\bar{\sigma} = \frac{\sum\limits_{i=1}^{N} |x_i - a_i|}{N} \tag{5.2}$$

式中，x_i 为仪器观测值，a_i 为人工观测值，N 为对比观测次数，$\bar{\sigma}$ 为人工对比观测土壤体积含水量平均绝对误差。

若人工对比观测土壤体积含水量多次平均值的绝对误差小于等于 5%，则仪器检定合格，可继续使用；否则，仪器检定不合格。对于检定不合格的仪器，可补充人工对比观测一个月后完善标定方程，再进行检定，样本选取方法同前。对于再次检定不合格的仪器，须及时更新或维修，并上报重庆市气象局主管部门。

5.2.2.2　土壤水文物理特性测定

土壤水文物理特性是衡量土壤水分对作物供应及有效程度的标准，它标志着土壤水分保持程度和运动状态，也是农业生产正确掌握灌溉时间和灌溉定额的重要依据，因此土壤农业的水文特性对农业生产有着重要的意义。土壤水文特性包括：最大吸湿量、凋萎湿度、最大分子持水量、田间持水量、毛管持水量、土壤容重等。这些数值的大小，主要取决于土壤的质地及结构状况，质地结构相同的土壤，它们数值的变化很小或基本一致，所以又称其为土壤水文常数，但对于不同质地、结构的土壤其数值则有较大的变化。

（1）土壤容重的测定

土壤容重单位以 g/cm³ 表示，它是在没有遭到破坏的自然条件下，单位体积的绝对干土重。土壤容重是计算土壤湿度绝对值、土壤有效水分贮存量及土壤水分总贮存量等不可缺少的常数，它能反映土壤疏松与紧密程度，直接影响作物根系的发育及土壤的透水透气状况。

①测定方法。采用特制的容重钻，容重钻由固定器、钢圈和推进器组成，这套仪器体积小，重量轻，携带方便。在选好的测定地点上把固定器平放在平整过的地面上，用钢圈取其 0～5 cm、5～10 cm、10～20 cm……40～50 cm 直至 100 cm 各层次的完整土层，每层取 4 个重复，在取土时一定要使土柱保持自然状态，钢圈口沿一定要垂直平齐，然后称其重量，称完后取出 30～40 g 土样装入土盒，以备测定土壤湿度，每层还要取一定数量的土以备测各层次的凋萎湿度用（取土层，根据培养指示作物容器的大小而定）（马秀华 等，1991）。

② 按下列公式计算土壤容重

$$dv = \frac{100M}{V(100+W)} \tag{5.3}$$

式中，dv 为土壤容重，单位为 g/cm³；V 为钢圈容积，单位为 cm³；M 为钢圈内湿土重，单位为 g；W 为土壤湿度百分数（土壤重量含水率），以百分值表示。

（2）凋萎湿度的测定

在土壤中膜状水还未被全部消耗完时，植物就会呈现萎蔫状态，当植物吸收不到水分而使细胞失去膨压、发生永久萎蔫时的土壤含水量百分数，称为萎蔫系数或叫凋萎湿度。凋萎湿度是植物有效水分的下限，也是计算田间有效水分贮存量的必需参数。它的测定对研究作物水分供应和制定管理措施有着重要的意义，凋萎湿度的测定采用栽培法，把指示作物栽种到土表封闭的玻璃器皿中，当指示作物的所有叶片出现凋萎且空气湿度接近饱和，蒸腾最小的情况下，仍不能恢复时，测定容器中的土壤湿度即为凋萎湿度。其步骤如下。

① 将测容重时留下的土样,加以处理压碎,挑出草根杂物、石块等,有条件可将土样过筛。

② 装土。装土的容器采用 10 cm 左右口径花盆,将花盆按层次顺序编好号码,每个土层两个重复,每盆土不能装得过满也不能过少,以保证作物正常生长为宜。

③ 选好指示作物。选择普遍种植的小麦、玉米两种作物,烟区站采用烤烟,播种前对种子进行催芽。

④ 播种与管理。为了能一次成功,在每个装好土的花盆中播下 2～3 粒已发芽的种子,并浇入适量的水,待全部出苗后拔掉 1～2 株,留一株健壮的幼苗,放在室内弱光下进行生长,在三叶前可以浇水,达到三叶期停止浇水,使其达到自然凋萎,当发现植株凋萎后,将盆移到温凉阴暗处,经 12～14 h 看植株是否能恢复生长,若能恢复生长则使其继续生长,如不能恢复则此时的土壤湿度为凋萎湿度。

⑤ 测定土壤湿度。当植株达到完全凋萎时,每盆取 30～40 g 土装入土盒,两个重复,两个盆共 4 个重复,测其土壤湿度,取平均即为该土层凋萎湿度。采用培养植株的器皿定高 10 cm 左右,口径 10 cm 左右的花盆容积大,装的土壤多,可以满足幼苗生长发育的需要,这样就减少了配制营养液和白蜡封口等复杂麻烦的手续,同时也弥补了田间测定法时间长和不易控制自然降水的不足。

(3)田间持水量的测定

田间持水量是在地下水位较低(毛管水不与地下水相连接)情况下,土壤所能保持的毛管悬着水的最大量,是植物有效水的上限。田间持水量是衡量土壤保水性能的重要指标,也是进行农田灌溉的重要参数。田间持水量的测定多采用田间小区灌水法,当土壤排除重力水后,测定的土壤湿度即为田间持水量(许维娜 等,1993)。

测定前应准备好土钻(由所测土壤深度决定)、卷尺、草席、塑料布、铁锨、水表或水桶,如果测定地块附近没有水源,要提前准备好足够的水量等。测定步骤如下。

① 测定场地的准备。在所测定的地段上量取面积为 4 m²(2 m×2 m)的平坦场地,拔掉杂草,稍加平整,周围做一道较结实的土埂,以便灌水。

② 灌水前土壤湿度的测定。在离准备好的场地 1～1.5 m 处,根据当地应测定田间持水量的深度,取 2 个重复的土样测定土壤湿度,并求出所有测值的平均。

③ 灌水与覆盖。小区灌水量一般按下式求算:

$$Q=2(a-w)\rho \cdot S \cdot h/100 \tag{5.4}$$

式中,Q 为灌水量,单位为 m³;a 为假设的所测深度土层中的平均田间持水量,一般沙土取20%,壤土取 25%,黏土取 27%,以百分值表示;w 为灌水前所测深度的各层平均土壤湿度,以百分值表示;ρ 为所测深度的平均土壤容重,一般取 1.5;S 为灌水场地面积,单位为 m²;h 为所要测定的深度,单位为 m;常数 2 为保证小区需水量的保证系数。

干旱地区可适当增加灌水量。所有水应在一天内分次灌完,为避免水流冲刷表土可先在小区内放一些蒿草再灌水。当水分全部下渗后,再盖上草席和塑料布,以防止蒸发和降水落到小区内。

④ 测定土壤湿度。灌水后当重力水下渗后,开始测定土壤湿度。第一次测定土壤湿度的时间,根据不同土壤性质而定,一般沙性土灌后 1～2 d,壤性土 2～3 d,黏性土 3～4 d 以后。每天取一次,每次取 4 个重复,下钻地点不应靠近小区边缘。土壤湿度测定按烘干称重法测定土壤湿度的方法。

⑤ 确定田间持水量。每次测定土壤湿度后,逐层计算同一层次前后两次测定的土壤湿度

差值,若某层差值≤2.0%,则第二次测定值即为该层土壤的田间持水量,下次测定时该层土壤湿度可不测定。若同一层次前后两次测定值>2.0%,则需继续测定,直到前后两次测定值之差≤2.0%时为止。

5.2.3 自然物候观测

物候是指自然环境中植物、动物生命活动的季节现象和在一年中特定时间出现的某些气象、水文现象。它包括植物的发芽、展叶、开花、果实成熟、叶变色、落叶等,候鸟、昆虫以及其他动物初见、初鸣、绝见、终鸣等,霜、雪、闪电、雷声、结冰等气象和水文现象。为区别于作物与人工饲养动物的物候,对非人工影响或很少受人工影响在自然条件下的植物和动物的物候及气象、水文现象统称自然物候。对物候现象按统一的规则进行观察和记载,就是物候观测。

物候现象是生物节律与环境条件的综合反映。从气象条件来说,它不仅反映了当时的天气条件,而且反映了过去一段时间气象条件影响的积累情况。以预告农事活动,对作物引种、布局,园林建设,农业气象预报、情报,农业气候专题分析以及区域气候和古气候的研究,编制自然历等方面有广泛的应用价值。

自然物候观测的内容包括:木本植物(乔木、灌木)物候期观测,草本植物物候期观测,候鸟、昆虫、两栖动物物候期观测,气象、水文现象观测与物候分析。

(1)霜、雪初日记录方法

霜、雪的初日为当年秋季最初日期。初霜(雪)的记录会出现以下两种情况。

① 当年秋季出现霜(雪)初日。如当年秋季出现第一次霜(雪)是 12 月 20 日,则当年初霜(雪)栏记录:12.20。

② 当年秋季未出现霜(雪)初日,而出现在第二年春季。将当年初霜(雪)栏记录"未出现",第二年终日栏记初日和终日两个日期,初、终日加以注明。如 2012 年秋(冬)季未出现初霜(雪),而 2013 年春季第一次(霜)雪出现在 1 月 15 日,最终一次雪出现在 2 月 11 日,则 2013年终霜(雪)栏记录:1.15(初日),2.11(终日)。

(2)霜、雪终日记录方法

霜、雪的终日为当年春季最终日期。终霜(雪)的记录会出现以下四种情况。

① 当年春季出现霜(雪)终日。如当年春季出现霜(雪)的最终日期是 1 月 15 日,则当年终霜(雪)栏记录:1.15。

② 当春季未出现霜(雪)终日。将出现在上一年的终日记入当年终日栏,并注明年份。如2013 年春季未出现霜(雪)的终日,2012 年秋(冬)季最终一次霜(雪)出现在 12 月 20 日,则2013 年终霜(雪)栏记录:12.20(2012)。

③ 当年春季未出现霜(雪)的终日,上一年的秋(冬)季又未出现霜(雪)的终日,则当年终日栏记录"未出现"。

④ 终霜(雪)栏出现两个日期的情形。若上一年秋(冬)季未出现霜(雪)的初日,而出现在当年的春季,则当年的终霜(雪)栏记录初日和终日两个日期,初日加以注明。如 2012 年秋(冬)季未出现初霜(雪),而 2013 年春季第一次(霜)雪出现在 1 月 15 日,最终一次霜(雪)出现在 2 月 11 日,则 2013 年终霜(雪)栏记录:1.15(初日),2.11(宋水华 等,2011)。

5.3　特色农业气象观测

5.3.1　花椒气象观测

（1）观测品种

花椒多种植在排水良好的丘陵坡地,海拔高度在 600 m 以下。重庆地区主要种植青花椒,代表性品种为"九叶青"。

（2）物候期的观测

① 芽开放:幼叶从芽苞中露出叶尖。

② 展叶:

始期　开放的芽出现 1～2 片幼叶并开始平展;

盛期　半数树枝上的叶片完全平展。

③ 抽梢:新梢出现长约 0.5 cm 的茎体。

④ 开花:

始期　全树结果枝花序上第一小批花开放;

普期　全树结果枝花序上半数以上花开放;

末期　多数花序脱落。

⑤ 果实膨大:果实快速增重增大,果实大小因品种而异,一般横径约 3.5 mm。

⑥ 着色:果实颜色由浅变深,到后期达品种固有颜色。

⑦ 可采成熟:半数果实达品种典型大小、颜色,表面腺点充实,呈凹凸不平状,椒味极浓。

⑧ 制种采摘:果实颜色进一步加深,呈固有颜色,水分减少,少数果实有自动开裂特征,生理发育成熟,可采摘制种。

⑨ 叶变色期:

始期　第一批叶片颜色加深,失去光泽,叶面出现锈斑点(李小卫,2012);

末期　全树叶片颜色加深,失去光泽。

⑩ 落叶期:

始期　约 5% 叶片脱落;

末期　落叶基本结束。

（3）新梢长度测定

花椒春季抽出的新枝第二年能形成结果枝,对产量影响很大,新梢长度的测定只观测春季新梢。在每个观测区选定 1 株,在东、南、西、北各方位固定 1 个新梢,测量其长度直至秋季生长基本停止。以厘米整数记载,并求其平均。

（4）品质分析

① 取样。花椒的品质分析样本分鲜花椒与干花椒两部分采集。从观测植株采收的花椒中,取鲜椒 1 kg,另将采收的花椒经晒干,取脱仁的花椒皮 1 kg。

② 等级分析。根据重庆花椒收购部门的规定,在 1 kg 鲜花椒样本,分别记载一级花椒、二级花椒、三级花椒的数量,并求其所占百分比;在 1 kg 干花椒样本中,分别记载特级花椒、一级花椒、二级花椒、三级花椒的分组数量,并求其所占百分比。

③ 其他分析。分别对两种样本,以化验、视觉、嗅觉综合测定以下项目:农残、重金属、香

味、麻素、色泽、水分、杂质、纯度、颗粒、成熟度。按照有关部门方法与标准测定,分析项目可根据需要予以取舍。

5.3.2 蔬菜气象观测

5.3.2.1 辣椒气象观测

(1)观测品种

重庆地区推广的主要辣椒品种有改良早丰一号、渝椒二号、渝椒三号、湘研一号、早杂二号等,其中,渝椒三号为早中熟品种,其余几个品种为早熟品种。选用的种子一般应为一代杂交种。

(2)物候期的观测

① 播种:记载育苗播种的日期。

② 出苗:土壤表面露出完全展开的两片子叶。

③ 定植:记载定植日期。

④ 现蕾:主茎上出现花蕾。

⑤ 开花:植株上任一花序的花朵开放。

⑥ 坐果:谢花后形成第一个幼果。

⑦ 采收成熟:植株上的果实达到商品成熟度。多在青熟或红熟期采收,其成熟度特征为:

青熟　果实绿色坚实、清脆、重量最大,用于鲜食;

红熟　果实全变为深红,一般用于加工、储存和留种。

分别记载青熟和红熟的采收始期和终期。

5.3.2.2 茎瘤芥气象观测

(1)观测品种

茎瘤芥是制作榨菜的原料,适宜于重庆市长江两岸海拔 500 m 以下地区种植,重庆中东部的涪陵、丰都等地种植广泛。主要品种有蔺市草腰子、涪杂 1 号、涪杂 2 号、涪丰 14、永安小叶等。

(2)物候期的观测

① 播种:记载育苗播种的日期。

② 出苗:两片子叶在土壤表面展开。

③ 三真叶:第三真叶展开。

④ 移栽:移栽的日期。

⑤ 成活:叶片舒展,在阳光的直射下不再凋萎。

⑥ 瘤状茎形成缩短茎上部与膨大叶茎部开始显著膨大,于叶柄着生处的下部茎上发生瘤状突起 1~5 个,直径 1~1.5 cm。

⑦ 可收:瘤状茎充分膨大,一般出现 3 层瘤状或乳状突起,成为肥大的肉质茎。

5.3.3 花卉气象观测

5.3.3.1 发育期观测

(1)观测品种的确定

观测的花卉品种应选择当地栽培面积大的主要品种,或虽栽培面积不大,但是当地具有特色的、极具推广价值、经济效益显著的品种。所选择的品种均应是优良品种,品种名称需经专家鉴定,应按规定名称记载,不得用其他俗名。

(2)观测时间

① 根据不同花卉发育期出现的规律,由台站确定观测次数,以发育期不漏测为原则。

② 观测时间一般定为下午,开花期观测则应在开花时进行。

③ 在规定观测时间内,如遇妨碍进行田间观测的天气,导致当天观测不能进行时,过后立即进行补测,并注明原因。如正值发育普遍期,应尽量设法观测。

(3)观测的发育期

由于花卉的种类繁多,栽培方式差异大,花卉发育期的观测也有所区别。总体来讲,可按生长习性将花卉分为多年生木本(包括乔木、灌木、藤本)、一年生草本、球根草本、宿根草本、多肉多浆五类,各类花卉观测的发育期参见表5-2。

表 5-2　花卉观测的发育期

花卉生长习性	发育期
多年生木本类	芽膨大、芽开放、展叶、现蕾、开花、果实(种子)成熟、果实(种子)脱落、叶变色、落叶
一年生草本类	播种、萌芽、展叶、现蕾、开花、果实(种子)成熟、果实(种子)脱落、黄枯
球根草本类	春植(秋植)、萌芽、展叶、现蕾、开花、果实(种子)成熟、果实(种子)脱落、黄枯
宿根草本类	萌芽、展叶、现蕾、开花、果实(种子)成熟、果实(种子)脱落、黄枯
多肉多浆类	扦插、开花、休眠

5.3.3.2　生长状况观测

(1)高度的测量

按花卉的观赏部位分,观花类的花卉高度的测定选择在现蕾期,观叶类的花卉可固定时间测定高度,每年同一时间测定。

每个小区选择具有代表性的地方,固定10株,每次按同样顺序测量并求平均。如其中有1~2株(盆)失去代表性时补选1~2株(盆),3株(盆)及以上失去代表性时,应另选测点。

(2)地径的测量

地径即地际直径,指位于栽培基质表面处花卉苗木的粗度。地径的测量与高度测定同时进行。

5.3.3.3　质量评定

(1)评定时间

一般在测定高度的时间进行花卉质量的评定。

(2)评定方法

以整个观测地段全部花卉苗木为对象,与历年同期观测地段平均水平、当年非观测地段平均水平进行生长状况、形态特征等的综合评比,确定花卉苗木质量。花卉苗木的质量分为三级,评定的指标主要包括地径、高度、叶片数、根系状况、色泽、有无机械损伤、有无病虫害等。具体评定标准可参见不同花卉苗木的质量标准。

5.3.4　淡水鱼气象观测

(1)冷水鱼品种

按照养殖上的分类,一般将生长水温要求不高于 20 ℃的鱼类,如鲑鳟鱼类,称为冷水性鱼类;以鲟鱼、裂腹鱼为代表的鱼类生长温度稍高,可以达到 27 ℃左右,称为亚冷水鱼。

（2）水流观测

冷水鱼是性喜逆流和喜氧的鱼类。流水对冷水鱼来说，较其他淡水鱼类更为重要。因此，冷水鱼的养殖有别于其他淡水鱼类，一般采用流水的养殖方式。

① 流速仪。水流速度可采用流速仪测定。流速仪根据原理主要包括超声波多普勒流速仪、旋桨式流速仪、旋杯式流速仪。

② 量程与精度。冷水鱼生活的适宜流速一般为 0.02～0.3 m/s。在选择流速仪时，应以此为基本要求，选择测量范围适宜的流速仪。仪器的分辨率应≥1 mm/s，测量精度应在±2%。

③ 观测时间。如无特殊天气，或作为水源的涌泉、山涧溪流、地下水、深水水库底排水和水库坝下渗流等水流发生急剧变化等情况，可在观测日每个观测时间进行一次测定。

（3）溶氧量测定

水中溶氧量也是养殖渔业的重要生态环境条件之一，决定着养殖对象的生存和生长发育。掌握水中溶氧量的变化规律及其与气象条件的关系，对于正确组织水产养殖生产、改进养殖技术、夺取高产是很重要的。溶氧量可通过水质测量系统进行实时自动观测。

① 测定位置。对于常规观测，可在固定点取水样或用仪器测定。

② 测定深度。溶氧量的测定深度可根据鱼池的水深及观测的需要确定。通常根据使用目的，鱼池可分为孵化池、稚鱼池、成鱼池和亲鱼池。溶氧量的观测深度可参考表5-3。

表 5-3　冷水鱼各类型鱼池溶氧量观测深度

鱼池类型	水深/m	观测深度/m
孵化池	0.1～0.2	0.15
稚鱼池	0.2～0.4	0.3
成鱼池	0.8～1.2	1
亲鱼池	0.8～1.2	1

5.3.5　农业气象自动观测与移动观测

5.3.5.1　农业气象自动观测

随着先进传感器、通信网络和图像识别技术的发展，我国农业气象观测由人工向自动化观测方式转变成为必然趋势和可能。农业气象自动观测可以有效提高工作效率、增强观测资料的客观性、减少人为误差、提高业务的时效性和针对性。通过建立实时作物-大气-土壤一体化的观测系统，对及时掌握作物生长状况、开展农事活动和现代化农田管理、科学评估气象因子对作物的影响、分析农业气象灾害实况与评估、制作作物产量预报、改进作物模型和陆面模型、提高卫星遥感应用的解译精度与验证能力等领域具有重要应用价值。

为提高我国农业气象观测的自动化水平，使气象更好地为农业生产服务，中国气象局气象探测中心提出了与我国农业气象发展相适应的农业气象自动观测系统建设的技术要求，旨在为现阶段农业气象自动观测系统研发、试验考核和业务建设提供技术依据，以提高观测资料和观测方法的规范性、一致性和通用性，为建立全国统一、规范的生态与农业气象自动观测系统奠定基础，以推动我国农业气象观测业务、服务现代化建设。

（1）观测项目

农业气象自动观测的基本观测项目包括作物生长发育实景与定量观测、农田小气候观测、土壤环境要素观测和测场安全及其他监测。

作物生长发育实景与定量观测包括作物生长实景图像、发育期、覆盖度(叶面积指数)、密度、高度等。传感器(相机)安装高度一般为:高秆作物原则上 5 m 左右,矮秆作物原则上 3 m 左右。

农田小气候基本观测项目包括不同层的温湿度(主要安装在作物冠层、作物中部及底部。其中矮秆作物如小麦安装 3 层,分别为 25 cm、60 cm 和 150 cm;高秆作物如玉米安装 3 层,分别为 25 cm、150 cm 和 300 cm;高秆与矮秆作物轮作如玉米和小麦安装 4 层,分别为 25 cm、60 cm、150 cm 和 300 cm)、作物冠层风速和风向、红外温度、雨量、光合有效辐射。可扩充观测要素一般应包括总辐射、裸温、田间 CO_2 浓度等。

土壤环境要素基本观测项目包括土壤温度和土壤湿度。土壤温度一般设 6 层:5 cm、10 cm、20 cm、30 cm、40 cm、50 cm,土壤湿度观测按现行业务规范,结合重庆地区土层特点,设置层次和深度,一般设 0~10 cm、10~20 cm、20~30 cm、30~40 cm、40~50 cm,共 5 层,可根据观测需求进行调整。可扩充观测土壤热通量、呼吸速率、盐分、地表水位、地下水分等。

测场安全及其他监测主要是对大田及周围情况、农事活动、突发天气现象、灾害等进行实时图像视频监控和分析。传感器(摄像机)安装高度一般与作物生长发育实景与定量观测传感器(相机)相同。

(2)观测设备功能

农业气象自动观测设备具备农业气象要素采集、处理、存储、传输、质量控制、图像视频拍摄控制、状态监控、终端操作命令、对时、人工输入、在线升级等功能。同时要求观测设备应具有低功耗、运行稳定、故障率低、坚固美观、时钟精度高、可扩展性强、符合电气安全和防雷标准等特性。

(3)观测设备结构

观测设备由传感器、采集器、通信设备和电源等组成(图 5-2)。传感器与采集器之间可采用有线或无线连接。采集器与台站或中心站之间的通信方式可根据实际情况选择有线或无线(GPRS、CDMA、5G 等)。电源可采用市电或太阳能、风能等供电方式,使用市电时应配备一定容量的蓄电池,以防断电。

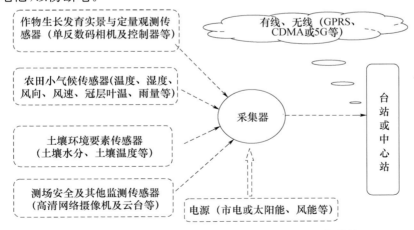

图 5-2 农业气象自动观测设备——基本型观测设备结构

(4)观测设备布设

① 选址要求

农业气象自动站在选址之前,应向当地相关部门了解土地利用规划情况,远离近期和中长期拟建项目用地,以保证观测地段的相对稳定。站址应代表当地农业产量水平、耕作制度和地形、地势、土壤类型等。观测地段内及其四周农田的管理水平应与当地大田一致。周围建筑或物体影子应不会投射到相机的镜头上和辐射观测仪器的感应面,站点附近没有强的反光物体。观测地段尽可能交通便利,通信正常、稳定。

② 仪器布局

仪器布局在满足观测要求的前提下,应尽量减少对农事活动特别是机械化耕作的影响。仪器布置可根据实际情况进行适当调整,避免观测员和田间工作对观测的影响。高的仪器设备应安置在北面,低的仪器设备安置在南面。确保相机镜头和辐射表的感应面不受任何障碍物影响。

(5)日常工作及维护

农业气象自动站的运行维护工作可参照中国气象局《地面气象观测规范》相关内容执行,要求如下。

① 日常工作

每日查看业务软件显示的实时观测数据是否正常、齐全,观测场及作物长势情况,并做好数据备份。

及时做好数据缺测与异常、仪器巡视、维护、故障、维修、检定、校准和标定等日志记录工作,为以后的数据质量控制和应用分析工作提供参考依据。

工作人员应做好每日值班日记和农情记录等工作。

② 维护

至少每旬进行一次(重要天气现象发生后随时增加)观测场的巡视和维护工作。维护的内容主要有:

查看仪器是否完好(如传感器、支架、采集箱、电源箱、防雷设施、电缆接口等);

仪器表面是否清洁(如附着昆虫、蜘蛛网和尘土等杂物时应及时擦拭干净,特别是相机罩、摄像机罩);

及时清理测场内对图像正确识别有影响的干扰物(如杂草、浮萍、水葫芦、废弃物等),具体维护方法和其他未尽维护事宜可依据相关规范要求进行;

当发现仪器故障时,及时报告相关保障部门,在规定时间内进行必要的处理;

按时按照相关规范要求,做好农田小气候传感器和土壤温湿度传感器的定期或年度检定、维护与校准等工作。

5.3.5.2 农业气象移动观测

近年来,农业气象移动观测与野外调查作为农业气象观测的补充,在农业气象业务服务中发挥了重要作用。农业气象移动观测和野外调查以及时了解和掌握面上农业生产状况、农业气象灾害、病虫害等及应急服务的需要为目标,开展干旱、洪涝、冷害、森林火灾等主要农业气象灾害的应急调查,以及农作物长势、种植面积、播种或收获进度、土地利用动态等观测。除配备常规观测设备仪器外,须分级、分区配备不同的便携式观测设备。建立移动观测与野外调查资料处理与传输平台,提高农业气象移动观测与野外调查能力,及时提供相关信息资料。

农业气象移动观测与野外调查设备根据其搭载平台,可分为机载设备与无人机、车载设备、新型便携式设备等,各级农业气象业务单位可根据农业气象移动观测、野外调查与应急业务服务需要,选择合适的平台,并建立、完善相应的技术方法与流程,逐步推广应用。

为加强重庆市农业气象移动观测与野外调查能力,重庆市农业气象中心应开展农业气移动观测与野外调查建设,配置移动观测车及相应车载设备,如便携式叶面积仪、便携式土壤水分观测仪、便携式自动气象站、GPS等,并建立资料处理与传输平台,使之具备野外作业、及时传输现场受灾情况的能力。区(县)级农业气象服务工作中,应从配置一些简单的移动观测与野外调查设备起步,逐步提高移动观测与野外调查能力。

5.4 农业气象试验观测

5.4.1 农业气象试验站的观测试验内容

目前各类农业气象试验站主要开展的农业气象观测内容包括作物观测、自然物候观测、土壤水分观测、农田小气候观测和部分生理生态观测等,与一般的农业气象观测站的观测内容基本相同。

根据地方农业生产的需求与发展方向,农业气象试验站在农作物、蔬菜、牧草、瓜果、渔业、林业等气象条件鉴定方面,开展了大量的试验研究工作,如农业气象条件鉴定试验,农业气象指标研究试验,农业气象产量预报和农业气象观测业务试验,农作物节水灌溉,水稻生态适应性、作物低温冷害等大范围联合业务试验,农业气象灾害防灾减灾试验,设施、精准农业观测试验,根系生长试验,生态气象农业观测试验,气溶胶、紫外线变化等对农业的影响,设施、特色农业指标研究等,还开展新型农业气象观测和试验仪器设备的开发试验与农业气候区划等研究,部分农业气象试验站还在农业科研成果的推广应用方面起到了积极的示范和推动作用,为地方农业的可持续发展和农民增收做出了贡献。

重庆市江津国家现代农业气象试验站是全市唯一的农业气象试验站。试验站由重庆市气象局和江津区人民政府共建,目前尚在建设当中。根据建设规划,江津农业气象试验站建成后,将承担以下观测试验内容。

5.4.1.1 常规观测试验

主要包括农田水分监测、土壤理化性质分析、农田小气候观测系统、作物观测系统、农田碳循环观测系统。

(1)农田水分监测

① 在土层深厚具代表性地段,建设土壤水分自动观测站与蒸发、蒸散监测站,监测土壤蒸发和农田蒸散以及土壤湿度的连续、动态性变化。

② 水分平衡要素测量:利用地下水位观测井观测地下水深度,利用土壤入渗仪测定田间土壤水分的入渗速率以及土壤水势动态变化。

(2)土壤理化性质分析

① 土壤层次与深度、土壤质地、土壤结构、土壤容重、田间持水量、凋萎湿度,实验室测定。

② pH值、电导率、土壤养分全量与有效量。

(3)农田小气候观测

在指定作物试验地(田)设置小气候观测系统,进行三个梯度(0.5 m、1.5 m、3 m)的气象要素连续监测。包括农田生态系统中温度、湿度、风速三要素垂直分布;农田中的辐射状况,地表反照率、湍流热交换;农田热量平衡,湍流交换系数(热通量和水汽通量)。农田中的 CO_2 分布,光强(光照)的分布,植物冠层蒸腾,热量、水分和光能吸收,农田中的感热、潜热通量的监测;不同深度的土壤湿度、温度的监测,土壤中水、热通量的监测。

(4)作物观测

① 观测目标：水稻、小麦、玉米、甘薯、马铃薯、油菜等（根据观测试验需求与农业部门种植计划做相应的调整与安排）。

② 观测项目：发育期、生长状况、生长量、叶面积指数、叶绿素含量监测、关键生育阶段作物水分状况与主要粮油作物的光谱特征、产量结构分析、作物生育阶段农业气象灾害和病虫害、农事记录等。

(5)农田碳循环观测

① 农田近地层碳通量：利用涡度相关法，监测农田生态系统植被与大气间的 CO_2 通量。

② 土壤碳通量观测：利用土壤碳通量监测系统，实现长期、无人管护条件下土壤呼吸所释放的 CO_2 流量监测。

③ 土壤有机碳测定：秸秆还田、少耕、免耕不同处理与对照的试验地 $0\sim20$ cm 与 $0\sim50$ cm 土壤总有机碳含量。土钻取土样后进行前期处理，利用总有机碳分析仪测定土壤总有机碳。

5.4.1.2 特色观测试验

根据重庆"135＋X"现代农业产业布局，拟开展三峡库区特色产业柑橘、蔬菜、蚕桑、竹木、花卉、中药材、花椒、淡水养殖特色农业气象观测，根据当前项目开展的实际条件与农业部门、农民的需求，先开展柑橘、蔬菜、生态淡水养殖的特色农业气象观测。

(1)三峡库区柑橘园生态与农业气象观测系统

三峡库区的柑橘园以坡地为主，针对柑橘品种结构不太合理、中熟品种过多而早、晚熟品种比例过少、鲜食品种过多而加工品种过少以及渝西光照资源偏少的现状，筛选抗逆早、晚熟加工品种，在典型坡地所建的标准化柑橘园进行气象生态环境与作物观测试验。

① 柑橘园小气候监测。主要项目包括柑橘冠层、林下的温度、湿度、风速、气压要素垂直分布；总辐射、光合有效辐射、净辐射、日照时数与光强、地表反照率；湍流热交换与湍流交换系数；CO_2 浓度与分布、CO_2 与水汽通量。

② 柑橘园土壤环境监测。土壤物理性质；不同层次土壤温度、湿度与土壤水势；地下水位动态监测；土壤感热通量、潜热通量、潜在蒸散量；土壤呼吸作用；土壤主要矿质养分与有机质循环；地下水水质的动态监测。

③ 柑橘生理生态指标监测。主要含叶面温度、湿度；植物根、茎、叶水势；植株光合、蒸腾、呼吸生理指标；叶面积指数、叶绿素含量、蒸腾量、植株茎流、叶气体交换；干物质积累、果实膨大、净初级生产力、光能转化效率；产量结构、单株产量；柑橘果实总糖、总酸、可溶性固形物含量、氨基酸含量等品质要素。

④ 柑橘干旱、连阴雨、冻害气象灾害指标试验与鉴定；建立柑橘主要病虫害及其诱发气象条件数据库，确定病虫害气象指标，研究病虫害综合防治。

(2)露地蔬菜与大棚蔬菜小气候观测系统

① 在蔬菜地、大棚开展小气候对比观测。在蔬菜地、大棚分别开展小气候对比观测，在蔬菜地中央与蔬菜大棚中部、东西两侧布设多要素小气候观测系统。实现 0.5 m、1.5 m 两梯度的总辐射、光强、光合有效辐射、温度、湿度、气压、风速自动采集；利用生态环境监测系统观测 5 cm、10 cm、15 cm、20 cm、40 cm 多层次地温与 10 cm、20 cm、30 cm、40 cm、50 cm 多层次土壤湿度；农田与设施生态系统中辐射状况、热量平衡、热通量和水汽通量；CO_2 分布、光强（光照）的分布；大田土壤中的感热通量和潜热通量的监测。

②　土壤理化性质监测。土壤容重、田间持水量、凋萎湿度、土壤 pH、主要矿质营养元素、碳氮循环规律,土壤有机质变化动态,记录土壤有机肥与化肥用量。

③　开展蔬菜发育状况、生长量变化(干物质重、叶面积、冠层分析)、营养状况;叶绿素含量、茎流;作物光合、蒸腾、呼吸、叶片气体交换;气象灾害影响与病虫害监测,并对日常生产管理进行记录。

(3)生态淡水养殖观测系统

在所建生态养殖示范鱼塘,拟养殖名优水产黄颡鱼(黄辣丁),布设淡水养殖自动气象监测系统,进行水温、溶解氧、气压、水深、悬浮物、藻类、水体营养化等方面的自动观测;开展淡水鱼生长状况监测包括体长、体重、病害以及放养、捕捞、施肥、投料、注水、排水、病害防治等生产活动记录。

5.4.2　农业气象田间试验方法

农业气象田间试验方法是指在人为控制的农田中对试验作物和气象条件进行平行观测,利用作物本身作指示者回答气象条件对其产生影响的一种试验技术。由于田间试验无论是农业生产本身还是气象条件变化都最接近生产实际,因而试验结果最具代表性,加之成本低廉,是农业气象最常用的一种试验方法(姚克敏 等,1995)。

5.4.2.1　分期播种方法

分期播种法是田间试验方法中最常采用的形式。它将试验物按设计要求从某一时间开始,按一定时间间隔连续重复播种若干期。分期播种法是利用气象要素的时间变化特征设置试验因素等级的一种试验方法。

分期播种法通常有自然分期播种法和田间试验分期播种法两种形式。田间试验分期播种法是在专门的试验田中组织试验,由于试验条件一致,又可采用试验技术消除和估计误差,试验可不受生产条件限制,完全可根据需要选择播种日期和播种期数,效果好,结果精确。

分期播种试验法的效果取决于正确决定播种期数、间隔日期和第一期播种日期。播种期数过多、间隔日期数过短会增加工作量,播种期数过少、间隔过长或播种期数间隔虽适宜但播种日期不当都可能使作物的试验关键期遇不到造成危害的气象条件使试验失败。

①　播种期数

一般情况下,播种期数(N)可用下式估算:

$$N=(D_1-D_2)/(S-2) \tag{5.5}$$

式中,D_1 为试验因素 80%概率最晚出现日序,D_2 为试验因素 80%概率最早出现日序,D_1-D_2 表示该地试验因素 80%气候概率的持续日数;S 为试验关键期的平均日数;2 为试验重复常数,用于防止试验关键期在播种之间可能出现的不连续。

②　间隔日期

决定相邻两个播期间隔日数的原则是使试验关键期前后衔接并略有重叠。主要原因在于:同一发育期的始末生长势常不相同,重叠有利于消除试验误差;可以防止漏掉典型天气,失去有利的试验机会。

决定播期间隔的主要因素有:

a. 充分考虑作物的光温反应特性。必须考虑作物试验关键期的实际光温条件来决定实际播期间隔。某些强感光性作物如晚稻,幼穗分化均在夏至以后,夏至前播差间隔虽大,穗分化期间隔仍小。

b. 考虑试验关键期的特征。有些试验关键期持续时间很长，如水稻分蘖期，有些试验关键期则很短，如作物开花期。应根据试验关键期的长短决定相应的播种期间隔。

c. 考虑试验的要求。分期播种法用作灾害研究时，由于灾害条件出现的不确定性，试验关键期必须强调连续，否则容易漏掉试验机会，此时，试验的播期设计应该严格。用作产量形成规律或作物适应性试验时，播期间隔的任意性较大，不同种植制度下的茬口衔接期常可作为播期间隔的考虑依据。

积温理论和相应的发育速度计算方法对确定播种期间隔十分重要，在缺乏实际分期播种资料时，可用作播差间隔的计算。

③ 第一播期

正确决定第一播期相当重要，因为第一播期决定了试验关键期的出现时段。具体安排时应根据试验因素的某级气候概率极早值和作物试验关键期之前的常年积温值或天数来加以确定。试验者的生产经验对第一播期的决定也十分重要。

进行分期播种试验时要求各播期间的试验条件一致，并运用田间试验技术控制试验误差。由于播种时间差异极易造成病虫危害程度的不同，必须引起足够重视。同一课题进行多年试验时应注意田间试验条件的一致性，每年的播种期也最好接近，使观测结果能够比较分析。

5.4.2.2 地理播种方法

地理播种法也称多点试验法，它是用相同的作物品种按统一试验计划，选择不同的地理点（或高度点）进行试验的一种田间试验方法。该方法利用不同地理（高度）点具有不同的气象条件的特点，达到以较短试验时间获取试验数据、缩短试验周期、提高试验效率之目的。

与分期播种法相比较，较大试验范围的地理播种点都具有各自的天气气候特征，因而对研究诸如作物引种及气候适应性、耕制改革、丘陵或山区的农业气候资源开发和利用以及农业气象指标在各地区的表达形式或差异等具有应用价值。农业部门广泛采用的新品种区域试验就是利用地理播种法鉴定品种适应性的例子。

组织地理播种试验须考虑确定恰当的试验范围；选择合理的试验点和试验点间距（或高差）。试验范围的大小应当考虑试验内容在实际生产中的范围，试验作物的分布和相应耕作制度的范围以及试验的类型。一般利用高度差异的地理播种试验范围均较小，而利用纬度差异的地理播种试验范围则较大，此外尚需考虑人力、物力、经费等试验条件。试验点选择一般可有下述形式：不同纬度的试验点、不同海拔高度的试验点、不同地形的试验点、不同土壤类型的试验点等。应根据试验目的和内容加以选择。试验点的间距则应根据气象要素的实际分布规律或气候类型、试验范围及试验点的数目加以确定。

地理播种试验法虽有统一试验方案，但因涉及人员较多，试验期间许多具体工作难以协商统一，会影响试验质量。各地理点的土壤肥力和土壤类型及栽培技术的地区性特点，也使试验误差较难控制。此外，试验计划难以适合所有的地点。如果统一播期，可能使有的地理点播种过早或过迟，影响作物正常生长，甚至不能成熟收获。各地理点的综合气象条件不一致还会增加对单因子鉴定的困难。

如各地理播种点再按分期播种法原则安排若干播期则称地理分期播种法，该方法既具备地理播种法的多点特征，又具备分期播种法的多期特征，因而能从时间和空间两个方向对气象条件和植物生长发育规律做平行研究，在一个试验周期内获取丰富的试验资料。地理分期播种法是一种大型田间试验方法，对试验误差的控制和分析都比较复杂，组织工作也较艰巨，必须慎重采用。

5.4.2.3 地理移置法

它是将在试验基地统一栽培管理的试验材料于试验阶段快速运送到不同高度(地形)的地理试验点,按试验设计进行一定时间的平行观测后再运回基地统一管理的一种试验方法。地理移置法是地理播种法的一种派生形式,能克服地理播种试验方法的试验误差不易控制的缺点。但地理移置法必须盆栽,不能对群体状况进行观测试验。原中国气象科学研究院农气室曾用该方法研究水稻低温、热害指标,效果良好。

正确设计地理移置试验的关键在于根据试验目的和山区气候规律恰当地估计试验点间距和移置高度,可用经验公式估算:

$$H = 100(T_h - T_0)/a + h_0 + 100 \qquad (5.6)$$

式中,H 为试验估计高度,T_0 为试验作物的受害温度指标,T_h 为试验基地出现的平均最低气温,h_0 为试验基地海拔高度,a 为气温直减率(℃/100 m)。

此外,还需注意根据试验内容和作物的生育规律确定播种日期,为此采用适当的分期播种通常是必要的。试验基地应设在作物不受危害的高度,由于逆温层的影响,一般不应设置试验点在山区。各移置试验点还应设置平行的气象要素观测,观测时间应与当地气象台站同步。

5.4.2.4 对比试验法

对比试验法也称平行观测法。农业气象田间试验的任务除研究天气条件的影响外,还包括各类农业技术措施的气象效应及其对作物生长发育的利弊影响。如防护林的效应、薄膜覆盖的效应、间套作配制的农田光温特征、保护地的增温效应等。土壤水分对作物的影响规律及指标,如三麦湿害的危害与指标、干旱指标、水分平衡规律等。在这些研究中作为试验因子的处理是可以设置和控制的,因而可采用直接比较的方法来进行试验。对比试验就是在一个播期中设置若干个处理进行平行观测的试验方法。

对比试验法根据试验因素的多少可以分为下列几种。

① 单因素试验。即在同一个试验中只研究一个试验因素的若干个处理的农业气象效应。密植的农田小气候效应就只研究一个密度因素在几种密度下的农田光、温、湿的分布规律。

② 多因素试验。在同一个试验中同时研究两个或多个因素的综合影响,各因素都可分为若干水平,因素与水平的组合即为该试验的处理数。通过多因素试验可以研究一个因素在另一个因素不同水平上的平均效应,还可以探索两个因素试验,有利于探究并明确几个气象因素与作物生长的相互关系,能较全面地说明问题,试验效率也较高。但因素的数目和水平不宜过多,以免试验过于繁杂。

③ 综合性试验。也是一种多因素试验,但各因素的各水平不构成平衡的处理组合,因而可以使处理数大大减少。综合性试验目的在于探讨供试因素中某些组合的综合农业气象效应,如高产模型栽培的农田小气候特征等。这类试验应在对起主导作用的因素及交互作用基本明确的基础上采用。

5.5 农业气象观测记录年报表

农业气象观测记录年报表根据农业气象观测对象的不同,分为以下几大类:农作物全生育期生育状况观测综合记录表(农气表-1);土壤水分测定记录表,又分为烘干称重法土壤水分测定记录表(农气表-2-1)和中子仪法土壤水分测定记录表(农气表-2-2);自然物候观测记录表(农气表-3);畜牧气象观测记录表(农气表-4);果树气象观测记录表;蔬菜气象观测记录表;养殖渔业气象观测记录表。

在以上几大类农业气象观测记录年报表中,重庆市气象局需要制作的年报表有农气表-1、农气表-2-1、农气表-3、果树气象观测记录表。

5.5.1　存在的主要问题

农业气象观测是一项具有延续性的观测工作,同一观测站的观测记录可能长达数十年。所以,农业气象观测资料的代表性、准确性、连续性必须得到保证,农业气象观测记录年报表须进行严格的审核。近几年来,在农业气象报表审核工作中,发现了一些农业气象观测记录报表的常见问题。

5.5.1.1　农作物生育状况观测报表

(1)封面的记录

在记录农作物生育状况观测记录簿(农气簿-1-1)封面起止日期时,应注意起日应为第一次使用簿的日期,一般为田间工作记载第一条记录的日期,止日为最后一次使用簿的日期,即产量分析结束日期。

(2)观测地段记录

观测地段记录部分要绘制观测地段分区和观测点的分布示意图,还需要绘制观测地段综合平面示意图。两图所示内容不同,不能只绘制一幅观测点的分布示意图。

(3)灾害天气与病虫害记录

灾害天气应按《农业气象观测规范》要求,记录农业气象灾害名称,而非记录作物受害情况,如不能把"低温阴雨"引起的烂秧误记为"烂秧"。病虫害应以科学名称记载,如不能将"二化螟"记为"钻心虫","盲椿象"记为"打屁虫"。

(4)田间工作记录未折算氮、磷、钾含量

观测作物地段多施用农家肥,因农家肥质量不同,应尽量将地段各类肥料施用总量,按照农业部门通用的折合方法,折算成氮、磷、钾含量,记入田间工作记录。

5.5.1.2　土壤水分观测报表

(1)土壤相对湿度记录

土壤相对湿度值不应出现大于 100% 的现象,若出现该问题须考虑取土时间是否是在灌溉或出现大的降水后,并调整观测时间;如持续出现此种情况,须考虑现用的土壤水文特性常数测定是否年代已久,不能正确反映土壤结构和性质发生的变化,这时,应重新测定土壤水文特性常数。

5.5.1.3　自然物候观测报表

(1)霜、雪的初、终日记录

霜、雪的初、终日应按自然现象的发生规律记录,即霜、雪的初日往往出现在秋、冬季,而终日一般出现在春季,而不应按自然年的时间顺序,发生时间早的记为初日,发生时间晚的记为终日。

(2)植物物候期错情

①"芽膨大和芽开放"错情。所谓芽就是植物可以发育成茎、叶或花的幼体。发育成茎、叶或花的幼体有质的区别,树的花芽是叶芽在一定的外界条件诱发下转化而成的。例如,苹果的树枝顶端是茎芽,主枝或较粗枝干的中间的芽绝大多数是花芽,枝的上下部的芽大多数是叶芽。若分不清是叶芽还是花芽就进行观测,把花芽误认为是叶芽或把叶芽误认为花芽,都将导

致错情。对所观测的对象未搞清楚是雄株、雌株,还是雌雄同株便盲目进行观测记录。观测员因分不清哪些树木是雌雄异株、哪些树木是雌雄同株而进行观测记录,造成错情(祁如英 等,2007)。

②"果实或种子成熟、脱落"错情。对木本植物,在未搞清楚属于什么果实或种子就盲目进行观测时,易造成错情。例如,不知杨树的果实属于蒴果类,误认为是角果或种子,当果实呈现出黄绿色而未到果实开裂露出白絮时就过早观测,结果造成早测。对草本植物,在未搞清楚什么样的颜色为果实或种子成熟期的颜色时就进行观测,易造成错情(祁如英 等,2007)。

5.5.2　制作内容

农气表-1 的内容抄自农作物生育状况观测簿(农气簿-1-1)相应栏。需要填写农业气象观测站所观测农作物发育期,生长高度,密度,生长状况,产量因素,产量结构,观测地段农业气象灾害和病虫害,主要田间工作记载,大田生育状况观测调查,农业气象灾害和病虫害调查,生长量,观测地段说明、生育期农业气象条件鉴定等内容。

农气表-2-2 的内容抄自土壤水分观测簿(农气簿-2-1),需要填写各层次土壤重量含水率、土壤相对湿度、干土层厚度、降水渗透深度、作物发育期、地段降水日期和降水量、灌溉日期和灌溉量以及地段说明和土壤水文、物理特性常数等内容,还要概述一年来该地段土壤水分的变化情况对作物生长发育满足程度及其与降水、灌溉等的关系。

农气表-3 的内容抄自自然物候观测簿(农气簿-3),需要填写的内容包括所观测植物(草本或木本)的物候期,候鸟、昆虫等动物的物候期,气象水文现象,并将当年物候的变化特点与历年情况比较,找出物候期出现早晚与气候的关系。

5.5.3　上报规定

5.5.3.1　纸质农业气象观测记录年报表

① 报表上报份数。一级农业气象观测站上报两份,其中一份上报国家气象信息中心,另一份留重庆市气象局资料室存档。二级农业气象观测站上报一份,留重庆市气象局资料室存档。

② 报表上报时间。按重庆市气象局相关规定,农气表-1(小春作物)必须在每年 11 月 20 日前向重庆市气象局上报。农气表-1(大春作物)、农气表-2(土壤水分)及农气表-3(自然物候)等其他报表,必须在次年 3 月 1 日前向重庆市气象局上报。按中国气象局下发的《农业气象观测质量考核办法》规定,未按时上报报表,每超过一天统计一个错情(上报时间以寄出邮戳为准)。

5.5.3.2　电子农业气象观测记录年报表

2013 年 11 月,中国气象局预报与网络司下发文件《关于停止报送纸质农业气象观测记录年报表的通知》(气预函〔2013〕114 号),规定如下。

2013 年 11 月开始,各省(区、市)气象局正式取消向国家气象信息中心报送纸质的农业气象观测记录年报表(农气表-1、农气表-2、农气表-3),只通过新一代国内通信系统向国家气象信息中心传输电子农业气象观测记录年报表文件。

农业气象观测站通过 AgMODOS 软件生成电子农业气象观测记录年报表(C 文件)上传到省(区、市)气象局,同时报送各类农业气象观测簿。上传截止时间:作物生育状况观测记录年报表(农气表-1),在年度观测结束(作物收获)后三个月内;自然物候观测记录年报表(农气表-2)、畜牧气象观测记录年报表(农气表-3)和土壤水分状况观测记录年报表(农气表-4),在年度观测结束后一个月内。

各省(区、市)气象局对C文件进行电子审核并转换成电子农业气象观测记录年报表的归档文件(N文件)。省级新一代国内通信系统将本省N文件打包上传至国家级新一代国内气象通信系统。

国家气象信息中心在每年的11月15日将各省(区、市)气象局N文件的传输及时率和缺测率统计情况报送中国气象局综合观测司。

参考文献

陈达炎,2009. 准确辨别与记录水稻发育期,提高农业气象观测质量[J]. 广东气象,31(6):49-50.

黄中雄,黄智灵,2002. 水稻观测应注意的问题[J]. 广西气象,23(2):43-45.

李小卫,2012. 花椒生态气象观测方法[J]. 现代农业科技(21):265.

马秀华,陈秀琴,王京平,1991. 土壤水文特性测定方法探讨[J]. 内蒙古气象(3):32-34.

祁如英,王启兰,2007. 自然物候观测中存在的问题及解决方法[J]. 气象科技,35(2),249-251.

宋水华,宋良娈,刘静,2011. 自然物候观测中雪的观测与记录[J]. 沙漠与绿洲气象,5(增):97-98.

汤卫红,徐志辉,2011. 浅析水稻分蘖动态观测中存在的问题与对策[J]. 安徽农学通报(下半月刊),17(6):48,66.

王尚明,张崇华,曾凯,等,2009. 水稻拔节观测方法对比试验[J]. 气象科技,37(2):196-197.

姚克敏,简慰民,郑海山,1995. 农业气象试验研究方法[M]. 北京:气象出版社.

第6章　农业气象情报预报

6.1　农业气象情报预报基础

6.1.1　情报预报的概念

农业气象情报或预报都是农业气象的一个分支学科。情报是一种专门为分析气象条件的变化对农业生产影响而编制的专业性简报,具有实时性、综合性特点,是对已经发生的事物进行的客观报道,是人们在现时对某一农事对象过去和当前情况进行的调查分析。"预测"或"预报"是对尚未发生或尚不明确的农事对象进行的预测或报道,是人们对事物将要发生的结果进行的探讨和研究。

根据农业生产的实际需要,基于气象要素和气象条件状况编发的专业性农业气象情报或预报,皆是在分析过去、当前和未来的农业气象条件,并鉴定其对农业生产影响的基础上,主要是根据环境气象条件的状况而编发的关于农作物生长发育和产量状况,各种农事生产活动进行的适宜时期和气象条件,各种主要农业气象灾害发生的时间及其危害程度,以及农用天气等方面实时的或主要关于未来的农业气象及其对农业生物和农事生产活动影响的农业气象报道。

农业气象情报预报不同于一般性气象情报预报,其主要区别在于农业气象情报预报是根据农业生产的需要编发的,像农业气象情报是结合主要农事季节和农业生产受气象条件影响针对性很强的报道。从报道的内容和服务的形式上看,农业气象情报预报是针对当地农业生产中的主要气象问题,报道主要农业气象条件的状况及其对农业生产的影响,报道的形式灵活多样。

农业气象情报预报与一般性气象情报预报也有密切的联系,如农用天气预报,就是根据农业生产对环境气象条件的具体需要而编发的针对性很强的天气预报。诸如,播种期的天气条件预报、越冬期农业气象条件预报、土壤水分预报、灌溉期灌溉量预报、病虫害发生发展气象条件和流行天气条件预报、田间作业天气条件预报、农产品加工储运天气条件预报等。这些具有明显天气预报特点、预报对象或内容大多为未来可能出现的并与农业生产有密切关系的某些气象或天气气候条件或要素,但又不同于一般天气预报,它有比一般性天气预报更具体、更明确的为本地农业生产服务的针对性,因而更具有实时性和适用性。

6.1.2　情报预报的作用

农业在国民经济中的基础地位、农业的自然性特点和生产水平较低的国情市情实际,致使农业生物经济始终摆脱不了对气象条件的依赖。气象条件作为影响农业最重要的自然环境条件,气候年际间的变化往往成为决定某一地区不同年份农业产量丰歉波动的关键因素或主要原因。此外,由于年际间天气气候波动的差异,对一个特定地区作物的构成布局、品种搭配比例、农事作业时间的早晚考量、采用农耕栽培技术措施都有重要影响。所有这些都须遵循气候变化规律、因时因地制宜地去适应不断变化的天气气候特点,才能保障农业的稳产丰收;更何况,处在我国具有季风性和大陆性气候特点都很明显的重庆农区,纵有不少对农业生产有利方面,但由于每年季风进退早迟和强弱程度不同,以及多种季风在这一地区交汇等不确定因素的影响,常导致旱、涝等多种农业气象灾害频发,对农业稳定和粮食生产安全不利。因此,要求农业生产的领导组织者和生产者及时、快速、精确地掌握气象条件的实时变化和时空分布,这就需要农业气象科技工作者在分析和鉴定当年的天气气候条件对农业生产影响的基础上,制作各种应对的农业气象产品,及时准确地进行情报预报服务,为各级政府和农业生产领导部门增强指导农业生产的预见性和计划性,减少盲目性,有利于农业生产领导者在实施科学决策过程中充分合理利用有利的天气气候条件,掌握全面的农业气象实况及动态发展趋势,以此作为对农业宏观管理和科学决策的重要依据,避免或减轻不利的灾害性天气的影响以夺取农业的连年稳产高产。

6.1.3　情报预报遵循的原则

任何情报预报作为一种信息,只有得到充分应用才有效益。为使农业气象情报预报服务在安排和指导农业生产中发挥更大的作用,产生更为显著的经济和社会效益,在制作农业气象情报预报产品和服务工作中应遵循如下原则。

6.1.3.1　遵循气象与农业关系的规律

农业气象情报预报无不与其报道对象自身的生物学规律有关,又与环境气象条件演变所遵循的物理过程有关。众所周知,环境气象条件对农业生产过程的作用表现为持续性特点,一方面环境气象条件时刻影响农业生产过程,另一方面这种影响所产生的后效作用也将持续延后一段时间,这就是说,充分重视这种"惰性效应",正确评估前期气象条件对农业生产的影响,对做好农业气象情报预报是重要的。另外,也应注意到各气象条件对农业生产对象和过程的影响具有不等同性和不可替代性,这就是说对于一个特定对象而言,不能对某一气象条件得到满足的情况下,而可以忽略、降低或取消对其他气象必要条件的要求。生产实践表明,同一气象因子在生物不同发育阶段中所起的作用是不相同的,而在同一发育阶段中各气象因子对生物的影响也是不等同的,这就要求在分析农业气象条件对生物的影响时,分析关键阶段的关键影响因子显得特别重要。再者,在大田生产环境下,作物有"群体生长"的特点,这是由于气象条件在一定地域内的时空分布是比较相似的、均匀的和波动变化较一致的,影响作物生长发育进程也是渐进的、比较均衡一致的,以这种气象条件与作物群体生长演变的准同步性内在联系为基础制作出的情报预报是合理的和可行的。

农业气象情报预报还要考虑到各农业气象条件对农业生产对象和过程影响的综合性和交互性,而且这些影响是在大气运动的物理过程与生物自身演变的生物学规律交互作用下产生的,情报预报运用综合分析方法,会取得更好一些的效果。还应考虑到生物规律在其自身生育演变过程中各生育阶段是相互密切联系的,大气运动和天气气候演变过程前因后果也存在一定的关联性,都有一定规律可循。

6.1.3.2　抓住影响农业的关键气象问题

农业生产复杂多样,生产过程中需要进行农业气象情报预报服务的问题很多,要想使所有情报预报在促进和保障农业稳产和高产中发挥真正有效作用,就要求对影响当地农业生产中的关键气象问题有所认识和掌握,这就需要农业气象科技人员经常深入农业生产实际,开展调查研究,了解熟悉农业生产过程的问题所在,充分关注当地农业生产和天气气候条件所具有的明显地域特点,从实际情况出发,紧密围绕生产中的关键气象问题,有的放矢地开展农业气象情报预报和主动及时的服务。

6.1.3.3 重视有农业意义农业气象指标的建立

使用有农业意义的农业气象指标,这是农业气象情报预报区别于一般气象情报预报的重要标志。重视有明确农业意义农业气象指标的建立,要通过必要的田间试验观测并结合调查获取的资料经分析研究来确定,经过实践考验证明是符合本地生产实际情况的指标方可得到应用。当然,应用农业气象指标,在复杂生长环境中受多种因素的影响,指标本身也有一定的变化幅度,在农业气象情报预报服务中,不可将农业气象指标应用绝对化,有时时间要素也参与到对结论的影响之中,这就要不断总结有意义的经验,充实完善农业气象指标,使之更符合变化的实际,提高指标在农业应用中的生命力。

6.2 农业气象情报

6.2.1 农业气象情报的种类

重庆市属各级气象部门为满足快速发展的农业对气象服务的需求,依托已经建立的农业气象服务体系支持,都在开展并发布不同形式和内容的农业气象情报。

按照定期与不定期划分方法,定期的农业气象情报已成为一类定时发布的农业气象情报,其中包括有土壤墒情候报、农业气象旬报、农业气象月报和农业气象年度(评价)报告等;不定期的农业气象情报是根据需要择时发布的农业气象情报,主要是专题报告,如农业气象条件分析评价报告、农业气象调查报告等。

按照现代农业气象业务的划分方法,农业气象情报主要分为基础农业气象情报、大宗粮油作物气象条件定量评价、作物生产全程性系列化农业气象情报、特色作物农业气象专题报告四个大类。

6.2.2 农业气象情报的编制

6.2.2.1 相关资料的收集

除农业气象基本站常年开展的农情和气象观测外,大田农情调查也是获得情报资料的重要手段。

农情调查是针对农业生产中存在的农业气象问题,或为了了解农事活动生产情况并分析气象条件的影响而开展的专业性大田调查工作,具有较强的针对性和目的性,是农业气象情报的重要组成部分。农情调查的内容既包括农事活动、农作物种植结构、种植面积、物候期、农作物性状、土壤墒情、栽培技术、水资源保障、管理措施、产量结构、受灾情况等农业方面的调查,也包括调查农业气象条件(如温度、光照、水分)、气象灾害、生物灾害、天气过程影响等气象相关内容。如一项针对干旱的农情调查可能需要了解农业种植结构、水利设施蓄水情况、旱地土壤水分含量等内容;一项针对天气对水稻产量影响的农情调查则需要测量稻株有效分蘖数、千粒重和了解农业气象灾害情况。

农情调查根据目的和内容可分为综合调查和专项调查,综合调查针对天气条件对农业的综合影响,专项调查针对单一项目。如2011年2月下旬至4月上旬,重庆各地出现持续性低温阴雨天气,对此重庆市气象局以代表站调查的方式开展了综合性的农情调查,总结了各个区(县)的作物受灾状况,并对造成灾害的天气原因进行分析,最后提出了"加强大春苗床管理,及时补种"等农事建议,为农业部门提供了重要的决策依据。又如2012年4月,针对全市前期降水较少、蓄水不足的情况,进行了重庆市各地栽秧水的调查,摸清了各地栽秧水的水情,为找水调水保栽提供了重要的依据。

农情调查的主要工作形式包括实地踏勘和访谈,实地踏勘是指调查人员到调查现场进行测量、评估,访谈是指调查人员到相关部门、单位走访或到生产企业、农户家中访谈,了解相关情况。在调查的过程中,常常多种方式结合,通过多渠道、多形式完成农情调查任务。

通过农情调查,在第一时间掌握最新农情资料,增强了编制农业气象情报的及时性、针对性、可靠性和全面性。由于调查涉及的内容较多,且须在规定的时间内完成,因此必须遵循有序的标准工作流程,开展有条不紊的调查。调查的基本流程如下。

① 启动调查。通过电话、媒体、会议等方式收集到农情信息(如某地报告玉米生长异常),或气象实时监测发现不利气象条件(如某地发生干旱),或天气气候预测有灾害性天气(如即将出现暴雨天气),或因工作需要开展农业气象专项调查(如产量调查),根据所获信息,从实际出发,经综合分析评判,以启动调查工作。

② 制定方案。根据掌握的农情,明确调查任务,制定周密的工作方案,包括调查形式、调查人员、携带的设备、调查的区域、走访的部门等内容。

③ 实施调查。围绕调查任务,通过实地踏勘、部门走访、农户访谈等多种形式,掌握农情。

④ 总结分析。调查工作完成后,将情况进行总结,并结合气象条件撰写农业气象情报专题报告。农情调查工作流程如图6-1所示。

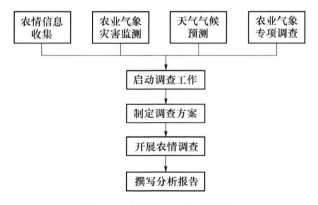

图6-1 农情调查工作流程图

6.2.2.2 主要农业气象指标

编制农业气象情报,须根据客观的评判指标,才能判别农业气象条件的利弊影响并获得较为客观可比的结论。农作物种类繁多,耕作熟制类型多样,此时此地和彼时彼地所处的天气气候背景各异,作物对气象条件的要求和反应也不尽相同,要想确定有明确农业意义的农业气象指标不是件易事。

通常将用以评判对作物生长发育是否适宜的农业气象条件作为一类指标评价天气气候实况对农作物利弊影响,并做出相应的农业气象条件鉴定。另一类是农业气象灾害评判指标,用以评价天气气候条件是否构成对作物生长发育的不利影响或造成程度不同的危害。就农业气象指标所表示的内涵而言,是作物生长发育、产量形成以及农业生产过程对气象条件的要求与反应的定量表达。指标表示的方法可以多种多样,可以允许指标的数量值变化有一定的幅度,根据指标适应的范围也可以派生出诸如农业气候指标等其他类似指标。这里就农业气象情报经常用到的主要农业气象指标加以阐述。

(1)三基点温度

根据温度对农作物的影响和农作物对温度的要求,可将农作物分为喜温作物和喜凉作物。重庆位于中亚热带季风气候带,喜温、喜凉作物均可种植,境内喜温作物有中稻、玉米、烟草等,喜凉作物有小麦、油菜等。不论哪种作物,其生长发育总是在一定的温度范围内才能进行,在适宜温度范围内生长良好,低于下限温度或者高于上限温度,就会受到危害,农业气象上将上限、下限、适宜温度称为"三基点温度"。近年来,高桂娟等(2009)对"半致死温度"进行研究,将农作物的温度指标进一步扩充,但在农业气象业务服务工作中,仍以"三基点温度"应用最为成熟和普遍。不同的农作物,三基点温度不同;同一作物在不同的生长发育期,三基点温度也不相同。几种主要农作物生长的三基点温度如表 6-1 所示。

表 6-1　几种主要农作物生长的三基点温度　　　　　　　单位:℃

作物	最低温度	最适温度	最高温度
水稻	10～12	30～32	36～38
玉米	8～10	30～32	40～44
小麦	3～4.5	20～22	30～32
油菜	4～5	20～25	30～32

(2)农业界限温度

农作物生命活动的另一个基本温度是农业界限温度,它表明某些重要物候现象或农事活动的开始、终止的温度。农业气象上常用的界限温度(日平均气温稳定通过)如下所示。

0 ℃:土壤冻结或解冻,越冬作物秋季停止生长,春季开始生长。春季 0 ℃至秋季 0 ℃之间的时段称为"农耕期"。

3～5 ℃:早春作物播种、喜凉作物开始生长。春季 3 ℃(5 ℃)至秋季 3 ℃(5 ℃)之间的时段为冬季作物或早春作物的生长期(生长季)。

10 ℃:春季喜温作物开始播种与生长,喜凉作物开始迅速生长,秋季水稻开始停止灌浆,棉花品质与产量开始受到影响。开始大于 10 ℃至开始小于 10 ℃之间的时段为喜温作物的生长期。

15 ℃:初日为水稻适宜移栽期,终日为冬小麦适宜播种日期,水稻内含物质的制造和转化受到一定阻碍。初、终日之间的时段为喜温作物的活跃生长期。

20 ℃:水稻分蘖迅速增长,终日对水稻抽穗开花开始有影响,往往导致空壳,初、终日之间的时段是热带作物的生长期,也是双季稻的生长期。

(3)活动积温

农作物完成某一阶段的发育,需要一定的积温,最常见的形式是活动积温与有效积温。活动积温是作物在某段时间内活动温度的总和,有效积温是作物在某时段内高于某一界限温度有效温度的总和。从二者的定义来看,有效积温能较好地表征农作物发育所需的热量条件;但是往往计算繁琐、分析困难,因此活动积温指标仍然是当前农业气象业务服务中的主要指标。几种主要农作物的活动积温指标如表 6-2、表 6-3 所示(韩湘玲,1991;冯秀藻 等,1991)。

表 6-2　重庆市主要农作物全生育期 0 ℃以上活动积温　　　　单位:℃·d

作物	早熟型	中熟型	晚熟型
水稻		2800～3300	
玉米	2000～2200	2500～2800	
小麦	1700～2000	2000～2200	＞2200
油菜	2000～2200	2200～2400	＞2400

表 6-3　重庆市主要农作物全生育期 10 ℃以上活动积温　　　　单位:℃·d

作物	早熟型	中熟型	晚熟型
水稻		2300～2600	
玉米	2100～2400	2500～2700	＞2800
小麦		1400～1700	
油菜		1500～2000	

(4)需水量与蒸腾系数

水分是农作物生长、发育与产量形成不可或缺的要素,农作物需水量随着生长发育进程发生变化,大致符合少-多-少的规律。在生长初期,作物需水量较少;在生长发育盛期,特别是营养生长与生殖生长并进时期需水量多,这是因为作物一方面要大量水分保障农作物群体正常光合生产,另一方面作物生殖器官对于水分特别敏感,需水量多;在生长发育末期,作物需水量较少。通常,农作物需水量可用仪器测量,还可以用 Penman-Monteith 公式进行计算。水稻、小麦是重庆市的重要作物,其需水量如表 6-4 所示。

表 6-4　农作物的需水量

作物	生长发育期	阶段需水量占总需水量的百分比/%	适宜土壤水分占田间持水量的百分比/%
水稻	返青—分蘖	17	
	分蘖—拔节	29	
	拔节—抽穗	16	
	抽穗—乳熟	15	
	乳熟—成熟	23	
小麦	幼苗	5	60～80
	分蘖—拔节	15	60～80
	拔节—孕穗	19	70～80
	孕穗—抽穗	25	70～80
	抽穗—开花	6	80～85
	开花—成熟	30	60～80

蒸腾系数也是表示农作物需水量的一种指标,其定义为农作物制造 1 g 干物质所需要消耗水量的克数,值的大小与作物类型、叶面积、叶片表面特征等有关,还受田间湿度、农作物生长发育速度等因素的影响。蒸腾系数仅表征农作物对水分的喜好程度及利用率高低,并不能反映不同作物实际需水量多少。如玉米的蒸腾系数小于小麦,说明玉米的水分利用率高,但并

不能说明玉米需要的水分少于小麦。在一般情况下,蒸腾系数不用于大田生产,但在计算灌水量上有一定的参考价值。重庆市几种主要农作物的蒸腾系数如表 6-5 所示。

表 6-5　重庆市几种主要农作物的蒸腾系数

作物	蒸腾系数
水稻	710
玉米	368
小麦	543
油菜	743

6.2.2.3　情报基本分析方法

编制农业气象情报,必须掌握科学的分析方法,这是客观评价气象条件对农作物生长发育及农业生产利弊影响的基础。农田光热水条件鉴定(包括天气过程情况)、农业气象灾害影响评价及农作物的生长发育状况判断等是编制农业气象情报的主要方法,在编制农业气象情报时,这些方法常常一起使用,现逐一给予介绍。

(1)光、热、水条件鉴定

俗语说"万物生长靠太阳",地球上所有生命都靠来自太阳的辐射提供生命活动的能量。在农业气象上,太阳辐射的时间常用日照时数表示。日照时数的长短对农作物生长有着显著的影响,充足的日照能够促进作物进行光合作用、增加干物质积累,少日照的天气则会导致植株营养不足、长势偏差。在农作物的生长发育过程中,日照对营养生长阶段、生殖生长阶段有着明显不同的影响。在营养生长阶段,一般先抑制茎生长而促进叶扩大,如日照时数较少时,葡萄茎的生长速度减慢。在生殖生长阶段,日照时数过多或过少都可能使开花受影响,如水稻是短日性作物,日照时数过多则容易引起开花过迟,进而影响产量形成。

热量状况对农作物生长发育和农业生产过程有着多方面的影响,热量条件广泛用于对农作物生长状况和发育速度的分析。作物从一个发育期到后一发育期,通常要求一定的积温常数,通过这一常数与计算的积温结果相比较,即可反映出作物发育速度的快慢。例如,重庆春玉米全生育期需要 0 ℃以上积温 2500～2800 ℃ · d,当积温不足 2500 ℃ · d 时,可能导致玉米发育较慢,成熟期推迟;当超过 2800 ℃ · d 时,玉米发育较快,成熟期提前。当然,热量状况并不是影响作物生长发育速度的唯一因素,对一些感光性较强的农作物,例如水稻等,它们的生长状况和发育速度除受温度高低的影响外,还受光照长短的作用,所以,有时把光照状况也放到热量状况这部分一起分析。

降水量和土壤墒情状况对农作物生长发育和田间作业有较大的影响,土壤相对湿度是常用的农业气象指标。例如,小麦拔节—孕穗期土壤相对湿度 70%～80% 为适宜,超过 80% 就可能遭受湿害,低于 70% 时,尽管没有出现干旱,但发育可能受阻。由于高温、强日照对土壤水分含量影响较大,因此分析田间水分状况时,也需要将自然降水、土壤墒情、温度、日照情况一起分析。

(2)气象要素对比分析与相似比较

由于农业生产具有连续性、作物具有地域性的特点,作物种植的品种、熟性在某个具体的地区变化很小,因此气象要素综合对比分析和相似分析的方法也常常用来进行农业气象条件评价。综合对比分析用于纵向比较,是农业气象情报中最常用的方法,该方法利用评价时段的气象观测资料和历史同期资料进行当前状况和历史同期气象条件的对比分析,从而对作物生长气象条件做出较准确的评价。例如,对油菜荚果期间的光、温、水等气象要素进行统计分析,计算气温平均值、极大值、极小值、高温日数、低温日数、降水日数、降水距平、日照时数,再与同期多年平均状况进行比较,分析该时段与历史同期的差异,从而对油菜荚果期的农业气象条件进行评价。该方法的评价标准与在气候上的标准基本一致,如表6-6所示。

表6-6 气象要素统计与历年同期比较

气温距平	评价标准	降水距平百分率	评价标准
$\Delta T \geqslant 1.0 \ ℃$	显著偏高	$\Delta R \geqslant 50\%$	显著偏多
$0.5 \ ℃ \leqslant \Delta T < 1.0 \ ℃$	偏高	$20\% \leqslant \Delta R < 50\%$	偏多
$-0.5 \ ℃ < \Delta T < 0.5 \ ℃$	正常	$-20\% < \Delta R < 20\%$	正常
$-1.0 \ ℃ < \Delta T \leqslant -0.5 \ ℃$	偏低	$-50\% < \Delta R \leqslant -20\%$	偏少
$\Delta T \leqslant -1.0 \ ℃$	显著偏低	$\Delta R \leqslant -50\%$	显著偏少

注:日照时数的评价标准与降水一致。

相似分析方法是利用相似原理,分析某时段的气象条件与历史上某年同时段气象条件的相似程度,根据历史上相似年的气象条件对农作物生长发育的影响程度,来评价这一时段的农业气象条件对作物生长发育的影响,如根据历史资料确定丰歉年型,再利用相似分析原理得到相似评价指标。由于相似分析须建立相似评价指标,这需要有大量研究成果积累作为基础。

(3)农业气象灾害影响评价

农业气象灾害主要包括农作物生长发育期内出现的暴雨、洪涝、干旱、高温、低温、连阴雨等。对灾害的监测分析是根据地面气象观测资料,结合重庆农业气象灾害标准(相关内容见第3章 农业气象灾害),对农业气象灾害的发生、发展、危害程度进行评价。这种方法在农业气象灾害分析中多被采用,应用最为广泛。但是,由于常常会出现数灾并发的情况,而根据某一气象灾害标准所做的分析都不能全面反映灾害造成的综合影响,综合评价方法就成为迫切需要。近年来,农业气象灾害综合评价方法取得了较明显的进展,并初步应用于农业气象条件评估,如熵权理论在农业气象灾害综合评价中的应用(张星 等,2007)。

(4)农作物生长发育状况判断

该方法是根据大田调查或农业气象观测等资料,对农作物的生育期、长势、长相、植株密度、叶片长度等生育状况进行分析,它能直接反映农业气象条件的综合影响。如按《农业气象观测规范》(国家气象局,1993)规定一类苗的标准是:植株生长状况优良,植株健壮,密度均匀,高度齐整,叶色正常,花序发育良好,穗大粒多,结实饱满,没有或仅有轻微的病虫害和气象灾害,对生长影响极小,预计可达到丰产年景的水平。因此,通过分析作物的生长发育状况,可以对作物生长前期的气象条件做出较为客观的评价。

6.2.3 农业气象情报业务及工作流程

农业气象情报主要为领导决策层、农业部门服务,提供恰当的农业气象条件分析及建议,供决策层作为指导农业生产的参考。我国的农业气象情报工作始于20世纪50年代中期,重庆开展该项工作是在 60 年代初期,经过半个多世纪的发展,重庆逐渐建立了较完整的上连国家级、下连区(县)级的农业气象情报业务体系,农业气象情报在种类、数量、质量、服务手段等各个方面都取得了长足的进步。

农业气象情报涉及资料来源多、资料分析处理繁杂、内容广泛且及时性、有效性的要求高,需要一个快速可靠的业务系统。20 世纪 80 年代后,随着计算机技术、网络技术的迅速发展,本着先易后难、边研究边投入、业务运行边完善的原则,从中央到各省(市)先后完成了农业气象情报业务流程及自动化处理系统的建设。如广西壮族自治区农业气象情报预报系统(欧钊荣,2003),江苏省农业气象情报预报系统(汤志成 等,1996),辽宁省农业气象业务与服务系统(张淑杰 等,2004)。

农业气象情报的业务流程大体上可分成资料收集、资料分析和农业气象条件评价三个步骤。资料收集主要包括农业气象观测报文、土壤墒情、农情信息、大田调查、历史数据、实时气象资料、历史气象资料、卫星遥感等资料的收集;资料分析主要包括单站及区域站极值分析、历史同期对比分析、极端气候事件分析、农业气象灾害分析等内容;农业气象条件评价则是在资料分析的基础上,结合农业气象指标和诊断评价指标进行农业气象条件评价或评估。简易的流程如图 6-2 所示。

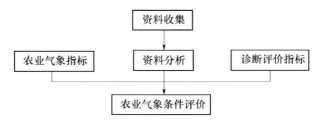

图 6-2　农业气象情报业务简易流程图

6.2.3.1　基础农业气象情报

(1)农业气象旬(月)报

① 农业气象观测报文

农业气象观测报文是农业气象站点编发农业气象旬(月)报用的统一编码,报文内容和规范经多次调整。1962 年开始执行《全国农业气象旬(月)报电码(农气-04)》,1966 年起执行《新编农业气象旬(月)报暂行电码》,1983 年起执行《农业气象旬(月)报试行新电码(HD-02)》,1991 年起执行《气象旬(月)报电码(HD-03)》,2011 年同时执行《气象旬(月)报电码(HD-03)》和《农业气象观测站上传数据文件内容与传输规范》,2012 年执行《农业气象观测站上传数据文件内容与传输规范》。2012 年以前的报文被称为"AB 报"(图 6-3),2012 年以后的报文被称为"ZAB 报"(图 6-4),报文包含过去 1 旬(月)作物生长发育状况、土壤水分、农业气象灾害、物候期等信息。

20 世纪 60—70 年代,AB 报是农业气象工作人员了解农业生产情况的重要工具,在农业气象旬(月)报中担当关键角色。随着我国气象事业的发展,尤其是进入 21 世纪以来,农业气象观测站网逐步完善,观测技术和手段得到较大发展,农业气象观测资料逐渐实现多样化、专业化、精细化,并成为农业气象旬(月)报的主要数据来源,AB 报、ZAB 报发挥的作用有所减弱,但仍然是农业气象旬(月)报的重要参考依据。

```
ZCZC
ABCI40 BECQ 210000
ABXX 07211
57522 00309 10039 20393 31003 41095 50088 66300=
57536 00294 10048 20382 33011 41082 50094 66056=
57333 00255 10029 20385 34235 40203 50069 64933=
57520 00309 10037 20381 30000 41100 50082 66000=
57502 00287 10027 20376 32065 40017 50056 64011=
57426 00294 10039 20385 32016 40085 66200 222// 02675
12006 30140 42809 50242 333// 11100 20630 31021 4////=
57612 00318 10039 20407 31015 41071 50081 65900 222// 0420/
43009 50167 222// 0950/ 41176 50026 60074 89799=
57516 00313 10039 20404 32003 41095 50061 64400 222// 04282
12114 22062 30227 42945 50158 60067 87489=
57432 00307 10039 20407 32020 41077 50072 65200 222// 0250/
42840 50074 60065 87582=
57511 00309 10019 20406 32024 41060 50066 64800 222// 04282
12114 22062 30227 42945 50158 60067 87489=
57425 00304 10049 20383 32001 41098 50089 66400 222// 02566
```

图 6-3　AB 报文截图

```
57338, 310700, 1081500, 02165, 99999, 1, 3@
SOIL-02, 1@
201109030000000, 1, 010901, 99, 9999, 0032, 0036, 0040, 0039, 0
043, 9999, 9999, 9999, 9999, 9999, 0@
END_SOIL-02@
SOIL-03, 1@
201109030000000, 1, 010901, 99, 9999, 9999, 9999, 9999, 9999, 9
999, 9999, 9999, 9999, 9999, 9999@
END_SOIL-03@
SOIL-04, 1@
201109030000000, 1, 010901, 99, 9999, 9999, 9999, 9999, 9999, 9
999, 9999, 9999, 9999, 9999@
END_SOIL-04@
=
NNNN
```

图 6-4　ZAB 报文截图

② 内容及业务流程

农业气象旬(月)报是对过去 1 旬(月)的农业气象条件进行总体评价,是我国最早开展的基础性农业气象情报,1989 年全国农业气象旬(月)报项目纳入日常业务渠道并延续至今。中国气象局规定,每年 1—12 月,逢 1 日发布月报,逢 1 日、11 日、21 日发布旬报。旬(月)报的内容通常由三个部分组成:一是旬(月)内天气气候实况,包括气温、降水量、日照、土壤墒情、降雨天气、降温天气、气候极值、多年同期对比分析、农业气象灾害等;二是天气对农业的影响,包括农作物生长发育期、农作物生长状况、农事活动情况、天气对农作物生长及对农业生产的利弊分析;三是下一旬(月)的天气气候趋势及农事建议,包括中期天气预报或短期气候预测、近期对农业生产提出的针对性建议。旬(月)报业务流程如图 6-5 所示。

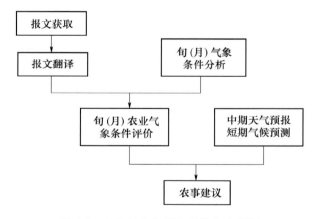

图 6-5　农业气象旬(月)报业务流程图

(2)土壤墒情候报

① 土壤墒情

墒,指土壤适合作物生长发育的湿度,墒情指土壤湿度的状况。土壤湿度通常采用质量含水量、体积含水量、土壤相对湿度(即相对含水量)表示。计算公式:质量含水量=(湿土重-干土重)/干土重,用百分数表示,标准单位是 kg/kg;体积含水量=水分容积/土壤总容积,用百分数表示,标准单位是 m³/m³;土壤相对湿度=土壤含水量/田间持水量×100%。土壤湿度测定常用方法有经典烘干法、快速烘干法、中子法、TDR 法等。

② 基于土壤墒情的农业干旱指标

土壤相对湿度比土壤重量、体积含水量更加直白地描述了土壤干湿的状况,因此常常被用作监测农业干旱的一项重要指标。在不同的地区,不同的作物,甚至在同一作物的不同发育期,基于土壤墒情的农业干旱指标都存在较大的区别,但在农业气象情报的实际业务中,墒情监测一般按照表6-7进行。

表6-7 土壤墒情的旱情等级划分(农业部门)

干旱等级	特重旱	重旱	中旱	轻旱	适宜	偏湿
土壤墒情 $R/\%$	$R \leqslant 30$	$30 < R \leqslant 40$	$40 < R \leqslant 50$	$50 < R \leqslant 60$	$60 < R \leqslant 90$	$R > 90$

此外,除了采用以上指标,也参考水利部门基于土壤墒情的农业干旱指标(中华人民共和国水利部,2008),该指标采用0~40 cm深度的土壤相对湿度作为干旱评估指标,并根据土壤墒情划分了干旱等级(表6-8)。

表6-8 土壤墒情的旱情等级划分(水利部门)

干旱等级	轻度干旱	中度干旱	严重干旱	特大干旱
土壤墒情 $W/\%$	$50 < W \leqslant 60$	$40 < W \leqslant 50$	$30 < W \leqslant 40$	$W \leqslant 30$

需要注意的是,无论是农业气象的墒情干旱等级,还是水利部门的干旱等级,均存在不足之处,就是没有全面考虑到作物的生长情况。土壤中的水分是作物吸水的最主要来源,在作物生长的初期,根系只能到达土壤表层,此时表层缺水就会使作物受旱;随着作物的生长,根系不断向下伸长,能够到达较深的土层吸水,此时表层缺水可能并不会导致作物受到干旱的威胁。一般情况下,可以结合表6-9的土层深度对农作物不同生长发育时期的土壤墒情进行分析。

表6-9 不同生育时期农田墒情的深度

生育时期	播前及苗期	发育前期	发育中期	成熟期
深度/cm	0~20	0~40	0~60	0~60

③ 土壤墒情监测业务流程及内容

土壤墒情监测是利用全市土壤墒情监测点的观测数据,结合土壤相对湿度的干旱等级,对全市各地干旱形成及分布发展的情况进行客观的分析,是指导农业抗旱救灾的重要参考依据。2004年,重庆市气象局在全市建成170个土壤墒情监测点,每个区(县)5个,平均分散在大宗农作物种植区。目前,土壤墒情监测的主要产品是土壤墒情候报。重庆市气象局规定,每年3—9月,逢3日、8日各监测站点取土测量土壤相对湿度,取土深度分别为10 cm、20 cm、30 cm和40 cm,测量后编成报文上传至重庆市农业气象中心,后者在第二天(4日、9日)发布土壤墒情候报。2004年6月30日,土壤墒情监测业务正式运行。2006年特大干旱期间,气象部门利用墒情资料,对干旱的发生、演变全过程进行连续性跟踪监测,在指导全市农业抗旱工作中发挥了重要作用。

土壤墒情候报内容主要包括上一候天气对土壤墒情的影响分析、观测日的墒情状况、后期天气对墒情的可能影响,其业务流程如图6-6所示。针对土壤墒情监测业务,重庆市农业气象中心编制了专门的软件,实现了墒情报文的自动采集、编译,以及绘制等值线色斑图、产品自动制作等功能(图6-7)。

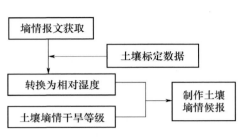

图 6-6　土壤墒情候报制作流程图

图 6-7　土壤墒情监测业务系统界面

利用土壤墒情进行干旱监测时，还常结合干土层厚度进行分析。当土壤水分不足时，土壤蒸发面上就会形成干土层，随着水分的持续偏少，干土层逐渐加厚，这对于开展节水抗旱、确定灌溉量等有较为重要的意义。

（3）大宗粮油作物气象条件评价

水稻、玉米、红苕、小麦、油菜是重庆主要大宗粮油作物，作物种植面积和产量分别约占全市粮油总产量的 57% 和 85%，对全市粮食安全影响甚大。近年来，随着全市农业种植结构的调整，部分作物的种植面积发生了明显变化。据 2007—2010 年的统计数据（图 6-8、图 6-9），全市水稻、玉米和红苕的播种面积和产量变化较小；小麦的播种面积和产量逐年减少，面积从 2007 年 19.98 万 hm² 减至 2010 年 15.06 万 hm²，约减少 25%，产量也相应地从 2007 年的 61.05 万 t 减至 45.93 万 t，约减少 25%；油菜的播种面积和产量逐年增加，面积从 2007 年的 13.54 万 hm² 增加到 2010 年的 19.19 万 hm²，约增加 42%，产量也从 23.19 万 t 增加到 34.22 万 t，约增加 48%。

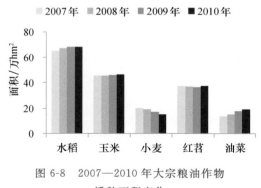

图 6-8　2007—2010 年大宗粮油作物
播种面积变化

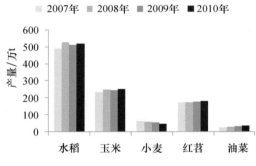

图 6-9　2007—2010 年大宗粮油作物
产量变化

农作物产量的形成是其生长发育过程中生物量不断积累的结果，受到气象条件、土壤、管理措施等因素的影响和制约，对于露天生长的大宗粮油作物而言，自然气象条件是关键因素。根据农作物对气象条件的要求，结合实时气象资料、天气预报产品，分析作物生长发育过程中气象条件的利弊影响，开展农业气象条件评价一直是农业气象情报的主要内容，目前多采取定性评价。定量评价作为努力的方向和目标，也取得了一些重要的研究成果，但评价技术、指标、方法不完善的情况尚待解决，还需要一段时间的过渡期，定性评价为主、定量评价为辅仍是现阶段大宗粮油作物气象条件评价的主要方法。

① 气象条件定性评价

农作物在不同的生长发育阶段,对光、温、水的需求不尽相同,例如,就水分而言,作物一般在生长初期需求少,在中后期的需求多。除了光温水的条件外,大宗作物由于露天生长,对农业气象灾害也颇为敏感。在风调雨顺的年份,光照、温度、水分条件能够充分满足作物的需要,灾害发生较轻或者无灾害发生,在这样的情况下,农作物生长状况良好,并最终能获得令人满意的产量,决策层的领导、广大农民也不会因天气而揪心。但实际上,在重庆农区,这种年份极少,而天气异常、灾害频发的年份占绝大多数,在多灾年份,农作物生长发育以及产量形成必然受到影响。因此,农作物在生长发育的过程中的不利气象条件及影响受到广泛关注,这也是农业气象条件评价的重点。根据前人的研究,现将水稻(表 6-10)、玉米(表 6-11)、小麦(表 6-12)、油菜(表 6-13)、红苕(表 6-14)作物生长发育期间的不利气象条件逐一列表说明。

表 6-10 中稻生长发育期不利气象条件及影响

生长发育期	不利气象条件及影响
播种到三叶	低于 12 ℃,生长停滞,持续时间长于 3 d,秧苗易遭冻害
移栽返青	水稻发根的下限温度是 12 ℃,分蘖的下限温度是 17 ℃,温度持续过低会引发僵苗
幼穗分化后期	低于 15 ℃的低温或低于 20 ℃的日平均温度(籼稻为 17 ℃和 22 ℃),会导致空秕率上升
开花	开花时及开花前 9 d 左右受 35 ℃以上的高温影响,易造成空秕率上升
灌浆结实	日平均气温低于 15 ℃,使得籽粒不饱满,持续日平均温度高于 30 ℃或最高温度高于 35 ℃,造成高温逼熟

表 6-11 玉米生长发育不利气象条件及影响

生长发育期	不利气象条件及影响
播种出苗	气温低于 8 ℃,土壤相对湿度低于 50%或过湿不利于出苗和幼苗生长
拔节	温度低于 18 ℃,昼夜温差过大,土壤水分不足或过多不利于拔节和幼穗分化
抽雄吐丝	温度超过 35 ℃,空气相对湿度低于 30%,花粉易枯萎。低温阴雨天气对开花授粉有严重影响,甚或造成溜秆
灌浆成熟	温度低于 16 ℃籽粒饱满度差;干旱影响灌浆

表 6-12 小麦生长发育不利气象条件及影响

生长发育期	不利气象条件及影响
播种出苗	阴雨连绵、干旱、日平均气温低于 3 ℃不出土;日平均气温低于 10 ℃及日平均温度超过 20 ℃播种,都不利
分蘖	日均温度低于 3 ℃或高于 18 ℃,分蘖锐减,土壤相对湿度低于 50%,日照不足等也不利于分蘖
拔节	气温低、干旱或土壤水分过多等不利于拔节和小穗分化,植株纤细瘦弱
抽穗开花	气温低于 11 ℃,抽穗困难,气温低于 14.5 ℃,延迟开花,不能授粉;气温高于 35 ℃、阴雨绵绵、暴雨、大风等不利
灌浆成熟	气温高于 30 ℃或低于 12 ℃,风速大于 3m/s,空气湿度低于 30%或阴雨连绵,易造成逼熟、早衰或生育期延长

表 6-13 油菜生长发育不利气象条件及影响

生长发育期	不利气象条件及影响
播种至出苗期	连阴雨,光照少,日平均气温在 10 ℃以下,土壤相对湿度 40%以下,易造成出苗慢、苗不齐
现蕾至抽薹期	低温阴雨,日平均气温低于 3 ℃,土壤相对湿度在 40%以下,易造成叶片萎蔫,影响薹生长
开花期	日平均温度在 25 ℃以上,土壤相对湿度在 40%以下,开花授粉不良,将出现落花落荚,结实率低
成熟期	水分多,温度高于 25 ℃,易造成烂根或引起倒伏和不正常成熟;日平均气温在 9 ℃以下,土壤相对湿度在 40%以下,影响成熟

表 6-14 红苕生长发育不利气象条件及影响

生长发育期	不利气象条件及影响
育苗期	温度超过 35 ℃或低于 20 ℃、湿度太大或太小,育苗质量会降低
栽插期	低温低于 10 ℃,土壤相对湿度低于 85%,影响生根,重者导致缺苗、少株
薯蔓伸长期	温度低于 20 ℃或高于 35 ℃,土壤相对湿度低于 70%或高于 85%,不利于薯块形成
薯块生长期	土壤相对湿度低于 50%或高于 70%,阴雨绵绵、干旱、低温过高或过低均不利于块根发育

② 气象条件定量评价

定性评价能够对农业气象条件进行全面、综合的评述,但气象条件好到什么程度、差到什么程度,只有用定量的方法才能描述清楚。现代农业的发展以科技支撑为动力,评价定量化是现代农业发展的内在需求,也是广大农业气象工作者正在积极探索的课题。近年出现了一些围绕气象条件定量评价技术、模型的研究,如冬小麦产量气象要素定量评价模型(罗蒋梅 等,2009)、气象灾害定量评估(梁平 等,2009)。应用温度、水分和日照资料,建立气象条件适宜度评价模型,在农业气象条件定量评价中得到一定的应用。适宜度一般通过隶属度函数进行计算,隶属度函数有多种形式,以下分别介绍旬温度、降水、日照隶属度函数形式中的一种(魏瑞江 等,2007)。

旬温度隶属度函数:

$$S_t = \frac{(T - T_1)(T_2 - T)^B}{(T_0 - T_1)(T_2 - T_0)^B} \tag{6.1}$$

$$B = \frac{T_2 - T_0}{T_0 - T_1} \tag{6.2}$$

式中,S_t 为旬温度适宜度;T 为旬平均气温;T_1、T_2、T_0 分别为某时段农作物生长发育的最低温度、最高温度和适宜温度。当 $T = T_0$ 时,$S_t = 1$;当 $T \geqslant T_2$ 或 $T \leqslant T_1$ 时,$S_t = 0$;当 $T_1 < T < T_2$ 时,S_t 在 0~1 取值。

旬降水隶属度函数:

$$S_r = \begin{cases} \dfrac{r}{r_1} & r < r_1 \\ 1 & r_1 \leqslant r \leqslant r_h \\ \dfrac{r_h}{r} & r > r_h \end{cases} \tag{6.3}$$

式中,S_r 为旬降水对作物生长发育适宜程度的隶属度;r 为旬降水量;r_h 为旬最大有效降水量;r_1 为农作物生育期内逐旬生理需水量。

日照适宜度计算:以日照百分率 70%为临界值,大于 70%为日照条件达到农作物生长发育适宜程度的指标。

$$S_s = \begin{cases} e^{-\left(\frac{s-s_0}{b}\right)^2} & s < s_0 \\ 1 & s \geqslant s_0 \end{cases} \qquad (6.4)$$

式中，S_s 为旬日照适宜度，s 为旬日照时数，s_0 为日照百分率达到 70% 时的日照时数，b 为常数。对于不同作物和不同生育期，s_0 和 b 取值不同。

气象要素综合适宜度判定模型：

$$S_{trs} = (S_t S_r S_s)^{1/3} \qquad (6.5)$$

式中，S_{trs} 为温度、水分、日照综合适宜度；S_t、S_r、S_s 分别为温度、降水和日照适宜度。将综合适宜度判定模型用于农作物全生育期的定量评价时，要考虑到农作物在不同生长发育阶段的气象条件对其产生的作用与贡献有差别，须通过加权平均计算作物生长季的单要素及光温水综合适宜度。

作物生长模拟模型也是开展农业气象条件定量评价的有力工具，具有良好的发展前景，欧盟各国已经用作物生长模型进行农业气象条件影响实时评价，我国在这方面也尝试开展了一些工作，但由于作物模型需要参数多、计算过程复杂等原因，目前尚不能在农业气象业务中广泛应用。

③ 气象条件评价产品内容及流程

气象条件评价是对农作物生长的某一个生育期或某一生长阶段或专门针对某一个或几个天气气候事件开展的农业气象条件评价，如"2010 年重庆市水稻播种期气象条件分析""近期低温阴雨对农业生产的影响""2009 年天气对小麦生长发育的影响"等。需要说明的是，在气象条件的评价中，除了分析气象要素、气象灾害等气象条件，还需要包括其他方面的分析，如土壤墒情的分析、当前农业生产活动等。

气象条件评价的产品多以专题分析为主。内容包括：前期天气条件的分析（包括气象要素统计、气象灾害分析、土壤墒情状况等）、天气对作物生长发育及农业生产的影响、后期天气趋势及农事建议。业务流程如图 6-10 所示。

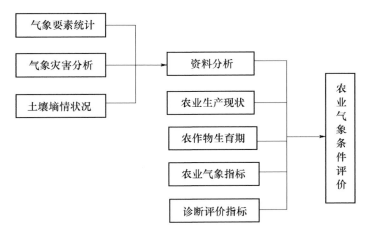

图 6-10　大宗粮油作物农业气象条件评价流程图

6.2.3.2　主要作物生产全程性系列化农业气象情报

（1）春耕春播

农谚说"一年之计在于春"，春播是一年农业生产的开始。在重庆春播作物主要为水稻、玉米和红苕,水稻育秧主要采用直播和水育秧,旱育秧面积较小,因此总体上受天气气候条件影响比玉米、红苕大,是春播服务的重点。

① 春播适播期与热量条件

热量条件是决定作物播种期的关键因素,中西部浅丘和长江河谷地区热量条件较好,水稻播种期相对较早;而东北部、东南部及偏南丘陵山地热量条件相对较差,水稻播种期相对较迟。温度是决定作物生长的限制因子,常规水稻的发芽起点温度为 10 ℃(粳稻)、12 ℃(籼稻),重庆以籼稻为主,一般在气温稳定通过 12 ℃后开始播种,玉米和红苕播期比水稻略晚。结合多年水稻、玉米、红苕的农业气象观测资料分析,将重庆各地大春作物春播适播期做表 6-15。从表中可见,大春作物春播适播期由西部、中部向东部逐渐推迟,渝中、渝西在 2 月下旬至 3 月中旬,渝东北适播期在 3 月上旬至 4 月上旬,渝南(包括渝东南及綦江、万盛、南川等地的部分较高海拔地区)在 3 月中旬至 4 月上旬;水稻适播期比玉米早,玉米和红苕基本相同。大春季采取适时争早策略,各地应掌握适播期,根据天气情况适时早播。农谚"春争日""早种三分收,晚种三分丢"就指出了早播能够提高收成,很多研究也表明适时早播对粮食产量有较明显的贡献。要指出的是,随着气候变暖,重庆市各地入春日期稍有提前趋向。1966—2008 年,绝大部分地区入春日期提前率均大于 1.50 d/(10 a)。与此适应,各地播种期也应略提前。

表 6-15　重庆市各地春播适播期

渝西地区	海拔 400 m 以下河谷浅丘区	水稻:2 月 25 日—3 月 5 日	渝中地区	海拔 500 m 以下浅丘平坝区	水稻:2 月 25 日—3 月 10 日
		玉米:3 月 1 日—3 月 10 日			玉米:3 月 1 日—3 月 10 日
		红苕:3 月 1 日—3 月 10 日			红苕:3 月 1 日—3 月 10 日
	海拔 400 m 以上深丘区	水稻:3 月 5 日—3 月 15 日		海拔 500 m 以上深丘低山区	水稻:3 月 5 日—3 月 20 日
		玉米:3 月 10 日—3 月 15 日			玉米:3 月 10 日—3 月 20 日
		红苕:3 月 10 日—3 月 20 日			红苕:3 月 10 日—3 月 20 日
渝南地区	海拔 500 m 以下丘陵平坝区	水稻:3 月 15 日—3 月 30 日	渝东北地区	海拔 600 m 以下深丘区	水稻:3 月 5 日—3 月 15 日
		玉米:3 月 15 日—3 月 25 日			玉米:3 月 5 日—3 月 15 日
		红苕:3 月 10 日—3 月 20 日			红苕:3 月 5 日—3 月 15 日
	海拔 500~900 m 深丘低山区	水稻:3 月 20 日—4 月 5 日		海拔 600~900 m 深丘峡谷区	水稻:3 月 15 日—3 月 25 日
		玉米:3 月 15 日—3 月 25 日			玉米:3 月 15 日—3 月 25 日
		红苕:3 月 10 日—3 月 20 日			红苕:3 月 15 日—3 月 25 日
	海拔 900 m 以上中低山区	水稻:3 月 25 日—4 月 10 日		海拔 900~1500 m 低山区	水稻:3 月 25 日—4 月 10 日
		玉米:3 月 20 日—3 月 30 日			玉米:3 月 20 日—4 月 5 日

② 春播期间不利气象条件及防御措施

低温阴雨是春播期出现频繁、危害较重的灾害性天气,其定义为"连续 3 d 或 3 d 以上日平均气温低于 12 ℃"。强度划分的标准如下:日平均气温≤12 ℃,持续天数 3~5 d 为轻度(若此过程中出现日平均气温≤10 ℃,≥3 d 则上升为中度);日平均气温≤12 ℃,持续 6~9 d 为中度(若此过程中出现日平均气温≤8 ℃,≥3 d 则上升为重度);日平均气温≤12 ℃,持续≥10 d 为重度。低温阴雨的天气特点是阴雨连绵、少日照、温度低且持续时间较长。低温阴雨对大春秧苗的素质影响较大,对水稻育秧特别不利。其原因是,水稻从播种到成秧要经过萌动(破胸)—发芽(出苗)—幼苗(三叶)—成秧四个阶段。出苗到三叶期,尤其当幼苗长出三片完全叶即"离乳期",此时幼苗已经耗尽种子本身的养分,而叶片的光合作用较弱,遇低温阴雨则易发生"饥饿"现象,抵御能力降低,经受不住冷空气和病害的侵袭。低温阴雨的危害表现为,一是烂秧,烂秧后需要补播,不但损失了种子,还会贻误农时,推迟成熟期,并可能导致水稻在灌浆期遭受严重的伏旱威胁;二是秧苗长势弱,低温阴雨使秧苗"体弱",更容易遭受病害的侵袭,造成根系功能下降,引发腐发性病害;三是如遇冷后骤晴更易受害,由于低温的影响,秧苗生长弱,根系活力低,叶面蒸腾很小,当天气转晴、气温陡升,叶面蒸腾突然增加,根部吸水向上输送供应不够,可能发生生理性失调,而导致叶片干枯死亡。2010 年 3 月中下旬,重庆各地出现低温阴雨天气,造成水稻秧苗出现生长停滞、黄叶、霉烂死苗以及烂种,玉米苗出现叶片发黄、发育迟缓的现象。

为防御低温阴雨的影响,可以采取以下应对措施。一是在播种的时节上,抓住"冷尾暖头",抢晴播种,转晴后的回暖天气有利于种谷扎根出苗。二是加强膜床管理,降温天气来临前及时检查盖好膜,提高秧田温度;低温结束后天气转晴,气温升高,要及时看天揭膜、通风降温,避免高温烧苗。如低温持续时间较长,则应在气温略有回升且无雨的天气里,于中午前后打开薄膜两头透气炼苗,以免秧苗长时间生长在薄膜里窒息死亡。三是三叶期后加强水分管理,利用水层调节苗床水温,晴天要日排夜灌,即白天保持浅水层,增加温度,夜间保持一定的水层,以防泥温过低对秧苗造成伤害。如遭遇低温危害时,应深水护苗,待冷空气过后天气放晴,气温明显回升时,逐渐降低秧田水层,不急速排干水,避免秧苗因失水过快造成青枯死苗;若低温持续时间较长,则应在气温回升的中午对秧田水进行适当减排,露苗透气,提高土温,促进秧苗根系的生长。

另外,在低温阴雨发生前,随着强势冷空气的侵入,往往还会伴随出现大风、寒潮等天气,也需要注意护苗防范。

(2)夏收夏种

夏收夏种即收获已成熟的油菜、小麦等小春作物,栽种水稻、玉米等大春作物,重庆各地一般在初夏时节(4 月中旬—5 月中旬)。所谓"夏抢时",即"双抢"时节,农时打紧,抢收抢种农活忙,要靠"抢时"才能完成夏收夏种任务。根据气候统计资料,重庆各地的大雨开始期一般在 4 月中下旬,之后进入多雨季节,5 月还容易出现连阴雨,对小春作物收晒不利。夏收后,立即着手大春作物栽种,若夏收进度缓慢,则容易造成大春作物播栽期推迟,进而影响到生育期后延,导致其生育后期遭受高温伏旱的概率增加,水稻随移栽期的后延,分蘖力和分蘖数降低或减少,干物质的积累或质量也会有下降。夏种"抢时",适时早播早栽能够促进增产,农谚说"栽秧要抢先,割谷要抢天""早栽三日谷子饱,迟栽三日穗子小",说明了适时早播对增产的重要性。

双抢期间,连晴的好天气有利于小春作物收晒,阴雨天气则有负面影响;土壤墒情适宜、光热条件好则利于大春作物栽种,低温阴雨或发生干旱则对大春作物栽种不利。对夏收而言,阴雨天气使小春作物收晒工作无法正常进行,导致小春作物收获进度放慢,而已收获小春作物也因持续的阴雨天气不能及时出晒,造成谷堆过于湿重、过热、不通风、透气性差,容易出现种子发芽、霉变现象;对夏种而言,阴雨期间,气温往往偏低、日照不足,光热条件较差,会造成大春作物秧苗长势偏弱,生长滞缓,弱势苗增多,栽种进度大受影响;大春作物苗期多阴雨天气还会诱导农作物病虫害的发生、蔓延,使作物受害。2010 年 3—5 月,重庆各地出现了累计天数最长达 51 d 的低温阴雨天气,造成小春收获进度比常年偏慢 20%,大春作物栽插延迟 5～7 d。除阴雨天气外,干旱也是影响夏种的重要气象灾害,干旱发生期间,降水不足导致栽秧水缺乏、土壤墒情较差,使大春作物栽种农事活动受阻。

"双抢"期间,遭受持续阴雨天气时,一要加强大春作物田间水肥管理,对出现"坐蔸"的水稻田块,要及时排水晒田,增温通气,缓解毒害,并追施分蘖肥以恢复生长;玉米地则要注意清沟排渍,重施拔节肥。二要开展马铃薯晚疫病、水稻一代螟虫等病虫害的监测,并抓住晴好天气有利时机开展病虫害防治。

对于双抢期的干旱,则要做到"提早防范、加强蓄水、做好调度、节约用水"。把干旱的预防放在首位,抓住降水天气,做好蓄保水;干旱发生后,根据水资源的状况,做好水源调度,节约用水。在农业气象服务中,一定要根据天气实况对栽秧水、土壤墒情的状况做出客观评价,为大春作物栽插科学决策提供指导意见。从大春作物栽插期干旱气候多发的实际出发,有必要开展干旱评价业务,如张旭晖等(2000)利用干旱指数确定水稻移栽期的干旱指标,并据此开展了水稻移栽期的干旱试评估,对移栽期的稻田水分状况做了较为客观的评价。

（3）秋收秋种

秋收秋种指收获成熟的水稻、玉米等大春作物和播种小麦、油菜等小春作物,兼或包括秋耕,故秋收秋种时节也常被称作"三秋"。重庆各地由于春播日期参差不齐,西部和东南部相差较大,因此秋收时间间隔也较长,全市的主要收获期在8月中旬—9月中旬,由先到后的顺序依次为渝西和渝中、渝东北、渝东南地区,即浅丘河谷地区较早,山区较晚;重庆各地气候差异较大,小春作物主要播种期在9月上旬—11月中旬,高海拔地区由于热量条件较差,如果播种太晚则作物不能正常生长发育,因此秋种要早一些,由先到后的顺序依次为渝东南、渝东北、渝西和渝中地区。

随着主汛期(6—8月)结束,雨日、雨量逐渐减少,日照时数明显增多,重庆各地迎来了秋高气爽的收获时节,全市秋收工作全面展开。晴好天气对大春作物收晒十分有利,各地一定要利用晴好天气,及时收获玉米、水稻,并不失时机地进行晾晒,风干除杂后的干谷入仓通风干燥,以免到手的果实减少、霉烂而影响到品质。阴雨天气是秋收的大敌,由于日照少,收获的粮食往往无法晾晒,田里已成熟作物也收不回来,若阴雨天气持续,还可能引起待收谷物穗发芽和已收谷物发芽、霉变,导致品质下降或减产。

秋收结束,各地秋种工作又提到了农事活动日程。小麦、油菜均属于喜凉作物,小麦在日平均气温高于10 ℃且低于20 ℃的条件下适宜播种,油菜适宜播种的温度条件为日平均气温16～22 ℃。播种日期的选择对作物的生长发育十分重要,播种期的早晚会造成作物生长发育期间温度、光照等条件的差异,使其光合作用和营养物质的运输发生相应的变化,也导致生长发育进程发生改变,从而对籽粒产量及其构成因素造成影响。马东钦等(2010)提出,小麦播种期推迟,千粒重和籽粒产量均呈下降趋势,但对不同品种籽粒产量的影响程度不尽相同。小春作物播种不能强调早播,必须根据播种的气象条件要求适时播种,否则对产量形成也有不利影响。油菜在不同播期的产量存在极显著差异,播期与产量间呈二次曲线的关系,播期过早或过迟都难以获得高产(任延波 等,2003)。油菜适宜播期的温度条件为日平均气温16～22 ℃,重庆各地油菜的适宜播种期如表6-16所示,具体播期应本着冬性迟熟品种偏早、春性及半冬性早熟品种偏迟、移栽油菜偏早、直播油菜偏迟的原则灵活掌握。

表6-16　重庆各地不同海拔高度油菜适宜播种期

海拔高度/m	适宜播期		海拔高度/m	适宜播期	
	始播期	终播期		始播期	终播期
200	9月第4候	10月第4候	600	9月第1候	10月第2候
300	9月第3候	10月第3候	700	8月第6候	10月第1候
400	9月第2候	10月第3候	800	8月第5候	9月第5候
500	9月第1候	10月第2候	900	8月第5候	9月第4候

在秋种期间,连阴雨对秋种有较大的影响。一是连阴雨使田湿土粘、整地困难,从而使秋种推迟,当阴雨天气较重时,容易发生田间湿害,造成作物烂根等严重影响;二是由于重庆地处四川盆地东部,降水通常因北方冷空气南下遇暖湿气流而产生,因此阴雨持续期间,在冷空气影响下气温往往较低,造成土壤温度偏低、热量条件不足,而且常常伴随着寡照,容易造成已播作物出苗慢、苗不齐。要指出的是,如果播种后温度异常偏高,往往会导致苗旺长而发育不良。水分也是影响秋种的重要因子,降水持续偏少容易造成墒情偏差,导致秋种进度延误或出苗慢。

针对秋种对气象条件的要求,主要采取措施:在适播期的范围内,尽量看天播种,如遇干旱应注意抢墒播种,注意采取增墒措施,如遇连阴雨天气,要尽量做到雨后早播。在水分不足的情况下,要及时采取灌溉、浇水等措施,或者采用深播的方式有效利用底层土壤水分,同时要加大播种量,保证在缺水条件下有足够的基本苗。为防范连阴雨天气造成的湿害,要开好"三沟",即围沟、腰沟和墒沟,做到明水快排、暗水快沥、雨止田干,确保不因水分过多造成烂根;出苗后,要及时关注天气变化,通过增温、降湿、通气等手段,提高土壤温度,促进作物根系生长;如果阴雨结束后气温升得太快,可能会由于气温过高造成苗旺长,则可以采取水肥控制、深中耕等手段切断根系,对小麦过快生长进行适当的抑制;另外,还要注意防范阴雨天气引发的病虫害造成的影响。

（4）全生育期

① 农作物的生育期

重庆地形地貌复杂,立体小气候明显,包括局地河谷类南亚热带、中亚热带、山地北亚热带、暖温带、中温带等气候类型,适宜种植多种类型的农作物。主要粮油作物以水稻、玉米、小麦和油菜为主,它们的发育期如表 6-17 所示。

表 6-17　重庆市主要粮油作物的生长发育期

作物	生长发育期
水稻	播种、出苗、三叶、移栽、返青、分蘖、拔节、孕穗、抽穗、乳熟（灌浆）、成熟
玉米	播种、出苗、三叶、移栽、成活、七叶、拔节、抽雄、开花、吐丝、乳熟（灌浆）、成熟
小麦	播种、出苗、三叶、分蘖、拔节、孕穗、抽穗、开花、乳熟（灌浆）、成熟
油菜	播种、出苗、五真叶、移栽、成活、现蕾、抽薹、开花、绿熟、成熟

《农业气象观测规范》(国家气象局,1993)规定:当观测地段进入发育期的株(茎)数占总株(茎)数的百分率大于或等于50%为发育普遍期。以农业气象观测资料为基础,各地主要农作物的生育期的普遍期如表 6-18～表 6-21 所示。需要说明的是,在不同的年份,由于气候条件的不同,作物生育期的普遍期也不同,甚至相差较大。例如,1994 年 6 月 10 日万州的水稻处于拔节期,而 1996 年分蘖期是 6 月 18 日、拔节期则在 6 月 24 日,因此用大部分年份观测日期所在旬来表示生育期的普遍期。

表 6-18　重庆水稻生育期的普遍期

生育期名称	渝西/(月/旬)	渝中/(月/旬)	渝东北/(月/旬)	渝东南/(月/旬)
播种	3/上—3/中	3/下—4/上	3/中—3/下	4/中—4/下
出苗	3/中—3/下	4/上—4/中	3/下—4/上	4/下—5/上
三叶	3/下—4/下	4/中—5/中	4/上—5/上	5/上—5/中

生育期名称	渝西/(月/旬)	渝中/(月/旬)	渝东北/(月/旬)	渝东南/(月/旬)
移栽	4/下—5/上	5/中—5/下	5/上—5/中	5/中—6/上
返青	5/上—5/中	5/下—6/上	5/中—5/下	6/上—6/中
分蘖	5/中—6/上	6/上—6/中	5/下—6/上	6/中—6/下
拔节	6/上—6/中	6/中—6/下	6/上—6/下	6/下—7/中
孕穗	6/中—7/上	6/下—7/中	6/下—7/中	7/中—8/上
抽穗	7/上—7/中	7/中—7/下	7/中—7/下	8/上—8/下
乳熟	7/中—8/上	7/下—8/上	7/下—8/上	8/下—9/上
成熟	8/上—8/中	8/上—8/下	8/上—8/下	9/上—9/下

表 6-19　重庆玉米生育期的普遍期

生育期名称	渝西/(月/旬)	渝中/(月/旬)	渝东北/(月/旬)	渝东南/(月/旬)
播种	3/中	3/中—3/下	3/中—3/下	4/中—4/下
出苗	3/中—3/下	3/下—4/上	3/下—4/上	4/下—5/上
三叶	3/下—4/上	4/上—4/中	4/上—4/中	5/上—5/中
移栽	4/上—4/中	4/中—4/下	4/中—4/下	5/中—5/下
成活	4/中—4/下	4/下—5/上	4/下—5/上	5/下—6/上
七叶	4/下—5/上	5/上—5/中	5/上—5/中	6/上—6/中
拔节	5/上—5/中	5/中—5/下	5/中—5/下	6/中—6/下
抽雄	5/中—6/上	5/下—6/中	5/下—6/中	6/下—7/上
开花	6/上—6/中	6/中—6/下	6/上—6/中	7/上—7/中
吐丝	6/中—6/下	6/下—7/上	6/中—6/下	7/中—7/下
乳熟	6/下—7/上	7/上—7/中	6/下—7/上	7/下—8/上
成熟	7/上—7/下	7/中—7/下	7/上—7/下	8/上—8/下

表 6-20　重庆小麦生育期的普遍期

生育期名称	渝西/(月/旬)	渝中/(月/旬)	渝东北/(月/旬)	渝东南/(月/旬)
播种	11/上—11/中	11/上—11/中	10/下—11/上	10/下—11/上
出苗	11/中—12/上	11/中—11/下	11/上—11/中	11/上—11/中
三叶	12/上—12/中	11/下—12/上	11/中—11/下	11/中—11/下
分蘖	12/中—1/上	12/中—12/下	11/下—12/中	11/下—12/中
拔节	2/中—3/上	1/下—2/中	1/上—2/中	2/上—3/中
孕穗	3/上—3/中	2/中—3/上	2/中—3/上	3/中—4/上
抽穗	3/中—4/上	3/上—3/下	3/上—3/下	4/上—4/中
开花	4/上—4/下	3/下—4/上	3/下—4/上	4/中—5/上
乳熟	4/下—5/上	4/上—4/下	4/上—4/中	5/上—5/中
成熟	5/上—5/中	4/下—5/上	4/中—5/上	5/中—6/上

表 6-21　重庆油菜生育期的普遍期

生育期名称	渝西/(月/旬)	渝中/(月/旬)	渝东北/(月/旬)	渝东南/(月/旬)
播种	9/中—9/下	9/下—10/上	9/下—10/上	9/下—10/上
出苗	9/下—10/上	10/上—10/中	10/上—10/下	10/上—10/中
五真叶	10/上—10/中	10/中—10/下	10/中—11/上	10/中—10/下
移栽	10/中—10/下	10/下—11/上	11/上—11/中	10/下—11/上
成活	10/下—11/上	11/上—12/上	11/上—12/上	11/上—12/上
现蕾	12/中—1/上	12/下—1/中	12/下—1/中	12/中—1/下
抽薹	1/上—2/中	1/中—2/下	1/中—2/中	1/下—2/下
开花	2/中—3/中	2/下—3/上	2/中—3/中	2/下—3/下
绿熟	3/中—4/下	3/上—4/中	3/中—4/下	3/中—5/上
成熟	4/下—5/上	4/中—5/上	4/下—5/上	5/上—5/中

② 农作物生育的特点

农作物的生长发育过程包括生长期和发育期两个阶段,生长是指作物个体、器官、组织和细胞在体积、重量和数量上的增加,是一个不可逆的量变过程,即营养生长期;发育是指作物一生中其结构、机能的质变过程,其表现为器官和组织的分化,最终导致植株根、茎、叶和花、果实、种子的形成,即生殖生长期。

水稻的营养生长期主要包括秧苗期和分蘖期,秧苗期指种子萌发开始到拔秧这段时间,分蘖期是指秧苗移栽返青到拔节这段时间。分蘖期主要生育特点是根系生长,分蘖增加,叶片增多,建立一定的营养器官,为以后穗粒的生长发育提供可靠的物质保障;这一阶段主要是通过肥水管理搭好丰产的苗架,要求有较高的群体质量,应防止营养生长过旺,否则不仅容易造成病虫危害,而且也容易造成后期生长控制困难而贪青倒伏等,对水稻产量形成影响很大。水稻生殖生长期包括拔节孕穗期、抽穗开花期和灌浆结实期,生育特点是长茎长穗、开花、结实、形成和充实籽粒,是夺取高产的主要阶段,栽培上尤其要重视肥、水、气的协调,延长根系和叶片的功能期,提高物质积累转化率,达到穗数足、穗型大、千粒重和结实率高。

玉米生育期一般分为苗期、穗期和花粒期。玉米苗期是指播种至拔节的一段时间,是以生根、分化茎叶为主的营养生长阶段,生育特点是根系发育较快,但地上部茎、叶量的增长比较缓慢,田间管理的中心任务就是促进根系发育、培育壮苗,达到苗早、苗足、苗齐、苗壮的"四苗"要求,为玉米丰产打好基础。穗期指从拔节至抽雄的一段时间,生长发育特点是营养生长和生殖生长同时进行,就是叶片、茎节等营养器官旺盛生长和雌雄穗等生殖器官强烈分化与形成,这一时期是玉米一生中生长发育最旺盛的阶段,也是田间管理最关键的时期,这一阶段田间管理的中心任务是促进中上部叶片增大、茎秆敦实的丰产长相,以达到穗多、穗大的目的。花粒期指从抽雄至成熟这一段时间,生育特点是基本停止营养体的增长,而进入以生殖生长为中心的阶段,这一阶段田间管理的中心任务,就是保护叶片不损伤、不早衰,争取粒多、粒重,达到丰产。

油菜的营养生长期包括发芽、苗期(出苗至现蕾期)。在营养生长期,降水偏多、日照偏少有利于播种、出苗。现蕾抽薹又称蕾薹期,此期营养生长与生殖生长同时进行,生育特点是茎的生长和花芽分化,主茎各叶全部出完,单株叶面积扩大,蕾薹期是决定角果的每角粒数的重要时期。开花期营养生长与生殖生长都很旺盛,是决定每角果籽粒数的关键时期。

开花期后,进入角果发育期,该阶段的生育特点是角果发育、种子形成和油分积累,此时根、茎、叶的生长逐渐停止,功能逐渐衰退,角果迅速伸长增粗,是争取籽粒饱满和提高含油量的关键时期。

小麦的生育期包括出苗、分蘖、越冬、返青、拔节、孕穗、抽穗、开花、灌浆和成熟等生育时期。自种子萌发到幼穗开始分化为营养生长阶段,生育特点是生根、长叶和分蘖;自幼穗分化到抽穗是营养生长和生殖生长并进阶段,生育特点是幼穗分化发育与根、茎、叶、蘖的生长同时进行;抽穗至成熟是生殖生长阶段,为籽粒形成和灌浆成熟的阶段。这三个阶段分别是小麦的穗数、穗粒数和粒重的主要决定时期。

③ 全生育期气象条件的影响及防御措施

影响作物生长发育的气象条件主要有太阳辐射、温度、降水、湿度、风、二氧化碳浓度等。太阳辐射是植物生命活动的能源,产生光合效应、热效应和光的形态效应,影响作物机体有机物质的组成、物质输送、作物生长的形态等,日照长短在一定阶段对作物的发育,尤其是开花结实有决定性影响。温度是制约作物发育速度的主要因子,一般作物苗期要求较低的温度,特别是越冬作物,苗期要求有一定的低温春化阶段才能正常开花结实。生殖生长期要求较高的温度,温度的影响表现为作物各发育期出现的早晚和持续时间的长短。水分既是构成作物体的组成部分,也是其生长发育的重要环境因子。作物在整个生长发育的各个阶段对水分的要求不同,在作物生殖生长期前后,对水分最为敏感,称作物需水临界期,此时缺水常造成大幅度减产。各种作物由于起源、演化等的不同,其不同的生育期对农业气象条件的要求和反应各异,并各有其最低点、最适点和最高点。当农业气象条件处于最低点至最适点间,作物生长发育速度随气温条件的升高而加快。超过最适点以后,生长发育速度不但不再增加,甚至还会减慢;作物的农业气象条件在一定时期内处于最低点以下或最高点之上时生长受到抑制,甚至产生各种农业气象灾害。

在农作物不同的生长发育阶段,根据农作物的农业气象指标、农业气象灾害、灾害性天气等情况,对农作物的生长发育条件进行评价,并针对不同的天气条件,提出针对性的农事建议。在宏观上,要做到预、防、救相结合,才能减少不利天气的影响,这就要求掌握农业气象灾害发生的特点和规律,根据经验或专家意见,采取必要的预防措施,如预防干旱则要加强蓄水、预防湿害则要加强清沟排水;在春播、双抢、三秋等重要农事活动中,时刻关注天气变化,及时开展针对性农事活动或其他工作;如遭遇不利天气发生,例如春播遇低温、夏收遇阴雨,要及时加强田间管理或采取其他改善措施,降低天气的负面影响;多灾或重灾年份还需要全面考虑,或采取"水路不通走旱路""小春损失大春补"等对策,保证粮食稳定。

(5)关键生育期

① 主要农作物关键生育期

作物关键生育期的农业气象情报主要针对大宗粮食作物展开。在农作物生长发育过程中,对经济产量的形成做出关键性贡献的生育时期,简称关键期。水稻产量的构成要素是有效分蘖数、穗粒数和千粒重,决定产量要素的关键期分别是分蘖期、孕穗期和抽穗灌浆期;玉米产量的构成要素是穗粒数和穗粒重,决定这些要素的关键期分别是抽雄吐丝期和灌浆乳熟期;小麦产量的构成要素是有效茎数、穗粒数和千粒重,决定各要素的关键期是分蘖期、孕穗期和抽穗灌浆期;油菜产量的构成要素是有效分枝数、荚果数、千粒重,决定各要素的关键期是蕾薹期、开花期和绿熟期(表6-22)。

表 6-22　农作物的关键生育期

作物名称	关键生育期
水稻	分蘖期,孕穗期,抽穗灌浆期
玉米	抽雄吐丝期,灌浆乳熟期
小麦	分蘖期,孕穗期,抽穗灌浆期
油菜	蕾薹期,开花期,绿熟期

② 关键期对气象条件的需求及不利条件的影响

关键期气象条件较差或出现农业气象灾害,往往会导致作物生长发育不良或引起减产。在土壤、管理措施、栽培技术等因素相对稳定时,气象因素对作物关键期的生长发育状况有着决定性影响,主要是考虑温度、水分条件和农业气象灾害的影响,因此常有温度关键期、需水关键期之说。对重庆农作物而言,温度的影响可以分为低温和高温,水分的影响则主要表现为干旱。

重庆水稻分蘖期一般在 5—6 月,当日平均气温低于 18 ℃时,分蘖速度减慢,当遭遇到连续 3 d 或以上的低温冷害时,分蘖数明显减少。低温冷害对水稻分蘖的影响,与低温胁迫的强度和低温天气持续时间也有很大的关系。2010 年 5 月,重庆市各地出现严重的连续低温天气,造成水稻分蘖慢、分蘖数少,平均分蘖数仅 3~4 个,比常年同期偏少 3 个以上。水稻孕穗、抽穗灌浆期在 7—8 月,正是重庆的伏旱气候多发期。高温热害、干旱往往对水稻的正常发育造成不利影响。在 35 ℃以上高温的环境下,花粉活力、花粉萌发率均有下降,并随高温持续天数和高温强度增强而降低,其结果是导致授粉不良,空谷增多,对产量形成不利。灌浆期的高温会降低水稻叶片叶绿素含量、净光合速率等,从而降低灌浆速率,减少光合产物积累,导致产量降低。干旱胁迫对穗粒数的影响主要表现在孕穗期,干旱胁迫可以使单穗平均粒数明显减少。抽穗到乳熟期出现干旱,光合速率因缺水而下降,籽粒充实度降低,造成千粒重下降,导致秕谷增多。任何时期的干旱胁迫都会导致减产,孕穗中期、后期减产幅度最大,其次是分蘖中期、前期(王成瑗 等,2008)。需要指出的是,在重庆各地,水稻孕穗—灌浆期经常遭遇高温伏旱并非单一的高温或干旱胁迫,而是高温与干旱的复合胁迫,对水稻产量造成严重损害。

玉米对水分的要求较高,当缺水发生干旱时,生长发育受到较大影响。玉米的关键期包括抽雄吐丝期和灌浆乳熟期。根据观测资料统计,重庆各地玉米抽雄吐丝期一般在 5—6 月,这个时期对温度和水分的反应都极敏感,气温在 35 ℃以上花粉就会丧失活力,高于 38 ℃就不能正常开花;在抽雄前后一个月的时间(抽雄前 20 d 和后 10 d)是玉米需水临界期,如果遭遇高温和干旱的共同胁迫,将严重阻碍花粉的发育及授粉过程,导致结实率降低,影响到玉米果穗大小和籽粒数,干旱严重时,甚至难以抽雄("卡脖旱"),造成较大幅度减产。古语说"干花不灌、减产一半"就是这个道理。灌浆乳熟期一般在 6 月下旬—7 上中旬,这个时期发生干旱,植株因水分不足造成光合作用能力降低,光合产物积累不足,已结实的籽粒显得小而秕,产量降低。根据历史资料统计,重庆各地伏旱一般在 7 月中、下旬开始,正常年份一般不会对玉米产量造成太大的影响;但当伏旱发生在 7 月中旬以前,对于大春作物会造成较大伤害,发生时间越早危害愈重,值得关注的是,近 50 年来发生在 5—6 月的夏旱频率有所增加,重庆西部更是夏旱的高发区,需要特别注意防御。

重庆的小麦品种主要为冬小麦,关键期包括分蘖期、孕穗期和抽穗灌浆期。分蘖期一般在 12 月,该月重庆各地日平均气温低于 2 ℃的天数比较少,大部分地区 2 ℃以下天数为 1~

18 d,偏南及渝东南海拔较高的地区为 22～72 d,因此重庆各地小麦在分蘖期一般不会受到低温冷冻害的影响。但温度异常偏高(暖冬)会造成病虫越冬基数偏大,使其生长后期受到影响。孕穗期是小麦一生中一个重要的水分临界期,若小麦在此时遭受干旱或缺水胁迫,其穗长度、小穗数、籽粒重等都会受到较大影响,直至引起产量降低。抽穗灌浆期是小麦产量形成最重要的阶段,对水分较敏感,在干旱条件下,小麦叶片光合速度和效率会降低,光合产物的产量转化减少,导致籽粒重下降。在抽穗—灌浆期,缺水引起的干旱会造成小麦减产,雨水过多形成的湿害更是影响小麦稳产、高产和良好品质的主要限制因子;这是由于过多的土壤水分会造成土壤严重缺氧,根系因供氧不足,抑制生长发育,不仅削弱小麦光合产物的积累量和积累速度,而且还改变光合产物在地上和地下部分的分配比例,从而影响小麦正常灌浆结实和产量;同时造成营养离子亏缺且无机养分和体内有机养分失调,致使小麦品质下降。

油菜进入蕾薹期后,即由营养生长向生殖生长转化,光照和湿度条件是影响产量的重要因素。阳光不足,会影响油菜的开花授粉,降低结角率和结子率,降低光合作用强度和净光合率,光合产物减少,千粒重降低。缺光油菜苗情素质下降,对油菜后期的生殖生长产生不良影响。在自然光照度的 15%(约为 7500 lx)以下时,随光照度减弱,每角粒数直线下降,而光照增强则产量上升,并且每角果粒数、结子率亦随光照度的减弱而明显降低(信乃诠,2001)。油菜进入开花期(2月中旬)后,降水量增加,因降水过多形成的渍害是引起油菜减产的主要逆境因子。花期和角果发育期对渍害比较敏感,也容易诱发病害,造成作物生长发育受阻或死亡,直接影响油菜的结荚与产量。

6.2.3.3 特色作物气象专题情报

随着设施农业、特色农业、生态农业等新兴农业产业的出现,现代农业呈现出较强的发展态势,展示出旺盛的生命力,成为满足社会和人民群众生活需求的重要高效农业门类。近年来,重庆各级气象部门以现代农业的需求为指引,开展了烤烟、柑橘、大棚蔬菜和花卉苗木等特色作物的农业气象情报业务服务。

(1)烤烟生长发育气象条件影响评价

烤烟属喜温作物,多分布在重庆东北部、东南部山区,当气温低于 10 ℃ 即停止生长,22～28 ℃ 为最适宜的生长条件,移栽期要求日平均气温大于 13 ℃,移栽—顶叶成熟需要大于或等于 10 ℃ 活动积温为 2200～2600 ℃·d。在栽培季节,如果长期处于适宜的温度条件下,烟叶生长迅速,形成庞大的营养体,但品质往往不佳;从品质的形成来看,对气温条件的要求是前期较低,中期较高,成熟期不太高为适宜;此外,昼夜温差大有利于烟草的生长发育,成熟期温差小则有利于品质的提升。烤烟需水量大而不耐涝,以土壤相对湿度 70%～80% 为宜,水分过多则根系发育差、叶片纤弱易染病害,水分过少,则植株矮小,出现早衰,影响产量,且烟叶粗糙,质味下降。烤烟生产前后对日照时数要求截然不同,在生长期需要较充足、和煦的阳光,在成熟期则要求较少日照时数以利于烟叶品质提高(李琦,1997)。

(2)柑橘生长发育气象条件影响评价

重庆中亚热带湿润季风气候冬暖春早,热量充足,降水量充沛,气候湿润,无霜期长,既无长江中下游产区的周期性冻害,又无华南产区黄龙病等检疫性病虫害的威胁,具有发展柑橘业得天独厚的自然条件,是我国长江上中游柑橘带的核心区域。红橘、地方甜橙等传统品种近年来逐渐被锦橙、脐橙、夏橙取代,如今,从江津到巫山一带长江三峡库区已经形成以锦橙、脐橙、夏橙为主的甜橙生产基地。重庆柑橘主要分布在长江和嘉陵江沿岸的丘陵地区,其中,东部丘陵山地峡谷光热条件好,相对湿度低,脐橙为主栽品种;中西部热量高、湿度大、年温差和昼夜温差小,普通甜橙和宽皮柑橘、柚类品种表现好;东南部丘陵山地地形和气候复杂,柑橘种植分散,规模较小。

重庆低温天气日数少、强度低,对柑橘的危害小,影响柑橘生长发育主要是开花—幼果形成期(5—6月)和果实膨大期(7—9月)的高温天气。在开花—幼果形成期,当最高气温高于35 ℃,落花落果率大大增加,如伴有风或者低湿,则可引起蕾、花、果的大量脱落;在果实膨大期,当最高气温大于39 ℃,枝叶蒸腾作用加剧,水分大量散失,加之7—9月的伏旱天气造成土壤干旱,引起树体缺水,高温干旱的共同胁迫作用使果实膨大受到抑制,果径增长速度减缓而导致减产。唐余学(2012)提出,重庆市中熟种的甜橙、红橘的产量与开花—幼果形成期和果实膨大期的危害积温密切相关,危害积温每增加1 ℃·d,柑橘产量平均减产约0.2%。气象条件对品质的影响也显而易见,温度和海拔高度是影响柑橘果实品质的实质性因素,但对各品质指标的影响差异明显,总酸、总糖、固酸比和糖酸比受影响较大,而可溶性固形物和维生素C则影响不明显(张成学 等,1995)。

(3)大棚蔬菜气象条件影响评价

大棚蔬菜生产克服了大田蔬菜生产必须面对的不利气象条件,发展势头较好,2011年重庆市大棚蔬菜面积约10万亩。在一定的成本范围内,通过采取技术措施,大棚能够对棚内小气候环境进行适当调节,以满足蔬菜对气象条件的需求。

重庆大棚蔬菜生产的主要限制因子是低温和阴雨。低温主要发生在冬季,当强冷空气入侵,气温下降时,棚内气温降低,导致蔬菜生长滞缓,严重的甚至发生冻害,造成蔬菜品质下降、产量降低,因此冬季极端气温是影响大棚蔬菜整体布局以及引种的重要气候参考指标。阴雨也是主要的限制因子之一,重庆多阴雨天气,一年四季均有发生,但以秋季为重。阴雨发生时,日照少,影响蔬菜叶片进行光合作用,持续时间长则造成体内营养缺乏,容易受到病害的侵袭。

(4)其他作物气象条件影响评价

除上述的各种专题外,还开展了花生、大豆、高粱等作物的专题。其各自的不利气象条件及影响如表6-23～表6-25所示。

表6-23 花生生长发育不利气象条件及影响

生长发育期	不利气象条件及影响
播种和苗期	土壤水分低于40%或水分过高,阴雨天气、气温低于15 ℃等,都不利于出苗和幼苗生长
花针期	温度低于22 ℃、高于25 ℃,空气相对湿度低于50%～70%,土壤相对湿度低于50%,不利于开花下针
结荚期	温度低于12 ℃,阴雨绵绵,土壤相对湿度低于40%或高于70%,对结荚不利
饱果成熟期	阴雨天气持续,霜冻来临早,气温骤降,土壤水分过高等不利于干物质积累;严重阴雨或霜冻害可能导致烂果

表6-24 大豆生长发育不利气象条件及影响

生长发育期	不利气象条件及影响
播种出苗期	地温低于8 ℃不发芽,幼苗遇-2 ℃以下低温遭受冻害;土壤水分不足,导致出苗率降低
分枝期	日平均气温低于20 ℃,土壤水分过多,不利于根系深扎增强抗倒伏能力
开花结荚期	日平均温度低于15 ℃或高于29 ℃,空气相对湿度大于90%或低于20%,干旱,对开花结荚不利
成熟期	气温高于25 ℃或低于15 ℃,连阴雨天气,影响灌浆,不利于籽粒充实

表 6-25　高粱生长发育不利气象条件及影响

生长发育期	不利气象条件及影响
播种至出苗期	地温低于 12 ℃,土壤相对湿度低于 50%,影响出苗
拔节期	干旱,雨水过多影响幼苗正常生长发育
抽穗开花期	日平均温度低于 15 ℃,停止开花;出现高温、干旱、暴雨或阴雨,影响开花授粉,大风易引起倒伏
成熟期	气温在 15 ℃以下,出现连阴雨天气影响正常灌浆,成熟期延迟,出现干旱影响籽粒饱满度,导致减产

6.3　农业气象预报

人类的农业生产活动主要是在露天的大田中进行的,直接受到环境气象条件的影响,作为气象对农业生产服务有效途径之一的农业气象预报,是一种专为农业生产编发的气象预报和农业生产对象的生育产量和受灾状况的预报。农业气象预报是针对农业生产的具体要求,根据以往出现的天气气候条件,以农业生物学和气象学物理过程为基础,结合有关的农业气象指标,使用一定的分析和数学计算方法而编制的一种专业气象预报。科学预估环境气象条件的未来可能演变趋势及其可能对农业生产的作用和影响,以充分而必要的气象条件和合理的预测估算结果,就可超前为政府和有关部门提供未来农业生产可能变化趋势的信息,以便及时采取相应措施,做到科学规划、及时决策、合理安排、趋利避害。

6.3.1　农业气象预报的种类

农业气象预报的对象和内容广泛而庞杂,根据农业气象预报内容可分为以下几类。

(1)农业气象条件预报。包括作物生长期间热量条件及其供应状况的预报,农田土壤贮水量及水分供应状况预报等。

(2)为田间工作和农事活动服务的农业气象预报。包括作物适宜播种(栽插)期预报、最适施肥期和施肥量预报、灌溉期和灌溉量预报等。

(3)农业气象产量预报。包括农业产量预报和农业年景预报,也包括一些经济作物和果树的产量和产品质量预报。

(4)发育期预报。如果树开花期、成熟期预报,牧草开花期预报,冬小麦返青期预报,棉花吐絮期预报,水稻齐穗期、开花期、成熟期预报等。

(5)农业气象灾害预报。如霜冻预报,冻害预报,冷害预报,干热风危害预报,旱灾预报,以及农作物、果树病虫害发生和消长预报等。

(6)农用天气预报。如在农作物播种期、收获时期以及平时田间管理(施肥、喷洒农药等)中需要的天气预报等。

6.3.2　农业气象预报方法

农业气象预报方法很多,常用的有统计学方法、天气学方法、气候学方法、物候学方法、数学物理学方法和遥感监测方法应用等,下面简单介绍前面几种方法。

6.3.2.1　统计学方法

统计学方法是建立在被估算的因变量(如产量、某发育期到来的日期等)与其预报因子之间稳定、可靠的相关关系基础上的。建立预报模型即综合预报因子做出预报判断的方法,即一般的统计预报方法。目前,农业气象预报中最常用的预报模型归纳起来有回归分析、判别分析、聚类分析和随机过程分析等。

(1)回归分析

回归分析是研究随机现象中变量之间相关关系的一种数理统计方法。通过对变量实际观测资料的分析、计算,建立一个变量(因变量)和另一个或一组变量(自变量)的所谓回归方程,经过统计检验和试报检验,认为回归效果显著、精度符合要求后即可用于预报。回归分析方法是目前农业气象预报中最常用的一种统计学方法。具体的回归模型很多,包括多元线性回归、逐步回归、多项式回归及正交多项式回归、积分回归等。

(2)判别分析

在农业气象预报中,根据服务的需要,一些预报对象常常分成若干个级别或类别。例如,在农业气象产量预报中常按各年气象产量的高低,将各年分为丰年、平年、歉年三种年景进行预报。根据预报对象的不同类别,选择一些前期因子(判别因子)建立针对不同类别的判别方程,这种预报方法就是判别分析法,又称分辨法。

判别分析的基本思想是根据一批已知样品,设法找到一个或多个由样品各种属性(判别因子)构成的线性函数,使之能有效地判别每个样品其所属类型。这类线性函数称为判别函数或判别方程。判别分析方法是多种多样的,因为建立判别函数的准则和函数的形式不同就构成了不同的方法。在农业气象预报中,常用的有费希尔准则的二级判别、多级判别,贝叶斯准则的多级判别和逐步判别等。

(3)聚类分析

聚类分析是研究多个变量或要素客观分类的统计分析方法。聚类分析方法一般事先并不确切知道事物分成几类,而是根据有些相似性指标,把分类的个体(或样品)用联合、分裂或添加的方法进行聚类或串组,也称为串组分析。常用的聚类方法有逐级归并法、平均权重串组法、最近距心串组法等。

综上所述,统计学方法能够客观地揭示各种随机变量之间的相关联系,因此该方法在农业气象预报中得到了最广泛的应用,尤其是编制农业气象产量预报和农业气象灾害预报等较长时效的预报。但由于统计预报模式和方程只反映了某种特定条件下预报量和预报因子之间的相关规律,并不一定是本质上的因果关系,所以存在历史拟合度高,但预报效果差的问题。

6.3.2.2　天气学方法

根据天气学原理,分析天气形成和演变的特点,从中找出固有的规律,并归纳成具体的预报模式和预报指标,做出农业气象预报的方法即为天气学方法。

天气学方法由于综合考虑了大范围环流形势背景、影响系统,以及其前后演变和转折规律,又考虑了本地区地理环境特点,物理意义比较明确,预报准确率较高,预报效果较好;尤其是这种方法编制 10 d 以内的中、短期农用天气预报更为适用。如干热风天气预报、低温连阴雨天气条件等,在实际预报中收到较好的效果。

6.3.2.3　气候学方法

气候学方法是根据气候学原理,适用历史气候资料和气候分析方法,分析本地区常年各农事关键季节和作物生育期间农业气象条件变化特点和演变规律进行预报的。用这种方法编制农业气象预报一般准确率较高,而且时效性较长,特别适用于编制长期或超长期预报。

气候学方法除了用于编制生长季内热量条件、水分条件预报外,还适用于编制农业气象产量预报、农业气象灾害预报以及作物病虫害预报等。

运用气候学方法编制农业气象预报应注意预报的条件必须与农业生产实际需要相结合,使其预报具有农业意义;注意预报因子和预报对象时空尺度相对应;在农业气象预报中气候学方法不能替代天气学方法,两者必须相结合,彼此互相补充、互相促进;要有充足的资料,必须注意序列的插补延长和订正的问题。

6.3.2.4 物候学方法

物候学方法是以物候学原理为依据,通过对大量的物候观测资料和农业生物生长发育状况观测资料的对比分析,建立预报关系或找出预报用的物候指标,然后根据物候现象编制农业气象预报的一种方法。

生物物候现象对农业生物的生长发育和产量形成有预示作用,是有明显持续性影响的因子。因此,用该方法来编制作物发育期预报、适宜播种期和收获期预报及农作物病虫害气象预报等效果较好。

采用物候学方法编制预报要注意:不同的生物其生物学特性不同,因此,对前期的环境条件反应各不相同,对农业生产也有不同的预示作用;在预报时要注意资料的代表性、比较性和准确性、系统性。

6.3.3 农业气象预报业务流程

在确定农业气象预报项目和内容之后,具体编制某项农业气象预报步骤如下。

(1)确定有明确农业意义的农业气象指标

在编制预报时,要取得有农业意义的农业气象指标或指标系统,一般经过直接引用有关指标以及根据调查试验研究资料的分析来确定所需要的指标。在引用外地指标时,要注意地区间农业生产水平和农业气象条件差异的影响,指标必须经过验证和实际预报的验证才能在本地使用。

(2)预报内容的农业气候分析

对预报内容的历史情况进行分析。包括历年平均情况、极端情况及各种情况出现的频率和保证率等方面的分析和计算。比如编制某地春播玉米适宜播种期预报,可根据选用的适宜播种的日期,进一步计算出历年适宜播种的平均日期、最早和最晚日期,还可求算出春季各种时段适宜播种期出现的频率,以及春季某一日期前适宜播种期出现的保证率等。

(3)当前农业气象条件的鉴定

前期农业气象条件影响农作物生长发育,在一定程度上决定了作物生育的状况,又有持续性作用,并能改变作物对后期气象条件变化的适应能力。因此,在考虑前期形成的农业气象条件的特点以及当前作物生育状况的基础上来编制预报,可提高预报的准确率。

(4)综合各种预报方法的预报结果,得出预报结论

为避免片面性,提高准确率,应采取多种预报工具和预报方法,对所要预报的对象进行预报,并要综合各种预报工具和方法的预报结果,才能得出比较可靠的预报结论。

(5)从农业气象角度提出有效措施的建议

为了使农业气象预报在实际生产中发挥作用,应在得出预报结论的基础上,在农业气象试验研究成果和服务经验的基础上,结合具体情况考虑,从农业气象角度,有的放矢地提出趋利避害措施的建议。

（6）农业气象预报的发布

经过上述步骤完成某项农业气象预报后，按照中国气象局农业气象业务产品发布相关规定进行发布。

综上，农业气象预报流程如图 6-11 所示。

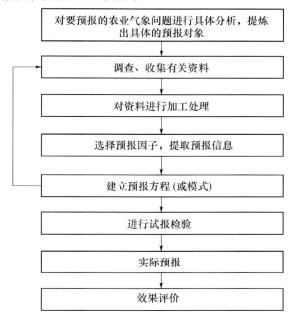

图 6-11　农业气象预报工作流程图

6.3.4　农业气象产量预报方法及应用

6.3.4.1　农业气象产量预报方法

农业气象产量预报是各级政府制定粮食计划和农业生产决策所需要的重要经济信息，是气象为农业服务的主要产品之一。在我国，农业产量预报是最为规范和业务化水平最高的一种农业气象预报。农业气象产量预报对象分为粮食作物产量预报、经济作物产量预报和名特优小宗农产品产量预报。

农业气象产量预报方法一般分为统计学方法、动力模拟方法和遥感方法三类（图 6-12），其中统计学方法应用最为广泛。

农业气象产量预报统计学方法是在没有完全揭露作物产量与气象影响因子内在因果关系的情况下，采用各种相关回归技术探求作物产量与影响因子之间的统计关系，相应地建立统计预报模式，经显著性等检验后应用于预报。这是一种比较客观、严密的模式方法，是目前实际预报中应用得最广泛的一种方法。

（1）基本模型

作物的最终产量是在自然因素和非自然因素的综合作用影响下形成的。尹东（2000）、王石立（2003）、马雅丽（2009）、房世波（2011）等认为一般将这些因素按影响的性质和时间尺度划分为农业技术措施、气象条件和随机"噪声"三大类。其中，农业技术措施类包括施肥、经营管理、病虫害控制、品种改良及其他增产措施等，它反映了一定历史时期的社会生产力发展水平。在随机"噪声"类里，除了一般统计所产生的随机误差外，还包括那些在具

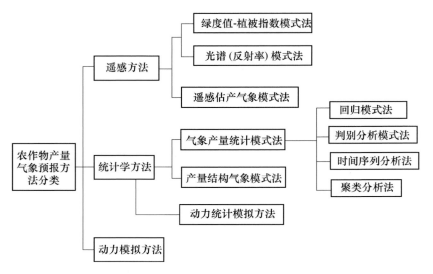

图 6-12　作物产量气象预报方法分类图

体计算模式中,前两类因素项里所没有考虑到的其他偶然因素的影响,如病虫害、洪涝、社会经济变革等因素,它们对产量的影响基本上没有规律性可循。与上述相对应,作物产量可以分解为趋势产量(Y_t)、气象产量(Y_w)和随机产量(ΔY)三部分。这样,作物产量(Y)的统计模型可简单地表述如下:

$$Y = Y_t + Y_w + \Delta Y \tag{6.6}$$

因为各地影响增、减产的偶然因素并不经常发生,而且局部性的偶然因素的影响也不太大,因此,在实际产量的分解计算中,一般假定 ΔY 可以忽略不计。农业气象的预报产量 $\hat{Y}$ 就可以表示为:

$$\hat{Y} = \hat{Y}_t + \hat{Y}_w \tag{6.7}$$

式中,$\hat{Y}_t$ 为预报的趋势产量,其中包括某地区作物在正常天气条件下农技措施没有明显变化时的基本产量特征;$\hat{Y}_w$ 为预测的气象产量。换言之,一般情况下,预测方程中无法定量考虑各种偶然因素对作物产量的随机影响,即 $\Delta\hat{Y}$ 是无法用某一固定函数关系来定量估计并列入具体计算模式的。只是在个别年份的具体情况下,可以采用增加具体订正项的办法来考虑这些偶然因素可能产生的影响($\Delta\hat{Y}$)。

预报产量 $\hat{Y}$ 还可写成:

$$\hat{Y} = \hat{Y}_t \cdot \hat{c} \tag{6.8}$$

式中,$\hat{c}$ 为预测的气象条件对预测趋势产量的影响系数,$\hat{c} = \hat{Y}/\hat{Y}_t$。也就是说,可以把作物产量看作在一定的趋势背景下气象条件对其发展趋势所进行的订正。

(2)趋势产量模拟

一般情况下,尤其在大范围地域的农业生产中,农技措施对作物产量的影响在时间序列上是一个变化平缓的过程。相邻两年间的产量一般不会因农技措施的变化而发生剧增或锐减。一项农技措施的变革往往是逐渐发生、扩大(推广),并且持续多年方得以完成。因此,在具体处理时,通常把年序或其他时间参数简单地作为“自变量”,而以种种函数关系去逼近模拟农技措施这类稳定的非自然因素对作物产量影响的时间变率,统称为时间趋势产量或技术趋势产量,简称趋势产量。实际上,在天气-产量统计模式中,趋势产量代表气象产量模拟所用因素以外的所有非自然与自然因素对产量贡献的总和,也就是除农技措施的影响外,还包括其他对产量有类似于农技措施那样起作用的所有自然与非自然因素的影响。换言之,它是产量历史演变曲线中的长周期(或低频)波动部分。

目前,模拟趋势产量的方法很多,常用的有以下几种。

① 滑动平均模拟

滑动平均模拟,又称动态平均模拟,是早期应用的一种模拟方法。常用的滑动时段有 3年、5 年、7 年和 10 年等。这是一种简化的低通滤波模拟,其一般计算公式为:

$$\overline{Y}_t = \sum_{i=-k}^{k} w_i \cdot Y_{t+i} \tag{6.9}$$

式中,Y_t 为产量序列中第 t 个序列(实际产量)值,$\overline{Y}_t$ 为经过滑动平均模拟后的第 t 个产量序列(趋势产量)值,w_i 为权重系数(滤波函数中的第 i 个权重值)。滤波函数的总次数为 $2k+1$,除 w_0 为中心权重外,其余 w_i 与 w_{-i} 对称,即权重相等。如果采用等权系数,则上式可改写为:

$$\overline{Y}_t = \frac{1}{2k+1} \sum_{i=-k}^{k} Y_{t+i} \tag{6.10}$$

具体使用时,可根据需要采用不同年数的滑动平均来滤除那些因天气气候等因素变化而造成的短周期波动,能保持较多的非自然因素和其他因素造成的趋势产量信息,从而反映出产量序列的动态趋势。这种模拟方法简便,易于推广。其主要缺点在于,经过滑动平均后,序列要损失 2000 个样本;滑动时段难以标准化、客观化;等权系数也不能完全滤除曲线的短周期波动;而且滑动平均模拟易受极端值影响,在极端值附近常夸大了非自然因素的影响,减少了自然因素所提供的信息。特别应该指出,滑动平均模拟本身不能独立地对未来趋势产量进行预测,必须结合运用其他模型才能做出未来趋势产量的估测。因此在提取趋势产量时,特别是在资料序列较短时,一般不宜采用滑动平均模拟方法。

② 线性模拟

线性模拟又称直线回归模拟,它是在假定农业技术对产量的影响随时间演变呈直线上升的前提下,以时间的线性函数值来拟合趋势产量的方法。其计算公式为:

$$\hat{Y}_t = a + bt = \overline{Y} + b(t - \overline{t}) \tag{6.11}$$

式中,$\hat{Y}_t$ 为第 t 个模拟趋势产量,t 为时间变量,$\overline{Y}$ 与 $\overline{t}$ 为相应的平均值,a 为线性截距常数,b 为回归系数。b 可由下式求出:

$$b = L_{ty}/L_{tt} \tag{6.12}$$

式中,$L_{ty} = \sum_{t-1}^{n} (t - \overline{t})(Y_t - \overline{Y}_t)$,为 t 与 Y_t 之间的离差乘积和;$L_{tt} = \sum_{t-1}^{n} (t - \overline{t})^2$,为 t 的离差平方和。

线性模拟的函数关系简单明确,外推也较方便。但因其简单的线性关系可能把客观存在的,对趋势产量起非线性影响的某些重要因素忽略掉,进而影响气象条件与产量关系的分析。特别是在产量资料年代较长,其演变过程波动较大,或曲线明显不连续时,不宜采用此方法。

线性模拟还有另一种模式,即平均增长值模式:

$$\hat{Y}_t = \overline{Y} + Z(t - \overline{t}) \tag{6.13}$$

式中,$Z = (Y_L - Y_F)/(n-1)$,为平均增长值,Y_L 为产量序列中的最后一个产量值,Y_F 为该序列中的第一个产量值，n 为产量序列的样本数。

③ 非线性模拟

实践证明，农业生产技术水平总是随着社会生产的发展而变化。因此，非线性模式（又称曲线模拟）能更加合理地反映出以农技措施为主的非自然因素对产量的影响。常见的非线性模拟函数有指数曲线、对数曲线、二次抛物线、幂曲线、S 型曲线等，通常可采用准线性处理方法加以推导求算。对于那些比较复杂的混合型趋势曲线，除采用分段模拟处理外，也可采用正交多项式展开的方法进行模拟处理。

a. 准线性模拟

将某些可化为线性形式的非线性函数做线性化处理后，再用线性回归方法求解常系数的一种方法。准线性模拟的优点在于能根据产量的趋势变化情况，灵活选用各种曲线函数形式（如对数、指数、幂函数等），以能比较合理地模拟出趋势产量的实际变化情况。

b. 正交多项式模拟

一般说来，任何函数都可用高次多项式逼近，自变量等间隔的序列若利用正交多项式则可大大简化计算，因此，随时间变化比较复杂的产量序列也可用正交多项式来模拟其趋势产量。

时间趋势产量的 n 次多项式模拟可表达如下：

$$Y_t = a_0 + a_1 t + a_2 t^2 + a_3 t^3 + \cdots + a_n t^n \tag{6.14}$$

式中，Y_t 为时间趋势产量（因变量）；$a_0, a_1, a_2, \cdots, a_n$ 为回归系数；t 为时间（自变量）。为计算方便，对 $t^2, t^3, \cdots, t^n$ 进行正交变换，则上式可变为正交多项式：

$$Y_t = b_0 \varphi_0(t) + b_1 \varphi_1(t) + b_2 \varphi_2(t) + \cdots + b_n \varphi_n(t) \tag{6.15}$$

它呈线性回归形式。由于利用了正交性，使得多项式的项次无论增减多少项，其正交回归系数均不改变，因而可大大减少计算量。查正交表按一般求解线性方程确定系数的方法可解得产量趋势的具体表达式。

由于正交多项式可通过增加项次去尽量逼近历史产量演变实况，因此可用来模拟各种波形的历史产量演变曲线。在样本数不同的情况下应该取多少项，即 k/N 应取多大才比较合适，尚难确定一个客观标准。常见的项数 k 与样本数 N 之比多为 $0.1 \sim 0.3$。

c. 分段模拟

前面已经提到，在不同的历史阶段，其生产技术水平变化引起产量增减的速率是不相同的，特别是在发生重大技术改革，如改制、品种改良等的情况下，常出现产量曲线的不连续现象。对于这种情况，最好采用分段模拟的办法来提取趋势产量，即把某些比较复杂的产量趋势分为几个简单的产量趋势，并分别采用不同的方法来模拟，以使模拟的趋势产量整体比较符合实际情况。这是一种既简单又有效的趋势模拟方法。

d. Logistic 函数模拟

这是用描述生物量随时间变化规律的著名的费尔哈斯（Verhulst）模型来模拟趋势产量的方法。

一般认为，尽管趋势产量呈逐年上升的趋势，但它绝不会无止境地增大。随着生产水平提高，其增长速度将逐渐放慢。这种增长速度随时间推移呈慢—快—慢的趋势，用费尔哈斯模型来描述显然是比较适宜的。

Pearl 将费尔哈斯模型用于植物生长的预测：

$$Y = \frac{Y_{\max}}{1 + b_1 e^{-b_2(t-t_0)}} \tag{6.16}$$

式中, Y_{max} 为生长量的上限。此式又常写为:

$$Y = \frac{Y_{max}}{1 + e^{(A-Bt)}}$$ (6.17)

当 $t \to \infty$ 时, $Y \to Y_{max}$。

将(6.17)式变换为:

$$\frac{Y_{max}}{Y} - 1 = e^{(A-Bt)}$$ (6.18)

两边取对数

$$\ln\left(\frac{Y_{max}}{Y} - 1\right) = A - Bt$$ (6.19)

令

$$\ln\left(\frac{Y_{max}}{Y} - 1\right) = Z$$ (6.20)

则

$$Z = A - bt$$ (6.21)

代入产量样本资料,按直线回归求出系数 A 与 B 值,回代(6.18)式便得到历年趋势产量模拟值。Y_{max} 的确定是该方法的关键,就粮食产量序列而言,Y_{max} 很难客观化。目前通常用历史最高产量加上实际产量变化的标准差来设定 Y_{max}。

e. 直线滑动平均模拟

这是一种线性回归模型与滑动平均相结合的模拟方法,它将产量的时间序列在某个阶段内的变化看作线性函数,呈一直线。随着阶段的连续滑动,直线不断改变位置,后延滑动,从而反映产量历史演变趋势的连续变化。依次求取各阶段内的直线回归模型,而各时间点上各直线滑动回归模拟值的平均,即为其趋势产量值。

若某阶段的线性趋势方程为:

$$Y_i(t) = a_i + b_i t$$ (6.22)

式中, $i = n - K + 1$,为方程个数, K 为滑动步长, n 为样本序列个数, t 为时间序号。

则

$$
\begin{aligned}
&i = 1 \text{ 时}, t = 1, 2, 3, \cdots, K \\
&i = 2 \text{ 时}, t = 2, 3, 4, \cdots, K+1 \\
&\quad\vdots \qquad\qquad \vdots \\
&i = n - K + 1 \text{ 时}, t = n - K + 1, n - K + 2, n - K + 3, \cdots, n
\end{aligned}
$$ (6.23)

计算每个方程在 t 点上的函数值 $Y_i(t)$,这样每个 t 点上分别为 q 个函数值, q 的多少与 n、K 有关。当 $K \leqslant \frac{n}{2}$,则 $q = 1, 2, 3, \cdots, K, \cdots, K, \cdots, 3, 2, 1$; q 连续为 K 的个数等于 $n - 2(K+1)$;当 $K > \frac{n}{2}$,则 $q = 1, 2, 3, \cdots, n - K + 1, \cdots, n - K + 1, \cdots, 3, 2, 1$; q 连续为 $n - K + 1$ 的个数等于 $2K - n$。然后,再求算每个 t 点上 q 个函数值的平均值:

$$\overline{Y}_j(t) = \frac{1}{q} \sum_{j=i}^{q} Y_j(t) \quad (j = 1, 2, \cdots, q)$$ (6.24)

连接各点的 $\overline{Y}_j(t)$,即可表示产量的历史演变趋势。其特征取决于 K 的取值大小,只有当 K 足够大的时候,趋势产量才能消除短周期波动的影响。一般 K 值可取 10 a 或更长。据苏联学者研究，$K=14\sim16$ 时，可较好地分离出产量时间序列中的时间趋势。这种趋势模拟方法的优点在于不必主观假定（或判定）产量历史演变的曲线类型，也可不损失样本序列的年数，是一种较好的趋势模拟方法。

f. 调和权重模拟

这是近年来在趋势产量的外延预测中应用较多的一种模拟方法，它以不同权重去估计序列各样本对未来趋势的影响，即距预报年越近的样本，其权重越大。显然，与等权处理相比，调和权重是合理的，它更符合农业生产的实际情况。这种方法外推趋势产量的具体步骤如下。

第一步确定趋势产量函数 $f(t)$ 的增长量 W_{t+1}：

$$W_{t+1}=f(t+1)-f(t)=Y_{t+1}-Y_t \tag{6.25}$$

式中，均增长量为

$$\overline{W}=\sum_{t=1}^{n-1}C_{t+1}^n \cdot W_{t+1} \tag{6.26}$$

式中，C_{t+1}^n 为调和权重系数，它满足下列条件

$$\sum_{t=1}^{n-1}C_{t+1}^n=1 \tag{6.27}$$

第二步按下式求算调和权重系数：

$$C_{t+1}^n=\frac{m_t+1}{n-1} \tag{6.28}$$

若序列最早的样本的权重为

$$m_2=\frac{1}{n-1} \tag{6.29}$$

则下一个时段的权重 m_3 可用下式确定

$$m_3=m_2+\frac{1}{n-2}$$
$$\vdots \tag{6.30}$$
$$m_{t+1}=m_t+\frac{1}{n-t} \quad (t=2,3,4,\cdots,n-1)$$

第三步趋势产量的预报值可由下式求出：

$$Y_{t+1}=Y_t+\overline{W} \tag{6.31}$$

g. 指数平滑模拟

这是一种递推型的模拟预测模型，也是由滑动平均演变而来的。其基本原理仍是离预报年的历史时间越近，对未来的影响越大；反之就越小。显然，这与农业生产的年际间影响实况是一致的。因此，近年来常被应用于趋势产量的外延预测中。

指数平滑模拟预测的基本模型有以下两种。

线性预测模型：

$$Y_{t+T}=A_t+B_tT \tag{6.32}$$

非线性预测模型：

$$Y_{t+T}=A_t+B_tT+C_tT^2 \tag{6.33}$$

式中，T 为时间增量，即外延预测的时间步长；Y_{t+T} 为 $t+T$ 时刻的趋势产量预测值；A_t、B_t 和 C_t 分别为当前趋势水平常数、线性增量系数和非线性增量系数。

对线性模型来说，

$$\left.\begin{array}{l} A_t = 2S_t^{(1)} - S_t^{(2)} \\ B_t = \dfrac{a}{1-a}(S_t^{(1)} - S_t^{(2)}) \end{array}\right\}$$

(6.34)

对非线性模型，则

$$\left.\begin{array}{l} A_t = 3S_t^{(1)} - 3S_t^{(3)} \\ B_t = \dfrac{a}{2(1-a)^2}\big[(6-5a)S_t^{(1)} - 2(5-4a)S_t^{(2)} + (4-3a)S_t^{(3)}\big] \\ C_t = \dfrac{a^2}{2(1-a)^2}(S_t^{(1)} - 2S_t^{(2)} + S_t^{(3)}) \end{array}\right\}$$

(6.35)

式中，a 为加权系数，可经反复赋值试验，选其误差平方和最小的为适宜取值，而 $S_t^{(1)}$、$S_t^{(2)}$ 与 $S_t^{(3)}$ 分别为 t 时刻的第一、二、三次平滑值，可由式(6.36)计算求出：

$$\left.\begin{array}{l} S_t^{(1)} = aY_t + (1-a)S_{t-1}^{(1)} \\ S_t^{(2)} = aS_t^{(1)} + (1-a)S_{t-1}^{(2)} \\ S_t^{(3)} = aS_t^{(2)} + (1-a)S_{t-1}^{(3)} \end{array}\right\}$$

(6.36)

式(6.36)展开写成递推形式得到：

$$\begin{array}{l} S_t^{(1)} = aY_t + a(1-a)Y_{t-1} + a(1-a)^2 Y_{t-2} + \cdots \\ \qquad + a(1-a)^{t-1}Y_1 + (1-a)^t S_0^{(1)} \end{array}$$

(6.37)

式中，$t = 1, 2, \cdots, N$。

由于 $0 < a < 1$，$0 < (1-a) < 1$，所以随着幂的增加，$Y_t, Y_{t-1}, \cdots, Y_1$ 的权重 $a(1-a)^{t-1}$ 按指数形式递减，趋向于零。也就是说，离现在越远的样本，其加权值越小，对未来的影响就越小。

a 的取值是模拟的关键。若取值较大，则近期样本权重大，预测值可较好地反映序列近期特征；但若过大，反应十分敏感，反而可能使预测失控。反之，a 取值过小，则预测值对序列演变趋势的响应较慢，预测变化平稳，但拟合误差有可能增大。大量试验表明，a 取值与样本序列的结构本身有密切关系。不同空间尺度、不同种类的产量序列，其适宜 a 值均不同。具体可根据误差平方和最小的原则，试验求取。

h. 灰色预测模型—GM(1,1)

1982 年中国邓聚龙教授把灰箱的概念扩展为灰色系统概念，即既含有已知信息，又有未知信息的系统。从系统的内部特性(结构、参数)来研究系统，允许系统中存在不确定量——灰色参数，利用系统中的白色信息，通过灰色数学手段来处理灰色量，使其量化，从而解决控制问题。

灰色系统预测是灰色理论在建模和预测中的具体应用，是控制论的一个分支和发展。灰色预测模型对呈指数上升或下降的事物的预测有较好的效果，从作物分离的趋势产量随时间的变化呈上升的趋势，基本符合灰色理论。作为预报模型，一般取一个变量(时间)的一个阶数的模型即可，称 GM(1,1)预测模型：

$$\hat{x}^{(1)}(t) = \left(x^{(1)}(0) - \frac{u}{a}\right)\ell^{-at} + \frac{u}{a}$$

(6.38)

(3)气象产量模拟

在影响作物产量的外界因素中，气象因素是一个不仅经常起作用，而且变化比较明显的自然因素。它对作物产量的影响在时间序列上是一个很不稳定的随机过程，往往能使相邻两年

的产量发生较大幅度的增减。通常经过趋势产量模拟后的产量剩余序列项视为受气象因素影响的气象分量,也称气象产量,即

$$Y_w = Y - Y_t \tag{6.39}$$

实际上,在天气-产量模拟中,气象产量还包括那些偶然起作用的和时间演变不太稳定且变化幅度较大的其他自然和非自然因素对产量的贡献。实践表明,用气象因子模拟气象产量是比较适宜的,在大多情况下均可取得较好的模拟效果。但在气象产量 Y_w 序列不是平稳序列时,从上式分离出来的气象产量 Y_w,作为因变量建立的模拟预测模式往往效果不理想。为此,对气象产量必须做一些处理,使其构成一个比较平稳的新序列。简单的处理方法是做相对变换,即

$$Y_w' = Y_w/Y_t = Y/Y_t - 1 \tag{6.40}$$

气象产量变换成一个相对比值,不受历史时期不同农业技术水平的影响。

目前,气象产量的统计模拟方法很多,总的来说,有回归分析、聚类分析、周期分析和判别分析。

① 回归分析

在农业气象产量预报中,回归分析方法是最常用、最有效的一种统计方法。包括多元线性回归、非线性回归、逐步回归、逐级回归、积分回归、多重回归和零回归等,其一般表达式为气象因子的函数:

$$Y_w = f(X_1, X_2, \cdots, X_i) \tag{6.41}$$

具体有如下回归模式:

$$Y_w = a + \sum b_j x_j \ 或 \ Y_w = \sum b_j x_j (多元线性) \tag{6.42}$$

或

$$Y_w = a + \sum f(x_j) \ 或 \ Y_w = a \prod f(x_j) (多元非线性) \tag{6.43}$$

式中,$f(x_j)$ 为气象因子的非线性函数表达式。

② 聚类分析

聚类分析是运用数学方法对不同的样品进行数字分类,定量地确定样品之间的亲疏关系,并按照它们之间的相似程度进行归纳分类,它是对客观事物分类的一种统计分析方法。在农作物预报中,聚类分析方法常用于进行年景(相似年)预报。

a. 样品与指标

设对 m 个变量(如气象要素)做 n 次观测,得到一组矩阵 $\boldsymbol{X}$:

$$\boldsymbol{X} = \begin{Bmatrix} S_{11} \ S_{12} \cdots S_{1m} \\ S_{21} \ S_{22} \cdots S_{2m} \\ \vdots \ \ \ \vdots \ \ \ \ \ \vdots \\ S_{n1} \ S_{n2} \cdots S_{nm} \end{Bmatrix} \tag{6.44}$$

为了进行分类,称 $\boldsymbol{X}$ 中的每一行为一个样品,有 m 个样品;而 $\boldsymbol{X}$ 中的每一列为一个指标,共包括 n 个指标。

b. 距离和相似系数

为了将样品分类,必须定义它们之间亲疏程度的数据指标,常将距离和相似系数作为度量相似程度的指标。

距离系数:

$$d_{ij} = \sum_{k=1}^{m} \mid x_{ik} - x_{jk} \mid$$

$$d_{ij} = \sqrt{\sum_{k=1}^{m} (x_{ik} - x_{jk})} \tag{6.45}$$

前者叫绝对距离,后者叫欧氏距离。式中,x_{ik} 表示第 i 个样品第 k 个指标。这两种距离的意义比较直观,但都有明显的缺点,即当样品的各个指标不是同一变量时,各个指标对距离的影响与它们的量纲有关系。克服这一缺点的办法是对各指标标准化:

$$x'_{ik} = \frac{x_{ik} - \overline{x_k}}{s_k} \tag{6.46}$$

式中,$\overline{x_k}$ 是各个指标的平均值,s_k 是各个指标的标准差。

相似系数:描述两样品间关系的另一种方法是相似系数,即

$$r_{ik} = \frac{\sum_{k=1}^{m} (x_{ik} - \overline{x_i})(x_{jk} - \overline{x_j})}{\sqrt{\sum_{k=1}^{m} (x_{ik} - \overline{x_i})^2} \sqrt{\sum_{k=1}^{m} (x_{jk} - \overline{x_j})^2}} \tag{6.47}$$

与距离系数相反,相似系数越大,表明两样品越相似。

c. 分类方法

分类方法有很多,主要有系统聚类(系统树)、逐步聚类、逐步分解和有序样品的分类等方法。目前在产量预报中应用较多的是模糊聚类、K-均值聚类和有序样品的最优分割法(Automatic Interaction Detection,AID)。

③ 周期分析

这是一种先分析气象产量历史序列的周期波动规律,并假设未来序列按过去的波动规律演变,再以叠加几个主要波动周期的办法模拟气象产量序列的未来时间演变的方法。最常用的有方差分析、谐波分析和谱分析三种。下面主要介绍气象产量的谐波分析方法。

根据谐波分析原理,一般可将任何一个序列分解为一系列的正弦波,即

$$x_t = a_0 + \sum_{k=1}^{K} a_k \sin\left(\frac{2\pi k}{N}t + \theta_k\right) \tag{6.48}$$

式中,θ_k 为初相位,N 为基本波动的周期,t 为时刻,k 为波数。根据三角函数的和角公式,上式可化为

$$x_t = a_0 + \sum_{k=1}^{K} \left(a_k \cos\frac{2\pi k}{N}t + b_k \sin\frac{2\pi k}{N}t\right) \tag{6.49}$$

式中,谐波数 $K = \left[\dfrac{N}{2}\right] = \begin{cases} \dfrac{N}{2}, N \text{ 为偶数} \\ \dfrac{N-1}{2}, N \text{ 为奇数} \end{cases}$,波数 $k = 1, 2, \cdots, K$。

通常也将上式写为

$$a_0 = \frac{1}{N} \sum_{t=0}^{N-1} x_t \tag{6.50}$$

$$a_k = \frac{2}{N} \sum_{t=0}^{N-1} x_t \cos\frac{2\pi k}{N}t \tag{6.51}$$

$$b_k = \frac{2}{N} \sum_{t=0}^{N-1} x_t \sin \frac{2\pi k}{N} t \tag{6.52}$$

原序列的总方差与谐波分量的振幅 c_k 有如下的关系

$$S_x^2 = \frac{1}{N} \sum_{t=0}^{N-1} (x_t - \overline{x})^2 = \sum_{k=1}^{K} \frac{1}{2}(a_k^2 + b_k^2) = \sum_{k=1}^{K} \frac{1}{2} c_k^2 \tag{6.53}$$

可见,第 k 个谐波对原序列的方差贡献为 $\frac{1}{2} c_k^2$,根据各谐波的方差贡献大小,可以决定对第 k 个谐波的取舍。

④ 判别分析

在产量预报中,尤其是对产量进行年景估计时,应用判别分析判别年景的丰、平、歉等级是比较适宜的,这是一种以定性为主的预报方法。具体判别方法很多,如二级判别、多级判别、逐步判别、贝叶斯判别等。在产量预报业务中,常用逐步判别方法进行丰、平、歉等级判别,其基本思路与逐步回归一样,最终选出的是"最优"的判别函数。

6.3.4.2 农业气象产量预报考核

(1)农业气象产量预报业务考核规定

依据中国气象局《农业气象产量预报业务质量考核办法》(以下简称《考核办法》),按时完成业务质量考核。《考核办法》要求农作物产量预报一般分三次进行,即趋势预报、定量预报和订正预报。预报项目包括总产和单产两项。

① 年景预报

年景预报是根据对未来天气气候的年度预测结果,结合作物的生长发育过程及其对气象条件的需求,评述气象条件对作物生产和产量形成的利弊影响而开展的农业气象产量预报。一般在作物播种前后发布,它对指导种植计划有非常重要的意义。但年景预报的可靠性在很大程度上取决于短期气候预测的准确性。

② 趋势预报

趋势预报是根据作物播种前后至收获前两个月的气象条件,及其对农作物生长发育的利弊的影响和对未来天气气候的预测及影响评价,而对作物产量丰歉趋势进行预测的一种农业气象产量预报。一般在收获前两个月发布,对农业宏观决策和农业生产管理有一定实际意义。

③ 定量预报

定量预报是根据作物播种前后至收获前一个月的气象条件及其对作物生长发育的利弊影响和对未来天气气候的预测及影响评价,而对作物产量进行预测、预报的一种农业气象产量预报。一般在收获前一个月发布,对农业宏观决策、粮食购销、储运和流通等有一定的参考价值。

④ 动态预报

动态预报是在作物播种以后,根据播种前至播种后某一时刻的气象条件及其对作物生长发育的利弊影响,充分考虑未来天气的可能影响,以月(旬)为时间步长,跟踪预报作物产量的一种农业气象产量预报。由于它能够结合气象条件的变化,及时开展产量预测,时效性大大提高,对国家粮食安全具有非常重要的意义。

(2)农业气象产量预报时效

① 3月15日,小春作物趋势预报;

② 5月8日,小春作物定量预报;

③ 6月10日,大春作物趋势预报;

④ 7 月 15 日,全年粮食作物总产量趋势预报;

⑤ 8 月 10 日,大春作物定量预报;

⑥ 9 月 10 日,全年粮食作物总产量定量预报。

（3）农业气象产量预报产品内容及质量要求

农业气象产量预报产品包括预报结论、预报依据、对农业生产管理建议以及相应的图表资料。要求预报结论表述清楚,内容包括预报的单产、总产数字或丰歉趋势;与前一年和历史最高、近几年内最低产量相比较的增减产幅度;产量的地区分布概括。预报依据充分,包括前期和未来气象条件对作物产量影响的分析和预测;农情(如播种面积、气象卫星资料绿度值等)分析;农业病虫害和气象灾害;模式计算结果;社会经济影响因素;旱作应有土壤墒情分析。对农业生产管理建议部分,包括未来天气和气候预测;弥补前期不足或防御未来不利气象条件应采取的措施或其他应重视的问题;充分利用未来有利气象条件、夺取丰收的建议和措施。预报材料所用资料准确无误,所列图表、资料对解释预报结论或解释合理化建议能起到支持作用。

（4）发布对象

中国气象局应急减灾与公共服务司、国家气象中心遥感应用与生态与农业气象中心,重庆市农业局、市政府等部门。

6.3.5　农用天气预报方法及应用

农用天气预报是根据当地农业生产过程中各主要农事活动以及相关技术措施对天气条件的需要而编发的一种针对性较强的专业气象预报。它是从农业生产需要出发,在天气预报、气候预测、农业气象预报的基础上,结合农业气象指标体系、农业气象定量评价技术等,预测未来对农业有影响的天气条件、天气状况,并分析其对农业生产的具体影响,提出有针对性的措施和建议,为农业生产提供指导性服务的农业气象专项业务。

6.3.5.1　农用天气预报业务要求及流程

根据中国气象局《省级农用天气预报业务服务暂行规定》及《重庆市气象局农用天气预报业务服务工作细则》的规定,重庆市农用天气预报业务服务要求如下。

（1）预报内容

根据重庆市农业规划、特色农业发展规划,主要针对以下粮食作物及特色经济作物开展相关生育阶段、农事活动的农用天气预报。

① 水稻

a. 播种期农用天气预报

b. 收晒期农用天气预报

② 玉米

a. 播种期农用天气预报

b. 收晒期农用天气预报

③ 红苕

播种期农用天气预报

④ 油菜

a. 播种期农用天气预报

b. 收晒期农用天气预报

⑤ 小麦

a. 播种期农用天气预报

b. 收晒期农用天气预报

⑥ 柑橘

a. 开花期农用天气预报

b. 采收期农用天气预报

⑦ 烤烟

播种期农用天气预报

（2）产品内容

农用天气预报服务产品是专题性服务产品，主要内容有天气趋势预报、农事活动适宜程度分析和农事建议等，核心内容为农事活动适宜气象等级，表现形式为图、表、文字等。

农事活动适宜气象等级划分为三级，分别为适宜、较适宜、不适宜。适宜，表示气象条件适宜农事活动；较适宜，表示气象条件基本适宜农事活动；不适宜，表示气象条件不适宜农事活动。与级别对应的代码、制图颜色、定性描述见表6-26。

表 6-26　农事活动适宜等级

级别	代码	制图颜色	定性描述
适宜	1	绿色	气象条件适宜农事活动
较适宜	2	蓝色	气象条件较适宜农事活动
不适宜	3	红色	气象条件不适宜农事活动

（3）业务流程

农用天气预报业务流程由资料采集与处理、产品制作、产品发布等环节构成（图6-13）。

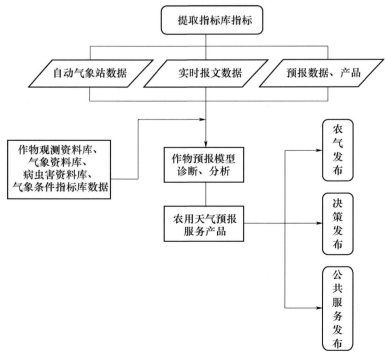

图 6-13　农用天气预报业务流程图

① 资料采集与处理

重庆市农业气象中心通过农作物气象条件指标库提取作物生育期或农事活动适宜气象指标,根据指标进行自动气象站数据、实时报文数据、MICAPS 气象数据等常规实时及预报资料的传输及处理,对获得的作物观测资料进行整理校验,分别存入气象要素库和作物观测资料库。

② 产品制作

重庆市农业气象中心利用作物观测资料库、气象资料库、病虫害资料库、气象要素预报产品和专家知识库中的数据和知识,结合气象条件指标库,根据相关计算方法与模型对气象因子进行计算,制作农用天气预报产品。

③ 产品发布

重庆市农业气象中心将农用天气预报产品上传气象局内网,指导区县气象部门开展服务,同时,通过邮件方式发送至相关农业部门,开展服务交流。市气象科技服务中心及市气象影视中心利用网络、短信、电视、声讯电话、电子显示屏等手段向外发布,指导农业生产活动。出现影响农业生产的重要灾害性天气时,决策服务中心按决策服务的有关程序制作"重大气象信息专报"上报市委、市政府等决策部门。

④ 服务效果调查

重庆市农业气象中心在每年 12 月底对当年的服务效果和服务满意度进行调查,并对调研结果进行总结分析。据此完善和改进技术方法、指标、流程和服务产品等,提高农用天气预报服务的针对性和有效性。

6.3.5.2　农用天气预报实例

(1)主要农事活动农用天气预报服务方案

气象条件对农事作业有明显的制约作用。农事作业的时间和方法除与农业生物本身的特性和生长发育状况有关外,还在很大程度上取决于气象条件。在鉴定未来的气象条件对农业生物及农事作业影响的基础上,编制的有关农事活动农业气象预报,可帮助农业生产单位和农户适应每年变动的天气条件,将农事活动安排在当年的最适宜时期里,从而保证作业的质量,为农作物生长发育创造有利条件,满足作物的要求,避免或减轻不良环境条件的影响,保证当年农业获得丰产丰收。农事活动天气预报是以影响农事活动的气象条件或指标为依据,采用中短期天气预报要素构建农事活动天气条件等级预报,为农业生产提供预报服务。农事活动包括播种、喷药、施肥、灌溉、收获、晾晒等项目。

① 播种期气象等级预报

农作物适宜播种期预报是在鉴定未来气象条件对播种作业、作物发芽出苗、苗期生长发育影响的基础上,编发的关于当年作物最适宜播种日期的一种农事活动农业气象预报。基本内容包括影响作物播种的气象条件前期特点的分析;未来有关气象条件的预报及其对作物播种期影响的分析与鉴定;采用综合分析方法,提出当地当年作物适宜播种日期的预报;应采取的农业技术措施及建议等。

作物适宜播种期预报常用的编制方法有物候指标法和平均间隔法。

物候指标法是根据植物或者动物的物候现象出现日期来确定作物适宜播种期的一种预报方法。用这种方法做预报就要事先确定该物候期与作物适宜播种期的多年平均间隔日数。将实际观测到的物候期或预报出的物候期,加上该多年平均间隔日数,就可预报出作物的适宜播种期。

平均间隔法是根据春季或秋季日平均气温稳定通过 0 ℃或 5 ℃等界限温度的日期来推算作物适宜播种期的一种预报方法。将实际出现或预报出的春季或秋季的界限温度始期或终期上加上或减去多年平均间隔日数，即可得到当年适宜播种期。这种方法简单易行，考虑了当年季节来得早晚，但没有考虑当年春季或秋季的天气变化特点，若当年的天气变化与正常年份差异较大，则要适当加以订正。

② 喷药（肥）气象等级预报

在农作物或特色作物防治病虫害或喷施农药的主要时段内，根据温度、降水、风速等气象条件，为用户提供是否适宜喷药（肥）的气象等级预报服务。

③ 施肥气象等级预报

在农作物或特色作物追施肥料的主要生育时期内，根据降水、温度、风速等气象条件，为用户提供是否适宜施肥的气象等级预报服务。

④ 灌溉气象等级预报

针对主要农作物或特色作物，在农业干旱预警信号发布后，根据天气预报提供的降水、温度、风速等气象条件，提供是否适宜进行灌溉的气象等级预报服务。

⑤ 收获气象等级预报

在鉴定未来天气条件对作物成熟和收获影响的基础上，编制的关于当年作物适宜收获期时天气条件的一种农事活动农用天气预报。编制收获期农用天气预报，可使收获作业安排在最有利的时期里，可防止因作物未成熟而过早收获造成的损失，也可避免或减轻不利天气条件对农产品产量和质量的有害影响，并为收获前做好充分准备，也为后茬作物种植的准备工作提供依据。

作物适宜收获期预报常用的编制方法如下：

a. 根据作物当前的发育状况和未来的天气条件做出与收获有密切关系的某一发育期（如谷类作物黄熟期、棉花吐絮期等）预报；

b. 根据预先通过调查和观测资料的整理分析，找出的适宜收获标准与该作物发育期之间联系的指标，并考虑农田的地形、土壤特性和收获时使用的工具等来估计作物的适宜收获期；

c. 预报估计收获期前后一段时间的天气条件，并结合有关影响收获的不利天气条件指标，对这一时期的天气条件做出鉴定，确定灾害性天气出现时段和较适宜收获的时段；

d. 综合考虑作物的成熟情况、不利天气条件的影响等，权衡利弊，最后做出适宜收获期和收获时天气条件的预报，并根据收获时可能遇到的天气条件提出相应的农业技术措施的建议。

⑥ 晾晒气象等级预报

在夏粮或秋粮收获后，根据温度、降水和风速等气象条件，提供是否适宜进行晾晒的气象等级预报服务。

根据重庆主要粮油经济作物种植种类和面积，确定预报对象为水稻、小麦、油菜、玉米作物。通过查阅大量文献、农业气象观测资料、报表并在专家指导下，根据以上预报项目及预报对象，确定农事活动气象等级判别指标，如表 6-27 所示。

表 6-27 农事活动气象等级判别指标

农事活动及所处时段	判别项目	适宜条件	较适宜条件	不适宜条件
施肥（全年）	1. 过去 48～24 h（前天）降水情况	无降水或有阵性降水、小雨、中雨、小雪		有大雨、暴雨、大暴雨、特大暴雨、中雪、大雪、暴雪、冻雨
	2. 过去 24 h（昨天）降水情况	无降水或有阵性降水	有小雨、中雨、小雪	有大雨、暴雨、大暴雨、特大暴雨、中雪、大雪、暴雪、冻雨
	3. 当日白天降水情况	无降水		有降水（雨、雪）
	4. 当日平均气温	<28 ℃		≥28 ℃
	5. 当日白天风速	小于等于 3 级		大于 3 级
喷药（全年）	1. 当日白天降水情况	无降水		有降水（雨、雪）
	2. 当日平均气温	>5 ℃	3～5 ℃	≤3 ℃
	3. 当日白天风速	小于等于 3 级		大于 3 级
灌溉（全年）	1. 过去 48～24 h（前天）降水情况	无降水或有阵性降水、小雨、中雨、小雪		有大雨、暴雨、大暴雨、特大暴雨、中雪、大雪、暴雪、冻雨
	2. 过去 24 h（昨天）降水情况	无降水	有阵雨、小雨	有中雨、大雨、暴雨、大暴雨、特大暴雨、阵雪、小雪、中雪、大雪、暴雪、冻雨
	3. 当日白天降水情况	无降水或有阵雨、小雨		有中雨、大雨、暴雨、大暴雨、特大暴雨、阵雪、小雪、中雪、大雪、暴雪、冻雨
	4. 当日最高气温	>4 ℃		≤4 ℃
收获（全年）	1. 过去 48～24 h（前天）降水情况	无降水或有阵性降水、小雨、中雨		有大雨、暴雨、大暴雨、特大暴雨
	2. 过去 24 h（昨天）降水情况	无降水	有阵雨、小雨	有大雨、暴雨、大暴雨、特大暴雨
	3. 当日白天降水情况	无降水		有降水
	4. 当日白天风速	小于等于 3 级		大于 3 级
油菜播种（9 月 21 日—10 月 10 日）	1. 过去 48～24 h（前天）降水情况	无降水或有阵雨、小雨、中雨		有大雨、暴雨、大暴雨、特大暴雨
	2. 过去 24 h（昨天）降水情况	无降水	有阵雨、小雨、中雨	有大雨、暴雨、大暴雨、特大暴雨
	3. 当日白天降水情况	无降水或有阵雨、小雨		有中雨、大雨、暴雨、大暴雨、特大暴雨
	4. 最近 4 d 日平均气温	≤20 ℃		>20 ℃
	5. 当日白天风速	小于等于 3 级		大于 3 级

农事活动 及所处时段	判别项目	适宜条件	较适宜条件	不适宜条件
小麦播种 (10月21日— 11月20日)	1. 过去48～24 h(前天) 降水情况	无降水或有阵雨、小雨、 中雨		有大雨、暴雨、大暴 雨、特大暴雨
	2. 过去24 h(昨天)降水 情况	无降水或有阵雨	有小雨	有中雨、大雨、暴雨、 大暴雨、特大暴雨
	3. 当日白天降水情况	无降水或有阵雨、小雨		有中雨、大雨、暴雨、 大暴雨、特大暴雨
	4. 最近4 d日平均气温	≤15 ℃		>15 ℃
	5. 当日白天风速	小于等于3级		大于3级
玉米播种 (3月1日— 30日)	1. 过去48～24 h(前天) 降水情况	无降水或有阵雨、小雨、 中雨		有大雨、暴雨、大暴 雨、特大暴雨
	2. 过去24 h(昨天)降水 情况	无降水或有阵雨	有小雨、中雨	有大雨、暴雨、大暴 雨、特大暴雨
	3. 当日白天降水情况	无降水或有阵雨、小雨		有中雨、大雨、暴雨、 大暴雨、特大暴雨
	4. 最近4 d日平均气温	≥10 ℃		<10 ℃
	5. 当日白天风速	小于等于3级		大于3级
水稻播种 (2月21日— 3月30日)	1. 当日白天降水情况	无降水或有阵雨、小雨		有中雨、大雨、暴雨、 大暴雨、特大暴雨
	2. 最近4 d日平均气温	≥12 ℃		<12 ℃
	3. 当日白天风速	小于等于3级		大于3级
小春作物晾晒 (4月21日— 5月31日)	1. 过去24 h(昨天)降水 情况	无降水或有阵雨	有小雨、中雨	有大雨、暴雨、大暴 雨、特大暴雨
	2. 当日白天降水情况	晴天、多云		其他天气
	4. 当日平均气温	≥20 ℃		<20 ℃
	5. 当日白天风速	小于等于3级		大于3级
大春作物晾晒 (7月20日— 9月10日)	1. 过去24 h(昨天)降水 情况	无降水或有阵雨	有小雨、中雨	有大雨、暴雨、大暴 雨、特大暴雨
	2. 当日白天降水情况	晴天、多云		其他天气
	4. 当日平均气温	≥25 ℃	20～25 ℃	<20 ℃
	5. 当日白天风速	小于等于3级		大于3级

以上判别指标需要在业务使用中不断进行订正、更新,并根据不同海拔高度的气候特点及地理条件逐步调整完善。

按照确定的判别指标,建立判别模型如下:某项农事活动,如果任一条件为不适宜,则该项农事活动为不适宜;如果所有的条件均为适宜,则该项农事活动为适宜;除上述两种情况外,该项农事活动为较适宜。例如,某项农事活动要考虑 A、B、C、D、E 总共5个条件,每个条件适宜时打分为2,不适宜时打分为0,较适宜时打分为1,那么该项农事活动判别方法为:

$A×B×C×D×E=0$ 时,为不适宜;

$A+B+C+D+E=10$ 时,为适宜;

$0<A+B+C+D+E<10$ 时,为较适宜。

(2)关键生育期农业气象预报

作物发育期预报是关于作物未来某个发育期出现日期的作物气象预报。它是在分析这一发育时期的发育速度与其主要环境因子,特别是气象因子关系的基础上,根据作物当前的发育状况和未来的气象条件编制出来的。

准确及时的发育期预报对于生产单位和农户进行适时的、科学的田间管理和农事作业有重要的参考价值。作物在不同发育期,对气象条件和其他环境条件有不同的反应和要求,所以要鉴定气象条件对作物生育和产量的影响必须结合作物的具体发育时期。

编制作物发育期预报的常用方法如下。

① 平均间隔法

$$D=D_1+\overline{n} \tag{6.54}$$

式中,D 为要预报的发育期出现日期,D_1 为前一个发育期的实际出现日期,$\overline{n}$ 为两个发育期之间的多年平均间隔日数。

用此公式预报,首先要根据这两个发育期的多年平均出现日期的调查资料求出 $\overline{n}$,然后将实际观测到的前一个发育期出现日期加上 $\overline{n}$,即可预报出下一个发育期的出现日期。

② 物候指标法

根据作物、其他植物(如树木、花草等)以及某些动物的物候期与所要预报的作物发育期之间的关系,以这些物候现象和特征为指标的发育期预报方法。

③ 积温法

对感温性强而感光性很迟钝的作物品种的某些发育期,在水分条件基本满足,而且外界温度又在作物发育的下限温度至最适温度范围内变化的情况下,则发育速度与温度的关系可用李森科公式表示。

对于感温性强而感光性迟钝的作物品种的另一些发育时期,线性模式有明显的局限性,应考虑用非线性模式来表达。

对于感温性强、感光性也强的作物品种的某些发育时期,除了考虑温度外,还要考虑光照长度对发育速度的影响。比较常用的方法是通过试验,求出在不同光照条件下通过同一个发育时期所需积温之间的比例系数,这个比例系数即为"光温系数"。利用光温系数可将不同光照条件下的有效积温换算成同一光照条件下的有效积温,具体可见附录3~5。

(3)农业气象灾害预报

农业气象灾害和气象灾害不完全相同。除了气象要素本身的异常变化外,农业气象灾害的发生、程度、影响大小还与作物种类、所处发育阶段和生长状况、土壤水分、管理措施等多种因素密切相关。气象灾害发生时并不一定形成农业气象灾害。因此,一般的气象灾害预报或者灾害性天气预报不等于也不能完全替代农业气象灾害预报。确切意义上的农业气象灾害预报应当是未来天气气候和作物特性两个方面的结合,参照农业气象灾害指标,预报农业生物是否受到危害,危害的时间、程度以及可采取的防御措施。

20 世纪 70—80 年代气象部门曾对小麦干热风、东北低温冷害、水稻寒露风等农业气象灾害的指标、特征、受害机理及防御措施等开展过研究,对这些灾害的中长期预报方法进行过尝试。近年来一些新的预测技术,如遥感、计算机和 GIS 技术以及数值天气预报、区域气候模式和农作物生长模拟等数值-动力模式技术开始应用到农业气象灾害预报。农业气象灾害预测方法可分为以下几种。

① 数理统计预报方法

目前在农业气象灾害预测中使用最多的是在农业气象灾害指标基础上，应用数理统计的方法建立预报模型，常用的有时间序列分析、多元回归分析、韵律、相似等数理统计方法。

如水稻扬花期低温预报中将低温指数的时间序列生成均生函数，按经验正交函数（EOF）方法展开，筛选出 7 个周期对应的均生函数，建立起周期为自变量的回归预测模型。有研究直接应用灰色系统理论中的拓扑预测方法。如以历年农业气象灾害受灾面积数据为样本，取定适宜阈值，建立 GM(1,1) 模型群，求出各模型的响应函数。预测值取整得到的对应年份即为未来的灾变趋势预测。

多元回归分析方法的应用也非常普遍，预报因子大多为大气环流特征量、海温等宏观因子和地面气象要素。如周立宏等（2001）建立以环流特征量为因子的低温冷害预测模型。

② 灾害前兆信号预报方法

除了数理统计预报模型外，还有采用物理统计方法来进行农业气象灾害预报，即综合考虑大气环流形势背景、影响天气系统及演变转折的天气气候学特点，从中发现、揭示灾害的前兆信号，并据此建立预测模型。如郑维忠等（1999）用 EOF、SVD（奇异值分解）技术分析东北夏季低温冷害的时空特征及其与太平洋各区域海温异常之间的可能联系和影响机理，提出热带西太平洋暖池的冬季海温变化是东北夏季低温的强信号，中纬西太平洋春季海温变化也与其有密切联系。

有研究利用物候信号来进行预报，这是由于物候能够综合反映过去一段时期和当前的天气冷暖、干湿变化情况，因此可根据前期物候现象预测未来的异常气候、农业气象灾害以及生物生育状况。毕伯钧（1990）根据玉米拔节期出现的早晚预测作物低温冷害，结果通过 0.001 显著性检验。

③ 气候模式与农业气象模式相结合的预报方法

将气候模式和农业气象模式相结合进行农业气象灾害预测，在预测模型中考虑了作物生长过程和生理特性与气候模式的结合。例如，张光智（2001）将气候模式与土壤水分模型相结合，根据气象要素的逐日预报值来预测 1 m 深土壤层的土壤含水量和作物临界土壤含水量，进行预报；赵艳霞（2001）在考虑作物生长状况特征量及不同发育阶段对水分的需求和敏感性，利用冬小麦发育模式，建立了冬小麦干旱识别和预测模型。这种气候模式与农业气象作物模式相结合的预报方法是一个有益的尝试，但受到气候模式预报结果特别是降水预报的精度影响，预报准确率还有待提高。

④ 基于机理性作物生长模型的农业气象灾害预警

面向生长过程的作物生长动力模型应用于产量预报、气候风险评估、农业资源利用等方面，近来也被应用于农业气象灾害预报的研究。陆佩玲（2001）开展干旱田间试验，确定冬小麦光合作用速率对水分胁迫的响应曲线，建立包括光合、蒸腾、干旱胁迫等子模型组成的小麦生长模型，提出以相对蒸腾比的累计值表示的农业干旱胁迫指数及农业干旱预警指数的概念，在此基础上建立了具有明确生物学意义的华北冬小麦干旱预测模式。

刘布春（2003）应用东北玉米生长模型进行低温冷害预报的研究中考虑了东北玉米冷害致害机理，玉米冷害主要是由于生育期内热量不足，发育期延迟，导致无法正常成熟，造成减产，以此为据建立了以日最高气温、日最低气温为因子的修正热量单位发育模型，并依据品种熟性,对作物参数进行了区域划分,确定了以抽雄期延迟天数为低温冷害发生及等级的指标,结合区域气候模式输出的气象要素来预报玉米发生低温冷害与否。

⑤ GIS 的新技术在农业气象灾害预警中的应用

农业气象灾害发生及影响程度的空间变化很大,使用部分往往需要更具体、更有针对性的预报,因此 GIS 的新技术被应用到农业气象灾害预警中,以提供分辨率更好的服务产品。

6.3.6　农作物及经济林果等特色农产品经济性状与品质预报

农作物及经济林果产量、品质的形成是其品种、土壤、生产力水平和气候因素综合作用的结果。其中,品种、土壤、生产条件和农艺措施是相对稳定的因子,而造成农作物产量、品质波动的主要原因多为气候生态条件。

6.3.6.1　农作物经济性状及品质与气象条件的关系

农作物经济性状及品质不仅受品种种性影响,还受生育期气象条件的影响。研究影响农作物经济性状及品质的主要气象条件及其影响的相关关系,对预测预报农作物产量和品质具有重要意义。

(1)水稻的主要经济性状及品质与气象条件的关系

稻谷主要经济性状与品质有出糙率、精米率、整精米率、粒长、垩白粒率、垩白度、胶稠度、直链淀粉、蛋白质、氨基酸。稻米品质主要是受遗传因素(品种)、栽培因子、气象条件及干燥、加工和蒸煮技术方法等因素的影响。在影响稻米品质的诸多气象因素中,温度和光照是最活跃的因素。

① 温度

在水稻的生育过程中,抽穗到成熟期对温度最敏感,此间如气温为 20～30 ℃,则有利于形成良好的米质,如遇高温则会导致灌浆速度加快,籽粒充实不足,从而造成糙米率、精米率、整精米率下降,垩白粒度增加,垩白粒率增多,米质下降。而温度过低,也会影响米质,低温对稻米影响最大的时期是灌浆期,其次是抽穗期,最小的是孕穗期;同时,不同水稻品种间耐冷性有明显的差异,低温处理下同一品种营养物质含量在不同生育时期的差异与品种的耐冷性有一定的相关性,而同一生育时期营养物质的降低幅度之间却没有明显的相关性。一般低温寒冷、昼夜温差大的地区种植的水稻,稻米中直链淀粉含量低、质软、碱消值大、食味好;相反,在高温、昼夜温差小的地区种植的水稻,米质则较差。这是山区大米质优、比平原大米好吃的原因之一。

② 光照

在灌浆期光照不足,会造成碳水化合物累积少,籽粒充实不良,粒重下降,青米多,加工品质变劣。同时也会使蛋白质和直链淀粉含量增加,最终引起食味下降。有人研究在齐穗后 30 d 内,当光照强度减弱到正常光 70% 左右时,稻谷的糙米率和精米率减少 2% 左右,整米率减少 3%～7%。

③ 生育期

同一水稻品种,生育期达到某一阈值后,其生育期的长短对产量及品质没有显著性影响,而短于这一阈值时,产量与生育期间呈极显著正相关;成熟期群体干物质累积量随生育期变化的趋势与产量表现基本一致。稻米长度、宽度、蛋白质含量以及淀粉消减值,均以中等偏短生育期最小;对垩白粒率、垩白度及糊化温度,均随生育期延长呈降低的趋势;生育期变化对碾米品质影响总体较小(郎有忠 等,2012)。

(2)玉米的主要经济性状及品质与气象条件的关系

玉米主要经济性状与品质有粗蛋白、粗脂肪和赖氨酸,光照、吐丝后光照、吐丝后日均光照

麦生态》(金善宝,1991)研究,小麦籽粒蛋白质含量较高的地区,开花期至成熟期的平均日照时数都较短。

③ 籽粒与降水

降水量是影响小麦品质的重要因素之一。研究表明,小麦蛋白质含量除温度外,剩余变异的 34% 可归因于开花后降水量及其分布的影响。目前,国内外的研究一致认为,降水量与小麦品质呈负相关。降水量低时,小麦的蛋白质含量显著提高,尤其是在小麦成熟前 40～55 d 内,每增加 1.25 mm 的降水量可导致籽粒蛋白质含量平均降低 0.75%。因此,干燥、少雨及光照充足的气候条件有利于小麦蛋白质和面筋含量的提高。

6.3.6.2　影响农产品经济性状及品质的气象条件预报方法

气象因子对农产品经济性状及品质影响的预报方法主要有如下几个。

(1)相关性和多元线性回归方法

该方法直观简便,但回归方法即使考虑了多项式和各因子的交互影响,预测效果往往和实际情况不是很吻合,分析其原因,主要是品质影响因子之间的关系复杂,简单的多元回归方法并不能反映它们之间的关系。

(2)联合多变量多元回归分析方法

如主成分分析和因子分析法,这个方法是对方法(1)的改进,能一定程度上降低由于因子之间的相互作用对最终目标因子的影响,也能够定性地反映出各个相关因子的关系。

(3)非线性、非参数的计算方法

如分类回归数法、边界线分析法和人工神经网络分析法。

目前,重庆市就农产品的产量性状及品质与气象条件的关系研究还较少,也少见到关于影响农产品产量性状及品质的气象条件的预报。高阳华等(1995)曾就三峡库区柑橘花芽发育、柑橘生理落果、柑橘果实品质等与气象条件的关系进行过研究。

① 柑橘现蕾数预报

$$红橘\ G=39.09e^{-0.1s_1}+0.81T_1-4.2 \tag{6.55}$$

$$甜橙\ G=14.12e^{-0.1s_1}+0.74T_1-3.6 \tag{6.56}$$

式中,G 为现蕾数等级,T_1、S_1 分别为 1—2 月平均气温和日照时数。红橘和甜橙现蕾数等级均与花芽发育中后期的 1—2 月日照时数呈负指数关系,与此期间平均气温呈正相关,即日照愈多、温度愈低,现蕾数等级愈高,现蕾数愈多。

② 柑橘现蕾期预报

$$红橘\ N_{11}=500040.58e^{-T_2}+21.8 \tag{6.57}$$

$$甜橙\ N_{21}=26042.96e^{-T_3}+15.2 \tag{6.58}$$

式中,N_{11}、N_{21} 分别为红橘和甜橙现蕾日期(如 $N=1$,表示该日期为 3 月 1 日,$N=2$ 表示 3 月 2 日,依次类推,如 $N=32$,则表示 4 月 1 日);T_2、T_3 分别为 3 月上中旬和 2 月下旬至 3 月上旬平均气温。从上式可以看出,如冬末春初气温高,花芽发育提前完成,现蕾期提前,反之则延迟。

③ 柑橘落蕾率预报

$$红橘\ P=-0.92S_2+115.6 \tag{6.59}$$

$$甜橙\ P=-0.44S_2+80.6 \tag{6.60}$$

式中,P 为落蕾率,S_2 为 4 月中下旬日照时数。落蕾率与其他因子的相关性不明显。此结果反映出柑橘花蕾发育主要受现蕾至开花盛期光照条件的影响,充分的光照有利于花蕾的发育。

④ 柑橘坐果率预报

$$红橘\ K=8.80N_t-0.96N_t^2+13.44M_1-0.693M_1^2+0.5 \tag{6.61}$$

$$甜橙\ K=16.93N_t-1.611N_t^2-0.0286e^{M_2}+35.2 \tag{6.62}$$

式中,K 为坐果率,N_t 为 4 月下旬至 5 月上旬日最高气温≥30 ℃日数,M_1、M_2 分别为 4 月下旬至 5 月上旬和 4 月下旬雨日。从上式可知,红橘坐果率与 4 月下旬至 5 月上旬日最高气温≥30 ℃日数及雨日均呈抛物线关系;甜橙坐果率与 4 月下旬至 5 月上旬日最高气温≥30 ℃日数呈抛物线关系,与 4 月下旬雨日呈负指数关系。4 月下旬至 5 月上旬日最高气温≥30 ℃日数为 5 d 左右时,对提高坐果率有利;4 月下旬雨日少对甜橙提高坐果率有利,而红橘因花期略迟,其坐果率受 4 月下旬至 5 月上旬雨日的影响,雨日太多或太少都使得坐果率降低。

⑤ 柑橘生理落果率的预报

$$红橘\ Q=-53.36N_t+0.977N_t^2+0.0000009e^{M_1}+795.3 \tag{6.63}$$

$$普通甜橙\ Q=-852.03T+18.001T^2-0.12e^{0.02s}+2.02M_1+10160.1 \tag{6.64}$$

$$锦橙\ Q=-43.71N_t+0.852N_t^2-0.22S+0.20M_2+696.5 \tag{6.65}$$

式中,Q 为生理落果率,N_t 为 5—6 月日最高气温≥30 ℃日数,M_1、M_2 分别为 5—6 月日降水量≥10 mm 和≥5 mm 降水日数,T、S 分别为 5—6 月平均气温和日照时数。

红橘和锦橙生理落果均与 5—6 月日最高气温≥30 ℃高温日数呈抛物线关系,普通甜橙则与 5—6 月平均气温呈抛物线关系。温度对各柑橘品种生理落果的影响基本一致,温度太高或太低(高温日数太多或者太少)都使生理落果增加。

红橘生理落果率与 5—6 月日降水量≥10 mm 降水日数呈指数关系;普通甜橙和锦橙生理落果率分别与 5—6 月日降水量≥10 mm 或≥5 mm 降水日数呈正相关;此外,锦橙和普通甜橙生理落果率分别与 5—6 月日照时数呈负相关,即日照时数增加,生理落果率反而减小,反映出柑橘生理落果受多雨寡照天气影响较大。

6.3.7 农作物病虫害气象条件等级预报方法及应用

气象条件不仅直接影响病虫的生长、发育、生存、繁殖蔓延,造成病虫不同的发生期、发生量和危害程度,而且通过气象条件的变化还可能促进或抑制病虫的发生、发展与消亡。所以,根据气象条件可以预测未来病虫的发生、发展和危害情况。

农作物病虫害的发生、发展和流行必须同时具备以下三个条件:有病虫滋生和取食的寄生作物,而且作物正处在可受病虫危害的生育时期;病虫本身处于在对作物有危害能力的发育阶段;有使病虫进一步发展蔓延的适宜环境条件。它们之间关系复杂难以用简单的因果关系加以阐述,但是在影响病虫害发生发展的诸多因素中,环境气象条件往往起着关键性的作用。气象条件一方面直接影响病虫的生长发育、发生、传播和危害,另一方面也作用于病虫赖以生存的寄主作物和天敌等其他生物,而这种作用的结果又反过来对病虫产生影响。此外,病虫害防治工作的效果也在很大程度上取决于天气条件。做好病虫害发生发展与气象条件的关系研究,对进一步开展病虫害发生的预测及防治具有重要意义。

目前,农作物病虫害的气象预测,从内容上看,主要有病虫害发生期(流行期)预测,发生量(发生程度)预测和流行程度预测。从预报时效上看,有长期趋势预测、中期预测和短期预测,其中以短期预测做得较多。从预测范围上看,有市、区(县)的预测。预测对象不仅包括多种粮食作物、经济作物,而且还对油料、果树、蔬菜等作物的主要病虫害进行气象预测服务。从技术方法上看,在以经验为基础的综合分析法基础上,摸索出许多预报方法,使病虫害的气象预测进入以多种统计分析方法并举的阶段,并向学习模式化方向发展。

农作物病虫害气象条件预报常用的编制方法如下(实例)。

(1)重庆市病虫害防治气象条件等级预报

何永坤等(2008)在大田试验的基础上,寻找影响农药药效的主要气象要素,气温、降水和天空状况,综合考虑气象要素的作用,建立农作物病虫害防治气象条件等级综合预报指数 K:

$$K=a(T)\cdot b(R)\cdot c(S)\times 100 \tag{6.66}$$

式中, $a(T)$、$b(R)$、$c(S)$分别为气温、降水、天空状况影响因子, T 为施药当天平均气温(℃), R 为施药当天降水量(mm), S 为施药当天天空状况:

$$a(T)=\begin{cases} 0.5 & T<10\ ℃ \\ 0.7 & 10\ ℃\leqslant T<20\ ℃ \\ 1 & 20\ ℃\leqslant T\leqslant 30\ ℃ \\ 0.5 & 30\ ℃<T \end{cases} \qquad b(R)=\begin{cases} 1 & R<0.1\ mm \\ 0.7 & 0.1\ mm\leqslant R<2.5\ mm \\ 0.5 & 2.5\ mm\leqslant R<5\ mm \\ 0.0 & 5\ mm\leqslant R \end{cases}$$

$$c(S)=\begin{cases} 1.0 & 晴、多云 \\ 0.9 & 阴 \\ 0.7 & 小雨 \\ 0.0 & 中雨、大雨、暴雨、大风 \end{cases}$$

根据以上指数计算后将农药防治天气条件等级综合预报指数 K 分四级(表6-28)。

表 6-28　农作物病虫害防治气象条件等级

等级	K 指数	分类	操作建议
1	80~100	适宜	请抓住当前有利时机,积极开展防治作业
2	60~80	较适宜	避开正午高温时段,利用早晚开展防治作业
3	40~60	较不适宜	不宜开展防治作业,效果不好
4	0~40	不适宜	当前天气条件不利,不开展防治作业

结合气象台发布未来 3 d 天气预报,滚动发布未来 3 d 全市 34 个区(县)农作物病虫害防治气象条件等级预报产品。主要技术路线如图 6-14 所示。

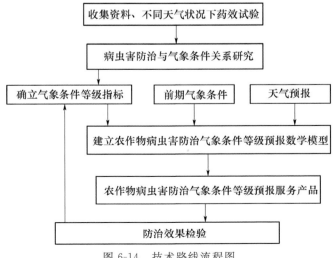

图 6-14　技术路线流程图

产品内容及质量要求：农作物病虫害防治气象条件等级预报业务于每年农作物病虫害防治关键期开展，发布产品日下午3点后，运行该预报系统平台，生成Word格式初稿，并结合天气预报及当前病虫害防治的实况，做简要说明，发布产品，并进行3d滚动发布。

（2）重庆水稻稻瘟病发生发展气象条件等级预报

何永坤等（2008）从水稻稻瘟病发生机理（图6-15）出发，通过筛选满足稻瘟病病菌侵入寄主的气象因子条件，即水稻稻瘟病的促病气象指标：日平均气温20～30℃、日最低气温<20℃、空气相对湿度≥90%、日照时数≤1h、日降水量≥1mm，建立了水稻稻瘟病发生发展的气象条件促病指数Z，在相关分析的基础上确立了稻瘟病发生发展气象条件预报等级指标，通过1984—2006年历史回代检验，准确率74%～78%。

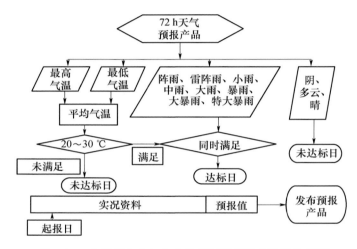

图6-15 水稻稻瘟病气象条件等级预报技术路线流程图

主要技术指标：

$$Z = D_0 \times 0.1 + a_1 \times 1 \times D_1 + a_2 \times 2 \times D_2 + \cdots + a_n \times n \times D_n \qquad (6.67)$$

式中，Z为预报时段内稻瘟病促病气象条件指数，D_0为适宜致病日中日最低气温小于20℃的累积日数，a_1为适宜致病日为1d的权重系数，D_1为适宜致病日为1d的总个数，a_n为适宜致病日为nd的权重系数，D_n为适宜致病日为nd的总个数（表6-29）。

表6-29 稻瘟病促病气象条件指数权重系数

连续致病日数 n/d	1	2	⋯	n
权重系数（a）	a_1	a_2	⋯	a_n
	1.0	1.5	⋯	$(n+1)/2$

产品发布：本项目研究完成后，以"重庆市生态与农业气象信息"专报的形式发布"重庆稻瘟病发生发展气象条件等级预报"产品，产品通过重庆市农技推广总站、重庆市农业信息中心的门户网站，指导全市水稻稻瘟病防治工作，另一方面产品上传至重庆市气象信息共享平台，成为区（县）开展稻瘟病防治气象服务的指导产品。

参考文献

毕伯钧,1990.自然物候历应用的研究[J].中国农业气象(3):10-15.

邓聚龙,1982.灰色控制系统[J].华中科技大学学报(自然科学版),3:9-18.

房世波,韩国军,张新时,等,2011.气候变化对农业生产的影响及其适应[J].气象科技进展(2):15-19.

冯秀藻,陶炳炎,1991.农业气象学原理[M].北京:气象出版社.

高桂娟,韩瑞红,李志丹,2009.2种紫花苜蓿高温半致死温度与耐热性研究[J].热带农业工程,33(3):25-27.

高阳华,贾捷,王跃飞,等,1995.气象条件对柑桔果实生长的影响[J].中国柑桔(2):12-15.

国家气象局,1993.农业气象观测规范(上卷)[M].北京:气象出版社.

韩湘玲,1991.作物生态学[M].北京:气象出版社.

何永坤,阳园燕,罗孳孳,2008.稻瘟病发生发展气象条件等级业务预报技术研究[J].气象杂志,12:110-113.

金善宝,1991.中国小麦生态[M].北京:科学出版社.

郎有忠,窦永秀,王美娥,等,2012.水稻生育期对籽粒产量及品质的影响[J].作物学报(3):528-534.

李琦,1997.烤烟优劣质年的气象条件分析[J].安徽农业科学,25(2):127-130.

梁平,白惠,田楠,等,2009.黔东南州2008年低温雨雪冰冻灾害气象因素影响定量评价[J].气象科技,37(4):496-502.

刘布春,王石立,庄立伟,等,2003.基于东北玉米区域动力模型的低温冷害预报应用研究[J].应用气象学报(5):616-625.

陆佩玲,于强,罗毅,等,2001.冬小麦光合作用的光响应曲线的拟合[J].中国农业气象(2):12-14.

罗蒋梅,王建林,申双和,等,2009.影响冬小麦产量的气象要素定量评价模型[J].南京气象学院学报,32(1):94-99.

马东钦,王晓伟,朱有朋,等,2010.播种期和种植密度对小麦新品种豫农202产量构成的影响[J].中国农学通报,26(1):91-94.

马雅丽,王志伟,栾青,等,2009.玉米产量与生态气候因子的关系[J].中国农业气象,30(4):565-568.

欧钊荣,2003.广西壮族自治区农业气象情报预报服务系统开发研究[J].中国生态农业学报,11(4):173-175.

任廷波,赵继献,陈长艳,2003.播期对油研九号产量、单株鲜重、角果鲜重的影响[J].贵州农业科学,31(6):6-9.

沈慧聪,江宇,1990.甘蓝型油菜种子主要脂肪酸气象生态效应及数学模型的研究[J].浙江农业大学学报(1):71-78.

汤志成,武金岗,1996.农业气象情报自动解译和绘图系统[J].中国农业气象,17(1):51-54.

唐余学,2012.基于危害积温的重庆市三峡库区柑橘产量预报方法研究[J].西南师范大学学报(自然科学版),37(8):55-60.

王成瑗,王伯伦,张文香,等,2008.干旱胁迫时期对水稻产量及产量性状的影响[J].中国农学通报,24(2):160-165.

王石立,2003.近年来我国家业气象灾害预报方法研究概述[J].应用气象学报(5):574-582.

魏瑞江,张文宗,李二杰,2007.河北省冬小麦生育期气象条件定量评价模型[J].中国农业气象,28(4):367-370.

信乃诠,1999.中国农业气象学[M].北京:中国农业出版社.

尹东,柯晓新,费晓玲,2000.甘肃省夏粮气候产量变化特征的因子分析[J].中国农业气象,21(3):11-14.

张成学,高阳华,易新民,等,1995.海拔高度及气象条件对柑桔果实品质的影响[J].中国柑桔,24(2):20-22.

张光智,徐祥德,毛飞,等,2001.气候模式-农业气象模式集成系统的小麦灌溉管理新途径[J].应用气象学报,2(3):307-316.

张淑杰,班显秀,2004. 农业气象情报业务系统的设计与实现[J]. 中国农业气象,25(3):67-69.

张星,张春桂,陈惠,等,2007. 熵权理论在定量评价农业气象综合灾情中的应用[J]. 生态学杂志,26(11):1907-1910.

张旭晖,黄毓华,2000. 江苏省水稻移栽期的干旱指数研究及应用[J]. 中国农业气象,21(3):19-22.

赵艳霞,王馥棠,裘国旺,2001. 冬小麦干旱识别和预测模型研究[J]. 应用气象学报(2):234-241.

郑维忠,倪允琪,1999. 热带和中纬太平洋海温异常对东北夏季低温冷害影响的诊断分析研究[J]. 应用气象学报(4):394-401.

中华人民共和国水利部,2008. 旱情等级标准:SL 424—2008[S].

周立宏,刘新安,周育慧,2001. 东北地区低温冷害年的环流特征及预测[J]. 沈阳农业大学学报(1):22-25.

第 7 章　农业与生态遥感

7.1　遥感概述

7.1.1　基本概念

遥感(Remote Sensing,RS),即遥远的感知,远距离不接触"物体"而获得其信息。它通过遥感器遥远地采集目标对象的数据,并通过对数据的分析来获取有关地物目标、地区或现象的信息(赵英时,2009)。

7.1.2　分类

按不同的分类标准可将遥感分为各种类别,目前遥感主要按以下 7 个方面进行分类。

(1)按遥感平台可将遥感分为航空遥感、航天遥感以及地面遥感。

(2)按照遥感探测的电磁波,可将遥感数据分为可见光/反射红外遥感、热红外遥感、微波遥感、紫外遥感等。

(3)按遥感探测对象,将遥感分为宇宙遥感、地球遥感。

(4)按遥感获取的数据形式分为成像方式遥感和非成像方式遥感。

(5)按遥感工作方式可分为被动遥感和主动遥感。

(6)按照遥感的应用领域将遥感分为地质遥感、地貌遥感、农业遥感、林业遥感、草原遥感、水文遥感、测绘遥感、环保遥感、灾害遥感、城市遥感、土地利用遥感、海洋遥感、大气遥感和军事遥感 14 类。农业遥感即遥感在农业中的应用(尹占娥,2008;陆登槐,1998)。

(7)根据传感器各通道光谱分辨率可将遥感数据分为多光谱遥感(光谱分辨率在 $10^{-1}\lambda$ 数量级范围内的遥感)、高光谱遥感(光谱分辨率在 $10^{-2}\lambda$ 数量级范围内的遥感)、超光谱遥感(光谱分辨率在 $10^{-3}\lambda$ 数量级范围内的遥感)。

7.1.3　遥感的主要信息源

7.1.3.1　光学遥感数据

光学遥感数据主要是指可见光和红外波段的数据,光学遥感图像是作物遥感监测常用的数据类型之一。目前应用于农业和生态方面的光学遥感主要有以下几种,表 7-1、表 7-2 列出常见的光学遥感数据及基其本特征。

重庆农业气象业务技术手册

表 7-1　目前常用的光学遥感数据

卫星数据名称	空间分辨率/m	时间分辨率/d	视场宽/km	传感器	简介
NOAA (16、18)	1100	1	2900	AVHRR	隶属美国商业部,职能是负责管理全球海洋、大气、空间、太阳等数据的收集。应用于气象、测定森林火灾和田野禾草燃烧位置、探测植被生长力、农作物监测与作物估产、海洋油污监测、探测火山喷发等
EOS-MODIS (Aqua、Terra)	1000 500 250	1	2330	MODIS	EOS(Earth Observation System)卫星是美国地球观测系统计划中一系列卫星的简称,可用于对陆表、生物圈、固态地球、大气和海洋进行长期全球观测
Landsat-5	30 30 120	16	185	TM	Landsat是美国发射的陆地资源卫星,共7颗,1~4失效,6失败,5在运行,第7颗传感器较前面有所改进。载有丰富的地面信息,在农林、生态、地理、地址、气象、水文、海洋、环境污染、地图绘制方面得到广泛应用,是目前世界上应用最广泛的民用对地卫星
Landsat-7	30 60 15	16	185	ETM	
SPOT-1~4	20 10	26 (3~6)	60	HRV HRVIR	以法国为主设计的"地球观测试验系统",共5颗星。SPOT-1~3全色波段分辨率为10 m,多光谱波段分辨率为20 m;SPOT-4增加了20 m分辨率的中红外波段,SPOT-5分辨率进一步提高。主要用于制图,也可用于陆地表面、DTM(数字地面模型)、农林、环境监测、区域及城市规划与制图等
SPOT-5	20 10 5	26 (3~6)	60	HRG	
CBERS-01	19.5	26	113	CCD 相机	是由中国和巴西共同研制发射的卫星,是我国第一颗数字传输型资源卫星。携带了3台不同分辨率的传感器。在国土资源、城市规划、环境监测、减灾防灾、农林、水利等众多领域发挥作用
CBERS-02	20	26	113	CCD 相机	

表 7-2　FY-3A 部分遥感仪器主要性能指标

名称		频谱范围	通道数	地面分辨率	探测目的
可见光红外扫描辐射计(VIRR)		0.43~12.5 μm	10	1.1 km	云图、植被、泥沙、卷云及云相态、雪、冰、地表温度、海表温度、水汽总量等
大气探测仪器	红外分光计(IRAS)	0.69~15.0 μm	26	17 km	大气温、湿度廓线、O_3 总含量、CO_2 浓度、气溶胶、云参数、极地冰雪、降水等
	微波温度计(MWTS)	50~57 GHz	4	50~75 km	
	微波湿度计(MWHS)	150~183 GHz	5	15 km	
中分辨率光谱成像仪(MERSI)		0.40~12.5 μm	20	0.25~1 km	海洋水色、气溶胶、水汽总量、云特性、植被、地面特征、表面温度、冰雪等
微波成像仪(MWRI)		10~89 GHz	10	15~85 km	降雨率、云含水量、水汽总量、土壤湿度、海冰、海温、冰雪覆盖等

7.1.3.2　微波遥感数据

微波遥感指通过传感器获取从目标地物发射或反射的微波辐射,经过判读处理来认识地物的技术。相对于可见光和红外波段的探测系统,微波遥感的优点在于能克服云、雾、雨恶劣天气的限制,既可在恶劣天气条件下,也可在夜间进行探测,具有较强的全天候、全天时的工作能力。微波遥感广泛用于以下领域:研究人类活动对全球影响、探测非常事件、保卫国家安全,包括海洋、冰雪、大气、测绘、农业、灾害监测等方面。微波波长在 1~1000 mm 的电磁波,可划分为毫米波、厘米波和分米波,表 7-3 列出了微波波段划分及标示。

表 7-3　微波波段划分和标示

波段名称标示	波段范围/GHz	波段名称标示	波段范围/GHz
P	0.23~0.39	Ku	15.25~17.25
L	0.39~1.55	Ka	33.00~36.00
S	1.55~3.90	Q	36.00~46.00
C	3.90~6.20	V	46.00~56.00
X	6.20~10.90	W	56.00~100.00
K	10.90~36.00		

地球资源中常用的波段为 X、C、L,随着波长的增加,穿透能力增加,其中 L 波段对植被有更强的穿透力,在林业及植被研究中更有用。目前用于作物识别的卫星雷达图像主要有加拿大的 RadarSat 数据、欧空局的 ENVISAT ASAR 数据。表 7-4 列出常见的雷达遥感数据及其基本特征。

表 7-4　目前农情监测常用的雷达遥感数据

雷达数据名称	覆盖幅宽/km	空间分辨率/m	时间分辨率/d	简介
RadarSat	45~500	9~100	24	加拿大航天局研制的雷达遥感卫星,可以生成多种空间分辨率和不同宽幅的图像。过境时间为当地时间早晚 6 时。应用于灾害、农林资源、海水、冰等的监测
ENVISAT ASAR	400	150	35	欧洲空间局的对地观测卫星系列之一,具有独特性质:多极化、可变观测角度、宽幅成像,因此能够提供更加丰富的地表信息。主要对陆地、海洋、大气进行监测

7.1.3.3　重庆主要遥感信息源简介

重庆卫星遥感应用所采用的主要卫星资料为改进型高分辨率辐射仪(AVHRR)数据(NOAA-17,NOAA-18)、可见光红外扫描辐射计(VIRR)数据(FY1-D)、中等分辨率成像光谱仪(MODIS)数据(卫星 Terra,Aqua)和 FY-3A 卫星搭载系列遥感器数据,其主要波段和应用领域如表 7-4 所示(赵英时,2009;Dajima et al.,1990)。目前,重庆气象部门主要通过数字卫星广播系统(DVB-S)获取和处理卫星遥感数据,其获取流程如图 7-1 所示。

卫星数据　　卫星天线　　前端机　　后端机　　应用、存档

图 7-1　卫星遥感数据获取流程

经卫星天线接收下载的卫星遥感数据,都必须经过预处理(定位、定标、大气辐射纠正等),再经过投影才可以直接应用。极轨卫星数据在后端机进行预处理、投影再到应用的流程及其中所用遥感软件平台如表7-5所示。

表 7-5　卫星遥感数据处理流程

	EOS-MODIS	NOAA	FY-1D	FY-3A
接收下载数据格式	*.PDS	*.L1A	*.L1A	*.HDF(L0 级)
预处理软件平台	EOS-Backend	DvbsPolar	前端机	MAS
预处理后数据格式	*.HDF	*.1a5	*.L1B	*.HDF(L1 级)
投影软件平台	EOSSHOP	DvbsPolar	DvbsPolar	MAS
投影后数据格式	*.HDF 或 *.ld2	*.LDF	*.LDF	*.HDF(L2 级)
遥感应用软件平台	EOSSHOP	DvbsPolar	DvbsPolar	MAS

采用 MODIS 接收系统预处理后的一级数据 HDF(Hierarchy Data Format)格式文件作为数据源。HDF 数据格式是美国伊利诺伊大学国家超级计算应用中心(National Center for Supercomputing Applications,NCSA)于 1987 年研制开发的一种软件和函数库,用于存储和分发科学数据的一种自我描述、多对象的层次数据格式,主要用来存储由不同计算机平台产生的各种类型科学数据,适用于多种计算机平台,易于扩展。HDF 不断发展,已被广泛应用于环境、地球、航空、海洋、生物等许多领域,来存储和处理各种复杂的科学数据。1993 年美国国家航空航天局(NASA)把 HDF 格式作为存储和发布 EOS(Earth Observation System)数据的标准格式。在 HDF 标准基础上,开发了另一种 HDF 格式即 HDF-EOS,专门用于处理 EOS 产品。HDF-EOS 是 HDF 的扩展,它主要扩充了两项功能:一是提供了一种系统宽搜索服务方式,它能在没有读文件本身的情况下搜索文件内容;二是提供了有效的存储地理定位数据,将科学数据与地理点捆绑在一起。

7.1.4　农业和生态遥感的研究进展

7.1.4.1　国际农业与生态遥感研究进展

(1)目前国际上最主要的农业遥感监测与作物估产系统以美国、欧盟为主要代表(于文颖等,2011)。

1974—1977 年,美国农业部(USDA)、美国国家海洋和大气管理局(NOAA)、美国国家航空航天局(NASA)和美国商业部合作主持了"大面积农作物估产实验"(Large Area Crop Inventory Experiment,LACIE)计划。该计划的目的是研制美国所需的全球粮食生产状况的监测技术方法,满足美国进行资源管理和了解全球产量状况对有关信息的需求。1980—1986 年,开展了"农业和资源的空间遥感调查计划"(Agriculture and Resources Inventory Surveys through Aerospace Remote Sensing,AgRISTARS)。主要包括灾害早期预警、作物状况评价、8 种农产品产量预报、作物单产模型发展、土壤湿度测量、本国作物和土壤覆盖分类与面积调查计划、作物面积估测等。随后这些技术被应用于美国及全球的作物长势监测和粮食产量预报。

MARS 计划是欧盟将遥感技术应用于农业统计的 10 a 研究项目,主要采用基于面积框抽样的多时相高分辨率遥感影像的非监督分类方法,开展清查农作物种植面积、清查农作物总产量、农作物总产量预报等内容。该计划成果最终用于欧盟农作物长势监测及常量估算外,还用于指导欧盟粮食贸易。

在生态监测技术上,美国是最早系统研究基于陆地资源卫星 Landsat 系列(资源卫星系列已经持续运行了 30 多年,成为目前对地观测最重要的遥感信息源)进行生态系统监测与评估的国家,早在 20 世纪 70 年代就系统地提出了土地利用/土地覆盖分类系统,并在世界多个国家得到广泛的应用。1973 年,美国和加拿大为研究苏必利尔湖、密执安湖、安大略湖等五大湖的各种污染源,用 Landsat-1 号卫星数据对五大湖流域进行了土地利用状况分类。美国 EPA 在 20 世纪 80 年代后期启动的生态监测与评价计划(EMAP),将地面网络监测与遥感技术相结合,对地表各种生态资源的现状、动态变化趋势进行全面监测与评估,其中 Regional Landscape 计划的重点工作之一就是利用航天遥感技术,土地利用/土地覆盖变化(LUCC)进行连续、动态的监测,为区域生态评估提供基础数据。在欧洲,大尺度生态遥感监测如 CORINE 计划,建立了具有欧洲特色的土地分类系统与评价方法,开展了典型生态功能区域的生态保护遥感监测与研究。

(2)其他国家农业与生态遥感应用技术的发展。1987 年加拿大小麦委员会和加拿大遥感中心建立了一个全球作物监测系统——加拿大全球作物监测系统(Canadian World Crop Monitoring System),用于估算全球谷类作物产量,为加拿大谷类出口贸易提供准确、可靠的科学依据。

埃及农业和土地部下属的水土研究所和法国 SPOT Image 公司 1991 年开始研制农业资源监控系统(ALIS),旨在通过该系统的运行为埃及政府提供主要作物面积的实时变化情况、城市扩展占用耕地情况以及分析发展新的耕地的可能。

1995—1998 年,俄罗斯农业部采用欧盟的 MARS 计划进行作物调查,建立作物监测运行系统。

以色列以一个州为例,建立了由作物类别、影像和农业知识、降水、土壤类别等辅助数据综合而成的知识体系库用于作物识别,精度达到 85% 以上。

意大利利用 Landsat MSS、TM 和 NOAA-AVHRR 数据,于 1987 年建立了一个预报玉米和小麦产量的预测系统,利用卫星遥感数据建立作物调查和产量预测的样本参考图,估算叶面积指数、确定总生物量等。

英国针对多雾的气候条件,应用合成孔径雷达识别玉米、小麦、甜菜,可靠率达到 90%。联合国粮农组织(FAO)建立了全球粮食情报预警体系,以发展中国家为重点,进行全球的作物监测和产量预报。

日本、泰国、印度等国家也先后进行了水稻遥感估产,取得了不同程度的收益。

7.1.4.2　中国农业与生态遥感研究动态

1977 年,利用 MSS 图像首次对我国西藏地区的森林资源进行了清查,填补了森林资源数据的空白。从 20 世纪 80 年代初期开始,我国已经利用资源卫星数据进行了多次全国范围的土地资源调查、土地利用监测等工作。20 世纪 80 年代完成了 1∶100 万比例尺的全国草地资源图。1981—1983 年,在三北防护林地区自然资源与综合农业区划工作中又应用 MSS 资料完成了大面积土地资源调查。

1983—1987 年,在农村经济工作委员会和中华人民共和国农业部的领导下开展了京津冀冬小麦遥感估产试验,在我国首次实现了跨省份同一网络的冬小麦遥感估产,取得了宝贵的经验;1984 年,国家气象局组织了北方 11 省份开展冬小麦气象卫星综合估产技术研究,应用 NOAA 卫星进行了大范围作物动态监测与产量预测研究。"八五"期间,由中国科学院长春地理所、中国科学院综合考察委员会、中国科学院遥感研究所等单位牵头组织了攻关项目,该项目用遥感数据估测作物播种面积、进行长势监测及研究单产估算技术,最终建成了基于GIS技术的大面积多品种遥感动态监测和估产综合集成系统。

1993—1997年,由联合国开发计划署(UNDP)援助的"中国森林资源调查技术现代化"项目顺利执行。1998年中国科学院遥感研究所建成了"中国农情遥感速报系统",2002年初步建成了"全球农情速报系统"。系统包括长势监测、主要作物产量预测、粮食产量预测、时空结构监测和供需平衡五个子系统。

农业部门相继开展了全国冬小麦和玉米种植面积、单产、长势、旱情以及总产量变化动态监测,全国棉花种植面积、东北大豆种植面积及全国水稻种植面积变化的监测,旱涝灾害监测评估等工作,并逐步建立了"全国农情监测系统",在2003年完成全国草地资源动态监测工作,建立了1∶50万比例尺的草地资源数据库,包括草地资源的18个类和亚类等类型。

1989—1993年,利用遥感技术开展了中国北方草原草畜动态平衡监测研究,建立了我国北方草原草畜动态平衡监测业务化运行系统,主要利用NOAA气象卫星资料估测草地生物量。

2007年国土资源部启动了全国第二次土地调查工作,遥感影像为主要信息源,结合GPS野外定位观测对我国土地利用现状展开调查。2008年汶川大地震发生后,环保部门利用遥感资料,结合专家现场考察,评估了地震对生态环境的影响,重点分析了地震造成的生态系统的损毁状况,以及地震对大熊猫等珍稀濒危物种栖息地的损毁状况。

7.2 农业与生态遥感应用

7.2.1 作物长势监测及产量估算

7.2.1.1 作物面积的提取方法

(1)基于MODIS面积提取主要方法(以水稻为例)

与以往的遥感数据相比,MODIS数据改进了空间分辨率,将其最大分辨率提高到250 m,比SPOT、TM和AVHRR有更高的光谱分辨率,达到36个波段,从而提高植被生长状况的监测精度(于文颖 等,2011;武永峰 等,2008)。

基于MODIS遥感影像的水稻种植面积提取方法主要有基于统计方法的分类法、基于多时相分析方法等。基于统计方法的分类法是依据数理统计学理论建立起的方法,分为监督分类和非监督分类。非监督分类法根据地物的光谱特征进行分类,受人为因素的影响较少,不需要对地面信息有详细的了解,算法成熟,操作简单;监督分类是在具有验证知识的条件下进行的。多时相分析法直接利用多个时相的遥感图像数据,将多时相、多光谱波段图像同时用于分类,该方法与高时空、高光谱分辨率影像的结合可获取高精度的作物种植面积。

水稻返青至孕穗期NDVI逐渐上升,并在孕穗期达到最高值,林地与水稻的植被指数随时间变化规律不同,可从影像中剔除。因此,水稻面积提取主要抓住三个重要的时期:一是移栽期;二是生长期(包括返青期、分蘖期和成熟期等);三是收获后。基于MODIS数据可以采取以下三种特征指数提取水稻面积:NDVI(归一化植被指数)、LSWI(陆地水分指数)和EVI(增强植被指数),通过植被在蓝光波段、红光波段、近红外波段和短波红外波段的反射率计算所得(张海珍 等,2008;郑长春 等,2009;程乾,2004)。

(2)重庆市水稻面积提取方法介绍

受地形影响,重庆水稻大面积连片种植相对较少,且在水稻种植区内多混合像元,不利于遥感监测及面积提取;重庆市上空云雾较多,晴空条件下遥感数据较少,研究时段内质量好的遥感数据较难获得,仅利用航空遥感数据计算的特征指数有时不能反映真正的地表信息。鉴于此,采用土地利用资料与当年遥感监测信息相结合的方法提取水稻面积。在提取的水稻面积中,不排除部分混合像元存在,混合像元(部分地区是水田和旱田等的混合像元)的存在对植被指数有少许影响。

利用 2010 年 3 月上旬—11 月下旬逐日晴空条件下 MODIS 数据合成逐旬 NDVI 数据,对水稻种植区进行长势监测,并获得了各旬格点植被指数最小值、最大值和平均值。结合土地利用资料和 NDVI 分析数据,提取江津水稻面积 5.125 km²,其中主要分布于柏林镇东南部。分析结果表明,最小、最大及平均植被指数分别为 6.0~61.0、9.0~76.0 及 7.8~72.2。最大植被指数有 3 旬出现大于 70.0 的格点,平均植被指数仅一旬出现 70.0 以上的格点,而最小植被指数则无 70.0 以上的格点出现,与前人研究比较吻合。监测时段内平均植被指数在 45.1 以内,平均植被指数最多在 67.0 以内(图 7-2、图 7-3)。

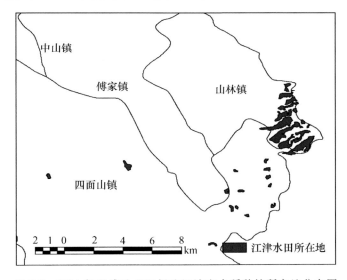

图 7-2　2010 年遥感及 GIS 提取江津市水稻种植所在地分布图

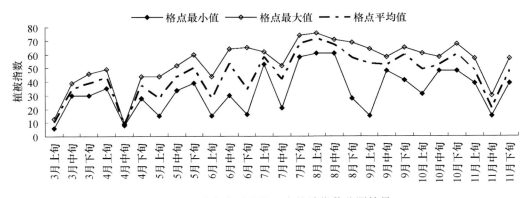

图 7-3　江津市水稻种植区内植被指数监测结果

7.2.1.2 植被指数数据库的建立

收集并保存水稻生育期晴空条件下逐日 MODIS-AQUA 和 MODIS-TERRA PDS 格式的 0 级数据；经过云检测等预处理后形成 HDF 格式的 MODIS 1 级数据，每个 MODIS 0 级数据包括 1 km、500 m、250 m 分辨率的 HDF 各一个、MOD03 数据一个；通过投影、地形矫正等处理，形成 Ld2 格式的 MODIS 2 级数据，每个数据有 1 km、500 m、250 m 分辨率的 Ld2 数据各一个；对 2 级数据进行整理，计算出 250 m 分辨率的归一化植被指数 NDVI，为 MODIS 3 级数据，并利用最大值合成法合成水稻生育期逐旬 250 m 分辨率归一化植被指数，并根据需要合成逐月、各季节或年 NDVI。各级数据等级、类型、状态、数量说明见表 7-6。合成的 NDVI 数据转化成 img 格式，即可在 ArcGIS 软件中打开，并进行分析。

表 7-6　MODIS 各级数据注释表

数据等级	包含数据类型	单个文件大小	整理数据个数		包含的信息
			AQUA	TERRA	
MOD0	TIL	1 KB	310	305	全部数据信息
	PDS	700~900 MB	310	305	
MOD1	HDF	500~650 MB	930	915	分为 1 km、500 m、250 m 分辨率的 HDF
	MODO3	100~150 MB	310	305	
MOD2	Ld2 文件	40~60 MB	930	915	分为 1 km、500 m、250 m 分辨率的 Ld2
MOD3	Ld2 文件	约 20 MB	约 310 日 NDVI 约 56 旬 NDVI	约 305 日 NDVI 约 56 旬 NDVI	250 m 分辨率的逐日、旬 NDVI 数据

7.2.1.3 作物长势的遥感监测

（1）基本概念

作物长势指作物生长发育过程中的形态相，其强弱一般通过观测植株的叶面积、叶色、叶倾角、株高和茎粗等形态特征进行衡量。主要监测作物苗情、生长状况及其变化，要求能够及时、全面反映农情。叶面积指数是与长势的个体与群体特征有关的综合指数，叶面积指数越大，作物截获的光和有效辐射就越多，光合作用就越强。遥感影像的红波段和近红外波段的反射率及其组合与作物的叶面积指数、太阳光合有效辐射、生物量具有较好的相关关系，其中归一化植被指数（NDVI）在一定的生长阶段与叶面积指数（LAI）呈明显的正相关关系。在遥感监测作物长势时，NDVI 常被选作判别作物长势良莠的一个指标，将监测年份时段内的 NDVI 与常年同时段 NDVI 均值进行比较。

作物长势监测主要包括实时监测和过程监测。实时监测指利用实时 NDVI 图像值，与前段时间、多年平均或指定某一年的 NDVI 对比，通过对 NDVI 差异值进行分级、统计和区域显示，反映实时的作物生长差异。过程监测主要通过时序 NDVI 图像来构建作物生长过程，通过生长过程年际间的对比来反映作物生长的状况，也称为随时间变化监测。

（2）方法

作物长势监测算法（模型）多采用比较法，有逐年比较模型和等级模型，比较有差值比较和比值比较。

① 逐年比较模型。以当地的苗情为基准，当年与上一年同期长势相比，在逐年比较模型中，以 $\Delta NDVI$ 作为年际作物长势比较的特征参数，定义为：

$$\Delta NDVI = (NDVI_2 - NDVI_1)/\overline{NDVI} \tag{7.1}$$

式中，$NDVI_2$ 为当年旬值，$NDVI_1$ 为上一年同期值，$\overline{NDVI}$ 为多年平均值。$\Delta NDVI > 0$，说明今年长势比上一年好；$\Delta NDVI < 0$，说明今年长势不如上一年；$\Delta NDVI = 0$，说明今年和上一年差异不大。

② 等级模型。用当年的 $NDVI$ 与多年平均或当地极值比较后定级，与平均值比较成为距平模型，与极值比较称为极值模型，距平模型如下：

$$\Delta \overline{NDVI} = \frac{NDVI - \overline{NDVI}}{NDVI} \tag{7.2}$$

式中，$\overline{NDVI}$ 为多年平均值，$NDVI$ 为当年值。极值模型定义如下：

$$VCI = \frac{NDVI - NDVI_{\min}}{NDVI_{\max} - NDVI_{\min}} \tag{7.3}$$

式中，$NDVI_{\min}$、$NDVI_{\max}$ 分别为同一像元多年 $NDVI$ 的极小值和极大值，$NDVI$ 为当年同一时间同一像元的值。

③ 比值模型。获取 $NDVI$ 均值及极值需要多年的累积数据，较难获取，常采用相邻年份比值的比较方法进行监测，即：

$$a = T_{NDVI}/T_{\rho NDVI} \tag{7.4}$$

式中，$T_{\rho NDVI}$ 为同期前一年的植被指数，T_{NDVI} 为当年的植被指数。当 $a > 1$，初步判定当年该地区的作物生长好于前一年；当 $a < 1$，初步判定当年该地区的作物生长不及前一年；当 $a = 1$，初步判定当年该地区的作物生长与前一年相当。还可以根据值的大小将监测分为 5 个等级。

（3）重庆市植被长势监测方法和结果分析

① 结合地形条件对植被长势的分析

选用 2011 年 3—11 月 EOS-MODIS-250 m 逐日植被指数，采用最大值合成法（熊玲 等，2012；何全军 等，2008；王蕊 等，2011），并结合相关研究成果（司亚辉 等，2008；汪权方 等，2010），合成旬植被指数，再依次合成月、季以及年植被指数，得到的旬、月、季、年植被指数产品，均代表各时间段晴空条件下地表植被指数的最大值信息。因为重庆冬季（12 月—翌年 2 月）以多云、阴天天气为主，基本无可用的遥感资料，因此本节主要合成的是 3—11 月逐旬 $NDVI$ 和春、夏、秋季及年（以春、夏、秋三季代替，实际上不包括冬季）$NDVI$ 值。$NDVI$ 计算式为

$$NDVI = (NIR - R)/(NIR + R) \tag{7.5}$$

式中，NIR 为近红外光谱，R 为红波段。

各时段格点上的 $NDVI$ 为

$$NDVI_i = \sum \max(NDVI_{ij}) \tag{7.6}$$

式中，$NDVI_i$ 为第 i 旬的植被指数时，$NDVI_{ij}$ 即为第 i 旬第 $j(j=1,2,\cdots,11)$ 日的 $NDVI$ 值；$NDVI_i$ 为第 i 月的植被指数时，$NDVI_{ij}$ 即为第 i 月第 $j(j=1,2,3)$ 旬的 $NDVI$ 值；$NDVI_i$ 为第 i 季的植被指数时，$NDVI_{ij}$ 即为第 i 季第 $j(j=1,2,3)$ 月的 $NDVI$ 值；$NDVI_i$ 为第 i 年的植被指数时，$NDVI_{ij}$ 即为第 i 年第 $j(j=1,2,3)$ 季的 $NDVI$ 值。

将 2011 年 3 月上旬—11 月下旬（4 月上旬无资料）的每旬、季和年植被指数按海拔高程分为 400 m 以下、400～800 m、800～1200 m、1200～1500 m、1500～2000 m 及 2000 m 以上 6 个高度特征区，按坡度分为 5°以下、5°～15°、15°～25°、25°～35°及 35°以上 5 个坡度特征区（陈艳英等，2012）。各高度及坡度特征区平均植被指数为

$$NDVI_n = \frac{1}{m}\sum_{i=1}^{m}(NDVI_{ni}) \tag{7.7}$$

式中，$NDVI_n$ 为不同高度（坡度）特征区的平均植被指数（高度、坡度）值，$n=1,2,\cdots,6$ 或 5；$NDVI_{ni}$ 为第 n 个特征区第 i 个格点上的植被指数（高度、坡度）值，i 值从 1 开始，其最大值为所在特征区的格点数 m，m 值根据特征区格点数而定。各高度特征区及坡度特征区面积见表 7-7。

表 7-7　重庆市各高度特征区和坡度特征区的统计面积

海拔高度/m	面积/km²	占总面积百分比/%	坡度/°	面积/km²	占总面积百分比/%
≤400	23377.1	28.33	≤5	28631.9	34.7
400~800	30015.7	36.37	5~15	32560.9	39.46
800~1200	16709.4	20.25	15~25	15653.4	18.97
1200~1500	6583.2	7.98	25~35	4807.3	5.83
1500~2000	4585.7	5.56	>35	864.2	1.05
>2000	1246.7	1.51	—	—	—

监测显示，海拔 800 m 以下、15°以下的特征区以城镇居民点及农耕地为主，植被指数较其他地区偏低，且其数值受农作物生长状态影响较明显，总体上这些地区在粮食作物收割的 5 月及 9 月明显偏小（图 7-4、图 7-5）。

按照本节植被指数合成及计算方法，每个时间段格点上的植被指数都是该时段的最大值，而特征区植被指数为所在区域格点植被指数的均值，计算方法参见式（7.6）和式（7.7）。监测时段越长，格点上的植被指数越接近理想的大值，因此，计算的特征区平均植被指数值就越大，各高度特征区平均年植被指数大于各季节值，在各季节中，夏季最大，春季次之，秋季最小（表 7-8）。

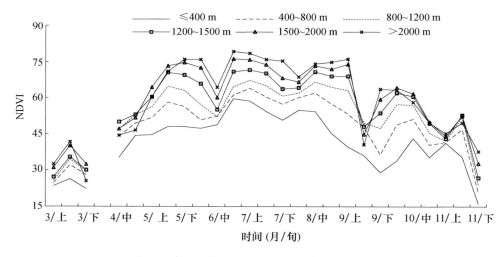

图 7-4　各海拔高度特征区旬植被指数变化过程

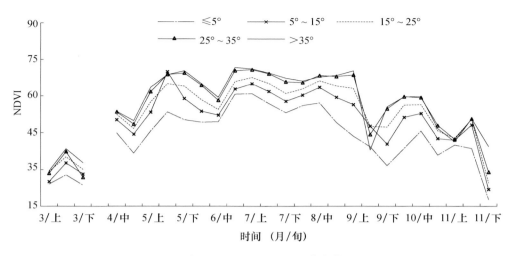

图 7-5 各坡度特征区旬植被指数变化过程

表 7-8 各高度特征区植被指数的季、年平均值

高度特征区/平均高度/(m/m)	春季值	夏季值	秋季值	年值
≤400/310.4	53.2	63.5	49.4	63.6
400~800/585.2	59.7	67.0	58.1	67.2
800~1200/978.7	66.2	70.6	65.6	71.0
1200~1500/1342.7	72.2	74.9	70.8	75.4
1500~2000/1707.5	76.1	78.3	74.7	78.6
>2000/2203.0	76.4	80.2	76.3	80.4

各坡度及高度特征区平均植被指数在年、季排序的表现相同;植被指数在坡度较大的区域比坡度小的区域偏大(表 7-9)。

表 7-9 各坡度特征区植被指数的季、年平均值

坡度特征区/平均坡度/(°/°)	春季值	夏季值	秋季值	年值
≤5/1.8	54.8	65.2	52.0	65.3
5~15/9.6	62.6	68.5	61.1	68.7
15~25/19.1	67.2	71.2	65.9	71.5
25~35/28.9	71.7	74.2	70.2	74.7
>35/38.5	72.1	74.4	71.2	75.1

对植被指数与各相应特征区高度及坡度的相关系数的计算表明(表 7-10),高度特征区均通过了 $P_{\alpha=0.001}<0.9241$(每个序列样本数为 6,共 4 个序列)的显著性检验,坡度特征区均通过了 $P_{\alpha=0.01}<0.8745$(每个序列样本数为 5,共 4 个序列)的显著性检验。

表 7-10　各特征区植被指数与高度(R_1)、坡度(R_2)的相关系数

	春季值	夏季值	秋季值	年值
R_1	0.9553**	0.9871**	0.9541**	0.9846**
R_2	0.9486*	0.9672**	0.9457*	0.9723**

注：*、**分别表示通过0.01、0.001水平的显著性检验。

② 植被及水稻长势分析

整理 2010 年及 2011 年重庆市 MODIS 监测逐旬归一化植被指数，以区(县)行政区为单位，计算各区(县)2年的差值植被指数及平均植被指数，比较相同时段各区(县)植被长势变化情况。由于重庆市目前不具备多年的 NDVI 累积数据，因此将长势监测计算公式做如下调整：

$$\Delta NDVI_j = (NDVI_{2011j} - NDVI_{2010j})/\overline{NDVI_j} \qquad (7.8)$$

式中，$NDVI_{2011j}$ 为 2011 年第 j 旬植被指数值，$NDVI_{2010j}$ 为 2010 年第 j 旬植被指数值，$\overline{NDVI_j}$ 为 2010—2011 年第 j 旬植被指数平均值。$\Delta NDVI_j > 0$，说明 2011 年第 j 旬长势比 2010 年 j 旬长势好，$\Delta NDVI_j < 0$，说明 2011 年第 j 旬长势不如 2010 年第 j 旬长势好，$\Delta NDVI_j = 0$，说明 2011 年第 j 旬长势和 2010 年第 j 旬长势差异不大。

水稻长势监测：整理江津水稻种植区 2011 年及 2010 年 3—11 月逐日情况条件下植被指数，再合成逐旬归一化植被指数数据，并得到 2010—2011 年 3—11 月逐旬平均归一化植被指数，结合水稻生育期物候历分析水稻长势变化情况。对水稻长势监测采用过程监测法。

利用上述方法计算了 2011 年重庆市各区(县)逐旬植被指数，并利用旬植被指数计算了春、夏、秋三季植被指数(表 7-11)，利用植被指数表征植被长势(图 7-6)。

2011 年春季大部分地区植被长势好于 2010 年春季，其中 11 个区(县)2011 年植被长势不如 2010 年，主要分布于东南部及西南部分地区。2011 年夏季近一半(20 个)的区(县)植被长势不如 2010 年，主要分布在西部、中部及东南地区，其余地区植被长势好于 2010 年。2011 年秋季也有将近一半(20 个)区(县)的植被长势不如 2010 年，其余地区植被长势好于 2010 年。总体上，2011 年与前一年相比，植被长势差异不大，除个别区(县)受云雾影响外，大部分地区属于正常变化范围。

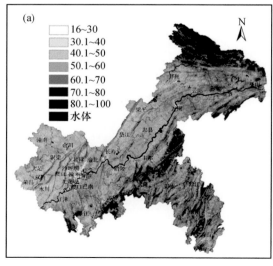

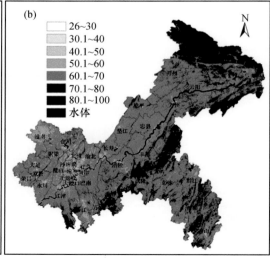

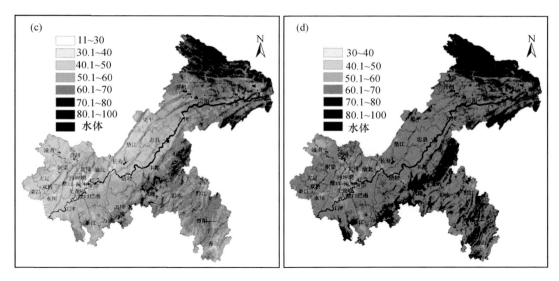

图 7-6　2011 年春季(a)、夏季(b)、秋季(c)及年(d)植被指数(NDVI)分布图

表 7-11　2011 年夏季(6—8 月)重庆各区(县)植被长势监测结果

区(县)	2011 年	2010 年	两年平均	差值	变化百分比/%
黔江	76.47	61.56	69.01	−14.91	−21.61
秀山	60.07	63.08	61.57	3.01	4.90
璧山	52.92	51.83	52.37	−1.09	−2.08
大足	54.81	52.31	53.56	−2.50	−4.70
沙坪坝	46.90	47.88	47.39	0.98	2.08
荣昌	67.10	49.97	58.53	−17.13	−29.27
城口	69.95	73.17	71.56	3.22	4.49
巫溪	68.40	69.63	69.01	1.24	1.79
巫山	62.52	65.78	64.15	3.26	5.08
开州	60.77	61.54	61.16	0.77	1.27
云阳	59.37	63.53	61.45	4.16	6.77
奉节	62.09	65.75	63.92	3.66	5.72
万州	60.44	63.41	61.92	2.97	4.80
梁平	58.38	59.63	59.01	1.25	2.11
忠县	58.64	60.33	59.49	1.69	2.84
石柱	67.65	65.06	66.35	−2.58	−3.90
垫江	57.98	56.87	57.42	−1.11	−1.94
丰都	61.22	60.44	60.83	−0.78	−1.28
长寿	55.09	55.58	55.33	0.49	0.88
涪陵	58.70	58.27	58.49	−0.43	−0.74
武隆	72.43	62.41	67.42	−10.02	−14.86
彭水	76.00	60.43	68.21	−15.56	−22.82

续表

区（县）	2011 年	2010 年	两年平均	差值	变化百分比/%
酉阳	72.44	63.13	67.78	−9.31	−13.74
南川	62.73	62.01	62.37	−0.72	−1.15
渝北	52.71	52.61	52.66	−0.10	−0.19
渝中	28.83	41.45	35.14	12.62	35.91
大渡	42.56	47.17	44.87	4.60	10.26
北碚	54.24	52.83	53.54	−1.41	−2.64
合川	54.78	53.22	54.00	−1.57	−2.90
潼南	50.88	49.58	50.23	−1.30	−2.59
铜梁	53.67	52.77	53.22	−0.90	−1.69
永川	58.97	52.45	55.71	−6.52	−11.71
江津	57.74	55.40	56.57	−2.34	−4.14
綦江	58.08	57.49	57.79	−0.60	−1.03
南岸	45.64	48.58	47.11	2.94	6.23
江北	46.72	47.49	47.10	0.76	1.62
九龙	47.38	48.75	48.06	1.37	2.85
巴南	53.90	55.28	54.59	1.38	2.52

由 2010—2011 年水稻发育期物候历（表 7-12）可知，5 月前稻田基本处于淹水期，稻田是杂草和水的混合物；5 月份水稻移栽—返青—分蘖，稻田表面由水和水稻幼苗覆盖；6—7 月水稻处于拔节—孕穗—抽穗期，水稻覆盖地表；8 月份水稻处于乳熟—成熟期，水稻叶绿素含量逐渐衰减，叶黄素增加，8 月下旬—9 月上旬为水稻收割期，9 月份以后基本是再生稻的生长发育期。

表 7-12　2010 年及 2011 年江津水稻物候历

发育期	播种	出苗	三叶	移栽	返青	分蘖	拔节	孕穗	抽穗	乳熟	成熟
2010 年/月-日	3-14	3-25	4-8	5-12	5-18	5-29	6-22	7-16	7-22	8-4	8-20
2011 年/月-日	3-15	4-4	4-15	5-14	5-19	5-28	6-18	7-12	7-23	8-3	8-24

图 7-7 是重庆市江津水稻种植区 2010—2011 年 3—11 月逐旬平均植被指数变化图。

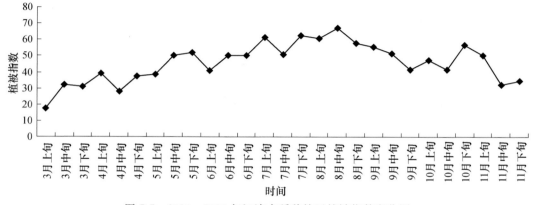

图 7-7　2010—2011 年江津水稻种植区植被指数变化图

从图 7-7 及表 7-12 可见,5 月前稻田植被指数偏低,5 月中旬开始,水稻移栽至稻田,随着水稻生育期的推进,水稻逐渐生长旺盛,从水稻进入分蘖期开始,稻田植被指数增加迅速,7月—8 月上旬,水稻生长旺盛,植被指数也在此时达到高值期,8 月下旬—9 月上旬为水稻成熟—收获期,植被指数开始降低,10 月份植被指数又出现一个小高值期,为再生稻进入旺盛生长期。值得说明的是,部分时间因监测区域上空受云雾影响,监测的植被指数稍有偏差。

7.2.1.4　作物遥感估产

(1)遥感估产的方法介绍

目前,基于统计的遥感估产有三种技术路线。

① 遥感光谱绿度值(植被指数)与生物量关系模式。在对作物、草原、森林的估产中,这是一种常用的思路,但是该方法得到的遥感估产等级图只反映卫星摄影时的植物长势和生物量的空间分布状况。

② 建立遥感光谱绿度值、地物光谱绿度值与生物量关系模式,即先分析实测地物光谱绿度值与生物量之间的关系,建立相应模型。再分析卫星遥感植被指数与地物光谱绿度值的关系,建立卫星遥感植被指数与生物量之间的关系模型,最后利用光谱监测模型和卫星遥感监测模型进行监测与估产。

③ 遥感结合地学综合模式,该方法将气温、降水等环境因子引入模型,与遥感-生物量模型互相补充,克服各自存在的缺陷,可进一步提高估产精度。建立的统计模型有线性、幂函数、指数、对数等,回归的方法也有一元回归、多元回归、逐步回归等,得到的系数差别较大,并且应用也局限于建模的时间和地点。在很多情况下地面资料的诸多属性也影响模型的精度。

(2)重庆遥感估产方法介绍及结果分析

利用 2010 年重庆市江津、万州、丰都、梁平、綦江、涪陵、云阳、开州、巫溪 9 个区(县)水稻种植区 NDVI 资料建立关键生育期水稻估产模型,根据文献(吉书琴 等,1997;王人翘 等,1998)选择水稻分蘖期至乳熟几个关键生育期植被指数对水稻单产进行估算,并利用 2011 年数据对估产模型进行检验。根据水稻生育期的物候历资料,重庆市水稻大多在 5 月下旬—6月上旬进入分蘖期,8 月上旬进入乳熟期,因此,本书选用 6 月上旬—8 月上旬的水稻植被指数建立动态估产模型,图 7-8 给出 9 个区(县)水稻分布情况。

在利用 NDVI 进行产量估算时,可以采用研究区内的植被指数之和对总产量进行估算(范莉 等,2009),还可以利用多个生育期的植被指数建立产量估算模型(王人翘 等,1998)。本手册采用研究区内植被指数均值及水稻单产为研究对象,建立重庆市水稻单产估算模型。对不同生育期的水稻种植区植被指数与水稻单产进行线性分析,建立线性模型:

$$Y = a \times \overline{NDVI} + b \tag{7.9}$$

式中,Y 为单产(kg/亩);$\overline{NDVI}$ 为每个水稻种植区的平均植被指数(植被指数扩大 100 倍);a、b 为回归系数。计算了各旬 NDVI 与水稻单产之间的相关系数 R 及 F 值,F 值计算见式(7.10),分析结果见表 7-13。

$$F = \frac{R^2}{(1-R^2)/(n-2)} \tag{7.10}$$

式中,n 为样本数。

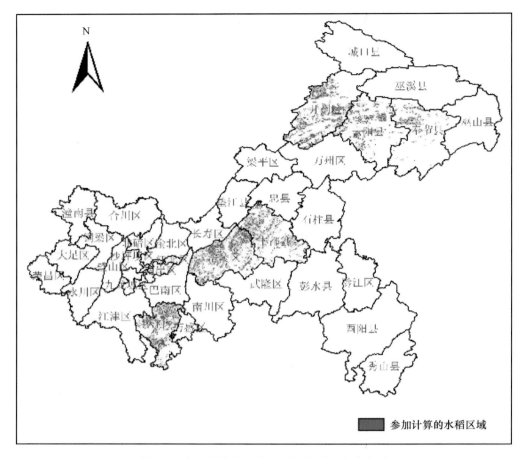

图 7-8　参加计算的 9 个区(县)水稻面积分布图

利用表 7-13 建立的产量模型,对 2011 年 9 个区(县)水稻进行动态估产,并计算了 6 月上旬—8 月上旬估算单产与实际单产的相对误差,为了比较各个模型对每个区(县)的总体估算结果,计算了每个区(县)的平均相对误差,均列于表 7-14。相对误差计算见式(7.11),平均相对误差计算见式(7.12):

$$RE = \frac{Y' - Y}{Y} \times 100\% \tag{7.11}$$

$$\overline{RE} = \frac{1}{n} \sum_{i=1}^{n} |RE| \tag{7.12}$$

式(7.11)和(7.12)中,RE 为相对误差,$\overline{RE}$ 为平均相对误差,$|RE|$ 为相对误差绝对值,Y' 为估算产量,Y 为实际产量。

表 7-13　重庆市 2010 年水稻关键生育期植被指数与单产关系分析

时段	R	R^2	F	线性模型
6 月上旬	0.6839	0.4677	6.1510 * *	$Y = 1.5154x + 380.55$
6 月中旬	0.7341	0.5389	8.1812 * *	$Y = 5.4252x + 183.40$
6 月下旬	0.7518	0.5652	9.0995 * *	$Y = 2.4517x + 330.84$

时段	R	R^2	F	线性模型
7 月上旬	0.6297	0.3965	4.5994 *	$Y=1.5009x+384.66$
7 月中旬	0.5820	0.3387	3.5856 *	$Y=1.2808x+383.34$
7 月下旬	0.5686	0.3233	3.3444 *	$Y=1.7236x+346.23$
8 月上旬	0.8172	0.6680	14.0726 * *	$Y=6.2347x+26.453$

注:* 表示通过 $\alpha=0.05$ 的 F 检验,* * 表示通过 $\alpha=0.01$ 的 F 检验;样本数 n 为 9;模型中 Y 为单产,x 为平均植被指数。

表 7-14　重庆市 2010 年水稻关键生育期产量估算相对误差

相对误差/%	6 月			7 月			8 月	平均相对误差/%
	上旬	中旬	下旬	上旬	中旬	下旬	上旬	
万州	1.92	12.11	8.10	7.83	2.81	0.04	−4.56	5.36
丰都	14.41	8.94	19.74	19.01	14.10	9.37	5.43	17.09
江津	−13.37	−18.01	−7.77	−9.89	−14.07	−16.79	−37.71	16.80
梁平	−4.62	0.00	0.25	−1.44	−5.98	−7.17	−11.72	8.43
綦江	42.88	38.45	52.86	49.48	42.88	36.82	15.97	51.42
涪陵	8.61	16.73	17.41	15.66	10.87	6.52	−2.47	14.16
云阳	11.88	8.31	15.32	5.23	10.88	11.14	9.72	15.43
开州	6.31	9.39	12.72	11.81	6.94	5.30	2.26	10.32
奉节	7.65	18.94	12.71	10.81	6.65	3.87	2.47	10.87

　　从 6 月上旬至 8 月上旬的 7 个估产模型估算的结果来看,万州估算的结果最好,除 6 月中旬相对误差大于 10% 外,其余各旬模型估算结果的相对误差均在 8.1% 以下,平均相对误差也较小,为 5.36%;估算结果排第二的是梁平,平均相对误差为 8.43%;其次是开州和奉节,平均相对误差分别为 10.32% 和 10.87%;涪陵、云阳、江津、丰都估算结果的相对误差分别为 14.16%、15.43%、16.80% 及 17.09%。其中綦江估算结果和实际产量偏差太大,除 8 月下旬估算结果的相对误差为 15.97% 外,其余各旬相对误差均在 36.82%～52.86%,平均相对误差为 51.42%,可见本估产模型对綦江在选定时段内基本不具备估产意义。

　　利用研究区平均植被指数建立的单产估产模型的估算结果分析表明,除綦江外其余 8 区(县)效果较好。綦江估产较差的原因主要有以下两点,第一是因为綦江产量波动较大,2011年綦江计算单产为 318.88 kg/亩,2010 年计算单产为 456.75 kg/亩,年景差距较大,而 2011年和 2010 年 9 个区(县)平均单产分别为 459.16 kg/亩和 431.61 kg/亩,无论纵向、横向来看,綦江 2011 年单产减少 30% 以上,这种年景差异给估算造成了极大误差;第二地区间的差异也会造成估产误差,模型中 9 个区(县)大多分布在东北部,而綦江在东南部,估产模型没有考虑地区间的差异,而作物生长状态本身存在区域间的差异,用统一的模型估产会影响估算精度。

7.2.2　基于遥感的干旱监测

7.2.2.1　干旱遥感监测的理论方法

(1)基本概念

人们对干旱的认识逐渐完善,认识到干旱不仅仅与降水丰亏有关,还与下垫面条件与需水要求等关联。"干旱"随学科及研究角度的不同有着不同的含义,可分为四类,即气象干旱、水文干旱、农业干旱、社会经济干旱。

① 气象干旱指某时段内降水偏少、天气干燥、蒸发量增大的一种异常现象。主要研究天气的干、湿程度,与研究区域的气候变化特征紧密相关,通常用某时段低于平均值的降水来定义。

② 水文干旱指一种持续性、地区性广泛的河川流量和蓄水量较常年偏少,难以满足用水需求的一种水文现象。主要讨论水资源的丰枯状况,但水文干旱与枯季径流是两个不同的概念。

③ 农业干旱指作物生长过程中因供水不足,阻碍作物正常生长而出现的水分供需不平衡现象。农业干旱主要与前期土壤湿度,作物生长期有效降水量以及作物需水量有关。农业干旱具有复杂、多变和模糊三个特性。

④ 社会经济干旱指由于经济、社会的发展需水量日益增加,以水分影响生产、消费活动等描述干旱。其指标常与一些经济商品的供需联系在一起,如建立降水、径流和粮食生产、发电量、航运、旅游效益以及生命财产损失等关系(孙荣强 等,1994)。

本节主要研究农业干旱(以下简称干旱)。干旱分类的方法较多,根据干旱发生的原因,通常分为土壤干旱、大气干旱和生理干旱;按发生的时间(全国大多数地方采用农历年记法,即上年的 9 月至本年的 8 月)分为春旱、夏旱、伏旱和冬旱。重庆市地处四川盆地东部,气候温和,四季均有在土作物,考虑到农作物生长发育和农事活动的特点,将重庆市的干旱分为春旱(3—4 月)、夏旱(5—6 月)、伏旱(7—8 月)、秋旱(9—11 月)和冬旱(12 月—次年 2 月),每种干旱时间可往季前或者往季后顺延 5 天。许多干旱是跨季节的,并不一定是哪一个季节的干旱,还存在冬春、春夏、夏伏、伏秋、秋冬 5 种跨季干旱以及多季干旱(高阳华 等,2001)。

(2)干旱监测的方法

干旱监测一直是科学界公认的难题。常规观测方法多采用基于测站的定点监测,需要投入大量的人力、物力和财力,而且只能获得少量的点上观测信息,难以及时地获得大面积土壤水分和作物长势信息,使得大范围旱情监测和评估缺乏时效性和代表性。遥感技术具有覆盖范围广、空间分辨率高、重访周期短、数据获取快捷方便等优点,已经成为干旱监测领域一个很有潜力的研究方向(李喆 等,2010)。根据土壤在不同光谱波段呈现不同的辐射特性,遥感干旱监测主要分为可见光、近红外、热红外和微波遥感几大类型,出现了众多的模型和方法(刘良明 等,2005;阿布都瓦斯提·吾拉木 等,2007;王鹏新 等,2007)。每一类中每种模型和方法都各具特色、侧重点和优缺点。

夏虹等(2005)将中国利用遥感技术进行干旱监测的各种方法和模型进行归纳总结,将遥感干旱研究分为 5 类:第 1 类是基于土壤热惯量的方法(Price et al.,1985;余涛 等,1997;田国良 等,1992;刘良明 等,1999;陈怀亮 等,1998;张仁华 等,2002);第 2 类基于区域蒸散量计算的方法(申广荣 等,1998;辛晓洲,2003;Xin et al.,2002;隋洪智 等,1997);第 3 类基于植被指数和温度的方法(肖乾广 等,1994;陆家驹 等,1997;齐述华 等,2003;金一锷 等,1998;陈添宇等,1997);第 4 类基于土壤水分光谱特征的方法(刘培君 等,1997;塔西甫拉提·特依拜 等,2002);第 5 类是利用 3S(RS、GIS、GPS)技术等综合方法,建立多种遥感监测土壤水分模型,提高了遥感监测土壤水分的精度(王晓云 等,2002)。

① 时序植被指数的干旱研究

a. 归一化植被指数法(NDVI)。研究表明(Wan et al.,2004;Ramesh et al.,2003;郭广猛

等,2004;谭德宝 等,2004;宋小宁 等,2004;德力格尔 等,2005;除多,2003;王江山 等,2005;杨兰芳 等,2005),在实际应用中大多利用 NDVI 的干旱应用及研究是以 NDVI 为基础,结合温度、降水等参数建立干旱监测指标,石韧(1993)利用植被叶绿素的含量与其在可见光及近红外通道的反射值之间的关系(即当植被的叶绿素含量增高时,其在可见光波段的反射值减小,在近红外波段的反射值增大,因而 NDVI 值也增大;当植被受旱、水分减少因而叶绿素含量也减少时,其在可见光波段的反射值增大,在近红外波段的反射值减小,NDVI 值也相应减小)。NDVI 最适合于对早期发展阶段或干旱半干旱地区覆盖度为 25%~80% 的地表植被的监测,在一般情况下,NDVI 值随着植被变得更绿或更密而增大,NDVI 值越高表明植被长势越好。利用 NDVI 进行干旱研究不易给出量化的结果,且其分析过程也比较复杂,该方法不易业务化应用。

b. 植被状态指数(VCI)法。植被状态指数(VCI)是以 NDVI 为基础建立的遥感指数。Kogan(1990)于 1990 年提出植被状态指数 VCI,VCI 定义为一个比值,分子是每周平滑的 NDVI 与 NDVI 多年最小值的差值,分母是 NDVI 多年最大值与最小值的差值,该指数利用地表植被状况变化程度来反映干旱。

$$VCI = 100 \times \frac{NDVI - NDVI_{min}}{NDVI_{max} - NDVI_{min}} \tag{7.13}$$

式中,$NDVI$、$NDVI_{min}$、$NDVI_{max}$ 分别为旬(月)的归一化差值植被指数、旬(月)植被指数的多年最小值和最大值。

VCI 的取值范围是 0~100,若 $VCI \leqslant 30$,则植被生长状况较差,表明干旱比较严重;若 $30 < VCI \leqslant 70$,则植被生长状况适中,干旱程度适中;若 $VCI > 70$,则植被生长状况良好,无干旱发生。VCI 数值越低,植被生长状况越差。VCI 数值大小取决于地面的植被生长状况,它相当于把短期的天气信号从长期的生态信号中分离出来(Kogan,1997),其对干旱的发生、发展以及对植被的影响具有很好的监测能力(Gitelson et al.,1998)。利用 VCI 监测干旱的应用及研究较多(蔡斌 等,1995;冯强 等,2001;管晓丹 等,2008),效果明显,但其要求有较长序列的累积资料。

② 温度植被干旱指数法

$$TVDI = \frac{T_s - T_{smin}}{T_{smax} - T_s} \tag{7.14}$$

$$T_{smax} = a + b \cdot NDVI \quad (\text{干边方程}) \tag{7.15}$$

$$T_{smin} = a' + b' \cdot NDVI \quad (\text{湿边方程}) \tag{7.16}$$

式中,$TVDI$ 为温度植被干旱指数,其值为 0~1,其值越低,表示土壤湿度越低,反之,土壤湿度越高;T_s 为陆地表面温度,T_{smin} 为在相应 NDVI 下的最低陆地表面温度;T_{smax} 为在相应 NDVI 下的最高陆地表面温度;a、b、a'、b' 均为回归系数,分别为 $NDVI - T_s$ 空间中干边和湿边方程的截距和斜率。

温度植被干旱指数在应用于大区域干旱监测中取得很好的效果(齐述华 等,2003),将 $TVDI$ 作为旱情划分指标,将干旱划分为 5 个等级(齐述华 等,2005),即:湿润($0 < TVDI \leqslant 0.2$),正常($0.2 < TVDI \leqslant 0.4$),轻旱($0.4 < TVDI \leqslant 0.6$),干旱($0.6 < TVDI \leqslant 0.8$)和重旱($0.8 < TVDI \leqslant 1.0$)。

③ 植被供水指数法

植被供水指数(VSWI)法适于地面有作物覆盖干旱状况的遥感监测。其物理意义是:当作物供水正常时,卫星遥感的植被指数和作物冠层的温度在确定的生长期内保持在一定范围内,如果遇到干旱,作物供水不足,生长受到影响时,卫星遥感植被指数降低,这时作物没有足够的水分供给叶子表面蒸发,被迫关闭一部分气孔,导致作物冠层的温度升高。VSWI 综合考虑了作物受到干旱影响时在红外、近红外、热红外波段的反应,计算结果给出了干旱的相对等级,通过多元统计的方法建立 VSWI 与实测土壤水分的相关关系,从而拟合植被供水指数与土壤含水量的关系(蔡斌 等,1995;王鹏新 等,2001)。国家卫星气象中心提出的植被供水指数的定义为:

$$VSWI = T_s/NDVI \qquad (7.17)$$

式中,T_s 为植被的冠层温度(K),$NDVI$ 为归一化植被指数。植被覆盖时的土地表面温度可以近似认为是植被冠层的表面温度。

植被供水指数法适用于植被覆盖状态下的干旱监测,但在高密度、高生物量植被下 MODIS-NDVI 比 AVHRR-NDVI 更容易饱和(刘良明 等,2004),在研究及应用中,有人将模型中的 $NDVI$ 改用增强型植被指数(EVI)(张树誉 等,2006;杨斌 等,2011),以提高对高生物量区的敏感性。

因此,在计算时将公式(7.17)中的 $NDVI$ 改用增强型植被指数(EVI)。为使计算结果易于统计分析,对(7.17)式中的地表温度和 EVI 分别做了减去 100 和乘以 100 的处理。修改后的模型如下:

$$VSWI = (T_s - 100)/(EVI \times 100) \qquad (7.18)$$

$$EVI = G \times \frac{(CH_2 - CH_1)}{CH_2 + C_1 \times CH_1 - C_2 \times CH_3 + L} \qquad (7.19)$$

式中,CH_1、CH_2、CH_3 分别为 MODIS 第 1、2、3 通道反射率值;L 为土壤调节参数;C_1 和 C_2 为大气调节参数;G 为放大系数,以上参数取值分别为:$L=1$,$C_1=6$,$C_2=7.5$,$G=2.5$。

$VSWI$ 值越大表明作物冠层温度越高,而植被指数越低,作物受旱程度越重;VSWI 值越小表明作物冠层温度越低,而植被指数越高,作物受旱程度越轻。

④ 其他监测方法

a. 热惯量法。土壤热惯量在一定条件下主要取决于土壤含水量。因此,土壤热惯量与土壤含水量之间存在一定的相关性,可以利用遥感热惯量法来研究和监测土壤水分。总体来说,热惯量法过程复杂,参数估计困难(张仁华 等,2002;余涛 等,1997),有人用表观热惯量 ATI 代替真实热惯量 P(杨斌 等,2011;田国良 等,1992),将热惯量法进行了简化:

$$ATI = (1-\alpha)/\Delta T \qquad (7.20)$$

式中,ATI 为表观热惯量,α 为地表反照率,ΔT 则表示地表昼夜温差。

热惯量法监测土壤含水量涉及两个时次的卫星资料,并且需要满足以下三个条件:白天和夜间卫星过境时,用光学遥感仪器监测,必须是晴空无云,以获得土壤的最高温度和最低温度;被监测地区都要处于两条轨道基本重合的范围;被测地表是裸露的或是植被覆盖度很低的区域。因此,该方法不适于在重庆市业务运行中应用。

b. 作物缺水指数法。作物缺水指数法是基于区域蒸散发估算土壤干旱状况的常用方法。该方法由蒸散量构造相应的指标监测干旱,根据土壤水分含量与作物缺水指数的关系,由热量守恒原理推出。有人对该方法进行了简化(王玲玲 等,2010):

$$CWSI = 1 - LE/E_p \qquad (7.21)$$

式中,LE 为实际蒸散,E_p 为潜在蒸散。$CWSI$ 的值越大,表明作物越缺水,当 $CWSI=0$ 时,表明作物有充分的水分供应；当 $CWSI=1$ 时，作物严重缺水。

式(7.21)还需要反演地表温度，再根据 SEBAL 模型分别计算地表净辐射、土壤热通量和显热通量，即可求得式中的 LE 或如下式：

$$CWSI=H/(R_n-G) \tag{7.22}$$

式中，R_n 为地表净辐射，H 为土壤表层显热通量，G 为土壤表层热通量。

由于充分考虑了下垫面的植被覆盖状况和地面风速、水汽压等气象要素，该方法的物理意义更为明确，计算精度较高，但其计算复杂，冠层上空的气象参数仍依赖于地面气象站点，实时效果差，不利于业务操作。

⑤ 重庆市干旱监测方法简介

冬、春季及秋季的 10—11 月份，重庆上空多云雾，不利于遥感监测，而 6—9 月重庆的遥感监测条件较好，且此时多发生夏旱、伏旱、夏伏连旱。重庆的植被覆盖度较高，应选择适合高植被覆盖的干旱监测方法，综合考虑了适宜性和业务的实效性及可操作性的需求，选用公式(7.17)作物供水指数法对重庆 2010 年夏伏旱进行监测。式中，T_s 为 K 氏温度，$NDVI$ 为扩大 100 倍后的结果，计算的 $VSWI$ 指数越大，说明作物缺水越严重，表明干旱程度越重。

遥感数据包括 2010 年 6—9 月 MODIS-AQUA 和 MODIS-TARRE 及 FY3A-VIRR 数据。气象观测数据主要为重庆市 170 个土壤墒情监测点 2010 年 6—9 月逢 8 日观测土壤表层 0 cm、10 cm、20 cm、30 cm、40 cm 土壤湿度数据及同期的气温、气压、降水、湿度等。气象要素观测数据主要用来计算潜在蒸发量，进而计算降水蒸发对比关系中的水量平衡，潜在蒸发利用彭曼公式计算。土壤墒情监测结果与干旱划分等级见表 7-15。

表 7-15　土壤墒情与干旱等级对照表

干旱等级划分	特重旱	重旱	中旱	轻旱	适宜	偏湿
土壤相对湿度/%	≤30%	30%～40%	40%～50%	50%～60%	60%～90%	>90%

7.2.2.2　遥感干旱监测应用

(1)MODIS 监测干旱

本节分析的是农业干旱，因此，以土壤墒情监测结果作为干旱的观测结果，遥感监测结果与之进行对比，采用 2010 年监测数据进行说明。土壤墒情每月监测 6 次，各站点分别在 3 日、8 日、13 日、18 日、23 日、28 日进行监测。为了便于计算分析，并接近业务监测以旬为周期的特点，遥感干旱监测每月分 3 次，日期划分如下：上月 29 日—当月 8 日为上旬，当月 9 日—18 日为中旬，当月 19 日—28 日为下旬。利用公式(7.17)计算了重庆市 6—9 月的干旱指数 $VSWI$，并结合 6—9 月 4 个月每月 8 日、18 日、28 日土壤墒情监测数据对干旱进行分析。

2010 年 6 月各地的土壤墒情监测显示，0～40 cm 土层土壤湿度大部分适宜或偏湿，各地基本无干旱发生，各地降水大于蒸发，水量供需平衡有盈余。19 个区(县)遥感监测 $VSWI$ 指数为 15.1～49.3，16 个区(县)$VSWI$ 指数为 50.2～68.9，9 个区(县)$VSWI$ 指数为 72.3～100。

2010 年 6 月 29 日—7 月 18 日，各地墒情以适宜-偏湿为主，降水大于蒸发，水量供需平衡显示供给大于支出，期间由于大部分地区被云遮盖，遥感监测效果不明显。土壤墒情监测结果和水量供需平衡计算结果显示，7 月下旬—8 月下旬重庆市部分地区出现了不同程度的干旱。表 7-16、表 7-17 给出了各区(县)7 月下旬—8 月下旬土壤墒情、水量供需平衡及遥感监测作物供水指数法的平均值。

2010 年 7 月 19—28 日降水蒸发平衡监测 71.8% 的区(县)降水入不敷出，缺水量为 0.4～

42.17 mm,说明大部分地区蒸发旺盛;土壤墒情监测 12.8%的区(县)湿度适宜,81.2%的区(县)湿度偏湿;遥感监测植被供水指数 69.2%的区(县)为 38.08～49.83,25.6%的区(县)为 50.08～66.18。这段时间由于底墒充足,虽蒸发较大,但对作物生长影响不明显。7 月 29 日—8 月 18日,各地持续高温少雨天气,监测显示,水量供需平衡入不敷出的范围逐步扩大,墒情持续降低,底墒偏差,西部地区受干旱影响比较严重。遥感监测植被供水指数 VSWI 显示,8 月上旬 35.9%的地区为 18.2～42.9,48.7%的地区为 43.2～50.0,15.4%的地区为 55.6～88.78;8 月中旬监测的 59%的地区 VSWI 为 26.0～49.8,12.8%的地区 VSWI 为 61.9～93.0。监测、计算的各种数据表明,8 月上、中旬西部大部分地区、主城区干旱较严重,8 月下旬受各地降水影响,干旱范围有所减少,除西部部分地区仍然持续外,其余地区干旱有所缓解(图 7-9)。

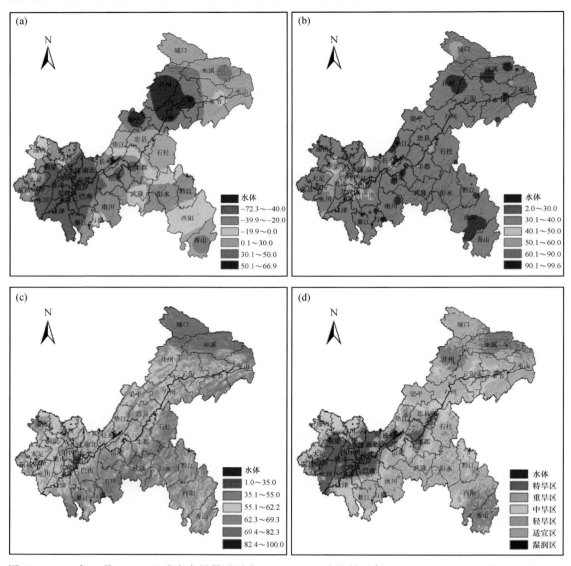

图 7-9 2010 年 8 月 9—18 日重庆水量供需平衡(mm)(a)、土壤墒情(%)(b)、NDVI(c)、干旱等级(d)分布图

表 7-16　2010 年 8 月中、下旬土壤墒情、降水蒸发平衡、植被供水指数监测及计算结果

区(县)	8月中旬			8月下旬		
	土壤墒情/%	水平衡/mm	供水指数	土壤墒情/%	水平衡/mm	供水指数
黔江	81.12	25.51	49.83	77.37	−16.16	43.31
秀山	82.66	95.04	49.03	80.20	−10.11	41.42
璧山	69.19	−41.15	50.08	71.38	2.46	48.43
大足	74.87	−29.78	50.93	66.75	−11.38	47.26
沙坪坝	72.13	−42.09	61.43	72.68	4.97	56.87
荣昌	85.35	−34.40	19.46	70.85	−17.43	18.17
城口	75.35	46.40	39.63	69.15	1.62	40.25
巫溪	83.99	23.10	43.56	80.78	−15.48	43.19
巫山	78.77	26.84	47.33	76.35	−8.29	43.28
开州	80.78	9.40	44.73	75.20	−7.24	44.41
云阳	61.40	−12.06	45.41	75.37	−17.31	44.76
奉节	71.94	6.58	43.83	75.76	−21.44	41.67
万州	77.17	−26.75	46.17	73.73	−29.06	43.75
梁平	82.96	−33.49	42.19	73.71	−23.07	42.54
忠县	68.91	−32.72	45.47	67.15	−31.76	45.31
石柱	81.05	−16.30	48.70	73.58	−20.27	40.58
垫江	72.82	−37.95	41.86	65.98	−31.23	43.40
丰都	78.22	−23.97	49.19	68.94	−27.61	44.29
长寿	69.23	−39.87	38.08	60.60	−19.20	38.54
涪陵	82.75	−30.15	46.05	80.15	−14.25	44.79
武隆	88.08	7.73	49.15	73.95	−15.73	40.44
彭水	83.67	50.82	50.93	75.54	−11.63	40.78
酉阳	77.00	52.88	49.48	86.53	−21.77	41.42
南川	84.35	−2.44	46.80	83.12	−19.08	40.73
渝北	69.88	−42.17	52.58	68.40	−10.84	49.03
渝中	71.88	−39.19	109.88	69.14	−2.69	88.78
大渡口	70.50	−26.94	63.83	61.09	−12.61	61.90
北碚	73.49	−41.90	52.30	75.19	−16.04	47.84
合川	83.01	−27.75	44.02	79.40	−19.31	42.90
潼南	83.40	−17.55	47.27	74.42	−13.75	44.55
铜梁	72.57	−36.10	47.25	63.27	−18.06	46.67
永川	72.08	−41.00	44.96	70.86	−12.84	43.56
江津	80.29	−21.74	46.77	78.02	−15.09	44.00
綦江	86.33	13.50	45.25	86.24	−19.36	40.85
万盛	86.33	−0.40	47.47	83.98	−14.96	42.48
南岸	72.93	−34.28	64.88	64.75	−8.61	59.02
江北	72.12	−39.20	66.18	69.26	−7.23	59.90
九龙坡	71.30	−37.32	56.94	69.89	−5.68	55.63
巴南	72.63	−17.86	49.02	64.50	−14.78	46.56

表 7-17 2010 年 8 月中旬、8 月下旬土壤墒情、降水蒸发平衡、植被供水指数监测及计算结果

区（县）	8 月中旬			8 月下旬		
	土壤墒情/%	水平衡/mm	供水指数	土壤墒情/%	水平衡/mm	供水指数
黔江	76.54	−22.93	46.81	85.23	−14.91	61.9
秀山	81.54	25.42	44.41	83.41	35.15	48.5
璧山	61.36	−57.88	53.14	81.26	−35.34	66.3
大足	63.18	−35.40	53.60	81.35	−17.29	44.65
沙坪坝	59.84	−62.34	59.51	72.36	−39.81	71.3
荣昌	68.89	−26.78	26.02	88.66	−8.71	云雾影响
城口	65.59	15.66	36.52	74.71	25.24	37.2
巫溪	86.25	29.58	41.16	92.18	43.72	48.0
巫山	80.69	13.86	44.81	85.44	27.53	54.9
开州	83.35	50.74	47.87	90.74	67.44	73.7
云阳	80.80	46.25	50.19	89.51	62.86	66.4
奉节	81.89	15.18	45.10	86.30	30.27	50.2
万州	81.76	47.93	49.24	91.03	65.46	69.4
梁平	84.51	46.41	47.92	90.39	62.10	57.5
忠县	72.85	20.66	50.61	76.21	36.30	61.9
石柱	78.87	15.74	43.46	86.96	28.79	45.4
垫江	82.20	3.94	48.16	81.33	21.11	78.0
丰都	69.54	−17.83	49.84	74.20	−1.38	53.3
长寿	67.77	−31.01	43.97	65.95	−13.45	72.0
涪陵	81.67	−37.31	48.81	80.82	−20.94	71.3
武隆	76.93	−20.27	44.32	86.39	−9.24	46.2
彭水	71.95	−21.74	44.80	86.76	−13.80	46.1
酉阳	86.68	−11.24	45.42	93.42	−2.84	55.1
南川	82.21	−27.49	43.55	84.59	−11.76	61.1
渝北	61.34	−47.71	53.44	72.21	−26.93	70.3
渝中	57.32	−61.74	92.98	69.27	−40.01	172.0
大渡口	47.62	−60.99	70.74	63.95	−38.20	127.3
北碚	65.41	−55.98	53.24	77.51	−32.65	60.2
合川	75.91	−29.00	49.36	87.12	−9.41	61.2
潼南	74.79	−15.51	53.35	84.64	3.00	云雾影响
铜梁	56.62	−43.63	53.11	83.92	−21.51	69.9
永川	64.49	−52.49	49.74	77.27	−30.17	85.7
江津	71.65	−50.80	47.30	81.51	−29.32	73.6
綦江	83.95	−39.62	44.05	85.82	−18.76	64.4
万盛	88.16	−15.16	45.15	91.47	3.90	56.9
南岸	60.30	−55.07	63.88	67.38	−33.37	107.5

区（县）	8月中旬			8月下旬		
	土壤墒情/%	水平衡/mm	供水指数	土壤墒情/%	水平衡/mm	供水指数
江北	65.34	−52.86	62.55	71.35	−31.66	116.3
九龙坡	58.80	−59.41	61.88	74.23	−37.38	99.0
巴南	61.62	−49.70	50.38	67.92	−28.80	79.5

（2）基于卫星 FY-3A 干旱监测

为了便于与 MODIS 监测的干旱结果进行对比，卫星 FY-3A 干旱监测选用的时间是 2010 年 6 月 29 日—8 月 28 日。为了与土壤墒情数据对应（选择每月 8、18、28 日的土壤墒情数据），各旬起止日期上次土壤墒情逢 8（8、18、28 日）观测日的后一日（9、19、29 日）—本次观测日（8、18、28 日），卫星 FY-3A 遥感资料是 VIRR 传感器 1 km 分辨率的，NDVI 选择 VIRR 红光与近红外通道，对应第 1、第 2 通道，波段范围分别是 0.58～0.68 μm 和 0.84～0.89 μm，地表温度计算选择远红外波段，通道号是第 4、第 5 通道，波段范围分别是 10.3～11.3 μm 和 11.5～12.5 μm。采用公式（7.17）中的计算方法。

7 月 19—28 日遥感监测植被供水指数（VSWI）显示（表 7-18，图 7-10），7 月 19—28 日，各区（县）植被供水指数为 51.1～134.4，55% 的地区植被供水指数在 60.0 以下，35% 的区（县）为 60.0～83.1，其余 5% 的区（县）为 95.0～134.5。

7 月 28 日—8 月 8 日，各区（县）植被供水指数为 46.3～112.0，85% 的地区植被供水指数在 60.0 以下，10% 的区（县）为 60.0～74.33，其余 5% 的区（县）为 90.4～112.0。

8 月 9—18 日，大部分地区受云雾影响，地表温度监测偏低，受云雾影响，干旱监测结果较实际干旱偏轻。各区（县）植被供水指数为 47.2～133.9，37.5% 的地区植被供水指数在 60.0 以下，57.5% 的区（县）为 60.2～80.8，其余 5% 的区（县）为 103.5～113.9。

8 月 19—28 日，各区（县）植被供水指数为 45.4～169.9，27.5% 的地区植被供水指数在 60.0 以下，55% 的区（县）为 60.8～89.5，其余 17.5% 的区（县）为 91.4～169.9。

4 个时段监测的 VSWI 结果显示，8 月中旬受云雾影响较大，监测干旱结果偏轻；各时段监测均显示西部地区干旱较重。

表 7-18　2010 年 7 月下旬—8 月下旬植被供水指数 FY-3A 监测结果

区（县）	7月下旬	8月上旬	8月中旬	8月下旬	区（县）	7月下旬	8月上旬	8月中旬	8月下旬
黔江	77.5	54.15	60.37	58.46	武隆	56.53	54.36	53.33	61.84
秀山	59.54	53.15	63.71	65.55	彭水	95.75	47.25	51.72	54.59
璧山	58.6	58.31	59.06	77.96	酉阳	99.74	50.52	68.41	57.12
大足	57.74	55.15	62.34	93.43	南川	78.68	53.38	61.04	61.7
沙坪坝	67.62	66.85	69.11	89.51	渝北	64.19	49.44	47.21	69.33
荣昌	55.9	58.04	67.17	106.16	渝中	59.22	59.06	60.18	78.17
城口	53.18	59.16	68.84	119.8	大渡口	134.54	111.97	133.89	169.93
巫溪	51.08	51.38	60.24	45.39	北碚	82.47	71.89	77.57	81.73
巫山	61.77	46.27	80.79	54.21	合川	61.39	59.52	63.78	78.71
开州	59.14	52.31	69.38	60.76	潼南	60.54	58.36	62.74	73.57

区(县)	7月下旬	8月上旬	8月中旬	8月下旬	区(县)	7月下旬	8月上旬	8月中旬	8月下旬
云阳	52.21	51.73	65.86	61.15	铜梁	68.31	56.83	68.08	76.41
奉节	53.57	51.85	63.68	62.38	永川	59.19	55.47	62.72	81.9
万州	57.85	50.34	69.02	56.9	江津	56.6	58.05	59.79	76.04
梁平	53.51	51.46	57.6	57.18	綦江	57.28	56.38	55.78	70.58
忠县	52.46	51.67	54.4	57.68	万盛	53.65	51.35	48.84	69.08
石柱	55.26	52.84	56.12	57.12	南岸	54.56	52.48	49.22	68.33
垫江	64.08	48.11	48.37	59.04	江北	100.51	90.44	103.49	108.05
丰都	53.58	54.17	55.12	61.75	九龙坡	83.1	74.33	76.64	91.42
长寿	61.83	52.13	53.95	59.94	巴南	72.65	67.84	70.81	96.21
涪陵	59.24	58.05	60.73	70.77					

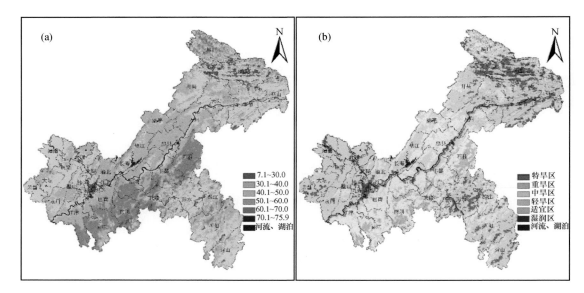

图 7-10　2010 年 8 月 9—18 日重庆 FY-3A 监测 NDVI(a)、植被供水指数 VSWI(b)空间分布图

（3）望天田遥感干旱监测评价

为了反映自然状态下的作物生长状况,避免灌溉的影响,选择西部望天田作为干旱影响的评价对象,区(县)包括璧山、大足、荣昌、北碚、合川、潼南、铜梁、永川、江津、綦江、万盛、主城 8 区(巴南、渝北、沙坪坝、渝中、大渡口、南岸、江北、九龙坡),时段选择 2010 年 7 月 19 日—8 月 28 日,评价数据选择植被供水指数、NDVI、土壤墒情、水量供需平衡。

监测及计算显示,7 月 28 日、8 月 8 日及 8 月 28 日墒情均在 63.3% 以上,西部各地平均墒情分别为 78.2%、74.0%、82.5%;7 月 19—28 日、7 月 29 日—8 月 8 日、8 月 19—28 日水量供需平衡计算结果显示,期间只有綦江 7 月 19—28 日、荣昌和潼南 8 月 19—28 日降水大于蒸发,其余区(县)(时段)水量平衡入不敷出,三个时段内选定的西部各区(县)的平均水量供需平衡分别为 −26.1 mm、−13.6 mm、−19.2 mm;遥感监测显示,7 月 19—28 日、7 月 29 日—8 月 8 日、8 月 19—28 日各地平均 NDVI 分别为 60.9、64.9、45.8,其中 8 月 16—28 日受云雾影响,NDVI 偏低;干旱监测的植被供水指数除荣昌外,其余大多均为 40～85,三个时段各区(县)

平均植被供水指数分别为 49.6、46.2、76.0。各种监测及计算结果均表明 8 月 9 日—18 日这段时间干旱较重，期间的 0~40 cm 的土壤含水率均值为 71.8%，主城 8 区和铜梁墒情为 59.0% 和 56.6%；水量供需平衡显示整体缺水量为 39.9 mm；期间监测植被指数有所降低，整体平均为 58.5，除綦江、万盛、江津植被指数为 62.1~67.5 外，其余地区植被指数为 53.0~58.1；各地平均植被供水指数为 50.6。8 月 9—18 日期间内各计算及监测结果见图 7-11。

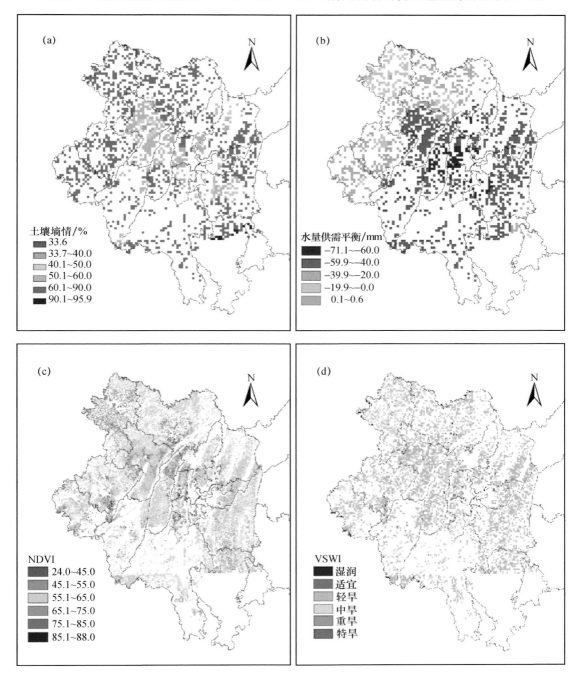

图 7-11　2010 年 8 月 9—18 日重庆偏西地区土壤墒情(a)、水量供需平衡(b)、植被指数(NDVI)(c)及植被供水指数(VSWI)(d)分布图

作为干旱的监测指标植被供水指数 VSWI 与土壤墒情、水量供需平衡、植被指数 NDVI 均成负相关关系,7 月 19 日—8 月 28 日期间内,VSWI 与 NDVI 的负相关系数为−0.46,与墒情的负相关系数为−0.43,与水量供需平衡的负相关较不明显,为−0.19。各系数及相关系数见表 7-19 及表 7-20。

表 7-19 日 7 月 19 日—8 月 8 日重庆市西部 12 区(县)土壤墒情、水量供需平衡、NDVI 和 VSWI 平均值

	7 月 19—28 日				7 月 29 日—8 月 8 日			
	土壤墒情/%	水量供需平衡/mm	NDVI	VSWI	土壤墒情/%	水量供需平衡/mm	NDVI	VSWI
璧山	69.2	−41.2	61.2	50.1	71.4	2.5	63.7	48.4
大足双桥	74.9	−29.8	58.6	50.9	66.8	−11.4	62.2	47.3
荣昌	85.3	−34.4	60.8	19.5	70.9	−17.4	62.6	18.2
北碚	73.5	−41.9	58.9	52.3	75.2	−16.0	64.9	47.8
合川	83.0	−27.8	63.4	44.0	79.4	−19.3	66.0	42.9
潼南	83.4	−17.5	60.5	47.3	74.4	−13.8	65.0	44.5
铜梁	72.6	−36.1	64.7	47.2	63.3	−18.1	65.9	46.7
永川	72.1	−41.0	61.6	45.0	70.9	−12.8	63.6	43.6
江津	80.3	−21.7	61.7	46.8	78.0	−15.1	66.1	44.0
綦江	86.3	13.5	62.9	45.3	86.2	−19.4	70.1	40.8
万盛	86.3	−0.4	63.7	47.5	84.0	−15.0	70.9	42.5
主城 8 区	71.7	−34.9	52.1	65.6	67.5	−7.2	57.3	59.7
与 VSWI 的相关系数	−0.5	−0.1	−0.5	—	−0.2	0.4	−0.3	—

表 7-20 8 月 9—28 日重庆市西部 12 区(县)土壤墒情、水量供需平衡、NDVI 和 VSWI 平均值

	8 月 9—18 日				8 月 19—28 日			
	土壤墒情/%	水量供需平衡/mm	NDVI	VSWI	土壤墒情/%	水量供需平衡/mm	NDVI	VSWI
璧山	61.4	−57.9	58.1	53.1	81.3	−35.3	45.8	66.3
大足双桥	63.2	−35.4	55.0	53.6	81.3	−17.3	云雾	44.6
荣昌	68.9	−26.2	53.5	26.0	88.7	−8.7	云雾	云雾
北碚	65.4	−56.0	59.3	53.2	77.5	−32.7	51.0	60.2
合川	75.9	−29.0	58.1	49.4	87.1	−9.4	云雾	61.2
潼南	74.8	−15.5	54.4	53.3	84.6	3.0	云雾	9.2
铜梁	56.6	−43.6	57.9	53.1	83.9	−21.5	云雾	69.9
永川	64.5	−52.5	56.7	49.7	77.3	−30.2	44.5	85.7
江津	71.7	−50.8	62.1	47.3	81.5	−29.3	41.0	73.6
綦江	83.9	−39.6	66.1	44.0	85.4	−18.8	45.3	64.4
万盛	88.2	−15.2	67.5	45.1	91.5	3.9	53.2	56.9
主城 8 区	59.0	−56.2	53.1	64.4	69.8	−34.5	34.4	105.4
与 VSWI 的相关系数	−0.4	−0.4	−0.2	—	−0.6	−0.7	−0.9	—

7.2.3　植被监测

植被是连接土壤圈、大气圈和水圈的一个关键要素。植被影响地气系统的能量平衡,是气候和人文因素对环境影响的敏感因子(杨嘉 等,2007)。利用绿色植被在可见光和近红外波段中反射率的差异,叶绿素在近红外波段的反射率显著加大,并决定叶绿素含量,可监测植被生长状况。

7.2.3.1　植被指数

植被指数是定量化描述地表植被丰度的度量之一,目前已经定义了 40 多种植被指数,广泛地应用在全球与区域土地覆盖(郭铌 等,1997a)、植被分类和环境变化(Sellers et al.,1996)、第一性生产力分析(肖乾广 等,1996;孙睿 等,2000)、作物和牧草估产(肖乾广 等,1986)、干旱监测(陈维英 等,1986;郭铌 等,1997b)等方面;并已经作为全球气候模式的一部分被集成到交互式生物圈模式和生产效率模式中。

(1)概念

多光谱遥感数据经线性和非线性组合构成的对植被有一定指示意义的各种数值,就叫植被指数(Vegetation Index,VI)。植被指数是对地表植被活动简单有效和经验的度量(刘玉洁 等,2001),多为红光波段和近红外波段组合,这些波段在气象卫星和地球观测卫星上普遍存在,且包含了 90% 以上的植被信息,植被指数的定量测量可表明植被活力,而且植被指数比单波段用来探测生物量有更好的敏感性和抗干扰性。

(2)算法

关于构造的植被指数,目前已有 40 多种,按其发展阶段可分为三类:第一类植被指数(如RVI)基于波段的线性组合(差或和)或原始波段的比值,由经验方法发展而来,未考虑大气影响、土壤亮度和土壤颜色,也没考虑土壤、植被间的相互作用;第二类植被指数大多都基于物理知识,将电磁波辐射、大气、植被覆盖和土壤背景的相互作用结合在一起考虑,并通过数学和物理及逻辑经验以及通过模拟将原植被指数不断改进而发展的(如 PVI、SAVI、MSAVI、ARVI、NDVI 等);第三类植被指数是针对高光谱遥感及热红外遥感而发展的植被指数,如红边植被指数、导数植被指数(DVI)、温度植被指数(Ts-VI)、生理反射植被指数(PRI)等。

归一化植被指数(NDVI)是表征地表特征的重要指标,也是进行大、中尺度土地覆盖分类的依据(Malo et al.,1990;史培军 等,2000),NDVI 的动态变化反映了地表植被对全球变化的响应程度(范莉 等,2009)。NDVI 可以消除大部分与仪器定标、太阳高度角、地形、云阴影和大气条件有关辐照度的变化,增强了对植被的响应能力,是目前已有的 40 多种植被指数中应用最广的一种,也是重庆植被指数监测业务中最常用的一种。表达式:

$$NDVI = (\rho_{NIR} - \rho_R)/(\rho_{NIR} + \rho_R) \tag{7.23}$$

式中,ρ_{NIR} 和 ρ_R 分别是近红外($0.7 \sim 1.1\,\mu m$)和红光波段($0.4 \sim 0.7\,\mu m$)的反射率。

表 7-21 为不同卫星资料(MODIS,NOAA,FY-1D,FY-3A/MERSI)反演 NDVI 的状况。

表 7-21　不同卫星资料反演 NDVI 的部分特征

卫星资料	表达式	星下点分辨率/m
MODIS	$NDVI = [(CH_2 - CH_1)/(CH_2 + CH_1)]$	250
NOAA	$NDVI = [(CH_2 - CH_1)/(CH_2 + CH_1)]$	1000
FY-1D	$NDVI = [(CH_5 - CH_4)/(CH_5 + CH_4)]$	1000
FY-3A/MERSI	$NDVI = [(CH_4 - CH_3)/(CH_4 + CH_3)]$	250

注:CH_1、CH_2、CH_3、CH_4、CH_5 分别表示 1、2、3、4、5 波段。

不同的卫星遥感器波段范围设置和分辨率不同,加之不同卫星在不同时间段过境,NDVI 取值范围并不一致,不同遥感数据 NDVI 产品经过同化后,才可同时使用。图 7-12 是利用 MODIS 卫星资料计算的归一化植被指数。

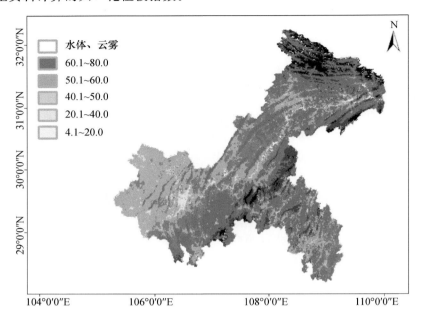

图 7-12　重庆市 2008 年 4 月 30 日 MODIS-Terra-250 m 归一化植被指数空间分布图

7.2.3.2　植被覆盖度

植被覆盖度(Fractional Vegetation Cover,FVC)是指植被(包括叶、茎、枝)在地面的垂直投影面积占统计区总面积的百分比(Godinez-Alvarez et al.,2009)。覆盖度是刻画地表植物覆盖的一个重要参数,是植物群落覆盖地表状况的一个综合量化指标,在水文、气象、生态等方面的区域性或全球性问题研究中起着越来越重要的作用,其表达式(Carlson et al.,1997)如下:

$$f = (NDVI - NDVI_{min})/(NDVI_{max} - NDVI_{min}) \qquad (7.24)$$

式中,f 为覆盖度;$NDVI$ 为所求像元的植被指数;$NDVI_{min}$、$NDVI_{max}$ 分别为区域内 $NDVI$ 的最小、最大值。

$NDVI_{min}$ 应该是不随时间改变的,对于大多数类型的裸地表面,理论上应该接近零,然而由于大气影响地表湿度条件的改变,地表湿度、粗糙度、土壤类型、土壤颜色等条件的不同,$NDVI_{min}$ 会随着空间变化,$NDVI_{min}$ 的变化范围一般在 $-0.1\sim0.2$(Radeloff et al.,1999);$NDVI_{max}$ 代表全植被覆盖像元的最大值,由于植被类型的不同等,$NDVI_{max}$ 会随着时间和空间而改变,因此,采用一个确定的 $NDVI_{min}$ 和 $NDVI_{max}$ 是不可取的,应该从图像中计算出来。

根据水利部 1996 年颁布的《土壤侵蚀分类分级标准》(SL190—96),将不同的水土流失等级对应于不同等级的植被覆盖度,同时结合重庆市具体情况和地面调查结果,将植被覆盖度大小分为五级:无植被覆盖(=0)、低植被覆盖度(0～15%)、中等植被覆盖度(15%～40%)、中高植被覆盖度(40%～70%)、高植被覆盖度(>70%)。采用重庆市 2007 年 9 月 21 日 MODIS 资料计算的植被覆盖度并划分等级(图 7-13)。

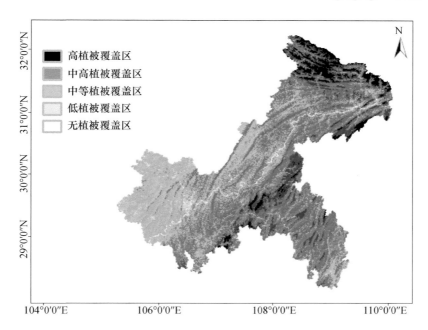

图 7-13 重庆市 2007 年 9 月 21 日 MODIS-Terra 植被覆盖度反演空间分布图

7.2.4 水体监测

陆地无冰水体与人类生产生活及气候变化有着极大关联,其中江河、湖泊、水库、湿地及洪泛区域存在的水体,更是在全球生物化学循环及水文循环中发挥着重大作用(Frappart et al.,2005)。在自然的气候和地理背景下,一个区域的地表水主要来自降水和径流,并在此基础上形成区域的水量平衡及与其相适应的生态环境。对区域水资源的调查分析是区域水资源管理和生态环境研究的重要内容。由于遥感技术可以避免人工调查方式中工作量大、精度低及耗时长等问题,目前已经广泛应用到区域调查分析当中(包安明 等,2004;殷青军 等,2005;刘瑞霞 等,2006)。

7.2.4.1 水体识别基本原理

水体具有独特的光谱特征,对 0.4~2.5 μm 波段的电磁波吸收明显高于绝大多数其他地物,所以反射率很低,即总辐射水平低。随着波长的增加,水体的反射从可见光到中红外波段逐渐减弱,在近红外和中红外波长范围内吸收最强,几乎无反射(童庆禧,1990)。因此,可以利用波段间反射率的差异以及水体与其他地物光谱反射率的不同特征来构建提取水体信息的指标。

相对于 NOAA 和 FY-1D 遥感数据,目前 MODIS 数据在进行水体识别时所应用的波段主要是覆盖了可见光到中红外波长范围的 250 m 和 500 m 空间分辨率的 1~7 波段(刘闯 等,2000;李登科 等,2003;黄家沽 等,2003;杨兰芳,2005)。在水体提取方面,MODIS 数据可以有效实现区域大中尺度的水资源状况快速调查和水资源总量及分布的连续监测,是一种不可多得的区域水资源调查分析数据,其应用技术和性能受到了广泛关注。

7.2.4.2 MODIS 水体识别方法

目前,利用 MODIS 数据进行水体信息遥感识别方法有单波段、多波段和水体指数法三种。单波段法是通过选择水体特征最明显的某单一波段(如近红外波段)数值为判识参数,简单易行,但存在较多混淆信息,识别精度低;多波段法综合了多个波段的水体光谱特征,该方法水体识别精度比单波段法有所提高,但波段选取和阈值确定的过程比较繁琐,而且无法排除裸地等混合信息;水体指数法是多波段法的改进,它基于水体光谱特征分析,选取与水体识别密切相关的多个波段,分析水体与遥感光谱值之间的映射关系,构建水体指数的数学模型,由阈值法直接实现水体信息的提取,是最受关注的水体识别方法。

基于 MODIS 数据提取水体信息的指数模型较多,各有所长,如归一化水体指数 NDWI(陈思源 等,2020;谷佳贺 等,2020)将遥感影像的特定波段进行归一化差值处理,以凸显影像中的水体的信息,但水质浑浊时容易与裸土或城镇信息混淆;组合水体指数 CIWI(McFeeters et al.,1996;莫伟华 等,2007)可增大水体与其他地物的差异,但在水体种类多样、水质复杂情况下,易与建筑物、稀疏植被边界混分;改进的归一化水体指数 MNDWI(徐涵秋 等,2005)针对城市水体提取,效果优于 NDWI;基于 NDVI 和 NDBI 组合水体指数 MCIWI(杨宝钢 等,2010)可增大水体与其他地物的区分度。在局部地段或部分时次,水体信息噪声掺杂较多时,以多个模型择优计算(表 7-22)。在业务上,可先将遥感数据进行人机交互解译,转换格式,在 ArcGIS 平台上进行模型计算,提取水体信息(图 7-14)。

表 7-22 不同水体模型判别公式说明

水体模型	计算公式	水体判断条件	空间分辨率/m
NDWI	$NDWI=(CH_4-CH_2)/(CH_4+CH_2)$	>0	500
MNDWI	$MNDWI=(CH_4-CH_6)/(CH_4+CH_6)$	>0	500
CIWI	$CIWI=NDVI+CH_7/\overline{CH_7}+C_2$	需确定阈值 C_2	500
MCIWI	$MCIWI=NDVI+NDBI+C_3$	需确定阈值 C_3	500

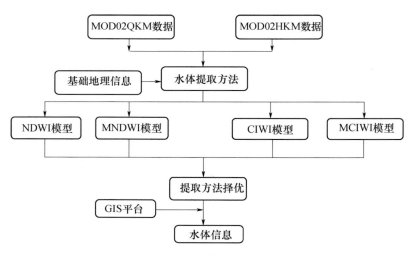

图 7-14 水体信息提取流程

7.2.4.3 不同水体识别模型反演效果

利用遥感数据进行水体识别时,不同天空状况、季节、卫星观测角以及地面状况都会对识别效果产生明显影响。即使是同一幅遥感影像,不同方法所得到的反演结果也不尽相同。重庆境内地形复杂,使用中等分辨率遥感资料提取水体信息难以做到精确细致,但在宏观尺度上,经过多次试验验证,使用 CIWI、MCIWI 以及 MNDWI 模型效果相对较好。针对不同水体类型,可以结合多种方法择优监测。

选取重庆市 2007 年 9 月 21 日 Terra 卫星资料为例演示 4 种水体监测模型的提取效果。经过定位、定标和辐射纠正处理,分别裁剪选取东经 105.82°~107.50°,北纬 28.91°~30.14° 范围进行计算,结果见图 7-15、表 7-23。

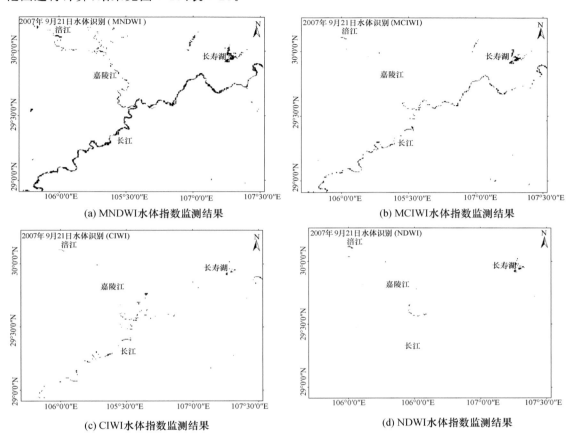

图 7-15 不同水体识别指数效果比较

表 7-23 不同水体识别指数计算结果

	NDWI	MNDWI	CIWI	MCIWI
辨识面积/km²	198.80	375.81	308.62	311.35
水体完整性	较差	较好	较好	一般
边检效果	一般	一般	较好	较好
冗余信息	较少	较多	较少	较少

7.2.5 土壤侵蚀监测

一般而言,土壤侵蚀是指土壤在外力(如水力、风力、重力、人为活动等)的作用下,被分散、剥离、搬运和沉积的过程。在我国,"土壤侵蚀"与"水土流失"这两个重要的专业术语均被广泛使用,也经常被替代使用。

土壤侵蚀是土地退化的根本原因,严重威胁到人类的生存和发展。传统的土壤流失量调查方法耗时多、周期长,而且在表示单一的地理区域的特征时存在缺陷,往往不能完全确定以各种地理单元作为基本空间单元的特定小流域的侵蚀量,给水土保持规划带来不便,更无法适时定量监测水土保持效果。相对而言,基于 GIS 和 RS 的土壤侵蚀量估算方法突破了传统调查方法在多源信息的"整体分析"上存在的技术瓶颈,能快速、准确地获取土壤流失和土地退化方面的深加工信息,为土壤侵蚀量的计算提供了一条较好的途径。

7.2.5.1 RUSLE 模型

重庆主要土壤侵蚀类型为水蚀,结合 GIS 和 RS 技术,通过美国修正的通用土壤流失方程(RUSLE)(Wischmerier et al.,1978),可以计算得到重庆土壤水蚀估算结果。

(1)模型所需资料

① MODIS(250 m)遥感数据;

② 计算时段区域气象观测站降水资料;

③ 1:5 万 DEM 数据;

④ 1:5 万土地利用分类资料;

⑤ 土壤类型分布资料。

(2)参数计算

① RUSLE 模型表达式为:

$$A = R \times LS \times K \times C \times P \tag{7.25}$$

式中,A 为土壤流失量(t·hm^{-2}·a^{-1});R 为降雨侵蚀力因子(MJ·mm·hm^{-2}·h^{-1}·a^{-1});L 为坡长因子;S 为坡度因子;K 为土壤可蚀性因子(t·hm^2·h·hm^{-2}·MJ^{-1}·mm^{-1});C 为植被与经营者管理因子;P 为水土保持因子。其中,L、S、C、P 为无量纲因子。

② R 因子确定

$$R = \sum_{i=1}^{n} (-1.15527 + 0.1792 P_i) \tag{7.26}$$

式中,P_i 为月降水量;R 为评价时段降雨侵蚀力。

③ L、S 因子确定

利用重庆 1:5 万 DEM 数据,运用 ArcView3.2 中的 Hydro 模块,通过 Flow Accumulation 工具来估算坡长。运算采用 Moore 和 Burch 提出的坡面每一坡段的 L 因子算法。

$$L = \left(\frac{Fa \times \lambda}{22.13}\right)^m \tag{7.27}$$

式中,λ 为像元边长值;m 为 RUSLE 的坡长指数,本手册取 0.5;Fa 为累积流量,为通过 Flow Accumulation 工具计算的结果。

S 因子的估算也是基于 DEM 数据,先运用 ArcView3.2 中的 Derive Slop 功能求得坡度值,再通过数学模型运算得到 S 因子值。

$$S = \begin{cases} 10.8\sin\alpha + 0.03 & \alpha < 5 \\ 16.8\sin\alpha - 0.5 & 5 \leqslant \alpha < 10 \\ 21.9\sin\alpha - 0.96 & \alpha \geqslant 10 \end{cases} \tag{7.28}$$

式中,S 为坡度因子,α 为坡度。

④ K 因子确定

直接测定土壤侵蚀力 K 因子要求的条件苛刻,一般由土壤类型分布数据计算土壤 K 值(Yang et al.,2006;Wang et al.,2004),最常用的方法是 Wischmeier(1978)提出的可蚀性诺谟方程。重庆主要土壤类型 K 值见表 7-24。

表 7-24　重庆土壤可蚀性因子 K 值表

土壤类型	黄壤	铁质红壤	硅铝红壤	黄红壤	潴育水稻土	渗育水稻土
K 值	0.2280	0.2410	0.2357	0.2303	0.3391	0.2447
土壤类型	硅红壤	侵蚀红壤	铝硅红壤	红泥土	淹育水稻土	酸性紫色土
K 值	0.3100	0.2708	0.2143	0.2550	0.2200	0.2131

⑤ C 因子确定

$$C=0.6508-0.3431\lg f(0<f<78.3\%) \tag{7.29}$$

式中，C 为植被与经营者管理因子；f 为植被覆盖度，其计算方法见式(7.24)。

⑥ P 因子参照土地利用现状图和美国农业部手册 703 号确定。

7.2.5.2　RUSLE 模型估算效果

土壤侵蚀等级依据中华人民共和国 2008 年 1 月 4 日颁布的行业标准，即《土壤侵蚀分类分级标准》(SL 190—2007)(中华人民共和国水利部，2008)，既考虑侵蚀发生的成因联系，又要重视侵蚀发育阶段和形态特点；既突出主导因素作用，又考虑综合作用的影响；既保证分级分指标清晰直观、符合逻辑，又便于实施，可操作性强的原则(表 7-25)。土壤侵蚀监测流程如图 7-16 所示。

表 7-25　土壤侵蚀强度分级标准

土壤流失分级	平均土壤侵蚀模数/[t/(km² · a)]	年平均流失厚度/(mm/a)
无明显侵蚀	<500	<0.15
轻度侵蚀	500～2500	0.15～1.9
中度侵蚀	2500～5000	1.9～3.7
强度侵蚀	5000～8000	3.7～5.9
极强度侵蚀	8000～15000	5.9～11.1
剧烈侵蚀	>15000	>11.1

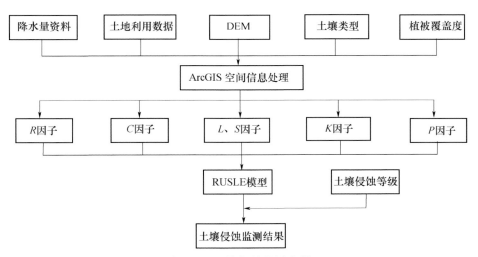

图 7-16　土壤侵蚀监测流程

7.2.6 地表温度及影响监测

地面温度是反映土壤-植被-大气系统能量流动与物质交换以及土地资源和环境管理的重要参数(Becker,1993),也是地球表面能量平衡和温室效应的一个指标。地面温度信息在气候、水文、生态学和生物地球化学等许多领域中都非常重要(Qin et al.,1999)。但是,地面温度分布与地形、地物覆盖等许多因素息息相关,依靠地面观测站的观测来大面积地获取地表温度参数并不现实,而借助于热红外遥感影像,可以方便快捷地获得大面积的地温资料。

7.2.6.1 地表温度(LST)监测

地表温度(Land Surface Temperature,LST)是传感器接受的辐射亮度经大气和地表比辐射率校正,并进一步通过温度反演计算得出的,是地物真实热辐射的表现,反映了地物温度变异的真实状况(王天星 等,2007)。根据所使用的波段数,现有的热红外遥感数据地表温度反演算法可以分为三大类:单通道算法、分裂窗算法和多波段算法。单通道算法适合于只有一个热红外波段的数据,如 Landsat TM/ETM 数据;分裂窗算法适合于两个热红外波段的数据,如 NOAA-AVHRR 和 MODIS;多波段算法适合于多个热红外波段的数据,如 MODIS。分裂窗算法是目前发展最成熟的、应用最为广泛的地表温度遥感反演方法,这一算法需要两个彼此相邻的热红外波段遥感数据来进行地表温度的反演。分裂窗算法主要是针对 NOAA-AVHRR 的热红外通道 4 和 5 的数据来推导。在 MODIS 的 8 个热红外波段中,第 31 和第 32 波段最接近于 AVHRR 通道 4 和 5 的波段范围,而且算法中的部分参数可以根据其他波段简化确定,因而最适用于分裂窗算法。

MODIS 地表温度分裂窗算法如下。

本手册采用 Kaufman(1992)提出的适合于 MODIS 数据的分裂窗算法来反演地表温度。

$$T_s = A_0 + A_1 T_{31} - A_2 T_{32} \tag{7.30}$$

式中,T_s 是地表温度(K),T_{31} 和 T_{32} 分别是 MODIS 第 31 和 32 波段的亮度温度,A_0、A_1、A_2 是分裂窗算法的参数,分别定义如下:

$$
\begin{aligned}
A_0 &= \frac{a_{31} D_{32}(1 - C_{31} - D_{31})}{D_{32} C_{31} - D_{31} C_{32}} - \frac{a_{32} D_{31}(1 - C_{32} - D_{32})}{D_{32} C_{31} - D_{31} C_{32}} \\
A_1 &= 1 + \frac{D_{31}}{D_{32} C_{31} - D_{31} C_{32}} + \frac{b_{31} D_{32}(1 - C_{31} - D_{31})}{D_{32} C_{31} - D_{31} C_{32}} \\
A_2 &= \frac{-D_{31}}{D_{32} C_{31} - D_{31} C_{32}} \\
C &= 0.6508 - 0.3431 \lg f
\end{aligned}
\tag{7.31}
$$

式中,a_{31}、b_{31}、a_{32}、b_{32} 是常量,可取 $a_{31} = -64.60363$,$b_{31} = 0.440817$,$a_{32} = -68.72575$,$b_{32} = 0.473453$。

其他中间参数分别计算如下:

$$C_i = \varepsilon_i \tau_i(\theta) \tag{7.32}$$

$$D_i = [1 - \tau_i(\theta)][1 + (1 - \varepsilon_i)\tau_i(\theta)] \tag{7.33}$$

式中,ε_{31} 是 $(i = 31,32)$ 波段地表比辐射率;$\tau_i(\theta)$ 是 $i(i = 31,32)$ 波段视角为 θ 的大气透过率。

由于 MODIS 影像图像分辨率(1000 m)较低,MODIS 像元主要由水面、植被和裸土三种地物类型构成,故可按这三种地物的构成比例建立如下计算 MODIS 影像的地表比辐射率的公式。

$$\varepsilon_i = \varepsilon_{iw} + P_v R_v \varepsilon_{iv} + (1-P_v) R_s \varepsilon_{is} \tag{7.34}$$

式中，ε_{31} 是第 $i(i=31,32)$ 波段的地表比辐射率；ε_{iw}、ε_{iv} 和 ε_{is} 分别是水体、植被和裸土在第 i 波段的地表比辐射率，分别取 $\varepsilon_{31w}=0.99683$，$\varepsilon_{32w}=0.99254$，$\varepsilon_{31v}=0.98672$，$\varepsilon_{32v}=0.98990$，$\varepsilon_{31s}=0.96767$，$\varepsilon_{32s}=0.97790$；$P_v$ 是像元的植被覆盖率，可通过植被指数进行估计；R_v 和 R_s 分别是植被和裸土的辐射比率（Qin et al.，1999）。

可利用两通道比值法（Kaufman et al.，1992）直接从遥感影像上反演大气的水汽含量，再利用大气水汽含量与大气透过率的关系推算出大气透过率。计算大气水汽含量的公式如下：

$$W = [(\alpha - \ln T_w)/\beta]^2 \tag{7.35}$$

式中，W 是指大气水汽含量；T_w 是大气水汽吸收波段地面反射率与大气窗口波段地面反射率的比值；α、β 是参数，分别取 $\alpha=0.02$，$\beta=0.651$。因为大气透过率与大气水汽含量之间呈现接近线性的关系（Qin et al.，2001；覃志豪 等，2003），故可建立求解大气透过率的公式（表 7-26）。

表 7-26　MODIS 第 31、32 波段大气透过率估算公式

水汽含量/(g/cm²)	大气透过率估计方程
0.4～2.0	$\tau_i = 0.99513 - 0.08082W$
	$\tau_i = 0.99376 - 0.11396W$
2.0～4.0	$\tau_i = 1.08698 - 0.12759W$
	$\tau_i = 1.07900 - 0.15925W$
4.0～6.0	$\tau_i = 1.07628 - 0.12571W$
	$\tau_i = 0.93821 - 0.12613W$

基于 MODIS 的地表温度监测结果见图 7-17。

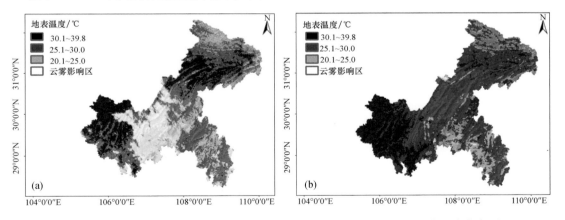

图 7-17　2007 年 8 月 20 日(a)和 2011 年 6 月 8 日(b)Terra-MODIS 地表温度分布图

7.2.6.2　城市热岛效应监测

城市热岛（Urban Heat Island，UHI）是城市化发展导致城市中的气温高于外围郊区的一种现象。在气象学近地面大气等温线图上，郊外的广阔地区气温变化很小，如同一个平静的海面，而城区则是一个明显的高温区，如同突出海面的岛屿，就被形象地称为城市热岛。热岛效应的概念自从被提出以来，已经相继在世界各大城市出现并被研究了一百多年，国内外对城市

热岛的研究已大量开展,并取得了很多研究成果,对于重庆市的城市热岛现象,目前已有一些专家、学者利用气象资料、卫星遥感资料和数值模拟方法对重庆市城市热岛的时空分布规律和形成原因进行了探讨。从研究方法上来看,主要包括传统的城-郊温差的气象观测资料法、遥感定量反演法和边界层模型模拟法。第一种方法的时间连续性强,但由于站点一般较少,空间代表性不够全面;第二种途径能够获取空间上连续的地表温度信息,把握热岛的空间模式,同时能够获得地表土地覆盖、植被指数等信息,但时间连续性不好,且反演结果受天气条件影响;第三种方法受边界层条件及模式模拟能力的影响(表 7-27)。

表 7-27 不同城市热岛监测方法对比

方法	优点	缺点
气象观测资料	时间上连续	空间上不连续
遥感定量反演	空间上连续	时间上不连续
边界层模型模拟	时间上连续	输入参数不确定

随着重庆社会经济的发展、文明的进步,城市建设规模不断扩大,城市热岛效应日益凸显,其危害也日益扩大,对城市经济社会发展存在着方方面面的严重影响,因而也是重庆气象遥感监测的重要服务内容之一。

利用遥感和 3S 技术研究城市热岛的方法主要包括以下几种。

一是基于温度的监测方法。由于下垫面温度是城市热岛遥感研究的基础,它与气温存在线性关系,因此,可以用地表温度变异表征城市热岛的时空变化(Lo et al. ,2000;陈云浩 等,2002),基于 MODIS 地表温度的重庆主城区热岛监测如图 7-18 所示,高值中心集中在渝中区、沙坪坝区,并向北部郊区延伸。

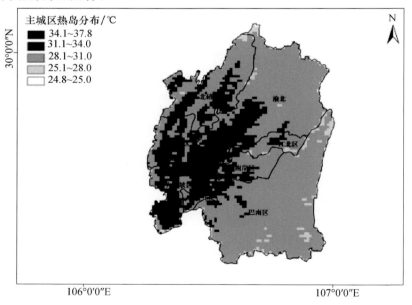

图 7-18 基于地表温度的重庆市主城区热岛监测图(2011 年 6 月 8 日)

二是基于植被指数的监测方法,植被指数作为反映地表植被信息的最重要信息源,已被广泛用来定性和定量地评价植被覆盖活力。Gallo 等(1993)在 1993 年首次运用由 AVHRR 数据获得的植被指数来研究城市热岛效应。研究结果表明,植被指数和城乡气温之间也存在明显的线性关系。进一步的研究表明,在地表特征基本未变的情况下,城乡之间的NDVI差异同城乡之间最低气温差异的关系比同期的城乡地表温度与城乡最低气温差异关系要紧密且更稳定。城乡间 NDVI 的差别可能成为导致城乡两种不同环境下最低气温差异(城市效应)的地表物质属性的标志。

采用该方法分别对重庆主城九区(江北、渝北、渝中、南岸、沙坪坝、九龙坡、大渡口、北碚、巴南)2006 年、2008 年、2010 年 5 月下旬同一时段的主城热岛效应开展对比监测,观测的范围为东经 106°14′27″~106°58′55″,北纬 29°7′49″~30°7′51″,计算的结果如图 7-19 和表 7-28 所示。

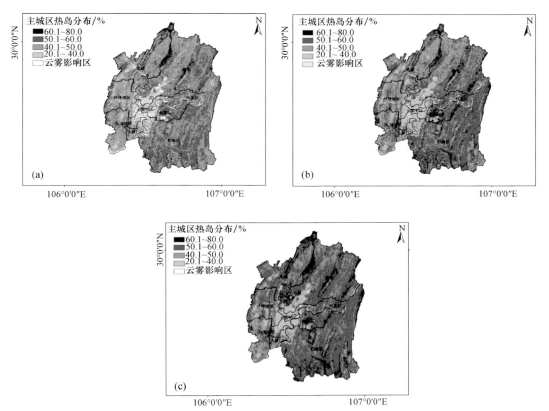

图 7-19　基于植被指数的城市热岛监测

(a)2006 年 5 月下旬;(b)2008 年 5 月下旬;(c)2010 年 5 月下旬

表 7-28　2006 年、2008 年、2010 年 5 月下旬城市热岛计算结果(像元数)比较

NDVI 值	2006 年	2008 年	2010 年
0.2	2086	1293	376
0.4	9506	8587	6311
0.5	38093	25071	15586
0.6	29244	40963	49585
0.8	1783	5057	9078

三是基于"热力景观"的监测方法。热力景观是城市与周围环境相互作用而形成的,也是

人类在改造、适应自然环境基础上建立起来的人工生态系统在热力学上的表现(傅伯杰 等，2008)。热力景观是具有高度空间异质性的热力区域，根据形状和功能的差异，它的要素可分为热力斑块、热力廊道和热力基质(陈云浩 等，2002)。在 GIS 和遥感技术的支持下，用景观的观点来研究城市热环境，建立热环境空间格局与过程研究和评价指标体系，可对城市热环境的空间结构与格局进行定量研究(陈云浩 等，2002；岳文泽，2008；徐丽华 等，2008)。

7.2.7　森林遥感监测

森林是国家可持续发展的重要物质基础，是经济建设和生态环境建设中不可多得的、可更新的再生资源。森林作为陆地生态系统的重要组成部分，除了能给人类提供大量的林产品和林副产品等物质资源外，还具有保持水土、涵养水源、防风固沙、净化空气、调节气候等生态功能，对于全球和区域的碳循环、水循环以及能量平衡极为重要。

森林遥感是指利用遥感影像作为主要信息源，结合地面典型调查和已有的辅助资料及知识，综合运用遥感影像的各种分析处理手段，对森林状况及动态变化进行全面系统(或者有针对性的)反映和分析的科学方法。森林遥感的主要目的在于及时、准确、快速、高效地获取森林资源数据，如林分面积、森林蓄积、森林生物量、森林健康状况等，为开展森林质量与效益评价、各级农林部门制定相关政策和管理保护措施提供科学依据。本节中森林遥感的主要内容包括森林火险监测、森林病虫害监测、森林生长和收获监测三部分。

7.2.7.1　森林火险监测

林火是自然生态系统过程中非常重要的也是不可避免的干扰因子，它将改变植物及其群落的发育和生长，控制和调节植物间的相互作用，影响着森林演替、森林生物量和生产力、生物地球化学循环以及大气污染(Luther et al.，1997)。森林火灾会改变森林植被的结构组成、调节植物间的相互作用，削弱森林生态系统的自我调节能力，干扰、破坏森林景观的演替和发展，影响森林生产力及生态系统碳储量。同时，森林火灾在烧毁林木、林地有机材料的同时也影响着地表水过程。火烧后植物冠层，特别是地被物层被破坏，使林冠截留作用锐减或消失，加之土壤良好的团粒结构被破坏，使水分渗透能力下降，枯枝落叶层和腐殖层的破坏会严重影响土壤表层的持水量，这都会增加地表径流量，因此，林火增加了土壤被侵蚀和外来物种入侵的可能性。森林火灾在释放大量二氧化碳(CO_2)的同时，还排放相当数量的一氧化碳(CO)、甲烷(CH_4)、氮氧化物、颗粒物质和其他的含碳痕量气体等。据统计，全球森林火灾排放的 CO_2、CO 和 C 分别占全球所有排放源排放量的 45％、21％和 44％。森林火灾不仅改变着森林生态系统的格局与过程，影响森林生态系统的碳循环，其释放的温室气体对全球变化同样具有深远的影响。

重庆林业资源丰富，据统计，全市共有林业用地 438.58 万 hm^2，其中有林地 223.7 万 hm^2、疏林地 52.9 万 hm^2、灌木林地 34.02 万 hm^2、未成林造林地 14.43 万 hm^2、无林地 113.51 万 hm^2、苗圃地 0.02 万 hm^2。重庆市森林火险受害率为 0.06‰，但重庆市约 75.8％的面积为山地，地形复杂，且人口密集，一旦出现火情，扑救难度较大，严重威胁人民的生命和财产安全，也严重威胁国家重点风景区、森林资源、珍稀物种以及交通甚至城市安全等，同时，森林火险是对生态系统和生态资源的一种毁灭性破坏，产生的烟尘也是对大气的严重污染。

林火监测主要有卫星遥感监测、森林航空监测消防、林火电子监控以及常规的高山瞭望、地面巡护等。其中，利用高科技手段的卫星遥感监测，由于其监测面积大，监测精度高等特点，是森林火险监测评估其他任何技术手段所不能替代的。

(1)森林火险监测的遥感算法

① 阈值结合植被指数法(卿清涛,2004;何茷萍 等,1997)

a. $T_3 \geqslant C_1$

b. $C_2 \geqslant T_3 - T_4 \geqslant C_3$

c. $T_4 \geqslant C_4$

d. $C_5 \geqslant R_2$

e. $C_6 \geqslant T_4 - T_5$

f. $NDVI \geqslant C_7$

阈值结合植被指数法中,$T_i (i=3,4,5)$表示 NOAA-AVHRR 资料 3、4、5 通道的亮温,R_i $(i=2)$表示第 2 通道的反射率,$NDVI$ 是植被指数,$C_i (i=1\sim7)$为待定常数。其中 FY-1D 遥感监测算法中的 R、T 取 FY-1D 与 NOAA 对应通道,$C_i (i=1\sim7)$由森林火险历史资料确定。夜间监测,由于 1、2 通道没有数据,上式中 d、f 条不予采用。本算法为 NOAA 和 FY-1D 设置,不适合 MODIS。

② MODIS 森林火灾监测算法(梁芸,2002;覃先林 等,2004):

a. $CH_{21} - CH_{22} < C_1$　　　　　　　　　　　　＊噪声或耀斑滤除

b. $R_1 < C_2$　　和　　$R_2 < C_3$　　　　　　　＊云滤除

c. $3StDev(T_4) + mean(T_4) < T_4$　　或　　$C_4 < T_4$　　＊火点判别

d. $3StDev(DT) + mean(DT) < DT$　　或

　　$C_5 < DT$　　或　　$T_4 > C_6$　　　　　　＊火点判别

e. $NDVI \geqslant C_7$　　　　　　　　　　　　　　＊林火/非林火判别

该算法中,$CH_i (i=21,22)$表示第 21、22 通道的亮温;$R_i (i=1,2)$表示第 1、2 通道的反射率;$C_i (i=1\sim7)$为待定常数;T_4 表示 4 μm 通道亮温,22 通道受噪声干扰小,先取 22 通道值,若 22 通道饱和或缺值,改用 21 通道;StDev、mean 分别为标准差和均值,是以一个指定像元窗口进行统计和计算的,通常这个窗口以待判火点为中心向外扩展,需要至少包含 25% 的背景像元;DT 为 4 μm 通道与 11 μm 通道亮温差,11 μm 通道先取 31 通道,若 31 通道饱和或缺值,改用 32 通道;$NDVI$ 为植被指数。其中,$CH_i (i=21,22)$、$R_i (i=1,2)$由 MODIS 遥感资料获得,C 由森林火险历史资料确定,C_4、C_5、C_6 白天和夜间取值不同。

(2)森林火险遥感监测流程(图 7-20)

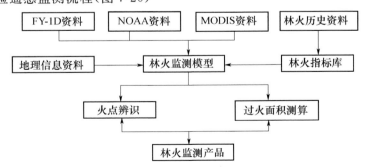

图 7-20　森林火险遥感监测流程

森林火灾的发生、发展以及最后的扑灭是一个过程,不同卫星过境时间不同,结合不同极轨卫星影像则可以监测火灾的全过程。以 NOAA-AVHRR(图 7-21)遥感资料为例开展的森林火灾监测情形如下。

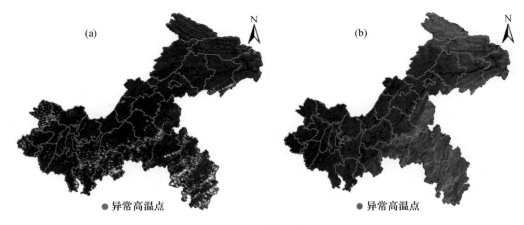

图 7-21　森林火险遥感监测图

(a)2011 年 9 月 1 日；(b)2011 年 5 月 17 日

7.2.7.2　森林病虫害监测

森林病虫害是影响森林健康的主要因素之一，严重制约着林业的可持续发展。森林病虫害的快速准确监测及其损害评估无论对森林经营者还是生态学家都具有重要意义。卫星遥感技术的快速发展，可以为森林经营者对当前的病虫危害提供快速的评估，以便他们能对高死亡率的林地进行抢救性砍伐(Radeloff et al.，1999)。同时，利用遥感技术有着常规的地面调查方法不可比拟的优越性，可以在大空间尺度上评估病虫害失叶、研究病虫害爆发动态及其与环境因子的关系，以便更好地认识灾害爆发规律并做出可能的预测，是目前国际上采用的一种新技术手段，它不但具有快速、简便、大面积、无破坏、客观以及能够制成各种专题报告等优点，而且是今后林业病虫害监测的最终发展方向。

(1)监测原理

森林病虫害有很多种，对植物造成的影响主要有两种表现形式，一是植物外部形态的变化，二是植物内部生理的变化。外部形态变化特征包括落叶、卷叶，叶片、幼芽被吞噬，枝条枯萎导致冠层形状发生变化等。生理变化则可能表现为叶绿素组织遭受破坏，光合作用、养分水分吸收、运输、转化等机能衰退。但无论是形态的或生理的变化，都必然导致植物光谱反射与辐射特征的变化，在遥感图像上表现为光谱值的变化，这种光谱特征上的变化就是森林病虫害遥感监测的主要依据。

采用红外遥感技术对森林病虫害探测，可以在人眼察觉之前就发现。正常生长的植被一般都具有规则的光谱反射曲线，在 $0.52\sim0.60$ μm 的绿光区有一个小的反射峰，在蓝光约 0.48 μm 和红光 0.68 μm 区各有一条吸收带，进入 $0.75\sim1.30$ μm 的近红外区反射率急剧上升，形成鲜明的反射峰，植被类型、生长阶段、所处的生长环境等因素的不同会造成各波段的反射值差异，但这种光谱曲线的总体特征会保持不变，只有当植物受病虫害侵袭时才会发生变化。植物灾害在标准彩色片的颜色和标准假彩色片上的颜色显示对照见表 7-29。

表 7-29　植物灾害在标准彩色片的颜色和标准假彩色片上的颜色显示对照表

植被和损害	标准彩色片	标准假彩色片
大部分阔叶林簇叶	绿色	品红色
大部分针叶林簇叶	绿色	品红-暗蓝红色

续表

植被和损害	标准彩色片	标准假彩色片
针叶幼林(1∶10000 影像)	绿色	品红色
针叶过熟林(1∶10000 影像)	绿色	暗蓝红色
正常植物簇叶	淡绿色	桃红色
有病植物簇叶	黄色	紫红色
死、干簇叶	草黄-红褐色	黄-浅绿色
落叶干枝	灰-褐色	绿、深绿、蓝色
落叶干枝和树皮剥落	苍白	银色、银绿色
湿枝、树皮剥落	暗	绿、深绿、蓝色

(2)监测方法

目前,国内外利用卫星遥感对森林病虫害监测的各类模型,主要是采用多时相可见光通道和近红外通道等敏感通道的线性组合和非线性组合来突出受害侵袭的森林植被的变化。采用这些线性组合的另一个目的是消除部分大气的影响,同时还消除因太阳高度角不同引起的入射辐射造成的不良效果。监测方法主要有以下几种。

① 植被指数差(VID)技术及各种比值方法

植被指数成为表征植被状况进而指示病虫发生过程和程度的重要因子。植被指数差(VID)主要利用各类植被指数变化与林木叶损失量变化关系进行森林病虫害监测和评价,该方法能准确地监测由于虫害引起的林冠变化(郭志华 等,2003)。Royle 等(1997)根据 TM 数据监测新泽西高地上的加拿大铁杉林因虫害而引起的失叶状况,利用两景图像的比值植被指数 RVI(=TM4/TM3)的差(即植被指数差 VID 技术)监测森林健康状况,取得了很好的效果;Nelson(1983)利用 Landsat MSS 数据监测由舞毒蛾引起的森林落叶,结果表明,植被指数差 VID 变换能更准确地监测虫害引起的林冠变化。植被指数可以是比值植被指数、归一化差值植被指数、垂直植被指数、正交植被指数等。可通过植被指数的变化来表征森林植被受害情况的,可用下式表征病虫害的灾情:

$$G=(VI_0-VI)/VI \tag{7.36}$$

式中,VI_0 为灾害前的植被指数,当没有灾害前的影像数据时,可以利用相邻的未受灾的同类林分来代替;VI 为灾中的植被指数。可以对 G 进行分级,实现对病虫害程度的表达和更进一步的刻画,需要测定地面灾情数据,并用来与 G 建立回归模型,通过回归模型实现灾情的定量表达。

② 图像分类法

这一方法主要用于监测病虫害导致的林冠光谱变化。根据这些光谱差异,利用图像分类技术,可成功监测病虫害。通过对单一影像分类可以获得评估病虫害损失的合理精度,但多时相数据通常可以获得更高的分类精度(Muchoney et al. ,1994;郭志华 等,2003)。

③ 光谱分析技术

从红外波叶绿素吸收区的反射率低点到近红外波段叶片散射的反射率高点这个过渡区称为"红边"区。"红边"是描述植被色素状态和健康状况的重要指示波段。时间因素及植物病虫害都将影响植物的生长发育,从而使植物光谱强度和光谱特征发生改变,引起红边、蓝边斜率的变化和位置的偏移。当植物叶绿素含量高、生长旺盛时,红边位置向长波方向移动(红移);

当植物遭受病虫害或者因污染、物候变化等因素影响导致叶绿素含量减小时,红边位置向短波方向移动(蓝移)。因此,通过对红边特性的研究就可以对植被的健康状况进行监测。在红边的研究中主要采用红边斜率和红边位置来描述红边的特性。

④ 数学统计方法和 GIS 技术

随着计算机技术的发展以及遥感技术与 GIS、数学等学科的结合,产生了更多、更复杂的图像处理方法,为森林病虫害的遥感监测注入了新的活力。方法主要包括分形理论、回归分析法、相关性分析、主成分分析、人工神经网络、元胞自动机、支持向量机多智能体技术等。GIS技术主要用于整合辅助地理数据和遥感数据,以提高病虫害的监测精度,并可用于管理与病虫害有关的空间数据,对灾情进行评估、预报和决策分析(郭志华 等,2003)。

⑤ 参数成像技术

这种技术是借助统计回归建立一些波段值或其变换形式与生物物理参数的半经验关系预测模型,从而计算高光谱遥感图像上每个像元的单参数预测值,再采用聚类或密度分割方法将单参数预测图分成不同等级,即参数分布图,作为森林受害信息提取和病虫害研究的辅助手段(浦瑞良 等,2000)。

7.2.7.3 森林生长和收获监测

应用遥感技术定性与定量相结合来分析研究一定区域范围内时空变化过程中资源与环境变化的特征,借助不同层次、不同空间分辨率与光谱分辨率的传感器,周期性地记录地面各种地物在不同时期的空间信息特征。通过相关数字图像处理提取其资源环境的变化动态信息,并以图像或图形记录其变化的空间位置、大小和其特征。通过多期的动态数据分析,还可应用模型对其变化利用遥感图像进行森林植被动态监测,是监测森林植被变化的数量、质量、变化的时空模式及变化趋势的有效手段。遥感图像动态信息提取的数字图像处理方法选择要考虑动态监测目标,对农林动态进行监测重点应放在植被覆盖变化信息的提取。主要的方法如下。

① 像差值法。森林的生长与消长会影响红光波段和近红外波段光谱变化。差值法是把已经相互匹配的第二时相原始图像减去第一时相原始图像的亮度值。从理论上说正值和负值表示变化像元,零表示没有变化的相元,因图像亮度值在 0~255,故差值法常加一常数以消除负数(游先祥,2003)。

② 多时相主分量分析法。应用多时相主分量进行动态监测须具备两个条件,即两时相图像具有二维的基本维数——亮度和绿度,且土地覆盖和植被变化程度超过一定范围。在多时相结构旋转过程中,把植被信息变化作为一种类型的"噪声"从中分离出来。利用主分量对Landsat 图像进行变换,第一主分量为亮度,第二主分量为绿度,第三主分量为湿度,第四主分量为变化绿度。应用不同传感器的遥感数据进行主分量变换分析时,首先应进行精校正,然后进行地类的光谱特征分析,通过像元大小匹配、灰度值调整等之后再进行主分量变换处理。

③ 归一化植被指数法。NDVI 对植被生长和变化具有良好反映,在植被较稀疏、土壤背景干扰大的地区优于其他植被指数,因此利用 NDVI 植被指数来测定植被生物量具有很高的相关性,比较两时像的植被指数可以很好地监测森林植被变化情况。研究表明(Benedetti et al.,1993),利用 AVHRR 数据获取的多时相 NDVI 数据在区域尺度进行植被覆盖分类和植被动态变化监测都是十分有效的。

④ 分类后比较检测法。在两时相分类的基础上,进行逐个像元比较,得出动态变化矩阵。这种动态变化矩阵能够全面了解各地类精度的变化情况。分类比较法是在两时相分类图的基础上进行的。此方法对各时相的分类精度要求很高,目前由于分类精度的限制,分类后比较法

精度常常不能令人满意。

多时域非线性变化增强变化信息。该方法是利用人工神经网络自学习功能,对映像变化信息进行非线性运算,提取变化信息。在进行定期动态监测中需要多期的变化数据,利用该方法使每一次单独分类的结果与其他时期的分类结果或调查结果进行对比,从而得到动态变化信息。为避免夸大变化信息,可引入专家知识,以提高单次分类精度,或对各次单独分类的结果进行对比分析,消除伪变化类型。

由于重庆地形特点和多云雾的天气特点,晴空无云的天气较少,难以实现多时相数据的对比分析。在业务开展中多采用归一化植被指数法。利用 NDVI 多年时间序列同季资料进行比较有利于消除植被季节变化的影响,同时相同植被覆盖条件的 NDVI 值也更有可比性,因此利用多年同时相 NDVI 时间序列数据在森林长势方面具有广泛的应用,如图 7-22 所示。

MODIS 数据利用其自身的定位信息进行校正后还不能满足要求,须进行几何精校正,通过 1∶10 万重庆市土地利用现状数据,对 MODIS 数据进行几何精度校正,可以大大提高几何校正精度。对于植被指数的计算,采用标准的 NDVI 计算方法。虽然 EVI 比 NDVI 效果好,但由于计算 EVI 的参数选择不是独立的,在空间上发生变化,给大区域对比带来困难。所以,目前计算归一化的植被指数,利用它来进行森林植被面积提取,对于晴空数据,计算其植被指数,并对其进行最大值合成,以最大限度地消除大气对数据的影响。

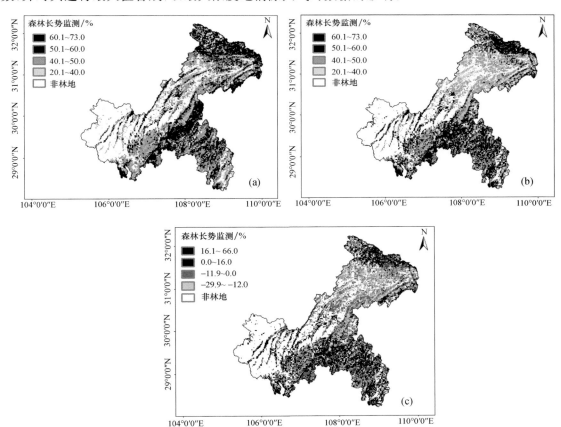

图 7-22　森林长势监测

(a)2006 年 5 月中旬;(b)2008 年 5 月中旬;(c)差值

7.3　农业与生态遥感展望

7.3.1　遥感信息源发展方向

随着应用研究的深入,遥感已不仅仅是为相关研究提供信息获取的技术方法,而且在促进研究深度方面发挥着越来越大的作用。各种传感器的发展和性能的提高,为研究工作提供了一个从更多方面了解研究对象的途径。在遥感信息源方面,成像光谱仪和合成孔径雷达正成为新的发展方向。成像光谱仪可从几十甚至几百个谱段获得精细的光谱信息,结合实验室的光谱数据库可直接对地表、植被、水体的性质与结构进行分析。合成孔径雷达则能穿透云雾,甚至对部分植被和土壤进行全天候全天时观测,并能通过多频、多极化、多入射角等手段提高对目标的识别能力。美国的卫星发射计划将会为预报服务每天提供 200 GB 量级的卫星资料。美国极轨卫星(NPOSS)等卫星平台搭载的观测仪器将会提供数千通道的观测数据。中国的 FY-3 极轨卫星已经发射,FY-4 静止气象卫星也于 2013 年发射。同时,多角度测量、测高和成像技术亦正逐步走向实用,目标探测将由二维向三维拓展。

今后,我国将继续发展资源、气象系列卫星,以保证自主资源、气象卫星遥感数据的连续性。在确定后续新遥感器技术指标时,要综合考虑像元分辨率、辐射分辨率和成像质量。此外,地基遥感的发展具有广阔的前景,如地基微波计、UHF 风廓线仪、激光雷达等。

7.3.2　遥感信息处理的发展方向

(1)由单一特征向多特征和辅助数据,由单源影像向多源信息融合

遥感图像处理一个非常重要的趋势是多元化,即分类或信息提取的判据由单一属性的判据转变为不同性质的判据同时应用,判据特征集呈现出多元、异构的特点。

(2)由基于统计模式识别的遥感分类器向各种新型分类器的发展

由于遥感数据往往不遵循统计模式识别中的基本假设,因此在分类精度方面存在不足。随着模式识别、计算智能和相关技术的发展,各种新型分类器和新的遥感分类方法不断涌现,典型的如模糊分类器、人工神经网络分类器、支持向量机分类器等,面向对象的遥感影像分类则成为当前一个热门的研究方向。

(3)由单分类器向多分类器集成、由单层分类器向层次型分类器发展多分类器结合(Multiple Classifiers Combination)也是当前遥感分类一个重要的发展方向

从分类器结合来看,多分类器结合方法分为抽象级(Abstract Level)结合、排序级(Randed Level)结合和测量级(Measurement Level)结合三大类。抽象级分类器结合是当前应用最多的方法,往往采用投票法,即通过投票的方式决定分类器输出结果不一致时的模式类别确定问题,其中多数投票规则是以半数以上的分类器一致分类的类别作为待分类模式的最终类别。

(4)遥感信息智能处理遥感图像自动解译

以计算机系统为支撑环境,利用模式识别技术与人工智能技术,根据遥感图像中目标地物的各种影像特征(颜色、形状、纹理与空间位置),结合地理数据库中辅助数据以及专家知识库中目标地物的解译经验和成像规律等知识进行分析和推理,实现对遥感图像的理解,由计算机完成对遥感图像的解译。

（5）注重遥感数据的不确定性与分类精度评价

由遥感过程可知,遥感过程的每一阶段都包含不确定性的影响与传播,遥感数字图像处理在采用特定算法处理时,虽然可能从一定程度上减弱不确定性的影响,但同时由于不确定性的传播和叠加往往会产生新的不确定性。随着对遥感理论研究的深入和应用实践的推进,不确定性已成为遥感科学与技术发展、应用的重要方面。

参考文献

阿布都瓦斯提・吾拉木,李召良,秦其明,等,2007. 全覆盖植被冠层水分遥感监测的一种方法:短波红外垂直失水指数[J].中国科学(D 辑),37(7):957-965.

包安明,张小雷,方晖,等,2004. MODIS 数据在新疆生态环境建设中的应用[J]. 干旱区地理,27(2):256-260.

蔡斌,陆文杰,郑新江,1995,气象卫星植被状态指数监测土壤状况[J]. 国土资源遥感(4):20-25.

陈怀亮,陈艳霞,冯定远,等,1998. 地理信息系统(GIS)支持下的冬小麦干旱 NOAA/AVHRR 遥感监测方法研究[J]. 河南气象(4):23-25.

陈思源,陆丹丹,吴水亭,2020. 喀斯特地区的高分一号 Landsat 8 遥感影像归一化水体指数定量比较[J]. 大气与环境光学学报,15(2):125-133.

陈添宇,姚志华,1997. 用 NOAA 卫星资料监测土壤湿度方法的探讨[J]. 甘肃气象,15(3):28-29.

陈维英,肖乾广,盛永伟,等,1986. 距平植被指数在 1992 年特大干旱监测中的应用[J]. 环境遥感,1(4):106-112.

陈艳英,唐云辉,张建平,等,2012. 基于 MODIS 的重庆市植被指数对地形的响应[J]. 中国农业气象,33(4):587-59.

陈云浩,李晓兵,史培军,等,2002. 上海城市热环境的空间格局分析[J]. 地理科学,23(13):2595-2608.

程乾,2004. MODIS 数据提高水稻卫星遥感估产精度稳定性机理与方法研究[D].杭州:浙江大学.

除多,2003. 基于 NOAA AVHRR NDVI 的西藏拉萨地区植被季节变化[J].高原气象,22(增刊):145-151.

德力格尔,汪青春,周陆生,等,2005.1997—1999 年黄河上游玛曲地区人工增雨生态效应的检验[J].高原气象,24(3):442-449.

范莉,罗孳孳,2009. 基于 MODIS-NDVI 的水稻遥感估产——以重庆三峡库区为例[J]. 西南农业学报,22(5):1416-1419.

冯强,2001. 中国干旱遥感监测系统的研究[D].北京:中国科学院遥感应用研究所.

傅伯杰,吕一河,陈利顶,等,2008. 国际景观生态学研究新进展[J]. 生态学报,28(2):798-804.

高阳华,冉荣生,唐云辉,2001. 重庆市干旱的分类与指标[J]. 贵州气象,6(25):16-30.

谷佳贺,薛华柱,董国涛,等,2020. 归一化水体指数用于河南省干旱监测适用性分析[J]. 干旱地区农业研究,38(6):209-217.

管晓丹,郭铌,黄建平,等,2008. 植被状态指数监测西北干旱的适用性分析[J]. 高原气象,27(5):1046-1053.

郭广猛,赵冰茹,2004. 使用 MODIS 数据监测土壤湿度[J].土壤,36(2):219-221.

郭铌,陈添宇,雷建勤,等,1997a. 用 NOAA 卫星可见光和红外资料估算甘肃省东部农田区土壤湿度[J]. 应用气象学报,8(2):212-218.

郭铌,李栋梁,蔡晓军,等,1997b.1995 年中国西北东部特大干旱的气候诊断与卫星监测[J]. 干旱区地理,9(3):69-74.

郭志华,肖文发,张真,等,2003.RS 在森林病虫害监测研究中的应用[J].自然灾害学报,12(4):73-81.

何全军,曹静,张月维,2008. 基于 MODIS 的广东省植被指数序列构建与应用[J]. 气象,34(3):37-41.

何莜萍,易浩若,1997. 归一化植被指数(NDVI)在林火监测中的应用[J].林业科技通讯,8:18-20.

黄家沽,万幼川,刘良明,2003.MODIS 特性及其应用[J].地理空间信息(4):20-23,28.

吉书琴,陈鹏狮,张玉书,1997. 水稻遥感估产的一种方法[J]. 应用气象学报,8(4):509-512.

金一锷,刘长盛,张文忠,1998. 利用气象卫星 GMS 和 AVHRR 资料推算地面水分含量的方法[J]. 应用气象学报,9(2):197-204.

李登科,张树誉,2003. EOS/MODIS 遥感数据与应用前景[J]. 陕西气象(2):37-40.

李喆,谭德宝,秦其明,等,2010. 基于特征空间的遥感干旱监测方法综述[J]. 长江科学院院报,27(1):37-41.

梁芸,2002. 利用 EOS/MODIS 资料监测森林火情[J]. 遥感技术与应用,17(6):310-312.

刘闯,葛成辉,2000. 美国对地观测系统(EOS)中分辨率成像光谱仪(MODIS)遥感数据的特点与应用[J]. 遥感信息(3):45-48.

刘良明,李德仁,1999. 基于辅助数据的遥感干旱分析[J]. 武汉测绘科技大学学报,24(4):300-305.

刘良明,梁益同,2004. MODIS 和 AVHRR 植被指数关系的研究[J]. 武汉大学学报,29(4):307-310.

刘良明,胡艳,鄢俊洁,2005. MODIS 干旱监测模型各参数权值分析[J]. 武汉大学学报·信息科学版,30(2):139-142.

刘培君,张琳,艾里西尔·库尔班,等,1997. 卫星遥感估测土壤水分的一种方法[J]. 遥感学报,1(2):135-139.

刘瑞霞,刘玉洁,郑照军,等,2006. 博斯腾湖面积定量遥感[J]. 应用气象学报,17(1):100-106.

刘玉洁,杨忠东,2001. MODIS 遥感信息处理原理与算法[M]. 北京:科学出版社.

陆登槐,1998. 农业遥感的应用效益及在我国的发展战略[J]. 农业工程学报,14(3),64-70.

陆家驹,张和平,1997. 应用遥感技术连续监测地表土壤水分[J]. 水科学进展,8(3):281-286.

莫伟华,孙涵,钟仕全,等,2007. MODIS 水体指数模型(CIWI)研究及其应用[J]. 遥感信息,5:16-21.

浦瑞良,宫鹏,2000. 高光谱遥感及其应用[M]. 北京:高等教育出版社.

齐述华,王长耀,牛铮,2003. 利用温度植被旱情指数进行全国旱情监测研究[J]. 遥感学报,7(5):420-428.

齐述华,李贵才,王长耀,等,2005. 利用 MODIS 数据产品进行全国干旱监测的研究[J]. 水科学进展,16(1):56-61.

卿清涛,2004. NOAA/AVHRR 遥感监测森林火灾的准确性研究[J]. 四川气象(4):30-32.

申广荣,田国良,1998. 作物缺水指数监测旱情方法研究[J]. 干旱地区农业研究,16(1):123-128.

石韧,1993. 以植被为观测对象的遥感干旱监测——应用遥感技术监测干旱灾害的另一途径[J]. 遥感技术与应用,8(1):45-51.

史培军,宫鹏,李小兵,等,2000. 土地利用/覆被变化研究的方法与实践[M]. 北京:科学出版社.

司亚辉,张玮,2008. 基于 MODIS-NDVI 的草地长势变化监测:以锡林郭勒盟为例[J]. 中国农业科技导报,10(5):66-70.

宋小宁,赵英时,2004. 应用 MODIS 卫星数据提取植被-温度-水分综合指数的研究[J]. 地理与地理信息科学,20(2):13-17.

隋洪智,田国良,李付琴,1997. 农田蒸散双层模型及其在干旱遥感监测中的应用[J]. 遥感学报,1(3):220-224.

孙荣强,1994. 干旱定义及其指标评述[J]. 灾害学,9(1):17-21.

孙睿,朱启疆,2000. 中国陆地植被净第一性生产力及季节变化研究[J]. 地理学报,55(1):36-45.

塔西甫拉提·特依拜,阿布都瓦斯提·吾拉木,2002. 绿洲-荒漠交错带地下水位分布的遥感模型研究[J]. 遥感学报,6(4):299-307.

覃先林,易浩若,2004. 基于 MODIS 数据的林火识别方法研究[J]. 火灾科学,13(2):83-89.

覃志豪,Li W,Zhang M,等,2003. 单窗算法的基本大气参数估计方法[J]. 国土资源遥感,2(56):37-43.

谭德宝,刘良明,鄢俊洁,等,2004. MODIS 数据的干旱监测模型管理[J]. 长江科学院院报,21(3):11-15.

田国良,杨希华,1992. 冬小麦旱情遥感监测模型研究[J]. 环境遥感,7(2):83-89.

童庆禧,1990. 中国典型地物波谱及其特性分析[M]. 北京:科学出版社.

汪权方,张海文,孙杭州,等,2010. 基于时序 MODIS/NDVI 影像的鄂东南低山丘陵区植被覆盖度季节变化特征[J]. 长江流域资源与环境,19(8):884-889.

王江山,殷青军,杨英莲,2005. 利用 NOAA/AVHRR 监测青海省草地生产力变化的研究[J]. 高原气象,24
(1):117-122.

王玲玲,张友静,余远见,等,2010. 遥感旱情监测方法的比较与分析[J]. 遥感应用(5):49-53.

王鹏新,龚健雅,李小文,2001. 条件温度植被指数及其在干旱监测中的应用[J]. 武汉大学学报-信息科学版,
26(5):412-418.

王鹏新,孙威,2007. 基于植被指数和地表温度的干旱监测方法的对比分析[J]. 北京师范大学学报(自然科学
版),43(3):319-323.

王人翘,王珂,沈掌泉,等,1998. 水稻单产遥感估测建模研究[J]. 遥感学报,2(2):119-124.

王蕊,李虎,2011. 2001-2010 年蒙古国 MODIS-NDVI 时空变化监测分析[J]. 地球信息科学学报,13(5):
665-671.

王天星,陈松林,马娅,等,2007. 亮温与地表温度表征的城市热岛尺度效应对比研究[J]. 地理与地理信息科
学,23(6):73-77.

王晓云,郭文利,奚文,等,2002. 利用"3S"技术进行北京地区土壤水分监测[J]. 应用气象学报,13(4):
422-429.

武永峰,李茂松,宋吉青,2008. 植物物候遥感监测研究进展[J]. 气象与环境学报,24(3):51-58.

夏虹,武建军,刘雅妮,等,2005. 中国用遥感方法进行干旱监测的研究进展[J]. 遥感信息,55-58.

肖乾广,周嗣松,陈维英,等,1986. 用气象卫星数据对冬小麦进行估产的试验[J]. 环境遥感,1(4):37-43.

肖乾广,陈维英,1994. 用气象卫星监测土壤水分的试验研究[J]. 应用气象学报,5(2):312-317.

肖乾广,陈维英,盛永伟,等,1996. 用 NOAA 气象卫星的 AVHRR 遥感资料估算中国的净第一性生产力[J].
植物学报,38(1):35-39.

辛晓洲,2003. 用定量遥感方法计算地表蒸散[D]. 北京:中国科学院遥感应用研究所.

熊玲,殷克勤,吴麟,等,2012. 乌鲁木齐地区生长季 NDVI 序列影像的植被覆盖变化分析[J]. 沙漠与绿洲气
象,5(6):54-58.

徐涵秋,2005. 利用改进的归一化差异水体指数(MNDWI)提取水体信息的研究[J]. 遥感学报,9(5):
589-595.

徐丽华,岳文泽,2008. 城市公园景观的热环境效应[J]. 生态学报,28(4):1702-1710.

杨宝钢,陈昉,罗孳孳,2010. 基于 MODIS 的水体指数(MCIWI)试验研究[C]. 全国卫星应用技术交流会:
503-511.

杨斌,阳园燕,李春燕,2011. 植被供水指数法在重庆干旱遥感监测中的应用[J]. 河北遥感(3):12-15.

杨嘉,郭铌,贾建华,2007. 西北地区 MODIS/NDVI 与 MODIS/EVI 对比分析[J]. 干旱气象,25(1):38-43.

杨娟,葛剑平,李庆斌,2006. 基于 GIS 和 USLE 的卧龙地区小流域土壤侵蚀预报[J]. 清华大学学报(自然科
学版),46(9):1526-1529.

杨兰芳,李宗义,2005. 陇东地区近 5 年植被变化与降水的关系[J]. 高原气象,24(4):629-634.

杨兰芳,2005. 应用 EOS/MODIS 资料监测河西内陆河下游水库湖泊水域的变化[J]. 干旱气象,23(1):49-53.

殷青军,杨英联,2005. 基于 EOS/MODIS 数据的青海湖遥感监测[J]. 湖泊科学,17(4):356-360.

尹占娥,2008. 现代遥感导论[M]. 北京:科学出版社.

游先祥,2003. 遥感原理及在资源环境中的应用[M]. 北京:中国林业出版社.

于文颖,冯锐,纪瑞鹏,等,2011. 基于 MODIS 数据的水稻种植面积提取研究进展[J]. 气象与环境学报,27
(2):56-61

余涛,田国良,1997. 热惯量法在监测土壤表层水分变化中的研究[J]. 遥感学报,11(1):24-31.

岳文泽,2008. 基于遥感影像的城市景观格局及其热环境效应研究[M]. 北京:科学出版社.

张海珍,马泽忠,周志跃,等,2008. 基于 MODIS 数据的成都市水稻遥感估产研究[J]. 遥感信息,5:63-67.

张仁华,孙晓敏,朱治林,等,2002. 以微分热惯量为基础的地表蒸发全遥感信息模型及在甘肃沙坡头地区的验
证[J]. 中国科学(D辑),32(12):1041-1050.

张树誉,杜继稳,景毅刚,2006. 基于 MODIS 资料的遥感干旱监测业务化方法研究[J]. 干旱地区农业研究,24(3):1-6.

赵英时,2009. 遥感应用分析原理与方法[M]. 北京:科学出版社.

郑长春,王秀珍,黄敬峰,2009. 多时相 MODIS 影像的浙江省水稻种植面积信息提取方法研究[J]. 浙江大学学报:农业与生命科学版,35(1):98-104.

中华人民共和国水利部,2008. 土壤侵蚀分类分级标准(SL 190—2007)[S].

BECKER F, 1993. Feasibility of land surface temperature and emissivity determination from AVHRR data[J]. Remote Sensing of Environment(43):67-85.

BENEDETTI R,ROSSINI P,1993. On the use of NDVI profiles as a tool for agricultural statistics:the case study of wheat yield estimate and forecast in Emilia Romagna[J]. Remote of Sensing of Enviroment,45:311-326.

CARLSON T N,RIPLEY D A, 1997. On the relation between NDVI,fractional vegetation cover,and leaf area lndex[J]. Remote Senseing of Environment,62(3):241-252.

DAJIMA T,KAJIWARA K,TATEISHI R,1990. Global land cover dassification by NOAA AVHRR data[C]. In:Proceedings 11th ACRS. Guangzhou.

FRAPPART F,SEYLER F,MARTINEZ J M,et al, 2005. Flood plain water storage in the Negro River Basin estimated from microwave remote sensing of inundation area and water levels[J]. Remote Sensing of Environment,99(4):387-399.

GALLO K P,MCNABA A L,KARL T R,et al,1993. The use of NOAA/AVHRR data for assessment of the urban heat island effect[J]. International Journal of Remote Sensing(14):2223-2230.

GITELSON A A,KOGAN F,ZAKARIN E,et al,1998. Using AVHRR data for quantitive estimation of vegetation conditions:calibration and validation[J]. Adv Space Res,22(5):613-676.

GODINEZ-ALVAREZ H,HERRICK J E,MATTOCKS M,et al,2009. Comparison of three vegetation monitoring methods,their relative utility for ecological assessment and monitoring[J]. Ecological Indicators,9(5):1001-1008.

KAUFMAN Y J,GAO B C,1992. Remote sensing of water vapor in the Near IR from EOS/MODIS[J]. IEEE Transactions on Geoscience and Remote Sensing,30(5):871-884.

KOGAN F N,1990. Remote sensing of weather impacts on vegetation in non-homogeneous areas[J]. Inter J Remote Sens,11:1405-1419.

KOGAN F N,1997. Global drought watch from space[J]. Bull Ameri Meteor Soc,78:621-636.

LO C P,QUATTROVHI D A, LUVALL J C,2000. Application of high resolution thermal infrared remote sensing and GIS to assess the urban heat island effect[J]. International Journal Remote Sensing,18(2):287-304.

LUTHER J E,FRANKLIN S E,HUDAK J,et al, 1997. Forecasting the susceptibility and valneability balsam firsthand to insect defoliation with Landsat Thematic Mapper data[J]. Remote Sens Environ,59:77-91.

MALO A R,NICHOLSON S E,1990. A study of rainfall and vegetation dynamics in the African Sahel using normalized difference vegetation lndex[J]. J Arid Environ,19:1-24.

MCFEETERS S K,1996. The Use of the Normalized Difference Water Index(NDWI) in the delineation of open water features[J]. International Journal of Remote Sensing,17(7):1425-1432.

MUCHONEY D M,HAACK B N,1994. Change detection for monitoring forest defoliation[J]. PE & RS(60):1243-1251.

NELSON R F,1983. Detecting forest canopy change due to insect activity using Landsat MSS[J]. PE & RS(49):1303-1314.

PRICE J C,1985. On the analysis of thermal infrared imagery:The limited utility of apparent thermal inertia

[J]. Remote Sensing of Environment,(18):59-73.

QIN Z,KARNIELI A,1999. Progress in the remote sensing of land surface temperature and ground emissivity using NOAA-AVHRR data[J]. Int J Remote Sens,20:2367-2393.

QIN Z,OLMO G D,KARNIELI A,et al,2001. Derivation of split window algorithm and its sensitivity analysis for retrieving land surface temperature from NOAA-advanced very high resolution radiometer data[J]. Journal of Geophysical Research,106(D19):22655-22670.

RADELOFF V C,MLADENOFF D J,BOYCE M S,1999. Detecting jack pine budworm defoliation using spectral mixture analysis:separating effects from determinants[J]. Remote Sens Envion,69:156-169.

RAMESH P S,ROY S,KOGAN F,2003. Vegetation and temperature condition indices from NOAA/AVHRR data for drought monitoring over India[J]. Inter J Remote Sens,24(22):4393-4402.

ROYLE D D,LATHROP R G,1997. Monitoring hemlock forest health in New Jersey using Landsat TM data and change detection techniques[J]. For Sci,43(3):327-335.

SELLERS P,LOS S O,TUCKER C J,et al,1996. A revised land surface parameterization (SiB2) for atmospheric GCMs. Part II:The generation of global fields of terrestrial biophysical parameters from satellite data [J]. J Climate,9:706-737.

WAN Z,WANG P,LI X,2004. Using MODIS land surface temperature and normalized difference vegetation index products for monitoring drought in the southern great plains, USA[J]. Inter J Remote Sens,25(1):61-72.

WANG M,XU Z,YANG C,2004. Experimental study on impacts of soil types in embankment slope on soil and water loss[J]. Journal of Soil Water Conservation,18(3):16-19.

WISCHMERIER W H,SMITH D D,1978. Predicting rainfall erosion losses—a guide to conservation planning [R]. Washington:Science and Education Administration,United States Department of Agriculture,537.

XIN X,LIU Q,TIAN G,2002. Estimating surface energy fluxes using a simplified two-layer model and radiometric surface temperature observations[J]. Journal of remote sensing(6)(Supple):139-144.

附 录

附录 1 农业气象情报服务材料示例

之一：农业气象专题服务 2012 年第 12 期（8 月 14 日）

持续晴热少雨 局部旱情加重

一、8 月上旬中期土墒较好，近期旱象发展

7 月 21 日—8 月 6 日，我市各地晴雨相间，大部地区平均气温为 27～30 ℃，日照丰沛，普遍在 100 h 以上。由于前期雨水充足，大部地区田间不缺水，旱地底墒足（附图 1-1）。光、温、水条件俱佳，对我市晚秋作物播种出苗较为有利。

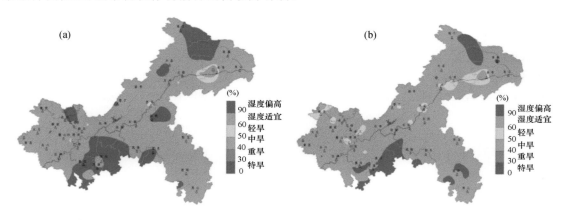

附图 1-1 重庆市 2012 年 8 月 3 日(a)、8 月 8 日(b)0～40 cm 土壤相对湿度分布

8 月 7 日以来，我市各地出现持续晴热高温天气，大部分地区最高气温达到 37 ℃，部分地区突破了 40 ℃。气温偏高 2～4 ℃，导致田间蒸散强烈，土壤失墒加快。据 8 月 13 日全市土壤墒情监测网资料分析，目前在渝西北部、渝中、渝东北部部分地区土壤表层墒情较差，其中潼南、铜梁、合川、渝北、沙坪坝、垫江、丰都、忠县、万州、奉节等地 0～40 cm 土层也达中等程度以上干旱（附图 1-2）。一是影响在土粮食作物、经果林木的正常生长发育；二是影响干旱地区秋粮、秋菜的适时播栽、再生稻的发苗；三是高温热害影响中低海拔地区水稻灌浆结实。

二、后期天气趋势

据最新气象资料分析，未来 5 d，我市仍将维持晴热高温天气，部分地区有阵雨或雷阵雨。中西部、东北部的部分地区最高气温将再次突破 40 ℃；8 月 20 日前后将有一次降水天气过程。

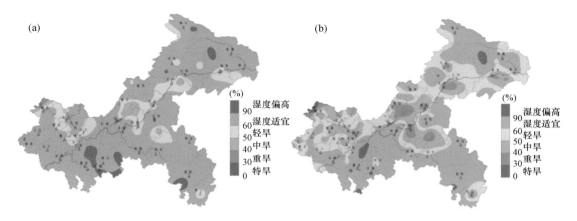

附图 1-2　2012 年 8 月 13 日 0～40 cm(a)、0～10 cm(b)土壤相对湿度分布

三、农事建议

1. 加强抗旱保苗工作。各地要在思想上高度重视高温干旱对农业生产的不利影响,继续做好抗御干旱工作。要加强水源管理,搞好用水调配,确保人畜饮水和抗旱保苗用水之需。

2. 做好防暑降温及森林、城市防火工作。未来 5 d 左右仍将维持晴热高温天气,建议做好高温期间的防暑降温以及森林防火工作。

3. 全力抓好晚秋作物生产。各地务必高度重视,充分挖掘晚秋生产潜力,利用初秋有利的光温条件,因地制宜制定晚秋种植计划。蓄留再生稻的田块,收割后要及时灌水,施好发苗肥,提高休眠芽的成活率;晚秋播栽期间晴热高温持续,要选阴天或晴天傍晚播栽,播栽后立即用清淡粪水灌窝;抢时播栽秋粮、秋菜,并切实做好已播田块的水肥管理,防止因高温、缺水死苗。

之二:农业气象专题服务 2013 年第 8 期(7 月 25 日)

旱情发展快,局部较严重　抗旱保收成,晚秋多播栽

6 月中旬以来,我市各地以晴热高温天气为主,此时期我市大春作物正处于生殖生长关键期,市气象局农业气象中心在 7 月上旬、下旬前期组织业务人员分别对我市西部、南部、中部及东北部农区的受旱情况开展实地调查。据调查分析,目前我市旱情发展迅速,全市均有程度不同的干旱发生,长江沿线以南地区旱情严重。

一、高温暑热明显

6 月中旬以来,6 月 11 日—7 月 24 日我市各地 35 ℃以上高温日数普遍在 10 d 以上,大部地区 18 d 以上,东北部和西南部部分地区 26 d 以上,其中,万盛 34 d,万州 31 d,开州 30 d。期间,沙坪坝、璧山、江津、万盛、武隆、长寿、丰都、石柱、梁平、开州等地的最高气温 38.9～42.3 ℃,为当地历史同期最高。几乎所有区(县)都出现了连续 5 d 的 35 ℃以上高温天气,江津、沙坪坝、綦江、万盛、丰都、忠县、万州、开州、武隆等地连续高温日数达到 10～12 d。可见,高温暑热几乎覆盖重庆全市,区域分布由重到轻依次为东北部—西南部—中部—西部(附图 1-3)。

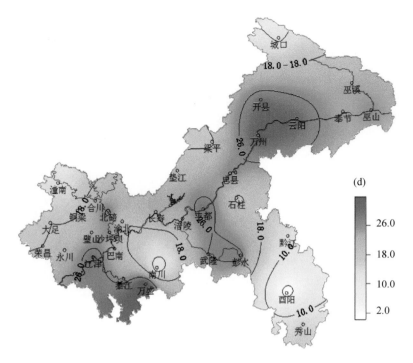

附图 1-3　6 月中旬以来高温日数分布图

二、降水持续偏少

从 6 月 11 日—7 月 24 日,我市先后出现 5 次降水天气过程,但降水量空间分布差异较大,长江以北大部分地区多在 150 mm 以上,与常年同期相比,偏少 4 成至接近正常;长江以南大部分地区不足 130 mm,偏少 4~8 成,其中綦江、万盛、丰都、武隆等地降水量为当地建站以来历史同期最少。

三、干旱发展迅速

7 月初,受 6 月中旬以来降水偏少的影响,丰都、涪陵、綦江、秀山等地干旱露头。此后,多晴热高温天气,干旱快速发展。7 月 17 日,长江沿线及其以南地区,丰都、奉节、彭水、涪陵、武隆、云阳、开州和綦江等地达中旱标准。7 月 18—20 日的降水天气对旱情有所缓解,但长江以南的大部地区降水稀少,干旱进一步加剧。特别是近一周来天气酷热难耐,空气干燥,日照强烈,水分蒸发加快,导致全市旱情迅速扩展,影响加重。

四、农业受灾严重

此次干旱灾害开始时间早、强度大,主要影响区域在长江以南地区,对大春在地作物造成不同程度的影响和危害。目前,各地高温干旱仍在持续,不但会继续加重对今年大春作物的危害,还可能会对今年晚秋以及明年的小春作物生产带来不可预见的影响。

玉米:6 月中旬—7 月上旬,正值玉米扬花至灌浆时期,对水分最为敏感,此期降水稀少、高温明显,致使授粉不良,秃尖比例较高,灌浆时间缩短,籽粒不饱满,有高温逼熟现象。据在彭水、綦江等地的取样调查,秃尖比例在 20% 左右,百粒重比往年明显下降,单产损失 5%~15%,局部可能达到 25% 左右。

水稻:水稻受旱的时间主要在分蘖至灌浆期,高温天气和稻田缺水,导致抽穗灌浆受阻,穗小粒少,空秕率增加,产量下降。据在丰都、南川等地的取样调查,水稻穗粒数比正常年减少约

20％；少数严重开裂的稻田穗粒数减少约30％；对进入乳熟阶段的稻田进行取样调查，空秕率普遍在10％以上，部分田块空秕率达20％～30％；部分栽插偏晚的田块，由于抽穗期正逢严重缺水，导致无法抽穗，已绝收。

红苕：藤蔓生长受阻，坡土台地红苕藤短小，有萎蔫现象发生，影响薯块膨大。

柑橘：高温气候抑制果实的正常膨大，果径明显偏小。

蔬菜：温度高，日照强，土壤水分散失快，表层土墒差，导致在土蔬菜枯蔫，提前收头，影响品质和产量；气温高、土壤水分差，影响晚秋蔬菜的正常育苗及适时移栽。

五、后期天气趋势及对策建议

据预报，未来一周，31日前后有阵性降水，高温有望暂时缓和，其余时间以晴为主，大部分地区日最高气温将达37～39 ℃。8月上、中旬，各地气温偏高0.5～2.0 ℃，降水量偏少1～2成。由此建议：

1. 高度关注旱情发展，做好抗大旱准备。预计未来20 d我市气候仍将维持气温偏高、降水偏少的趋势，当前各地要充分认识伏旱可能对农业生产造成的影响，做好长期抗旱的思想准备。各地应认真组织，紧急行动起来，采取抽、提、引、拦水入田、库、堰等措施，减轻高温干旱对人民生活和农作物的影响。

2. 加强在土作物抗旱，减少干旱损失。各地在确保人畜饮水的情况下，大力推广间歇灌溉、跑马水等节水灌溉技术，柑橘要大力推广穴灌非充分灌溉技术，减轻干旱对在土作物生长的影响，尽力减少损失。

3. 力争晚秋多栽多播，弥补干旱损失。各地务必高度重视，充分挖掘晚秋生产潜力，利用初秋有利的光温条件，因地制宜制定晚秋种植计划，特别是目前稻田已断水，预计蓄留再生稻困难的区域，要增加秋洋芋、秋菜种植面积。菜地受旱较重地区，务必及时换茬，雨后抢种、抢播速生叶菜等工作。

4. 抓住有利时机，开展人工增雨。各地应抓住7月31日前后的降水过程，开展人工增雨作业，增加雨量，缓解旱情。

之三：农业气象专题服务2014年第4期（5月16日）

前期低温阴雨影响生长　后期三晴两雨抓管促长

摘要：4月下旬以来我市各地持续阴雨天气，对我市农业生产造成了广泛的不利影响。水稻移栽后返青期长，单株分蘖减少，群体生长量不足，玉米根系不发达，吸水肥能力差，植株矮小；小春作物收获进度偏慢，部分地区有发芽霉变的现象；茄果类、瓜类蔬菜长势普遍偏差，上市期推迟；大春作物病虫害发生面积大，马铃薯晚疫病流行速度快，蔬菜病害面积较大、发生早，程度重。

一、4月下旬以来气象条件分析

降水：雨量分布不均，降水日数多。4月下旬以来（4月21—5月15日，下同）我市各地多阴雨天气，降水日数8～17 d，大部地区在13 d以上，较常年同期偏多2～3 d。降水量40～160 mm，降水空间分布不均，东南部大部分地区及垫江、丰都、巴南、万盛、南川等地降水在100 mm以上，较常年偏多2～3成，其余地区正常至偏少5成。从时间分布上看，5月上半月我市大部地区降水较常年同期偏多2成～1倍，其中大部地区偏多5成以上（附图1-4）。

气温：显著偏低。4月下旬以来，平均气温14.8～20.1 ℃，仅万州、开州为20.1 ℃，其余地区均不足 20.0 ℃。与常年同期相比,各地显著偏低 1.1～2.6 ℃(附图 1-5)。

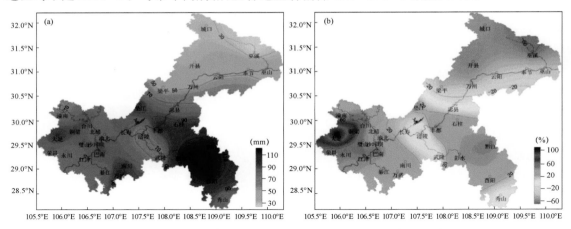

附图 1-4　2014 年 5 月 1—15 日降水量(a)和降水距平率(b)分布图

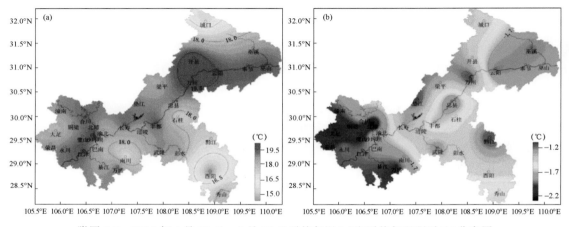

附图 1-5　2014 年 4 月 21 日—5 月 15 日平均气温(a)和平均气温距平(b)分布图

日照:严重偏少。4 月下旬以来,全市日照时数 29～83 h,大部地区日照时数不足 60 h,较常年同期偏少 5 成以上(附图 1-6)。大部区(县)5 月上旬前期、末期及中旬前期出现连续 3～4 d 无日照时段。

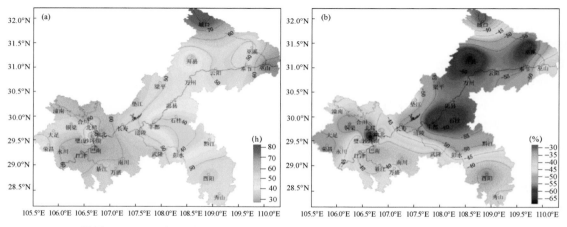

附图 1-6　2014 年 4 月 21 日—5 月 15 日日照时数(a)和日照距平率(b)分布图

　　土壤墒情:湿度偏大。根据5月13日全市土壤墒情监测网资料分析,目前全市有一半的区域0~40 cm土壤湿度偏大,其中西部、东南部土壤水分过湿现象明显(附图1-7)。

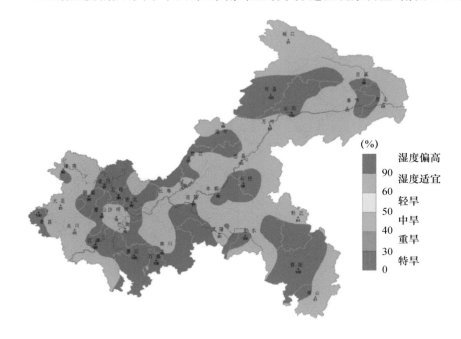

附图1-7　2014年5月13日土壤相对湿度分布图

二、农业影响分析

　　4月下旬以来,全市各地多阴雨天气,降水偏多,低温寡照时间长,土壤和空气长时间潮湿,对我市农业产生了较大不利影响。

　　小春作物收获进度偏慢。5月以来阴雨天气明显,导致中高海拔地区小春作物收获偏慢。据调查,截至5月14日,全市油菜收获近7成,小麦收获近半,收获进度分别较去年偏慢5个、10个百分点,由于持续阴雨寡照天气,已收获小春作物不能及时晾晒,易发芽霉变。

　　大春作物移栽慢、长势偏弱。持续低温阴雨寡照天气,造成水稻移栽进度偏慢,据调查,截至5月14日,我市水稻移栽超过7成,较去年偏慢6个百分点;同时导致水稻移栽后返青时间延长,根系及叶片生长缓慢,田间湿度大,造成根系吸肥能力减弱,单株分蘖减少,群体生长量不足。玉米处于拔节期,阴雨天气使植株体光合作用削弱,根系不发达,苗架偏弱,植株矮小。

　　春菜上市期延迟。当前正值我市瓜类、茄果类、豆类的成熟—采收期,持续低温寡照,春菜光合生长受阻,生长量明显不足,长势普遍偏差,产量下降,上市期推迟10~15 d。

　　病虫害发生偏重。持续阴雨天气造成作物病虫害大面积爆发且呈蔓延趋势,尤其是稻飞虱、稻瘟病、玉米纹枯病发生均较上年同期重;马铃薯晚疫病发生面积大,流行速度较快;茄果类、瓜类蔬菜生物病害爆发面积大,发生时间较常年提前,发生程度重,对产量和品质构成严重威胁,且阴雨天气对病虫害防治不利。

三、天气趋势及农事建议

　　据预测,5月下旬重庆各地平均气温为19.5~23.5 ℃,其中东北部海拔较高地区和东南部大部分地区为19.5~22.0 ℃,其余地区为21.0~23.5 ℃;与常年同期相比,东北部偏高0.2~0.5 ℃,其余地区偏低0.3~0.5 ℃。各地降水量为50~80 mm;与常年同期相比,主城、西部、中部偏多2~3成,其余地区偏少1~3成。

未来一周我市天气呈现"三晴两雨"的变化趋势:5月17—18日白天,各地多云到阴天,东南部有局地分散阵雨;18日夜间,东南部以及城口中雨,其余地区阵雨,18~30℃,城口及东南部14~27℃;5月19日白天—20日白天,各地晴到多云,19~33℃,城口及东南部15~31℃;5月20日夜间—23日,东北部多云到阴天,其余地区阴天有阵雨或分散阵雨,18~27℃,城口16~28℃,东南部16~25℃。

建议:

1. 抢晴收晒成熟小春作物。利用转晴天气及时抢收已成熟小春作物,采取多种方式及时控干水分,防止霉变发芽。

2. 加强在土作物田间管理,促进大春作物转为正常生长。在间歇阴天或晴天时开沟理墒,改善土壤通透性;稻田可适当降低水层厚度,促进根系生长,促尽快返青,防止出现"坐蔸"现象。

3. 大力开展农作物病虫害的监测防治工作。前期天气对病虫害的滋生蔓延较有利,各地应充分利用后期天气略转好的机会,加强马铃薯晚疫病,水稻、玉米病虫害及蔬菜生物病害的监测统治工作。

之四:农业气象专题服务2015年第5期(3月27日)

西部春旱影响评估

3月以来(截至26日,下同),全市平均气温偏高,降水显著偏少,尤其是西部地区降水较常年同期异常偏少7成。最新监测显示,我市偏西地区有轻到中度气象干旱。最新土壤墒情监测显示铜梁、潼南、沙坪坝墒情偏差,其余各地墒情基本适宜。

一、3月以来温高雨少,西部地区土壤墒情偏差

气温明显偏高。3月以来全市平均气温为13.6℃,较常年同期(12.2℃)偏高1.4℃,其中西部地区平均气温为14.7℃,较常年同期(12.7℃)显著偏高2.0℃。

降水量显著偏少,西部地区异常偏少。全市平均降水量15.9mm,较常年同期(35.4mm)显著偏少5成。西部地区平均降水量5.2mm,较常年同期(31.4mm)异常偏少8成(附图1-8)。

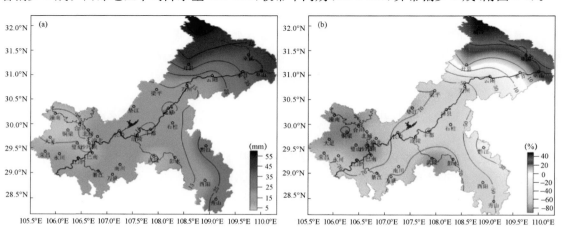

附图1-8 3月以来重庆市降水量(a)、降水量距平百分率(b)分布

温高雨少,导致局部地区较差。据全市土壤墒情监测网 3 月 23 日监测显示:我市铜梁、潼南、沙坪坝、丰都等地土壤墒情偏差(附图 1-9)。

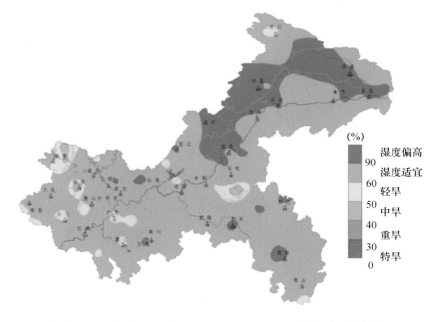

附图 1-9　重庆市 2015 年 3 月 23 日 0～10 cm 土壤相对湿度分布

二、旱情对农业生产影响评估

据重庆市农业气象中心 3 月 25 日在潼南县古溪、群力、太安等镇及铜梁区南城街道实地调查显示(附图 1-10):目前各地水利工程蓄水基本正常,但稻田蓄水呈减少趋势,黄浔田、无水田面积增长较快;近期雨水稀少,气温回升较快,导致西部春旱持续发展,已经影响到大春作物播栽。

附图 1-10　大田调查

1. 坡台地小春作物受春旱影响明显。坡瘠地及水源条件较差的地区,出现墒情偏差的情况,春旱持续发展,造成油菜植株矮弱、空荚率偏高,部分小麦田块蚜虫危害较重。

2. 大春作物育苗已经完成,大田播栽困难。大春作物播种育苗基本完成,但持续缺水导致大田播栽困难,部分已经移栽的玉米苗出现萎蔫、干枯的现象。

3. 连晴少雨天气影响蔬菜生长。调查发现,目前有大面积的蔬菜地已经平整好,育苗也已经完成,但一直处于等雨移栽的情况;已经栽种的花卉、苗木、蔬菜,因为需要持续提水灌溉,导致种植维护成本增加,可能影响后期正常供应。

三、后期天气及农事建议

据预测,至 3 月末,我市大部地区仍将持续高温少雨天气,4 月上旬有 2 次降水天气过程。春旱仍将持续发展,4 月全市将陆续进入大春作物栽插用水关键期,导致农业用水更加紧张。建议如下:

1. 提前谋划大春作物栽插用水。各地应抓住有利时机实施人工增雨作业,千方百计增加降水量;同时西部旱情显现地区要采取抽、提、引水等措施,尽早做好大春作物栽插用水的调度、准备,确保大春作物栽插用水之需。

2. 加强在土作物田间管理。土壤墒情较差地区应采取早晚浇灌等措施,减轻干旱的不利影响;春季天气变化较剧烈,应根据天气变化情况及时揭盖薄膜,防止高温烧苗;积极做好小春作物病虫害的监测防治工作。

之五:农业气象专题服务 2015 年第 7 期(6 月 8 日)

前期阴雨寡照明显,影响作物生长、病虫重
本周天气转为晴好,加强水肥管理、防病虫

摘要:5 月下旬以来各地持续降水,大部地区较常年同期偏多 2 成～2 倍,日照时数较常年同期偏少 3～9 成,偏南及东北部地区出现连阴雨天气,影响了在土作物的正常生长,有利于病虫害滋生蔓延;本周以晴好天气为主,气温明显回升,建议各地加强田间水肥管理,促在土作物健壮生长,同时要利用有利天气做好病虫害防治。

一、5 月下旬以来雨水较多,偏南及东北地区出现连阴雨

5 月下旬以来各地平均气温 18.9～23.5 ℃,大部分地区正常至偏低 1 ℃。

5 月下旬以来雨水较多,各地降水 48～279 mm,大部分地区较常年同期偏多 2 成～2 倍。降水日数 10～15 d,其中大部分地区 12 d 以上,较常年同期偏多 3～6 d(附图 1-11)。

各地日照时数为 8～52 h,较常年同期偏少 3～9 成(附图 1-12)。截至 6 月 7 日,武隆、梁平、万州、云阳、秀山、黔江、酉阳、綦江、万盛、南川、武隆、彭水共 12 个区(县)达到连阴雨标准。

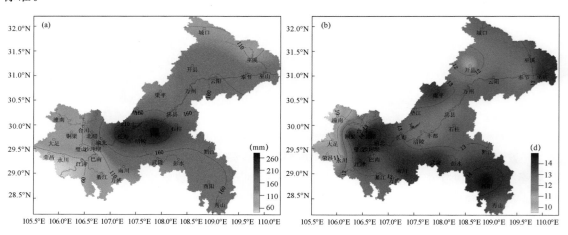

附图 1-11　5 月下旬以来重庆市降水量(a)、降水日数(b)分布

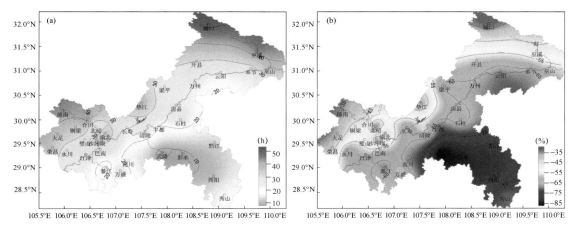

附图 1-12　5 月下旬以来重庆市日照时数(a)、日照时数距平(b)分布

持续降水导致我市大部分地区土壤湿度偏大。据全市土壤墒情监测网 6 月 3 日监测显示：土壤湿度适宜的观测点占 30％,土壤湿度偏大的观测点占 70％(附图 1-13)。

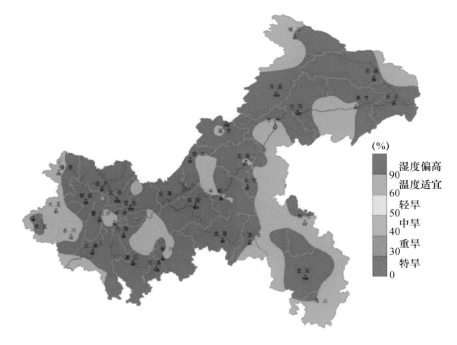

附图 1-13　6 月 3 日 0～10 cm 土壤相对湿度分布

二、阴雨寡照影响作物正常生长,局部病虫害发生偏重

1. 阴雨寡照导致局部正处于抽雄吐丝期的玉米不能正常授粉。当前我市海拔 600 m 以下地区玉米正值抽雄吐丝关键时期,持续的阴雨寡照天气,不仅影响玉米植株正常光合作用,还可能导致玉米雌雄发育不协调、花粉活力下降,影响雄花花粉正常散粉,易造成秃尖、缺粒甚至空秆等现象。

2. 烟株长势弱,病害多。目前,我市烤烟处于伸根团颗期,近期雨水多,局地烟区土壤湿度过大,造成烟株长势偏弱,气候斑、花叶病等发生较常年偏重,且不易防治。

3. 病虫害发生偏重。近 7 成的地区田土湿度大导致中高山马铃薯晚疫病快速流行,黔江、忠县、开州、彭水局部田块感病品种最高病株率达 100%;水稻二化螟、稻飞虱、稻纵卷叶螟及玉米螟、玉米纹枯病等病虫害发生程度较去年同期偏重,同时,阴雨天气还不利于病虫防治工作的开展。

三、未来天气及农事建议

根据最新气象资料分析,我市各地从 8 日开始陆续转晴,未来 5 d 大部地区维持晴到多云天气,气温回升。建议如下。

1. 加强在土作物田间管理。利用晴好天气,疏通沟渠,确保大田排水通畅,防止田间积水;适时追肥、除草,提高田间通风、透光能力,促使大春、蔬菜等在土作物健壮生长。

2. 积极开展病虫害监控防治工作。后期天气转好,气温回升快,高温高湿的天气容易导致烤烟黑胫病、马铃薯晚疫病的发生蔓延,各地应密切监控烤烟黑胫病、马铃薯晚疫病、稻飞虱、稻瘟病、玉米螟虫等作物重大病虫的发生态势,抢抓晴天,采取科学有效的综合防治措施,全面适时开展病虫统防、统治工作。

附录 2　主要粮食作物重大病虫害防治气象等级预报防控时期简表

地区	海拔	3月上旬	3月中旬	3月下旬	4月上旬	4月中旬	4月下旬	5月上旬	5月中旬	5月下旬	6月上旬	6月中旬	6月下旬	7月上旬	7月中旬	7月下旬	8月上旬	8月中旬	8月下旬
渝西地区	400 m 以下	菌核病	菌核病	条锈病	条锈病 稻瘟病叶瘟	麦蚜 稻瘟病叶瘟		叶瘟					稻纹枯病	稻纹枯病	稻穗颈瘟 二化螟二代	稻纵卷叶螟			
渝西地区	400 m 以上		菌核病	菌核病	条锈病	麦蚜			二化螟一代	稻叶瘟 二化螟一代					稻纵卷叶螟	二化螟二代 稻穗颈瘟			
渝中地区	500 m 以下		菌核病	菌核病 条锈病	条锈病		马铃薯晚疫病	马铃薯晚疫病 二化螟一代		稻叶瘟			稻纹枯病	稻纹枯病 稻穗颈瘟 稻纵卷叶螟	二化螟二代 稻飞虱				
渝中地区	500 m 以上		菌核病	菌核病	条锈病	麦蚜	麦蚜	马铃薯晚疫病	二化螟一代			稻叶瘟		稻纹枯病	稻穗颈瘟 二化螟二代	二化螟二代 稻纵卷叶螟 稻飞虱			

续表

地区	海拔	3月上旬	3月中旬	3月下旬	4月上旬	4月中旬	4月下旬	5月上旬	5月中旬	5月下旬	6月上旬	6月中旬	6月下旬	7月上旬	7月中旬	7月下旬	8月上旬	8月中旬	8月下旬
渝东南地区	500 m以下	菌核病	菌核病	条锈病	麦蚜	麦蚜	马铃薯晚疫病		二化螟一代		稻叶瘟	稻叶瘟	白背飞虱 / 稻纹枯病		稻穗颈瘟	稻穗颈瘟	褐飞虱		
	500~900 m		菌核病		条锈病	麦蚜	马铃薯晚疫病	马铃薯晚疫病	二化螟一代	二化螟一代				稻纵卷叶螟	白背飞虱 / 稻纵卷叶螟	二化螟二代	褐飞虱	稻穗颈瘟	
	900 m以上			菌核病	条锈病			稻叶瘟	二化螟一代	二化螟一代		稻叶瘟		稻纹枯病	稻纹枯病				
渝东北地区	600 m以下		菌核病		麦蚜 / 马铃薯晚疫病	麦蚜 / 马铃薯晚疫病			稻叶瘟	二化螟一代	稻叶瘟		稻纹枯病	稻纹枯病 / 稻纵卷叶螟	白背飞虱 / 稻纵卷叶螟	稻穗颈瘟	二化螟二代	稻穗颈瘟	
	600~900 m	菌核病	菌核病		条锈病	条锈病		马铃薯晚疫病		二化螟一代				稻飞虱	稻飞虱	二化螟二代	二化螟二代		
	900~1500 m							马铃薯晚疫病	马铃薯晚疫病						稻纵卷叶螟	稻纵卷叶螟			

附录 3　烤烟关键发育期农用天气预报业务服务方案

发育期	时间	当前气象条件	未来关注气象因子	适宜气象指标	主要影响评价	方法与产品
播种育苗	2 月中下旬	平均气温	平均气温	日平均气温稳定通过 5 ℃	日平均气温低于 5 ℃,易造成出苗困难或幼苗冻死亡	根据烤烟各发育阶段适宜气象指标,结合作物生长状况及未来预报天气条件,给出当前气象条件生长气象条件适宜区和不适宜气象条件的空间分布
苗期	3 月上旬—4 月中旬	平均气温;土壤相对湿度	平均气温;日最高气温;降水;日照	适宜气温:17~25 ℃;最适宜气温:25~28 ℃;日最高气温:小于 35 ℃;土壤相对湿度:65%~75%	土壤湿度过大或长期干旱都会影响幼苗生长。日最高气温大于 35 ℃,易造成高温烧苗及生长受阻;成苗期遇低温易延长该生育期,移栽后早花	
移栽期	4 月下旬—5 月中旬	平均气温;土壤相对湿度;土温	平均气温;降水;日照;日最低气温	最适宜气温:25~28 ℃;最适低气温:10~12 ℃;适宜日照时数:4~12 h;土壤相对湿度:65%~75%	气温、土温过低,不利于烟苗成活及早发;低温寡照造成烂苗、死苗,同时过长造成烂苗、死苗	
伸根期	5 月下旬—6 月中旬	平均气温;土壤相对湿度	平均气温;降水;日照;日最低气温	最适宜气温:25~28 ℃;最适低气温:10~12 ℃;适宜日照百分率:大于 30%;土壤相对湿度:65%~75%;降水量:80~100 mm	根系伸展关键期,土壤湿度过大易造成烂根,气温过低,生长受阻	
团颗旺长期	6 月下旬—7 月中旬	平均气温;土壤相对湿度	平均气温;降水;日照;日最低气温	最适宜气温:25~28 ℃;最适低气温:10~12 ℃;适宜日照百分率:大于 30%;土壤相对湿度:65%~75%;降水量:200~260 mm	土壤湿度过大,日照不足,不利于烟叶生长,易导致病虫害,并延长生育期,推迟成熟	
成熟期	7 月下旬—9 月上旬	平均气温;土壤相对湿度	平均气温;降水;日照;日最低气温	日平均气温:大于 20 ℃;降水量:120~160 mm;日照百分率:大于 40%;日照时数:280~300 h;日最高气温:低于 38 ℃	烟叶成熟时要求有较高的温度,在平均温度 20 ℃以上时,烟叶品质良好;温度过高,不利干成熟过程中酶的活动和物质转化,烟叶的内在品质和外观色泽都较差。气温高于 38 ℃,代谢增加,影响烟叶品质	

附录4 柑橘关键发育期农用天气预报业务服务方案

发育期	时间	当前气象条件	未来关注气象因子	适宜气象指标	主要影响评价	方法与产品
花芽分化—抽春梢现蕾展叶	3月	日平均气温；降水	平均气温；降水	最低气温:13℃；适宜气温:大于15℃	13℃左右，柑橘开始发育；≥15℃,适宜抽春梢现蕾	根据柑橘各个生育期的适宜气象指标，结合当前气象条件及未来天气预报条件，给出作物生长气象条件的适宜区和不适宜区的空间分布
初花—幼果形成期	4月	日照；日平均气温；降水	日照时数；平均气温；降水	适宜气温:18~20℃；空气相对湿度:<70%；最低气温:12℃	气温18~20℃,相对湿度<70%,宜于开花授粉；<16℃,花粉受精受阻、花期延长；<12℃,花、幼果易冻害；	
幼果发育—抽夏梢	5—6月	日最高气温；降水；日照时数；降雨日数	日照时数；平均气温；降雨日数；降水量	无强对流灾害和阴雨，异常高温天气	大风、暴雨、连阴雨、异常高温会妨碍授粉受精、导致落花落果；晴天、光温匹配良好、雨水适中，则利于幼果生长	
果实膨大期	7—9月	日平均气温；降水；空气相对湿度	平均气温；降水量；空气相对湿度	空气相对湿度:<70%；适宜气温:23~31℃；最高气温:40℃	空气相对湿度<70%,雨水调匀，气温为23~31℃,利于果实膨大；>39℃停止生长；>40℃则致害	
果实着色—成熟期	10—11月	日平均气温；降水；日照时数	平均气温；降水量	适宜气温:15~20℃；最低气温:-3℃	15~20℃,着色适宜，成熟期温度在15℃左右，湿度小，日照充足，适宜成熟；温度的<-3℃,产生不同程度的冻害	

附录 5　玉米关键发育期农用天气预报业务服务方案

发育期	时间	当前气象条件	未来关注气象因子	适宜气象指标	主要影响评价	方法与产品
播种出苗	3 月上旬—4 月上旬	平均气温； 土壤相对湿度； 地温	平均气温； 降水； 大风	最低气温：8～10 ℃； 最适宜气温：25～28 ℃； 5～10 cm 地温稳定在 10～12 ℃； 土壤相对湿度：60%～70%； 风力：小于 7 级	日平均气温低于 8～10 ℃，易造成"粉种"；土壤含水量低于 11% 或高于 20% 对出苗均为不利；幼苗出时遇到 2～3 ℃ 低温影响正常生长；短时气温低于 -1 ℃，幼苗受伤，-2 ℃ 死亡	根据作物各发育阶段适宜气象指标，作物生长状况，结合当前气象条件及未来预报天气条件，给出作物生长气象条件适宜区和不适宜区的空间分布
拔节—孕穗	5 月上旬—6 月上旬	作物发育状况； 平均气温； 土壤相对湿度	平均气温； 降水； 日照； 大风	最适宜气温：24～26 ℃； 适宜日照时数：4～12 h； 土壤相对湿度：65%～75%	气温低于 24 ℃，生长速度减慢；土壤含水量低于 15%，易造成雌雄穗部分不孕空秆	
灌浆—成熟	7 月上旬—8 月上旬	作物发育状况； 平均气温； 土壤相对湿度	平均气温； 降水； 日照	最适宜气温：25～28 ℃； 适宜日照时数：4～12 h； 土壤相对湿度：>18%	16 ℃ 是停止灌浆的界限温度；气温高于 25～30 ℃，则呼吸消耗增强，功能叶片老化加快，籽粒灌浆不足，即完全停止灌浆的低温，遇到 3 ℃ 的低温，影响成熟和产量；持续数小时的 -3～-2 ℃ 的霜冻会造成植株死亡	